高校"十一五"规划教材
高等学校宝石及材料工艺学系列教材
广西地质工程中心重点实验室开放基金研究项目成果
有色及贵金属隐伏矿床勘查教育部工程研究中心建设项目成果

玉雕造型设计与加工

YUDIAO ZAOXING SHEJI YU JIAGONG

周树礼　曾伟来　何　涛　编著

中国地质大学出版社
ZHONGGUO DIZHI DAXUE CHUBANSHE

内 容 简 介

本书共分为10章，其内容包括中国传统玉文化的介绍、宝石、玉石、玉器的分类、中国传统玉雕发展概况，现代玉雕概述，其中重点叙述了中国玉雕的造型设计中所涉及的不同题材玉器不同的设计思路、不同玉器设计的不同比例关系、玉器设计与构图关系、以及玉色运用、中国传统吉祥图案在设计中的运用等内容。比较详细地介绍了玉器加工的基本程序与基本技法，对玉器进行了综合评价，探讨了玉器的市场、玉器的鉴赏、收藏与投资。作为教材，本书力图使教材内容层次分明、概念清晰、深入浅出、通俗易懂、直观形象，理论和实践并重，普及与提高兼顾，但略侧重于设计及艺术鉴赏。本书可作为大专院校宝玉石专业及职业学校的教材，也可作为玉雕设计制作行业以及热爱玉器艺术的业余爱好者的参考书和工具书。

图书在版编目(CIP)数据

玉雕造型设计与加工/周树礼，曾伟来，何　涛编著．武汉：中国地质大学出版社，2009.7
(2024.7重印)
ISBN 978-7-5625-2271-3

Ⅰ．玉⋯
Ⅱ．①周⋯②曾⋯③何⋯
Ⅲ．①玉器-造型设计②玉器-加工
Ⅳ．TS932.1

中国版本图书馆CIP数据核字(2009)第069816号

玉雕造型设计与加工	周树礼　曾伟来　何　涛 编著
责任编辑：王凤林	责任校对：陆慧琴
出版发行：中国地质大学出版社(武汉市洪山区鲁磨路388号)	邮政编码：430074
电　　话：(027)67883511　　　传真：67883580	E-mail:cbb@cug.edu.cn
经　　销：全国新华书店	http://www.cugp.cn
开本：787毫米×1 092毫米 1/16	字数：450千字　印张：17.5　彩页：12
版次：2009年7月第1版	印次：2024年7月第3次印刷
印刷：湖北睿智印务有限公司	印数：11001—12000
ISBN 978-7-5625-2271-3	定价：65.00元

如有印装质量问题请与印刷厂联系调换

前 言

一、本书编写的背景

在世界范围内,现在的西欧、北欧、东欧(贝加尔湖地区)、北美地区、亚太地区,曾发现有史前时期的玉器制作和使用,然而进入阶级社会以后,由于种种原因,这些地区玉器生产普遍凋零,甚至完全消失,目前世界公认的古代玉器制作中心除中国外,还有贝加尔湖地区、以印第安玉器出名的中美洲和以毛利人玉器出名的新西兰,然而这三者不论是在历史渊源上还是在玉器的质料品种和制作工艺上都无法与我国相比(贝加尔湖地区玉器的历史约4000年;中美洲的印第安玉器的历史约2000年;新西兰毛利人玉器的历史仅1000年)。

世界上没有其他任何一个地区的宝玉石发掘、加工、利用历史超过东方。玉的应用历史悠久,在世界四大文明古国的文物中,均有玉雕制品,在历史上都出现过极其辉煌的宝玉石文明。随着历史的演化和对玉料的选用、制作的优胜劣汰,这些玉器都退出了历史舞台。唯独作为玉石之乡的古老中国,在历史的沿革中,尽管外来艺术曾经对中国玉器产生过重大影响,但是玉器仍以顽强的生命力同化和改造了外来艺术,同时也促进了中国玉器的繁荣和民族特色。中国玉器历史悠久,技术精湛,闻名中外,具有独特的东方艺术特色。举世无双的中国玉器代表着中国的宝玉石文明、代表着无与伦比的东方文明。

"石之美者为玉"这是古代人对玉的基本定义。

中华民族是世界上最早使用玉器的国家,玉器是中国传统文化的一个重要组成部分,在长达七千多年的历史长河中,以玉器为中心载体的玉器文化有着极其丰富而深刻的内涵。

经考古发掘出土的大量文物证实,早在七千多年前的新石器时代,我国的先民们就开始了用玉石的历史,并从史前时期起,历代都没有停止过玉器的生产,所以在玉石开采和雕琢方面,我国有着悠久的历史,而且工艺水平也非常之高。

在奴隶社会及漫长的封建社会里,石器(含玉器)常常是权威的象征。从玉石的开采到玉器的使用都被权威阶级所垄断和占有。"玉"字的象形含义被统治者解释为"王者怀玉,独尊天下",是王权授命于天的象征。

在传统的玉文化中,玉器被视为仁、义、礼、智、信五种德行的寄托物。先秦儒家有君子比德于玉,以及谦谦君子温润如玉之说。汉书认为,金玉在九窍,则人死不朽,认为生前佩玉可以避邪修德,死后窍中含玉及玉器陪葬,尸必不腐等。之后随着玉石材料范畴的扩展,玉器雕琢技术和工艺的日趋精湛以及玉器表现形式的繁衍,玉器又成了表达彼此感情的信物。如诗经《秦风》中"我送舅氏,悠悠我思,何以赠之,琼瑰玉佩"。玉的功能不仅体现在自然属性上(色美、坚硬、温润),而且体现在社会属性上,如宗教、政治、军事、外交、文化、伦理道德。宗教礼仪有大量玉器在祭天地鬼神、宗教神庙、图腾崇拜上担当重要角色。在道德情操上，有"君子比德于玉，君子宁为玉碎、不为瓦全，玉石俱焚，守身如玉"之说。至于"玉不琢，不成器。人不学，不知义"的警句不仅超出了示物的范围，而且成了造就人才的格言，"艰难困苦，玉汝于成"更是如此。

把美好的事物以玉喻之，如把月亮比作玉盘，把美酒比作琼浆玉液，等等。在《辞海》里，涉及到玉或是由玉字组成的词、句、成语，条目有370多处。代表中华民族灿烂文化的文学形式从诗经、楚辞、汉赋、唐诗、宋词、元曲到明清小说，浩如烟海，洋洋大观，其中以玉为题材和涉及到玉的数不胜数。战国时期和氏璧涉及蔺相如完璧归赵的故事在中国妇幼皆知，代代相传。从和氏璧到传国玉玺更称得上是一部宝玉石传奇史，半部中国古代史。

中国玉文化传统中历来把漂亮的女子比作玉。诗经中早就有女如玉、彼女子美如玉之说。玉人、玉颜、金枝玉叶、冰清玉洁、金童玉女等，都是以玉形容女子，比喻女子。元曲《西厢记》中："待月西厢下，迎风户半开，拂墙花影动，疑是玉人来"，"不信楼头杨柳月，玉人歌舞未曾归"可见以玉形容美女之恰当。如花女子，亭亭玉立，潇潇洒洒，飘飘摇摇，堪称惊世骇俗的恢宏巨著《红楼梦》，更是一个"玉"字贯穿全篇。"玉"是作品的主题和灵魂，一个"玉"字引申出一曲悲怆淋漓、声泪俱下的悲歌，它饱含了作者毕生的心血，倾注了作者全部的情感和希望；一个"玉"字演绎成一部传颂千古的不朽杰作。一部红楼杰作影射封建王侯，而"书中自有黄金屋，书中自有千钟粟，书中自有颜如玉"的警句，曾一度成为旧时激励读书人奋发求学以步入仕途的动力，这里的颜如玉指的便是美女佳人。

玉在中华民族传统中代表着美丽和圣洁。千百年来，多少人把自己心爱的女儿以玉字为名，如玉兰，玉梅、玉荣、玉莲、金玉，且代代沿用，不胜枚举。东方产宝，中国产玉，东方文明中国玉的美好传颂早就誉满天下，古人把佩玉看成美德，今人把佩玉看成时尚，中国人得到一块美玉如获至宝，把玉看成信仰和象征。古往今来，人们把玉制品作为最好的礼尚往来之物，亲朋往来，男女定情，均以玉制品作为赠物和信物，大凡夫妻、兄弟、姐妹出远门都将家中祖传的玉制品与远行人贴身珍藏，即使去到天涯海角也时刻思念故土和亲人。在那兵荒马乱、天灾人祸的年代，离别之人戴上成双配对的玉镯、玉佩以寄托情感，祈求上苍保佑平安，更是作为日后相见相认的信物。

中国玉器历史悠久、技术先进，中国玉器重视玉润、重视传统造型、重视中国艺术风格，使玉质和造型统一在一个整体中，使造型和用途结合起来。这些玉质、玉色、工艺技术、艺术、民族特色融于一体，是了解和研究中国玉器的重要方面。

今天戴玉、佩玉之风不仅继承了传统的文化，同时变得更为时尚化、大众化，不同档次、款式和品位的玉制品已经成为时下现代大众消费群体的喜爱和追求。喜庆、年节、婚嫁、家人团聚、亲朋往来，以玉制品作为礼品互相馈赠日趋风行。年轻小伙子、妙龄姑娘们胸前佩戴一枚红丝线穿辍玲珑剔透的玉钱、玉佩招摇过市已成为都市、校园一大风景线。一些有远见的家庭，在物质日见富足之后，开始把投资的眼光转向精美玉器及古旧玉器的收藏上。玉制品在现代中国人心目中日益占据着重要的地位。

当前的玉器消费，已经逐渐形成一种集信仰、标志、装饰、收藏于一体的全新观念。玉文化已经从单纯的传统文化中脱离出来，有机地与现代的时尚文化结合在一起，派生出新一代的玉石文化。中国人对玉有着独特的领悟能力与执著偏好。玉的气质优雅、温润的特性与中华民族传统人文文化崇尚温润的心境不谋而合。温是中国传统道德关于人的品德最起码的规范和要求，主要表现在为人处世的温、良、恭、俭、让及待人平和宽宏上，礼让谦和，不偏不倚，过犹不及以及万事和为贵等等都是符合温的标准的。

从古至今，中华民族对玉的崇敬和痴迷，对玉的那份因缘情感，世界上没有哪个民族可以相提并论。对玉的传统认识，对玉的信仰，根深蒂固，内涵丰富，渊源久远，博大精深。玉文化是华夏古国文化的重要组成部分，具有独特的内涵和风格，它与其他文化一样，自始至终维系、推动着我们伟大的中华民族的生息、繁衍、兴旺与发达。

二、本书编写的目的

1989 年，桂林冶金地质学院（桂林工学院前身）在全国同类院校中率先创办了宝石本科专业，并于同年在全国范围内招收本、专科生，研究生教育（宝石方向研究生）早已于 1987 年在国内先期招生，相应地宝石专业课程相继开出，《玉雕造型设计与加工》作为一门专业必修课于 1992 年正式开出，之前，作者作为主讲教师受学校派遣前往我国著名的玉雕之乡南阳学习，在南阳第一玉器厂进修学习一年多后执教这门课，至今已有十多年。

玉器作为中华民族文明传承的中心载体经历了近万年的沧桑，博大精深的中华民族文化始终与我们伟大民族的繁衍兴旺息息相关，随着时代的进步和改革开放步伐的不断加大、加快，古老的中华玉文化观念在中国人心中的热情不断涌动并持续升温，新一轮的本已火爆的赏玉、佩玉、玩玉、藏玉之风正以前所未有之势向前发展。我院作为国内最早开设珠宝专业的高校，也是较早开设《玉雕造型设计与加工》课程的专业，作为培养珠宝行业高级人才摇篮的桂林工学院，应该义不容辞地为我国玉雕行业输送更多高素质、高水准的玉雕高级设计创作人才，正如玉雕行业有识之士呼吁的：'玉雕兴衰，高校有责'，建议要像拯救京剧艺术一样，拯救中国的另一国粹——中国玉雕艺术。笔者曾多次前往国内多处著名玉器生产、销售集散地作过调研，发现凡受过系统培养（高校）的玉雕高级设计加工人才在全国各地无论是传统生产销售集散地、还是新兴生产销售集散地，均十分稀缺，其供求矛盾十分突出。

《玉雕造型设计与加工》这门课虽然已经开出十多年，但是一直没有正规的教材，目前国内能够适用于高校玉雕教学的教材也几乎没有。作为广西优质专业的宝石专业，极需提升自身的品位及知名度，随着时代发展及学校层次的提升，结合本专业特色和实际，编写出版一本结合本专业的《玉雕造型设计与加工》教材，实在是当务之急，编写出版这本教材同时也是我们多年的夙愿。值得欣慰的是，当我们把自己的想法和要求向学院相关领导汇报之后，马上得到极大的支持，学院立即将这一计划列入了桂林工学院"十一五"教材建设规划，并督促有关部门组织相关人员尽快实施。教材编写大纲于 2006 年报审，同年 10 月开始实质性的编写工作，在各级领导的关怀和支持以及宝石教研室领导及全体同仁的热情帮助下，我们几位编者在整理了教师们历年的教案的基础上，查阅了大量国内外资料文献，夜以继日，殚尽心力，于 2007 年 12 月底完成了全书的初稿，2008 年 4 月底经多次修改后送审。在教材编写过程中，本书引用了国内同行的优秀成果及部分资料，对张蓓莉、栾秉敖、崔文元、王实、孙凤民、赵永魁、李祖定等专家教授的著述也多有参酌吸收。本书还参考借鉴了原河南省镇平技工学校部分教材及河南省玉雕行业1985年转发的《玉雕产品设计质量标准检验办法（试行草案）》等资料。在本书的编写过程中，感谢学科带头人张良钜教授给予的帮助和支持，感谢桂林理工大学资源与环境工程系宝石教研室主任雷威副教授长期以来对这门课程的关心指导以及成书过程中的帮助，感谢原教研室主任邓燕华教授的关照和帮助，感谢在本书编写初期桂林工学院杨忠耀教授、周佩玲教授的支持和帮助。编写过程中宝石专业的胡开艳、钟祥涛、张洁芹、黄伟新同学参加了本书的誊抄、打字及编排等工作。

本书的出版得到了桂林工学院（现已更名为桂林理工大学）教务处教材科的资助，叶子裕科长为本书的出版作了辛勤的工作，在此一并致以谢意。

本书由周树礼、曾伟来、何涛编写，共分十章，前言、第一、二、三、四、五、十章由周树礼编写，第六章由曾伟来编写，第七章由周树礼、曾伟来合编，全书图稿照片及玉雕实例制作、摄影、编排等工作统一由曾伟来负责，第八章由周树礼、何涛合编，何涛负责第九章的编写以及全书部分章节的整理编排。全书由周树礼统审统编。

由于时间仓促，编者的水平有限，本书在编写过程中可能存在着诸多的缺点和不足之处，在此我们除了向被引用著述的专家学者再作申谢之外，特此诚恳希望同行专家与广大读者提出宝贵意见。

编　者
于 2008 年 4 月

目　录

第一章　中国玉文化概述 …………………………………………………………… (1)
　　第一节　古人对玉的认识 …………………………………………………………… (1)
　　第二节　玉器的起源与发展 ………………………………………………………… (2)
　　第三节　玉石情缘 …………………………………………………………………… (3)
　　第四节　玉器的历史 ………………………………………………………………… (4)
　　第五节　玉器的功能 ………………………………………………………………… (5)
　　第六节　中国玉器生肖文化 ………………………………………………………… (6)
　　第七节　中国玉文化的继承和发展 ………………………………………………… (7)

第二章　中国现代玉、石雕简介 …………………………………………………… (9)
　　第一节　我国不同种类的民间雕刻 ………………………………………………… (9)
　　第二节　玉雕的定义属性、特点与创作程序 ……………………………………… (11)
　　第三节　现代玉雕门派及艺术风格 ………………………………………………… (12)
　　第四节　中国玉雕、玉石雕主要生产销售地概况 ………………………………… (14)
　　第五节　中国玉雕前辈北京"四杰一魔"及现代、当代玉雕名家简介 …………… (23)
　　第六节　中国现代玉雕行业基本现状 ……………………………………………… (26)
　　第七节　对目前我国玉雕行业基本现状的思考 …………………………………… (27)

第三章　中国玉器发展的基本概况 ………………………………………………… (29)
　　第一节　原始社会的玉器 …………………………………………………………… (29)
　　第二节　奴隶社会的玉器 …………………………………………………………… (30)
　　第三节　封建社会的玉器 …………………………………………………………… (31)
　　第四节　玉器艺术走向世界 ………………………………………………………… (34)

第四章　玉雕的分类、设计构图及俏色运用 ……………………………………… (36)
　　第一节　玉雕工艺题材的分类 ……………………………………………………… (36)
　　第二节　玉雕创作设计中的构图 …………………………………………………… (44)
　　第三节　玉雕造型设计中的俏色运用 ……………………………………………… (47)

第五章　玉器的设计与创作 ………………………………………………………… (53)
　　第一节　玉器的造型设计 …………………………………………………………… (53)
　　第二节　不同题材玉器的设计 ……………………………………………………… (70)
　　第三节　玉器造型设计中的比例关系 ……………………………………………… (92)
　　第四节　中国玉器创作设计中的纹饰图案与吉祥图案 …………………………… (97)

第六章 玉雕设备、基本技巧及工艺实例 (114)
- 第一节 玉雕设备、工具及辅助材料 (114)
- 第二节 玉雕工艺及制作基本程序 (132)
- 第三节 玉雕的基本琢磨技巧及工艺制作实例 (139)

第七章 玉器的后续处理及综合评价 (151)
- 第一节 玉器的抛光和装潢 (151)
- 第二节 玉器的综合评价 (153)

第八章 中国玉器的投资收藏与市场概况 (171)
- 第一节 中国玉器的投资与收藏 (171)
- 第二节 中国玉器市场概况 (184)

第九章 玉雕常用原料的主要品种 (191)
- 第一节 我国玉石、彩石的主要产地 (191)
- 第二节 翡翠(硬玉) (192)
- 第三节 和田玉(软玉) (203)
- 第四节 蛇纹石玉石 (211)
- 第五节 玛瑙 (215)
- 第六节 绿松石 (222)
- 第七节 青金石 (225)
- 第八节 水晶 (227)
- 第九节 独山玉 (230)
- 第十节 蔷薇辉石(桃花石) (231)
- 第十一节 芙蓉石 (232)
- 第十二节 孔雀石 (233)
- 第十三节 常见石英岩类玉石 (234)
- 第十四节 萤石 (236)
- 第十五节 印章石 (237)
- 第十六节 常用的有机玉雕原料 (244)

第十章 玉雕工艺基本技能训练 (256)
- 实验一 熟悉玉雕实验设备 (256)
- 实验二 玉雕工具(玉雕针)的使用方法 (256)
- 实验三 切块分面 (257)
- 实验四 出粗坯 (257)
- 实验五 减地出层次 (258)
- 实验六 线刻工艺 (258)
- 实验七 阳雕工艺 (259)
- 实验八 浅浮雕工艺 (259)
- 实验九 中、高浮雕工艺 (260)

  实验十 立体圆雕工艺 …………………………………………………………（260）
  实验十一 动物雕刻 ……………………………………………………………（261）
  实验十二 花卉雕刻 ……………………………………………………………（261）
  实验十三 细工工艺 ……………………………………………………………（262）
  实验十四 精细修饰 ……………………………………………………………（262）
  实验十五 抛光实验 ……………………………………………………………（263）

国家职业标准 ……………………………………………………………………………（264）

主要参考文献 ……………………………………………………………………………（268）

彩色图版

第一章 中国玉文化概述

关于文化的定义

英国人类学家泰勒认为：文化是社会成员在社会上所学得的复合整体，它包括知识、信仰、艺术、道德、法律、风俗等以及其他能力和习惯。

美国人类学家克拉克与W.H认为：文化是一种渊源于历史的生活结构的体系，这种体系往往为集团的成员所共有，它包括这一集团的语言、传统、习惯和制度，包括有促动作用的思想、信仰和价值以及它们在物质、工具和创造物中的体现。英国伟大的科学史家李约瑟博士曾经说过："对玉的爱好可以说是中国文化的特点之一。三千多年来，玉的质地、形状和颜色一直启发着雕刻家、画家和诗人们的灵感。"（《中国科学技术史》）玉石在中国近万年的历史发展过程中早已与文化紧密融会。它不再是一个单纯的宝石学概念，而是融入了我们的祖先意识形态各个方面的内容，成为一种被人格化和神秘化了的特殊的自然资源，形成了在其他各古老国家都十分罕见的文化现象，即中国玉石文化。玉对中华文明的形成和发展一直起着一种无可替代的作用。商周时代起已经形成了一套整完善的玉文化理论系统，之后三千多年来一直绵延于中国文化的各个领域。

第一节 古人对玉的认识

玉器，在中国光辉的历史文化中，是一颗璀璨的明星；在世界艺术的百花丛中，亦独树一帜，具有鲜明的民族特色。迄今为止的考古发现表明，中国若干新石器圈内，都或多或少地出土有玉器。而在国外，早期玉器的出土地点却屈指可数，只有亚洲的贝加尔湖、大洋洲的新西兰及南、北美洲等几处，而且出土的时间很晚，延续的时间也不长。中国的玉器，自公元前五千年左右的新乐文化、河姆渡文化出现开始，一直不间断地绵延发展了七千多年，这种情况在世界上其他国家和地区都未曾有过。我国不仅在世界上最早制作和使用玉器，而且也是在漫长的人类社会发展过程中唯一将"玉"与"人性"相结合，融会贯通、水乳交融、血肉相连的国家。中国古代玉器，作为一种物质文化，被应用于祭祀、礼仪、丧葬、装饰等领域，以其质坚、性温、美观大方而久享盛名。作为一种精神文化，以其"温润而泽"、"廉而不刿"、"瑜不掩瑕"、"气如白虹"而为历代仁人君子所推崇，视为立世之标准，为人之楷模。因此，中国被公认为世界玉文化史上硕果仅存而又大放异彩的文明之邦应属当之无愧。

玉器在中国的历史上流传之所以如此久远、连续不断，除因其质坚色美等自然属性外，更重要的是人们把玉的自然属性加以道德观念的比附延伸，赋玉以德的形象，以玉表示公正廉洁、清白无瑕。同时，在宗教仪式上，玉又是至高无上的权力象征，深得统治阶级的宠爱。他们把玉本身的特性加以道德观念的比附延伸的同时，又赋予了它在政治、经济、文化、思想、伦理、宗教等各个领域中，充当着特殊的角色，发挥着其他工艺美术品所不能取代的作用。所以，玉不只以其自然属性令人产生感官之美，而且以其比附延伸的社会属性，更使人们对它怀有崇敬之心，正是玉的这种特殊属性，使它在中国古代社会生活中产生如此重要的作用。

我们的祖先对玉的认识经历了漫长的过程。中国先秦典籍及历代正史、碑史、笔记、方志中对玉都不乏记述，有些著作甚至对其用途、形制都有准确的规定和诠释。东汉许慎在《说文解字》中，第一次提出了玉的定义，指出玉即"石之美"，是指玉的材质比一般用于制作生产工具的石料美丽。可以说，这是总结了前人流传的习惯认识并加以条理化、概念化所得出的结论。所谓"五德"，指"润泽以温，仁之方也；理以外，可以知中，反之方也；其声舒扬，专以远闻，智之方也；不挠而折，勇之方也；锐廉而不技，洁之方也。""五德"说是当时从玉材的自然属性派生出来的观念，对后世玉器的发展产生了深远的影响。这个结论在一定程度上也反映了玉的特性，但其前提"石之美"就令人费解了，什么样的石才可以称之为"美石"呢？古人为解决这个问题，也曾变换角度从玉的物质属性方面来解释玉，汉郑玄注《周礼》曰："玉多则重，石多则轻"，唐贾公彦疏"盈不足术"曰："玉方寸重七两，石方寸重六两"。这些大致是古人在当时的历史局限性下对"玉"的理解。解释虽略显不足，但基本反映了古玉的自然属性和社会属性，在当时的条件下，亦属难能可贵。《辞海》承袭了中国古代关于玉的理解，简化地定义为"温润而有光泽的美石"。总之，这是一个广泛意义上的古典的玉的概念，或称之为广义的玉。玉器作为金石学、考古学的研究对象出现较晚。中国最早的一部金石学图录，是宋吕大临编辑的《考古图》，成书于元祐七年（公元1092年），选录了圭、璧等玉器14件。至南宋绍兴三一二年（公元1162年），有人编著《续考古图》，补充了少量玉器。元至正元年（公元1341年），中国第一部专业的玉器图录《古玉图》终于问世。这标志着古玉在金石学领域内的地位有所提高。清乾隆、嘉庆时期，考据学兴盛，学者对古玉的考证有了较大的进步。清光绪十五年（公元1889年）吴大澂编辑的《古玉图考》，不失为中国第一部古玉研究性很强的专著。此外，还出版了瞿中溶的《奕载堂古玉图录》等鉴赏古玉的专著，总结了宋以来近千年古玉收藏家和古董家的经验，对今天研究古玉的用途、造型、文饰、色泽及仿古等，仍有不可忽视的参考价值。

第二节　玉器的起源与发展

玉石器的制作，起源于旧石器时代。中石器时代为旧石器时代向新石器时代过渡的时期，当时已使用弓箭。因此，在打制、磨制的混合石器中，常有玉石箭头。玉器是在石器发展到一定阶段之后的必然结果，也就是说，玉器是孕育在石器当中的，只是到了人们的认识水平达到一定阶段后才从石器中分离出来。

新石器时代农业和畜牧业的出现，是这个时期的主要特征，生产工具以磨制石器为主，有石斧、石铲、石刀、石犁、石镰、石磨盘等。当时人们除了磨制砂岩、页岩、变质岩的工具外，还磨制蛇纹石、透闪石、石英岩、硅质石等彩石玉器。

新石器时代晚期，玉器的制作可能已发展为独立的手工作坊。一些考古学家根据考古中的玉器遗存，认为距今约四千至五千年是"铜石并用时代"，玉器已彻底脱离石器，不仅是当时人们财富与权力的象征，而且还是人们制造生产工具、生活用具、兵器乃至宗教礼器的主要材料品种之一，因而提出了"玉器时代"的命题。当时的玉簪、玉环、玉璜、玉玦一类是装饰用玉，为人所共知；而玉龙、玉鸟等可能为图腾神物，玉琮、玉璧等为宗庙礼器，具有宗教或权力的象征意义。

春秋、战国迄秦、汉时期的玉器，礼玉渐少，而佩玉增多。春秋、战国是中国古代玉器发展的高峰时期，镂空、浮雕等手法普遍应用。当时，带有政治、道德与迷信色彩的成组佩玉盛行，称为组玉，玉璧、玉环、玉龙、玉璜、玉管等皆成为组玉的一部分。汉代玉器引人重视的是不断有金缕、银缕玉衣出土，生活用玉大量制作。

三国、两晋、南北朝、隋、唐时期，玉器风格基本继承两汉传统，但实物流传甚少，墓葬出土数亦不多。

宋、明时期，玉器制作以生活使用器皿为多，其中仿古之作十分发达。

清代为玉器制作的振兴时期。当时，经济繁荣，宫廷手工艺与民间工艺都有较大发展。新疆玉料源源开发，所制玉器多为陈设器物或生活用品，大至"大禹治水"玉山，小至龙钩、扳指，雕镂精工，纷呈异彩，在中国玉器发展史上写下了光辉的篇章。

古人不但贵玉，且兼贵其声，所以古乐器有玉磬、玉笛、玉篁、玉箫。春秋时即开采的安徽灵璧玉，最早就是用来制作玉磬的。

第三节　玉石情缘

玉是中华民族的瑰宝，像一颗明珠，在中国历史文化中放射出灿烂的光辉；玉是中华民族文化特色之一，在世界上独树一帜，誉满天下；玉在中国历史上久负盛名，流传久远，为人们所喜爱，被奉为宝物。

翻开字典，看看汉字的构造，便对玉文化在中国的地位可见一斑，含有"玉"字的汉字何其之多。中国的国字四框里是一个玉字，象征着地大物博，遍地是宝。皇帝，封建社会的最高统治者，其皇字即王字上面一个白字，白王实际上就是白玉的意思。宝贝的宝字，宝盖头下面一个玉字，即最初人们认为有玉才是宝，不然就不是宝。在此我们就不一一列举了。

再稍稍留意一下，我国的人名、地名、书名、戏名等等，带玉字的又是何其之多。用带玉字旁的字命名的那就更是数不胜数了。其地名有玉门、玉溪、玉田等等，人名如战国伟大诗人屈原的弟子宋玉、唐代美人杨贵妃叫杨玉环、古代中国英雄梁红玉、神话故事吹箫引凤中的弄玉、当代画家黄永玉、女画家潘玉良、国画大师齐白石，白石实际上就是白玉，他又叫齐璜，璜就是古代玉佩的一种，叫玉璜。

中国人不但喜欢用玉来命名，而且把最高尚的、最坚强的、最纯洁、最美丽的东西，都用玉来形容。比如形容人的气节有"宁为玉碎，不为瓦全"；形容女人的美丽有"书中自有黄金屋，书中自有颜如玉"；形容女人的贞节有守身如玉、修身如玉；形容歌喉之美有珠圆玉润。白居易的《琵琶行》中有这样的诗句："大弦嘈嘈如急雨，小弦切切如私语，嘈嘈切切错杂弹，大珠小珠落玉盘。"形容仙山胜境有琼楼玉宇，把美酒比作琼浆玉液等等。

玉和金一样，是富贵的象征。"金玉满堂"即言财富之多。金枝玉叶，是皇族后裔的专称。玉，还是权力的象征。除了玉玺外，"金科玉律"用来指不可变更的法律。玉又是和平的象征，如"化干戈为玉帛"等等。

玉在古代中国所产生出来的精神文化是东方精神生动的物化体现，是中华文化传统精髓的物质根基，中国玉文化的辉煌不亚于伟大的长城和秦代兵马俑的奇迹，包含着伟大的民族精神，其成就已远远超过了丝绸文化、茶文化、陶瓷文化和酒文化。

所以说，玉文化是中华民族一种特殊的文化心理，形成一种潜意识，达到一种心理极致，在国民心中已根深蒂固。作为中国人，拥有一块玉或一件玉饰、一件玉雕作品，已成为一种精神上、物质上的满足。崇玉、爱玉、赏玉、盘玉、藏玉、佩玉，可以说是人们文化生活中的最高境界、最高层次。玉文化已渗透中国社会生活的方方面面，涉及到政治、经济、文化、宗教、民俗等领域，上至帝王，下至庶民，无不对玉有着深厚的情感。我们应该把玉文化推向世界，让世界各国人民了解中国的玉文化。充分利用机遇，大力弘扬中国优秀的、博大精深的玉文化，为中国增添光彩，扩大中华文明在世界的影响。

第四节 玉器的历史

玉器的产生，是人类在原始美感的引导下由物质文明向精神文明发展的必然趋势。同时，它的产生也是一个漫长的、不断探索的艰难历程。在距今2.8万年的今山西峙遗址就出土过一件水晶制作的小石刀和一件由一面穿孔而成的石器装饰品，在距今1.2万年左右的海城仙人洞出土有用绿色蛇纹石制作的玉器，虽然相当粗糙，但已显示出制作者高超的技术以及先民们对玉石的辨认已经有了较为深刻的了解。在旧石器时代晚期的当时，原始时代人类由于主观认识和客观条件的种种限制，不可能制造出真正的玉器，但毋庸置疑的是，长期的实践使先民们积累了大量鉴定石（玉）质的经验，发明了磋磨、钻孔等加工石玉器的新方法，最后才孕育出璀璨夺目的玉文化。

新石器时代中晚期，人类进入氏族公社社会，社会出现分工。农业出现之后，经济进一步繁荣，人们生活水平得到提高，便产生了对美的进一步追求以至推动了爱美的观念，在对美的享受的不断进化过程中，人们注意选用质地坚硬又美丽的石材来制作刀、铲等工具，玉和石逐渐被人们发现和使用。随着商业的出现，氏族社会逐步确定和发展，出现贫富差别，富有阶层对美的享受有了更高的要求，玉从制作生产工具转到制作装饰品。玉便从石器中分离出来，成为一种特殊的手工装饰品，在不同的阶级盛行开来。

玉是自然界之美石。汉代许慎在《说文解字》中对玉有这样的解释："玉，石之美者"，这一注解从物质上（石）和艺术上（美）两个方面科学地阐述了"玉"字的概念。孔子曰："水之精为玉，盖天下坚洁精美之品无有过于玉者。"

今人视玉，仍有广、狭之分。广义的玉，定义为"温润而有光泽的美石"，不仅包括和田玉、独山玉、翡翠、玛瑙、绿松石、芙蓉石等，还包括水晶、岫岩玉以及寿山石、青田石、鸡血石等。狭义的玉，是指法国矿物学家穆尔所言的硬玉（翡翠，矿物成分是硬玉）和软玉（和田玉，矿物成分为透闪石和阳起石）。其余将有工艺美术用途的岩石，称为彩石类，而有工艺要求的矿物晶体则称为宝石类。

玉为人们所喜爱，不仅仅因为其质地坚硬致密，色泽晶莹，为世罕有，而且它在历代政治、文化、道德、宗教等各方面起着特殊的作用。"象三玉之连其贯也"，即玉象形字初意三块美玉用一根丝绳贯穿起来，是"丰"型。也喻意古人用玉象征万物，"三玉之连"代表天地人参通。玉代表人间祸福的主宰。所以古人有"黄金有价玉无价，藏金不如藏玉"，后世流行的"宝"字，是"玉"和"家"的合字，这是以"玉"被私有显示出它的不可替代的价值。古代玉价值连城，为了占有它，不惜去发动战争。如用"和氏之璧"改制的传国玉玺，曾被史学家誉为"一部宝玉石史、半部中国古代史"的传奇宝物，这件象征至高无上帝王权力即真命天子的无价之宝，从战国到秦立国传到后唐、元，历经1140多年，曾经被一百多个皇帝拥有过，其间历经无法计数的战乱和杀戮。

玉石经加工雕琢成为精美的工艺品，称为玉器。玉器作为中华民族的国粹之一，经过数千年的继承和发展，从史前的古朴、雅拙到秦汉的雄浑豪放，再发展到明清的玲珑剔透、博大精深，经历了一个由"物—神—人—物"的发展历程，是不同时代、不同思想观念下的不同产物，长期以来，相辅相承，取长补短，最终百川归流，殊途同归，共同构成近八千年璀灿夺目的中华玉文化。

第五节　玉器的功能

中国古玉器不仅有着七千多年的悠久历史，有着丰富多彩的品种，而且还有着丰富的文化内涵。这也是玉器之所以成为历代官吏显示身份地位的随葬品、重要的文物、构成中国玉文化体系的原因。其文化内涵不仅包括设计艺术、碾琢工艺、文字记载等，而且还包括古玉器的丰富的政治价值、礼仪功能、宗教功能、经济价值和装饰功能。

古玉器的政治价值表现在古玉器是社会等级制度的物化，是古代人们道德和文化观念的载体。出土玉器基本上出自有身份和地位的大中型墓葬中，春秋战国就有"六瑞"的使用规定，六种不同地位的官员使用六种不同的玉器称之为"六瑞"，即所谓的"王执镇圭、公执桓圭，侯执信圭、伯执躬圭、子执谷璧、男执蒲璧"。从秦朝开始，皇帝采用以玉为玺的制度，一直沿袭到清朝；唐代明确规定了官员用玉的制度，如玉带制度。

古玉器的礼仪功能一直占中国古玉器的主流，所谓礼仪玉器，顾名思义，是指古人在祭祀、朝会、交聘等礼仪场合使用的玉器，常简称为"礼器"或"礼玉"，《周礼·春秋·大宗伯》记载："以玉作六器，以礼天、地、四方、以苍璧礼天，以黄琮礼地，以青圭礼东方，以赤璋礼南方，以白琥礼西方，以玄璜礼北方。""六器"主要是指璧、琮、圭、璋、琥、璜六种玉器。

玉器的宗教功能则体现在古人在图腾崇拜、佛教和道教中的用玉。玉器的经济价值从古到今不减。大中型墓葬中出土较多的古玉器，除了表征墓主的身份和地位外，也是财富的象征；商代至春秋战国时期，有以玉作币、以玉作交换和贡品的做法；清朝有"古铜旧玉无身价"的说法。

除了玉的象征意义之外，玉也具有非常多的实际用途。古人对其使用，大多还与养生有关，且习俗一直沿用至今，民间有"人养玉，玉养人"的说法就是将玉与人的身体紧密接触，可以气血相通，体质好的人佩带玉器，则玉光洁滋润，柔和如脂，人也因此面红体润。反之，则二者晦暗无光。因此，人们将玉石制成玉镯、玉坠、玉枕、玉梳、玉按摩器、玉健身球、玉烟嘴等玉制品，以此健体防病。

装饰功能始终是玉器的主要功能，包括玉珠串、手镯、玉佩等人体装饰用玉，玉剑饰、玉带钩、玉带扣等服饰装饰用玉，玉山子、玉制瓶、玉制炉熏等陈列装饰用玉等。因此，玉兼具吉祥如意、护身、健体、装饰等功能，是人们向往美好生活的一种愿望。这种向往通过玉文化淋漓尽致地表达出来，因此，在中国人的心目中，玉有着民族传统的内涵，它是物质的观念，又是社会的、文化的综合观念。

第六节　中国玉器生肖文化

十二生肖，连接着中华民族几千年的民俗文化，有着深厚的群众基础和丰富的文化内涵。十二种动物作为中华民族每个人的生肖属相和记岁方法，已有2200多年的历史。地不分东南西北，人不分男女老幼，虽经历各朝各代，仍沿袭相传，可见其生命力之强，影响力之大。

"全国十二个，人人有一个"。20世纪70年代初，日本首相田中角荣访华期间，曾出这则谜语请周恩来总理猜，周总理听了开怀大笑，脱口而出："十二生肖"（见《人民日报（海外版）》1989年2月），成为一段人们津津乐道的佳话。

十二生肖的渊源可追溯到远古时代华夏先民的动物崇拜和图腾崇拜。斗转星移，逐渐形成十二地支和十二生肖系列。

20世纪70年代的湖北云梦睡虎地出土的秦简中，就有关于十二生肖比较完整的记录。东汉思想家王充的名著《论衡物势》是现代文献中最早记载了十二生肖的。十二生肖虽是动物，但它们作为人的属相，已是被升华了的动物。人们对它们有许多美好的寄托，使其成为吉祥灵性之物，已非自然界中的动物可比。比如蛇、鼠类虽是人们厌恶的动物，但作为人的属相则是另一层涵义。十二生肖源于动物又超脱于动物，使生肖动物人格化，情理相合，颇具特色。

1998年在陕西西安的数座唐代墓葬中出土了一套十二生肖陶俑，又称十二支神俑，随葬于墓中作为辟邪的神物。它盛于隋、唐时代的厚葬之风。这套生肖俑共12件，通高20～22cm，均有兽首人身造型。其形象为身着唐朝的宽袖袍，两手向胸前作拱手状。这类生肖俑文物显示着古代的殡葬习俗，为研究生肖文化及雕塑艺术提供了宝贵的文物资料。

中国是十二生肖文化的发源地。十二生肖既有民间文化传统性，又具有世界性，尤其是亚洲各国，因长期与中国保持密切的经济文化交流，受中国传统文化影响很深。如韩国1976-1987年发行的第三套十二生肖邮票，是世界上第一套拟人化的生肖动物图案邮票。这套邮票除狗年不是拟人化图案外，其他11枚都是兽首人身拟人化图案邮票，尤其是蛇、马、羊、猪、鼠等采用的是朝鲜新罗王朝时期的生肖浮雕石刻。

近十几年来，生肖邮票已成为国际邮坛上的热门专题之一。自1950年日本发行世界首枚生肖邮票，到1998年世界上发行生肖邮票的国家和地区已达74个，其中包括世界各大洲发行的生肖邮票，品种总数已达1195枚，形成了一个庞大的生肖系列专题，受到各国集邮爱好者的青睐。

十二属相是我国传统的一种纪年法。它以十二种动物（鼠、牛、虎、兔、龙、蛇、马、羊、猴、鸡、狗、猪）来配合十二地支（子、丑、寅、卯、辰、巳、午、未、申、酉、戌、亥）即成子鼠、丑牛、寅虎、卯兔、辰龙、巳蛇、午马、未羊、申猴、酉鸡、戌狗、亥猪十二地支生肖动物。"十二生肖"几千年来作为中国的纪年方法广泛应用，至今流行。这十二种动物不仅仅是一种生肖一种属相，其实它还包含着更为深层的含义，十二生肖两两相对，六道轮回。体现了我们祖先对我们的期望和要求。

鼠和牛：鼠代表智慧，牛代表勤奋。智慧和勤奋要紧紧结合在一起，光有智慧不勤奋就是小聪明，光有勤奋不智慧就是愚蠢。

老虎和兔子：老虎代表勇猛，兔子代表谨慎，两者紧紧结合才能大胆心细。

龙和蛇：龙刚猛，蛇柔韧，刚柔相济是祖训。

马和羊：马勇往直前，羊代表和顺。如果一个人光有目标，不顾及周围环境，最后，不见得到达目标；如光顾及和顺，可能连目标也会失去。

猴和鸡：猴子代表灵活，鸡代表恒定，二者必须紧紧结合才能达到目的。

狗和猪：狗代表忠诚，猪代表随和，无论是对一个民族忠诚，还有对自己现实的忠诚，一定要紧紧地和随和结合在一起，这样才能真正做到保持内心深处的平衡。在中国历代、现代玉器图案题材中均可看到大量不同品种、不同质地的玉生肖工艺品，而且很受人民群众的喜爱和欢迎。从目前来看这类玉雕小动物多属写实类，但有些早已是图案化了的形象。为了使这些玉器件表现形式上一致而不至于混淆，一般来说有3种表现手法：

（1）写实的，基本上依照动物的原形来创作，属于写生类。

（2）变化夸张的，对所创作的动物某些特点加以简化式夸张，使其形象更突出更完美。

（3）装饰性的，是在变化夸张的基础上再增加一些装饰趣味的东西，使其更生动可爱。

广大消费者均可根据自己的喜好进行选择。

第七节 中国玉文化的继承和发展

中华民族是世界四大文明古国之一，它古老的文明在世界历史上闪耀着灿烂的光辉。中国玉器源远流长，玉器是中国文明起源的重要标志，也是区别于世界上其他文明起源的一个重要特征。近年来，我国考古学家根据良渚文化和红山文化发现的大量玉器，提出了中国在石器时代和青铜器时代、铁器时代之间存在着一个玉器时代，这是继丹麦考古学家汤姆逊于1819年第一次提出石器、青铜器、铁器三个时代划分后的新发现。表明文明演变在中国有其独特的方式，玉器时代大约在距今5000—3500年间。玉的神话和灵化概念是玉器时代意识形态的核心。玉作为非实用性的装饰品和专用的礼仪制品，标志着以等级为核心的礼制的开始，象征着持有者的特殊权利和身份，它脱胎于不成文的习惯法，说明玉器时代是中国文明的起源时代。玉器是中华民族五千年的精华，传统文化的象征，被赋予了美的内涵，甚至更高的意义。它是精神，是意念，是理想，更是中华民族对美的追求和升华。玉凝结着人们深深的感情，培养了中华民族的人格，孕育了中华民族的人格，孕育着中国传统美学，从古至今延续了近八千年，始终焕发着不朽的光辉。

玉文化的产生，极大地推动了古玉器的发展。反过来，玉器工艺的发展，又不断地扩充着玉文化的内容。我国古代玉文化的发展，由新石器时代的萌芽，在奴隶社会形成并发展，到奴隶社会晚期即西周时达到顶峰。新石器时代以前，石器使用以装饰为主；以后则逐渐变为以祭器、法器等礼器为主；春秋战国佩玉流行；汉代以后，玉石用作礼器较少，社会等级之分多以佩饰或服饰区分，实用内容逐渐增多。玉石文化更是渗透到中国文化的各个领域，在人们的思想、行为和创作灵感中发挥着潜移默化的作用，并更加深入到民风、民俗之中，给人以厚重的历史感和莫名的神秘感。因此玉石文化是玉器发展的精神支柱和传统力量。中国人认为玉的视觉、声音、温润的手感以及玉所具有的刚烈属性都与君子的人格之间具有统一性，这样一来，玉器在中国流传几千年直至今天依然佩玉成风的原因，就是因为它能够象征或者寄托君子的情操和人格的理想。

近代玉雕继承发扬了历史传统。同时也具有了明显的当代文化特征，融进了新的审美意识，融进了现代人的怀古意识，融进了非迷信的防病保健意识，更融进了商品经济社会的保值、增值意识。作为财富的象征以及护身、辟邪的文化内涵却仍沉淀在国人的思想意识深处，时时涌动。新中国成立之后，党和国家大力发展玉雕业，使玉雕行业一度欣欣向荣，玉雕产品大量出口创汇，为我国工艺美术界赢得了很高声誉。改革开放之后，在市场经济大潮的带动之下，我国玉器生产工艺革新加快，新型设备极大地降低了劳动强度和提高了劳动效率。创作题材除了沿袭传统的器型之外，更有创新突破且更具时代和生活气息。玉质除了传统的软玉、翡翠、蛇纹石、绿松石、玛瑙、独山玉等玉石品种外，更不断有新的玉石品种发现，使玉石制品品种繁多，绚丽多彩，美不胜收。纵观历史，无论是玉石文化的发展，还是玉雕工艺的发展，都与国家兴衰有直接的关系，国家强盛，则玉雕业兴旺；国家衰败，则玉雕业不振。

随着当今中国玉石文化和中国玉器发展的空前繁荣，尤其是和田玉的发展，已经成为中华玉文化的重要组成部分，是中国玉器发展的主流代表。和田玉不但被国人认为是独一无二的美玉，而且被世界推荐为中国玉器的杰出代表。2008年中国北京奥运会所规定的会徽印章就取材于新疆和田青白玉。北京2008年奥运奖牌设计方案于2007年3月27日在首都博物馆正式发布，设计理念源自中国数千年的玉文化，奖牌正面采用国际奥委会规定的图案，背面镶嵌着取自中国古代龙纹玉璧的玉璧，因而更显尊贵和典雅，也彰显了玉的高贵品质，喻示了中国传统玉文化中的"金玉良缘"，金玉结合体现了中华民族的价值观，也体现了对奥林匹克精神的礼赞和对运动员的至尊褒奖，同时也形象地诠释了中华民族自古以来以"玉"比"德"的价值观，中国特色浓郁，是中华文明与奥林匹克精神的"中西合璧"。北京奥运奖牌的诞生，使北京奥运会奖牌成为宣传奥林匹克精神的北京奥运会理念展现中国玉文化艺术设计和制作水平的载体，是中国传统玉文化和奥林匹克精神的完美结合，是古老的中国玉文化在新的历史条件下的传承创新与发展。由此不难看出，中国传统玉文化将随着奥林匹克精神在全世界范围内得以展现和传播。

第二章 中国现代玉、石雕简介

第一节 我国不同种类的民间雕刻

雕刻艺术是人类五大艺术（建筑、雕塑、绘画、诗歌、音乐）的一个重要方面（近代又增加两大艺术：戏剧与电影）。玉雕属于雕塑的范畴。雕刻又包括玉雕、石雕、木雕、牙雕、贝雕、角雕、微雕。雕刻是一种高级的艺术形式，是人类艺术技巧的结晶。在绘画中，我们只能从一个角度来观看物体；而在雕刻作品中我们可以从各个不同角度去观赏、揣摩。一件成功的雕刻作品无论从哪个角度去欣赏都是完美无缺的。

雕刻是我国一种古老而又传统的民间工艺，它种类繁杂、精品荟萃。我国传统的雕刻又分为以下几方面。

(1) 玉雕：有翡翠、白玉、碧玉、松石、玛瑙、珊瑚、岫玉、水晶等，北京的雕刻匠师历来善于按料设计，因材施艺，其作品多活泼、生动。

(2) 牙雕：牙雕即象牙兽角制成的雕件，牙雕一般指的是象牙雕件，产品在我国分布较广，主要有北京、广州、上海等地，其中北京牙雕素以各种仕女和艺术观赏品为主。

(3) 石雕：福建寿山石雕以雕刻各种动物的民间故事为主，生动活泼富于生活情趣，浙江青田石雕以山水、花、卉居多，也有装饰和日用相结合的台灯、书架、花瓶。

(4) 木雕：包括建筑、家具和各种装饰品，木雕的工艺风格和艺术风格也是流派纷呈，其中徽州建筑中的雕板工艺堪称一流。广东潮州木雕工艺秀美以镂空多层次、高浮雕、透雕多种手段，突破时空地表现复杂的人物故事和花鸟山水而著称，雕成后再加红漆贴金，艺术效果精巧富丽。浙江东阳木雕以镂花雕箱而著名。

(5) 竹雕：竹雕即竹刻，是中国民间工艺品之一。据《竹人录》记载，竹雕工艺盛于明代中期至清代乾隆年间。竹雕多产于南方，由于明时的文人雅士非常喜欢竹雕制品，雕刻名家辈出，从雕刻技法和风格来看，可分为两大流派，即江南的"嘉定派"和"金陵派"。"嘉定派"以朱鹤、朱缨和朱稚征三人为代表，人称"朱松邻子"。"嘉定派"擅长深浮雕和圆雕，作品的刀功深邃，人物形象栩栩如生，其作品的典型题材常取之"竹林七贤"、"夜游赤壁"、"松下罗汉"等一些典故。"金陵派"以擅于巧取材质的天然形态而著称，往往依竹材自然的神韵稍加浅刻便创作出古朴的天然形态，给人以自然天成的美感。至清代，"翻簧"和"留青"技法的出现以及书法和绘画应用于竹雕使竹雕工艺日臻完善。这种原本只具实用价值的竹雕制品经几代艺人的承传转而成为供人玩赏的高雅艺术品。

(6) 贝雕：用贝壳为原料雕刻或制成的工艺。中国贝雕制品中外驰名。除了青岛、上海、广州等地，还有山东烟台市、辽宁大连市、广西北海市等。以下重点介绍。

青岛贝雕：由中国青岛工艺品厂生产的贝类系列产品，称为"青岛贝雕"。具体产品有人物、花鸟、山水、植物等，还有挂屏、屏风、摆件、建筑装饰、家具装饰、服饰、首饰、戒指、电子钟等装饰镶嵌品以及各种旅游产品。近几年该厂利用各种贝壳巧妙地制作一幅"文成公主入藏图"，图上有上百藏民载歌载舞拥簇着藏王迎接来自中原的文成公主。此珍品是近年来中国贝雕的代表作。

广西合浦贝雕工艺厂：合浦县沿海七大珠池，盛产珠贝，每年剖贝，有丰富的珠母贝壳，这给珠贝工业提供了丰富的物质基础。珍珠贝壳经刮皮抛光后，五彩斑斓，光怪离奇，如在晚间经灯光照射，更是光彩夺目，五彩缤纷，用珍珠贝加工的各种工艺品更是多彩多姿。

珠贝的加工，在合浦具有悠久的历史。从合浦传世众多的明、清两代的家具及艺术品来考证，早在明代合浦的珠贝工艺就已经很发达了。

目前，合浦工艺厂利用制作的贝雕工艺品，有花鸟、人物及风景，远销国内外，用珍珠贝镶嵌的茶几、桌、椅以及首饰盒远销港澳地区，深受用户欢迎。

(7) 角雕：以鹿、羊、牛及犀牛角为原料雕刻制作而成的工艺品。角制品和牙器、竹、木、金、玉石一样成为我国古代工艺美术制品中的珍宝。

犀角在我国古代是非常珍贵的东西，中国古代的犀角都来自国外，所以数量不多，显得十分珍贵，而且犀角本身可以入药，这样，雕成的工艺品就更加珍贵了。

犀角，古称文犀角，因为稀少，甚至比象牙还要珍贵，在考古发掘中，只有牛、羊、鹿角制品出土，至今还未发现犀角器。所以，犀角在明代就特别珍贵，清代中期以后，犀角的来源在世界范围内已很稀少，我国仅有少量进口以作药用。

我国角雕的主要产区有湖南怀化、广西合浦和四川垫江。

怀化牛角雕：湖南省怀化地区的传统角雕制品。以牛角为原料，产品主要是挂屏和画镜两类，题材有人物、花鸟、山水、鱼虫等，手法有浮雕圆雕等。其牛角制品雕刻精细，古雅庄重，很有艺术性。

合浦牛角雕：广西合浦县所产，系用广西水牛角为原料，分为黑角和明角两种。明色泽为黄，半透明，质感细润如玉，雕刻后稀薄如虾须蝉飞，十分美观。在工艺上有圆雕、浮雕、镂雕、镶嵌等多种手法。构图上吸取绘画艺术，虚实相间。

垫江牛角雕：四川垫江县制作的角雕艺术品，产生于晚清，当时多是文人余闲时所做，用黑牛角雕成各种文玩器物，有笔架、笔筒、砚架等。技法广泛采用浮雕、镂空雕、嵌刻等，造型自然，形态生动，雕工精细，色泽古雅，题材种类有鹰、鹤、飞鸟、卧鹿、松鼠、虾戏、芭蕉、佛珠等。

(8) 微雕：明称"鬼工雕"，是一种在放大镜甚至显微镜之下运刀的雕刻工艺。清康熙年间著名宫廷艺人尤通曾在一颗比桂圆还小的玉珠上刻下苏东坡的《前赤壁赋》全文530字。到了近代有人在米粒大小的象牙上刻诗词文章，更有人在头发的横断面上施艺。如四川新都奇人张长江，48岁，从事微雕已30多年，独创针眼微雕18只梅花鹿共22只动物的动物图，借助50倍的显微镜放大才能看到。其憨态可掬的熊猫和热情奔放的奔马等一共十余幅作品，每个造型都相当于1/100的芝麻大小，一样的栩栩如生，还有鲜艳的色彩，真正堪称鬼斧神工。

本书中主要研究的是玉雕。玉雕属于雕塑的范畴，德国的黑格尔在他的《美学》、法国的丹纳在他的《艺术哲学》中都对雕刻作过深入研究。雕刻的目的就是用雕或琢的方法将适于表现的材料加工成各种形象以反映艺术家对事物的理解。所使用的材料主要有木材、岩石

（包括花岗岩、大理石、玉石、宝石等）、贝壳、象牙等。正因为如此，珠宝便与雕刻有了不解之缘，与其他材料相比，宝玉石有自己独特的特点，黑格尔曾慨叹青铜器的黯淡、花岗岩的反光、宝石过于细微，在他的眼中，最适于表现静穆、永恒的人物题材的材料仅有细腻的大理石。玉石材料正好弥补了这一缺憾，其质地细腻、温润、柔和、似透不透，白玉和翡翠就成了表现纯洁、典雅、静穆永恒的最理想材料。因此女神和女性多用纯色玉来体现，若是女神多呈现安详、慈善、典雅的表情，没有复杂的姿势和动感；若是生活中的女性则呈现俏丽、柔媚的表情，多有复杂的姿势。而多色玉料可以表现出活泼、生动灵秀的特质。从雕刻手法来讲，圆雕（即真正的雕刻）为实体造型，具有独立性。浮雕、凹雕多为侧视、剪影造型。一般作为其他物体的装饰，在我国的玉雕作品中，这些手法往往兼容并蓄，从而达到立体绘画的效果。如乾隆年间雕刻的《大禹治水图》山子及当代翡翠巨雕《岱岳奇观》就是各种雕刻手法并用的杰作。

我国的工艺美术有着几千年的悠久历史，玉雕是工艺美术的一种特殊形式，因此国家轻工业部把玉雕列为特种工艺品类。玉雕历史悠久，内容丰富，不仅以其优美奇特的造型和特殊的风格及精湛的技艺而著称，玉石坚硬的材质和优雅的色泽同时也是其取胜的要诀。玉雕艺术具有中国画所具有的"意到笔不画"的特点，是西方雕塑所无法相比的，它像诗篇一样反映着人们的思想、民族习俗和审美观，同时它又创造性地不断发展、革新一直到今天。

第二节 玉雕的定义属性、特点与创作程序

1. 玉雕的定义和属性

所谓玉雕，顾名思义就是玉石雕刻。它既不必像微雕那样细密，又不能像城市雕塑那样宏伟壮观。玉器一般用于室内陈设或是佩戴装饰，是在特种玉石材质上用巧妙的立意构思和熟练的雕刻技艺结合的产物，也就是说是玉石材质与艺术创作相结合的产物。玉器制作过程是从立体想象到平面构图，再由平面构图回到立体造型的循环过程，玉雕和绘画有许多相同点，但又各有其自身的特点。玉雕力求层次分明，主次得当，它的前提是因材施艺，巧用俏色。俏色有其独到之处，一般石雕、石刻材质多色泽单一，而玉雕材质多为两种、三种甚至多种色泽并存，因此色泽的运用在选择和表现形式上变得颇为讲究。油画可以任意涂抹，雕塑亦可任意添减，玉雕俏色运用的巧妙之处在于起到画龙点睛的作用，雕塑是加，玉雕是减，去多去少都很有讲究，有差之毫厘、去之千里的说法。所谓玉雕艺术就是利用特殊的雕刻材料通过琢磨等艺术手段，使其表现为具有特定形态、动作的人或物的形象，借以表达创作者对世界、对人生的感悟的艺术。

2. 玉雕的特点

玉雕加工的特点与宝石加工有较大的差别，前者非常注意讲究因材施艺的雕塑设计，而后者虽然也有选材的问题，但各种款式相应比较固定，玉雕可以充分发挥工艺师的创造性和艺术风格，宝石加工经培训三个月可出产品，而且在玉雕领域里要做到样样精通，人物、花鸟、器皿、兽类均做到全能，古今几乎难寻，只能在某一领域里独领风骚，再兼顾旁类。琢玉是一门十分高深的艺术，没有10～20年的苦心修炼，绝难深谙此道，但它又是一种容易入门的行为，只要师傅领进门，一般都能学会一些技能，稍有些聪明和用心熟练几年活路，混个衣食并不难。

玉雕是雕刻中最为复杂的一种艺术，能够精通玉雕的人作雕塑不应是什么难事，而精通雕塑的人却未必能做得好玉雕。玉雕技术、艺术、文化及相玉本领中无论哪一项都有高深的门道，哪一样学不精都不能成为高手，所以琢玉名家多为幼年学艺而晚年成名，其杰出者向来就是百里挑一。中国玉器历史悠久，技术领先，重视玉润，重视传统造型，重视中国艺术风格，使玉质的造型统一在一个整体中，使造型和用途结合起来，这些玉质、玉色、工艺技术、艺术、民族特色融于一体的特点，是了解和研究中国玉器的重要方面。

3. 玉雕创作的过程与顺序

玉雕作品的创作过程大致可按照审玉—设形—治形—传神的顺序进行，也即情景交融创造意境的过程。

（1）审玉：审玉是一个融境的过程，因为每一块玉石都有自己特有的定性，有自己的大小、形状、颜色、透明度、裂绺等特征，这些特征就是一幅未经人工雕琢的天然风景画，这时作者面临的一项重要工作就是发现其中的美点，并通过心灵的加工，即联想和想象等心理过程对景物进行取舍而组织成一幅新的图画。

（2）设形：设形是审玉的继续，通过审玉，创作者形成了一幅朦胧的图画，确定了大致要表现的主题，如人物题材、花鸟题材、香炉器皿等。设形就是要将这种朦胧未现的图画用笔绘在玉石材料上或纸上，使其由隐到显，这是玉雕创作的关键所在，是一个"生意"的过程。这一过程往往要经过很长时间才能确定。因为雕刻艺术是破坏性的，只能去料，不能填料，所以必须慎之又慎，在没有形成一幅有意境的图画之前是不能轻易开琢的。

（3）治形：治形是玉雕创作的实质性阶段，即通过铡、錾、标、扣、划、冲、轧、钻等技术手段使玉石材料逐步变成一幅理想的立体雕塑形态。

（4）传神：传神在玉雕创作工艺中称为精细修饰，是使作品增添神采的过程，在进一步需要对人物的面部表情、眼皮、服饰花纹，鸟兽的眼睛、毛发、爪尖、嘴角等最能传达神韵的部位进行逼真的刻画。

第三节 现代玉雕门派及艺术风格

（一）玉雕的艺术风格

现代玉雕的艺术风格有3个主要特点：一是工巧发展到前所未有的水平；二是用料巧妙比古玉有所进步；三是艺术造型以写实为主。

（1）工巧：现代玉雕的工巧分两个方面，一是学习古代玉雕的工巧，如薄胎、压丝技术；二是崇尚精雕细琢，如衣纹叠挖飘洒、花卉穿枝过梗、飞禽张嘴透爪等。

（2）用料：现代玉雕很重视发挥玉石自然美的特点，其中以色彩最直观、最受到重视。重视玉石的色彩，尽量用工艺烘托色彩美，使色彩和物像巧妙结合，成为俏色产品。俏色产品制作20世纪80年代已蔚然成风，是现代玉雕最突出的成就。

（3）写实的艺术造型：现代玉雕十分重视艺术造型美。最直观的艺术造型是真实，在此基础上再求生动和情趣，因此，现代玉雕在造型比例上、表现物像上，都力求真实。

在艺术造型的追求上，设计者除了要求做什么像什么以外，还要注意作品的艺术性，在构图、情节、表情、动态等方面，使作品产生强烈的内在艺术感染力，这是现代玉雕向高水平迈进的开端。因此，工巧、玲珑、写实是现代玉雕最具特点的艺术风格。

（二）玉雕的门派

新中国玉雕有南北派之分，北派以北京为代表，包括北方各省市并影响到长江流域的一些地方，讲求造型协调统一，用料严谨，工艺精湛。南派以上海为代表，包括江苏、浙江、安徽、广东等省市，黄河流域或黄河流域以北的省市也有学习南派的风格，讲求造型新颖，用料大胆，工艺纤巧。南北派也包括了中国现代玉雕四大门派。

中国玉雕四大门派及艺术风格：玉雕造型艺术经过几千年的探索和积累，形成了当代中国玉雕的四大流派，即京派（宫廷派）、扬派、海派（上海派）、南派（岭南派）。不同流派的风格不同。就作品的创作来讲，风格就是一个民族、一个时代、一个流派。通过设计者所表现出来的制作和艺术特点，玉雕的风格可以体现玉器制作过程中的诸多方面，下面便是不同流派之间的不同的艺术风格的主要特点和表现。

1. 京派玉雕

北京、天津、辽宁一带玉雕工艺大师形成的雕琢风格谓北派，也称宫廷派（造办处）。北方宫廷派风格淳朴，古色典雅，巧于用色，线条工整凝练；技艺规整工挺，韵味醇厚朴茂；高手如云，素以俏色和刻画人物见长。其作品风格深厚，高雅端庄，富有浓郁的民族风格，共同特点是端庄、大方、古朴典雅。京派玉雕的仕女造型秀丽、俊美、端庄，古装小孩稚气可爱，佛人肃目静雅，仙人神佛千姿百态，大部分高档作品都注意了人物的性格刻画。在这些作品中，人物在不同场合的造型，有了一定的表现手法，使动态、情节、人物衣着、陪衬、手脸刻画与主题贴切。人物中的俏色作品自 20 世纪 60 年代日渐增多，70 年代已经取得了丰富的创作经验和可喜的成就。常规人物产品的质量一直受到中外人士的好评。

京派玉雕花卉注重写实，花鸟、草虫雕琢细腻，逼真感人，其产品一直在全国领先，是中国玉器界的名牌产品之一。

器皿玉器师承宫作，在造型纹样方面，除了仿宫廷玉器外，还有所创新和改进。造型以薰、瓶、炉为主，全面继承和发展了薄胎和嵌宝压丝技术。

2. 海派玉雕

海派玉雕的成因有悠久的历史，它既与江苏扬州的玉器工艺有深厚的渊源，又与上海本地区的文化环境以及海外文化影响直接发生作用，形成了独特的风格，与以北京为首的北方"宫廷派"、扬州为首的江苏"扬州派"分鼎三足，雄居东南，素有"北宫南海"之称。海派为后起之秀，独具风格，兼南北之风，玉雕制作精巧，玲珑剔透，各种人物造型灵秀俊美、动态多变，动物作品形象生动、秀丽飘逸，有呼之欲出之感。海派玉雕风格的形成经历了漫长的过程，19 世纪上海成为海上贸易的重要港口，19 世纪末 20 世纪初，国内人才大量涌入，一批扬派玉雕艺人如著名的仿青铜器艺匠王金洵、石源斋，擅长故事情节性的人物的傅长华、龙洪祥，动物群雕艺师杨恒玉、胡鸿生、顾成池等，这些艺人在上海特定的文化氛围中逐渐形成了一种风格。海派风格以器皿之精致、雕琢细腻造型严谨、庄重古雅而著称，其仿古炉瓶和自然器形尤称雄于海内外，造型刚健挺秀，形式致密规整，面饰精美，工艺细密工挺，突出线条的动感。特别是自然器形在发展中更丰富多变、生动活泼，给仿古器形注入了清新的色彩。

3. 扬州派玉雕

扬州派玉雕擅长造型新颖，丰富多彩，山水亭院及俏色利用得很独到。江苏扬州是我国古代和现代玉器的发源地和主要传统产区之一，历史渊源久远而辉煌。扬州玉器亦包括了苏州玉器，扬州派以前亦称"苏作"（泛指苏州与扬州的玉器）。苏州玉器自古便誉满天下，《天工开物》言："良工虽集京师，工巧则推苏郡。"苏州玉雕的精雅秀美，冠绝明代后期至清初，足见苏州玉器的影响力。建国以后，党和政府十分重视扶持工艺美术行业，提出了保护、发展、提高的方针。扬州玉器经历了一个继承传统、锐意创新的发展过程，进入全盛时期，品种上既有古代仕女、孩童寿星、神佛仙道等人物玉件，也有炉、瓶、塔、鼎、杯、碗等器皿，还有各种禽鸟、走兽、四时花卉、插牌、首饰、文房用品和山子雕。创造了数量众多、形式各异、工精艺巧的产品，形成了"秀、雅、健、润"独特的艺术风格。在全国历次工艺美术百花奖评比中，产品多次获奖，其中曾获得国家质量金杯奖3个、银杯奖1个，碧玉山《聚珍图》、白玉《宝塔炉》、白玉《五行塔》、白玉《大千佛国图》四件珍品被国家作为国宝永久收藏，在同行业中一直处于前列地位。其中尤为值得称道的是山子雕。现代扬州山子雕不仅使传统的山子雕品种得到恢复，而且闯出了具有时代特点和风格的融立雕、镂空雕、浮雕于一体，内、外雕相结合的艺术处理手法。《聚珍图》《大千佛国图》、青玉《汉柏图》、碧玉《佛苑揽胜》等大型玉件及白玉《三星对弈》《赤壁之战》《柏子图》等中小件作品在应用玉料外型、色彩自然美和题材内容的浑然结合方面取得了可喜的艺术成果，为我国传统山子雕这一风格别具的品名又添辉煌。

现代扬州玉器的特点是秀丽、典雅、玲珑剔透。其玉器产品构思新颖，造型优美，无论是传统器皿的规整浑厚、人物的清秀、花卉的婀娜多姿，还是妙趣横生的飞禽、形象逼真的走兽、意境深远的籽雕作品，都较好地表现出玉器的朴实自然、气韵生动的装饰美。如今扬州玉器这簇古老而绚丽的工艺美术之花正沿着继承、发展、创新之路茁壮成长，并将永葆其灿烂的青春。现故宫博物馆珍藏的大型玉雕《大禹治水图》（彩图2-1、2-2、2-3）《会昌九老图》均出自扬州工匠之手。

4. 南派（岭南派）玉雕

南派玉雕即广州派、岭南派，玉雕格调清新、秀丽、潇洒，且镂空技艺为一绝。球雕镂空更是名闻遐尔，一个象牙球可镂上21层，厚度仅2mm，直径11.7cm，每层12个孔，球体之间玲珑空透，旋转自如。球雕镂空最难于逐层分割、解体，兴于晚清，此后便长盛不衰，清代牙球最多不超过20层，达到20层左右就是很难得的贵重之物了，最多达四十几层的牙球，就更是难求的稀世珍宝了。翁昭，广州牙球雕刻名家翁伍章之子，继承家法，并有长进，能雕28层象牙球，而现代45层牙球作者翁荣标就是他的儿子。20世纪50年代以来，广州一带一批艺术家兴起，其代表人物有炉瓶王孙天仪、周寿海，三绝魏正荣，南玉一怪刘纪松。他们的作品由于受竹木牙雕工艺和东南亚文化影响，在镂空雕、多层玉球和高档翡翠首饰的雕琢上独树一帜，造型丰满、呼应传神、工艺玲珑，受到海内外艺术爱好者、收藏家众口称誉，形成南派的特有风格。

第四节 中国玉雕、玉石雕主要生产销售地概况

多年来，北京、上海、扬州、广州一直是我国生产和销售玉器的4座传统的重要城市。北京、上海生产和销售的玉器有摆件和首饰，规格、档次、款式多，品种全；扬州以产销多品种、多规格、多款式摆件为主；而广州则以产销翡翠首饰为主，在下九路华林寺前玉器街，经销的翡翠首饰琳琅满目，其店铺摊位鳞次栉比，全市从事该行业者多达2000余户。

1. 河南镇平、南阳玉雕

南阳是我国文化历史名城，有着3000多年的历史，同时也是玉雕的重要生产地和集散地。南阳玉雕历史悠久，文化内涵丰富，工艺精湛。目前，南阳是我国玉雕产品最大的生产基地和贸易基地，被称为"中国玉雕之乡"。玉雕已成为南阳国民经济发展的重要支柱，是河南省重要的特色经济，也是我国玉器产品出口创汇的基地。

河南省镇平县加工玉雕工艺品已有4000多年的历史。镇平县加工玉雕业发展迅速，除在县城中心设有"中国玉雕大世界"外，还有"中国玉雕第一镇"的石佛寺、晁陂玉器批发市场。13km长的玉雕湾玉雕贸易市场及数十个玉雕专业村，曾被形容为"村村都有机器响，家家都有琢玉声"。玉雕专业村中石佛寺镇榆树庄的手镯、贾寨村的水晶球、田庄村的兽类、大柞营村的花鸟、常营村的印章、罗营村的小件、石佛寺村的龙船、晁陂镇街北村的木鱼石茶具、梁堂村的玉枕、王岗乡姑坡村的玉珠、朱庄的玉面杖、慕营村的茶具和酒具、高丘镇村寨村的独山玉杂件、安子营乡闫庄村的玉石纽扣等，都已经畅销国内外。全县玉雕加工企业有近万家，从业人员10万余人，年产值10亿元。玉雕产品涉及8大门类，150余种。南阳地区玉雕为北派风格。南阳玉雕历史悠久，传说玉雕祖先是白云求祖，解放前，南阳玄妙馆里就有白云这位神仙，从该地区出土的文物中，南阳市、镇平、淅川等县多处发现玉铲。淅川春秋楚墓中出土有玉石箫、玉石馨。就南阳市来说，解放前夕玉器作坊有大小80余家，如今纳入国家计划的厂点有镇平县玉器厂、石佛寺玉器厂、西峡玉器厂，还有南阳市玉器一厂、玉器二厂等；再加上如雨后春笋般的集体、个体私营玉器厂，店铺作坊，其产品大部分出口创汇。南阳地区大多以家庭联式生产，目前南阳有玉雕加工企业1万多家，从业人员15万人之众，已成为该地区经济的一大支柱产业。南阳玉雕产品长驱直入走向世界，销往日、美、法、加拿大、韩国以及东南亚50多个国家，出口额占河南省玉器出口额的80%以上，国内年产值在15亿元左右，国内销售额在10亿元以上，为河南省和南阳市经济的繁荣、为我国宝石业屹立于世界之林作出了非常重要的贡献。让"中国玉雕之乡"走向世界，让世界了解南阳，南阳玉雕正以王者之气，在新世纪里放射出更加耀眼的光芒，闪烁在国内外珠宝玉器市场的大舞台上。

2. 天津、河北玉雕

天津在清代就是一个重要都市，皇室多有要员驻扎在这里，玉器业也兴旺，天津的教堂、洋行，大量收集中国古玩古董运往国外，促进了天津玉器店铺和修理业的发展。

新中国成立后，建有天津特种工艺品厂，生产人物、鸟、器皿、花卉、兽等工艺品。因有一定的技术基础力量，产品质量能稳定在较好的水平上，故是中国玉器生产很重要的厂家。

天津花卉受北京影响讲求写实、轻巧，例如翡翠《豆角蝈蝈》利用翡翠淡色和绿色雕琢了豆角和蝈蝈，构图新颖，工艺细腻，在同类花卉作品中有独到之处，是一件很优秀的作品。

河北省有一些县市玉器厂或家庭手工业发展很快，在20世纪80年代后出现了一些有特色的玉器，如辛集市的玉器就有鲜明的自身特点。河北辛集市艺人利用次玉，创作了有喜庆旧意的玉器，如《老玉牧牛图》，所用的次玉有的产于东北辽宁（成分是透闪石，称为老玉），有的来源于新疆。

3. 岫岩玉雕

号称"玉石之乡"的辽宁岫岩是全国优质岫玉的主要产地。该县玉雕工艺品交易博览中心曾展出一件 6×10^4 t 的岫玉大佛,不仅号称"中国之最",而且堪称"世界之最",已入选世界吉尼斯记录。岫岩玉雕开发已有 7000 年的历史,远在石器时期便有应用。岫玉的储量丰富,近半个世纪以来,岫玉已被大量开发利用,全县已形成 10 余个玉雕专业村,还先后建成了"玉都"、"玉雕艺术馆"、"东北玉器交易中心"等玉器展销大市场。目前该县有玉器加工厂点 2000 多家,从事开采、加工、销售人员多达 3 万多人,产值 4 亿多元人民币,已成为该县主要的经济支柱,并成为远近驰名的"中国玉乡"。

4. 腾冲玉雕

云南腾冲也是有着悠久历史的传统玉器产地,明代永乐元年(1403 年)置腾冲守御户所。乾隆、嘉庆年间,腾冲玉石商、玉石行组成"宝货行"玉工数千,刻玉为器,发售滇垣各省,上品良玉多发往京师。民国初年,腾冲从事玉雕的作坊有 100 多家,工匠 3000 多人,较大作坊 7 户,每户分别有玉工 70~80 人。抗日战争前后有大小玉石商 41 户,城乡有玉石加工户 2000 多户,何殿良、郭仕等都是玉器雕刻名家;云南省主席龙云花 9000 大洋做了两个满绿的烟嘴,玉人何殿良被带上镣铐做玉;远征军 71 军回师后从缅甸弄到一批好玉,拿到保山加工,专门从腾冲找何殿良等一批玉工解玉。解放后腾冲组成玉器生产合作社,以传统工艺加工玉器,玉器使腾冲成为西南边陲的商埠繁华地。目前腾冲翡翠加工专业户遍布城乡,全县有 1000 多户,仅荷花乡就有近百户。玉雕产品已成为全县发展经济的支柱产业,翡翠贸易已占边境贸易的 50% 以上,全国 20 多个省、市、自治区与港、澳、台,以及一些国家都在腾冲设有分支机构,国内常驻有客商百余家。

此外,昆明加工、经营翡翠工艺品的工厂、商店、公司遍布全市,到 20 世纪末,昆明的珠宝公司、珠宝店已有 500 多家,从事此业者已发展到约 3000 户,形成了白塔路珠宝一条街、景星花鸟世界、亚盟云澳珠宝城一带、昆明百货大楼、西南商业大厦一片及石林路六大区带。瑞丽、盈江也都开辟了翡翠玉石产销集散市场,一些国内外的客商纷纷前来这些地方办厂开店。

5. 瑞丽、盈江翡翠加工贸易市场

瑞丽是一个远离省城上千千米,仅靠一条公路与外界相连的边陲小城,但却是一座美丽而繁华的珠宝之都。改革开放以来,在瑞丽江上架设了姐告桥,瑞丽的商贸、旅游业获得了空前的发展。商贸旅游业又带动了珠宝业,仅瑞丽珠宝市场,年成交额逾 1 亿多元,且呈上升趋势。

瑞丽因是各种宝石和玉石的集散地,所以有"宝石城"之称。它是 20 世纪 90 年代初开始迅速发展起来的有特色的珠宝市场之一。

瑞丽是一座新兴的商贸旅游城市,也是最大的边境贸易口岸,同时也是云南省最早的五个国家级口岸之一。其边境贸易额占全国的 30%、云南占 50%、德宏州占 70%,在边境贸易额中,珠宝玉石占了很大的份额。瑞丽市区有一条云南颇为有名的街——边贸街,人们习惯称之为互市街、洋人街,这个位于闹市区的边贸市场是 1987 年 5 月破土动工修建的,占地 2.1 公顷,面积达 14 000 m²,主干道长 500m、宽 13m,店铺林立、客商如云。这里原是一片高低相差较大的丘陵地带,为了扩大边民互市,繁荣城乡经济,促进边境贸易发展才开辟为市场。国内十几个省市自治区和缅甸、泰国、马来西亚、印度、巴基斯坦和孟加拉国的

客商云集，货物琳琅满目，人流熙熙攘攘。但最吸引人的是这里的夜市，每当夜幕降临，华灯齐明，整条街道灯火烁烁、流光溢彩。金银珠宝、玉石制品、各类服装、各国化妆品、工艺美术品、各类土特产五光十色，地摊满布，又是一番景色。边民互市街以它独特的形式、浓厚的边疆民族风情吸引着无数游客，这里成了旅游者购物的天地。街上的珠宝市场更是五彩斑斓，它是全国最大的珠宝集散地之一，是游客采购珠宝玉器馈赠亲朋好友的好地方。这里云集着瑞丽珠宝城、珠宝交易中心、珠宝交易市场等珠宝商店3000多家，也是东南亚主要的珠宝交易中心之一。这里既有几十万的高价首饰、几百万的翡翠"赌石"，也有几万元、几千元、几百元甚至十几元、几元的玉雕小挂件，足以满足不同消费者的需要。人说瑞丽是旅游、珠宝、购物的天堂，看来真是名不虚传。

在整个瑞丽珠宝交易市场中，最大的珠宝交易莫过于翡翠交易了。许多商家、游客不远千万里便是慕翡翠之名而来，希望能在这里买到价廉物美又称心如意的翡翠制品，或者指望能赚上一把。然而翡翠交易却有着很大的冒险性甚至欺骗性。

瑞丽珠宝市场随处可见肤色不同、衣着各异的缅甸人和缅籍巴基斯坦人。在这里，既有不少档次较高的真翡翠，也有多且做假巧妙的假货，真可谓惟妙惟肖，致使不少客商甚至著名专家都受骗上当，即使有些人由于十分谨慎而没有买到假货，买到的大部分真货也难免质次价高。因此初到瑞丽珠宝市场，还是要多看少买，货比三家，实在拿不准而价格又不菲的货品，为保险起见最好拿到金银珠宝检测站去进行鉴定。另外最好不要去购买赌石（未开口子的翡翠原石），因为几乎每块玉石都经过了许多缅甸看玉高手的仔细研究，哪块玉石能开窗、在什么地方开，都非常讲究，只有他们认为没多大赌头的玉石才拿到边境来卖，况且价格也不低。很少有人买赌石发财（特殊情况除外），只有那些对玉石情况一无所知而又急于做发财梦的人才会贸然去买赌石。

在瑞丽珠宝市场进行珠宝玉石交易最好具备一定的鉴定估价能力，最好还要对外商的情况及市场行情有一定的了解，这样才有可能在理想的价位上成交，买到物美价廉的珠宝饰品。

盈江的翡翠巨额贸易，每年都占县财政总收入的80%之以上。因为距盈江170km的帕敢是缅甸最著名的翡翠产地之一，而帕敢开采和贩运翡翠的人十有八九是盈江人。盈江已成了全国最大的翡翠毛料（原石）市场。

6. 香港著名的翡翠市场——"广东道"概况

朱而勤教授将他在香港"广东道"考察的收获，以《我所见到的"广东道"》为题，写了一篇内容丰富的游记，刊登在《全国宝玉石报》上，摘录于下：

"广东道"位于香港九龙区，此处专指该道中北起甘肃街，南至左敦道，呈南北向展布，长约400m的一段街道。此路段玉器商店及摊点密集，贸易活跃，是世界著名的翡翠集散地、高档翡翠的交易场，也是世界翡翠贸易的"圣地"。广东道是20世纪60年代开始兴起的玉器生产、批发、零售市场，发展迅速，现已形成相当规模。

在广东道附近的炮台、油麻地及广东道北一带的平民化市场，设有400个以上的卖低档货摊位，翡翠货也均有出售。但一到广东道，就几乎是清一色的玉器商店，约有200多家，以经营翡翠为主，但亦买卖其他珠宝。这里经营的翡翠低、中、高档都有。据说，卖出的翡翠玉器最高价达1000万港元。店铺中摆出数十万至百万元单价的翡翠玉器（手镯、挂件、珠链等）待售。该处及其附近地段，散布着众多的加工作坊，多为拥有加工机的加工小作坊，广东道的翡翠毛料大都沿街摆放，少数进店经营，多为明货、半明货、赌货较少。该区所产中、高档翡翠玉器多销往中国台湾。

广东道的部分贸易（如游商、毛料）以秘密方式进行，多在掩盖物覆盖下以手语完成开价、还价、定价过程。

7. 广东地区四会、揭阳、南海、广州翡翠首饰玉雕市场

除了传统的北京、上海、扬州、苏州，近年来名气越来越大的广东地区南玉一般指广东玉器。据统计，云南市场的B货、C货主要来自广东，每月从边境运往广东的玉石原料有300~400t，平洲（南海市）、四会、广州、揭阳已成为中国新兴的高档玉器加工基地，专门生产、销售高档翡翠和白玉。广东地区又是B货、C货翡翠的加工基地，而这些成品A货、B货、C货又依靠一支推销大军来推销，估计有5000~8000人专门从事从广东贩运到云南投放市场。当前，广东玉雕已经不以南派风格为主，形成了南玉和北玉风格兼容的玉器加工生产格局。

(1) 广东四会1993年撤县建市，是肇庆的东大门，在肇庆地区8个县市中，四会的经济地位名列前茅，而玉器则是四会的一个拳头产品，年产值达1亿多元。四会市的玉雕工艺品，以产销翡翠首饰为主，四会并无玉石资源，需千里迢迢到中缅边界的边贸市场采购翡翠，或购入河南南阳玉，或进口澳洲玉，其中以缅甸翡翠为主。尽管当地没有玉石矿产资源，但四会的玉业却很发达，四会人借他山之石，做玉器买卖，各区各镇到处有分散在各家各户的小作坊，总数逾千。在城东500m的一条巷子里，开设着500多户玉器当铺，形成闻名海内外的四会玉器街，它由玉器街、玉器城和天光市场3大板块组成。街上是鳞次栉比的玉器小店铺，每户不过一二十平方米，"城"里是一幢又一幢的多层楼房，底层乃玉器店堂，楼上是店主的住房，玉器加工厂也在其中。三大板块中最别具一格的属天光市场，它是一个农贸集市型的玉器地摊市场。每天凌晨3点钟便熙熙攘攘，上午7点左右收摊散市，营业时间从天将拂晓到天亮，故称天光市场，每天有200多个地摊聚集在紧靠玉石街、玉器城的马国公园边做玉器生意。前来批货者大多隔夜抵达四会，清晨来到天光市场交易，采购后就近搭上班车，只一个多小时即可到达60多千米外的广州，将批发来的玉器当天便转销出去。

(2) 阳美生产队宝玉器有上百年历史，自1905年下南洋的老乡捎回旧玉或摔坏的玉器加工改制而发起，形成今天专门加工高、中档A货玉器，以翡翠白玉为主，高中档外销，中低档内销，目前已成为我国高档翡翠加工的最重要基地之一，高、中档货源相对集中，全村共700余户约3000多人从事翡翠、羊脂白玉等玉器加工买卖，村里大多数人家为百万元户，有几家已成亿元户，不少港台买家直接到阳美村选料、购物，专做翡翠玉石毛料生意的缅甸绮美宝石公司每1~2个月便从缅甸帕敢玉石场发一批翡翠玉石毛料，直运阳美村零散或合伙切解发料加工，产品有手镯、戒面、花坠巧雕等，均在阳美村当地批售。

一些摩托车手身上常带有几十万、上百万元的货，在村边转悠，当然没有诚心不要轻易看货，台湾商人看到阳美人拿出昂贵的A货翡翠饰品惊异地称阳美人胆子大，而实际上这是阳美人松散的合伙经营的优越性，既能筹集到巨额投资，也能分散化解大的风险，购玉料通过缅甸金固投资有限公司牵线搭桥，采取集资赌石（尽可能化解风险）、风险共担、盈利共享的做法，一般可以把赌石的风险降到最低限度，当然要齐心有肚量。手镯从开料到加工费，30元一件，普通挂件50~100元/件，高档精雕挂件加工费500~1000元/件，戒面5~10元/粒。

(3) 平洲是广东省南海市东部的一个城区，与广州市芳林村一河相隔。平洲的玉器加工始于 20 世纪 30 年代，当时平洲的平东一带，就已有小有名气的玉器世家，很多平东人掌握了玉器加工技艺。改革开放后，平东村发展村办企业，广州南方玉雕厂帮助平东人加工生产玉器产品。村办企业玉器效益好，经营玉器的村民逐渐增多，后来就遍地开花了。据了解，平东村目前有近 400 户人家从事玉器业，基本上都是家庭手工作坊，前店后厂，父子兄弟一家几口一起干。开的人多了，就出现了集中经营玉器的市场。现在这个市场已发展成为闻名遐迩的平洲玉器街了。

广东的四大玉器加工基地和贸易市场各有特色，平洲的特色是玉镯，产销量在玉器总量的 60%～70%，可谓玉镯之乡。加工玉镯的技术并不复杂，但是用料比一般的玉饰品多，所以平洲玉石吞吐量大，每周起码进料 100 多吨，玉石料一般从中缅边境通过公路运到平洲，有时也海运。玉镯的价值也比较高。平洲玉器的年成交额超过亿元，每天到平洲采购玉镯等玉器的客商近千人次。平洲已成为我国规模很大的玉器集散地。

(4) 广州有条专营玉器珠宝的街道，人称"玉器街"，地处市内西关繁华商业区，街道两旁数百上千家玉器珠宝店铺及售货车接邻栉比，成行成市，由下九路至长寿路，绵延 1000 多米。店中各式玉器珠宝琳琅满目，流光溢彩，珠光宝气。各路商贾云集于此，顾客如云，游人如鲫，热闹非凡，凡到过广州玉器街的来客，无不为其规模之巨大、生意之兴隆而惊叹。华林街及其所在的西关一带，历来是广州玉器行业最集中、最兴盛的地区，自古自今，这里既聚居着为数众多的玉器世家、能工巧匠，又集中了众多的玉器商贾，并吸引了许多著名的玉器收藏家在此驻足。这里聚集了广州八成以上的玉器商，交易量占广州玉器交易量九成还多，成为广州乃至岭南的玉器中心和蜚声中外的玉器集散地。在华林玉器街上，一间又一间紧挨着的玉器铺，大多数是买卖翡翠制品的，以批发为主，也有零售，品种繁多，令人眼花缭乱。有戒面、耳扣、玉镯、花牌等，也有古玉和仿古玉器，还有雕工精细的摆件以及加工玉器的工具。翡翠 A 货、B 货、C 货应有尽有，不同的货色都有明显的标记。

8. 江苏东海的水晶市场

江苏省东海县是我国水晶的主要产地之一，以水晶量大质优且多巨大晶体而闻名国内外。

1992 年，东海县建成全国首家水晶市场，到 1997 年的 5 年中，该市接纳国内外商家游客 100 万人次，计交易额近 10 亿元，成为全国较有影响的特色市场。

为了进一步扩大市场规模，东海出台了一系列优惠政策面向海内外招商，引资扩建市场，并于 1997 年投资 4000 万元进行市场扩建，1998 年完成扩建工程，建成了拥有 $3 \times 10^4 m^2$ 营业大厅的国家级水晶市场，从而成为全国水晶原料、产品和工艺品交易的中心。

目前，东海县从事水晶开采、加工、贩运、营销、科研及配套服务的人员超过 10 万人。

9. 福建寿山石雕

福建省福州市寿山石的开发至今已有 1500 多年的历史，质地好、储量丰，至清初已大量开发。自清同治、光绪年间寿山石雕艺术风格开始分流，形成"东"、"西"门流派，"西门"流派艺人主要集中在福州西门凤尾一带，店肆则分布于城内总督后（今福州市省府路），以刻制印章为主，有兽纽、薄意、浮雕、博古及平直线刻等法，淳朴浑厚、手感润滑。薄意则清雅逸致，富有意境。作品专供金石收藏家赏玩。"东门"流派从业人员众多，遍及福州东门外后屿及周围的横屿、樟林、寿岭等村落，故有"石雕之乡"之称。"东门"派雕刻内容广泛，除印章外，还有人物、动物和花果等圆雕摆件。作品精巧玲珑，矫健华丽，雕镂结合，巧色分明，有极强的装饰效果。

20世纪50年代以来，寿山石雕行业创办工厂，集中生产，东、西流派逐渐合流，薄、厚、镂、剔各种技法相互结合，在传统雕艺基础上吸收其他美术之长，技艺有了长足发展，题材也不断扩大。例如，利用寿山冻石的天然色泽刻制花果篮、海味盘，妙俏生动；借鉴玉雕链条技术，制作链环卣、九链章，神工鬼斧，巧夺天工。石雕新秀，青胜于蓝，不同流派，奇争斗研。寿山是石意之花，在继承和创新中，将更加灿烂夺目。

改革开放之后寿山石雕行业又有了很大发展，目前从业人员（开采、制作、销售）达2万余人，从事经销的商家有500多户。其主要贸易区有中国寿山石交易中心、鼓山樟树村寿山石一条街、福州藏天园、福州特艺城、福州五四路古董街等9处。此外，2001年1月，在寿山村又建成了中国唯一的寿山石馆，寿山石年产值2.5亿元。

10. 浙江青田石雕

浙江省青田县石雕加工业始于南北朝，迄今已有1700多年的历史。迄今为止，全县已有10余个乡镇从事石雕业，从业人员2万余人，雕刻的作品有人物、动物、花卉、山水及炉瓶等。1998年中国青田石雕工艺品市场正式开业，可同时容纳5000人进行现场交易，在山口村兴建的青田石雕城也已相继开业。青田县是侨乡，也是全国著名的石雕之乡。青田石雕是我们工艺美术百花园中的一枝奇葩。和其他姐妹艺术一样，它经历了启蒙、发展、成熟几个阶段，使其与其他雕刻相比，有着鲜明的个性。3000多年以来，历代名士默默地将自己的血汗和才华奉献，用青春和生命铸造了它夺目而耀眼的光华。他们倾注了毕生的心血和才智，不断探索与创新，使现今的青田石雕具有玲珑精美、层次丰富、色彩绚丽、形象逼真又深蕴意境的艺术风格。

造就这些民间瑰宝，融合了多少代人的心血，老一辈艺术家用他们非凡的技艺和唯美的人性赋予了这多彩的石雕以灵性，青田石雕进入了一个全面丰收的黄金时期——花卉、山水、人物、动物等各种题材的创作异彩纷呈，大胆创造，不断革新，名作频频问世，连年获奖。新世界涌现出的一批艺术家们，正投身在青田石雕的事业当中。

11. 中国传统砚石

砚，与笔、墨、纸一样是我国古代重要的文化工具。它们为中华民族书写出了5000年的文明，建造了璀灿、圣洁的东方书画艺术殿堂，有着不可磨灭的功勋，因此，被世人誉为"文房四宝"。

砚，尤其是中华四大名砚，它集历史、艺术、使用、欣赏研究、收藏价值于一身，具有独特的民族风格和传统艺术，是华夏艺术殿堂中的一朵绚丽多彩的奇葩。

1987年，在湖北云梦秦墓出土的石砚同西汉的石砚在外观形态上大致相同，说明早在秦代石砚已经定型。西汉发明造纸后，同笔、墨、纸已经开始逐渐被称为"文房四宝"。不久前，洛阳、长沙晋墓中出土的石砚，发现有青龙、卧虎等浮雕。隋唐制砚迅速发展，选材要求严格，特别是唐代，相继发现了歙砚、端砚、红丝砚等优质石材，使石砚的质量和石砚的浮雕艺术有了相当的发展。当时著名书法家颜真卿、柳公权以及诗人李贺、王建、刘禹锡等对上述石砚的质量和艺术风格都给予了比较高的评价和歌颂。宋砚造型考究，明砚重自然美，清砚更重精雕细刻。明清以来石砚不论从造型艺术上还是从石材质量上，都达到了比较完美的地步。

(1) 端砚是一种"绢云母泥质板岩"。名冠中华四大名砚之首的端砚石的制作历史和歙砚一样悠久,制砚始于唐朝武德年间,距今有 1300 多年历史,晚唐时便被列为贡品。唐代诗人李贺有"端州砚工巧如伸,踏天磨剑割紫云"的诗句。宋苏昌简在《砚谱》中载:"端砚温润,惟雕者发墨,歙砚多雕,惟腻者理者为佳"。砚石同砚一样也分许多品种,其中最珍贵的有青龙、鱼脑冻、胭脂荤和冰纹等。

端砚由于石质温润,制作各种端砚发墨不滞、经久不干,加上巧妙构思和因材施艺,使端砚不论在实用上和工艺欣赏上的价值均驰名中外。近十年来设计、雕制的一件长 2.05m,宽 0.95m,质量约 1t,被称为端砚王的特大砚台——"七星岩古今碑刻砚"已经制作完成,其所用的一大整块石材开采于 1942 年。

(2) 歙砚是一种"含石英粉砂质泥质板岩"。因产地在安徽省歙县(史称歙州)而得名。歙砚石材有许多品种,按其天然纹理分为眉纹、罗纹、金星、银星和金晕等。用该石材制作的"金星砚"、"罗纹砚"、"角浪砚"、"峨眉砚"、"龙尾砚"等,都是歙砚的优质品种。

最近 20 年,著名的歙砚不仅恢复了生产,而且经过巧妙设计、精心雕琢,更加突出了砚"玉德金星、温润下墨、停水不耗、墨色浮艳"的传统品质。使其广泛倾销国内外,同时还发掘出历史上已经绝迹的新品种如"雁湖眉子"、"鲫肚眉纹"、"对眉子"、"仙人眉"、"绿刷丝"和"歙红豆斑"等。我国生产的歙砚 1979 年已被轻工部评为优质产品,例如安徽省歙州歙厂设计雕刻的一条长 87cm、高 65cm、宽 11cm、质量达 240 多千克、命名为"八百里黄山图"的"歙砚王"。千百年来,人们根据歙石的种种纹饰及其工艺美术特征进行设计和雕刻,生产出了许多艺术珍品。早期的款式有抄手、月样、人面、风字、卷荷、宝饼、古钱、琴龟等,后来在砚台的正面和反面出现了丹凤朝阳、龙吟虎啸、海天旭日、寿山福海、五福捧场寿、衫梧梅竹、牛鹿鸳雀等图案,如今又出现了嫦娥奔月砚、云水拱月砚、袖珍花边砚、秋声砚、听雨砚、浴牛砚、云龙砚等。

(3) 洮砚全称洮河绿石砚,是一种"水云母泥质板岩",也是中国四大名砚之一,与广东的端砚、安徽的歙砚齐名,有"洮洲石贵双赵璧,端洲歙洲无此色"之誉。

很久以前,洮砚就以优良的质地、雅丽的色彩闻名遐迩,成为文人墨客争觅和珍藏之物。洮砚由洮河绿石精雕而成,该石取之于甘肃省甘南藏族自治州卓尼县洮河东岸的喇嘛崖,因石潜在洮河峭壁悬崖飞流湍急的深水中,采掘非常困难,得之愈加珍贵。洮石由于深浸于水下,所以石质地细腻,发墨而不损毫,呵气即润,具备了端、歙二名石的特点,堪称色泽艳雅、质地优良的上品,因而亦是我国的四大名砚之一。洮石发现于宋熙宁年间(公元 1068—1078 年),宋代即已作为贡砚,是极为昂贵和罕见的砚石。近 20 多年来,通过不断的资源调查,逐渐地扩大了洮石的原料来源,给洮砚的生产带来了良好的前景,一些名贵砚种均已恢复了开采和生产。今天的洮砚,砚式端庄厚重、古朴典雅,不但具有良好的实用价值,而且有很高的艺术水平,洮砚工艺精美卓绝,或神话传说,或鸟兽花草,或自然景物,形象生动逼真,惟妙惟肖,镂空悬雕,立体感强,特别是出自一些名家之手的砚品,刀法遒劲,干净利落,所雕形象自然得体,层次多而不乱,图案繁而不乱,精致高雅,巧夺天工,不愧为砚中奇葩。

(4) 据历史记载,澄泥砚是以山西省汾水的淤泥为原料,用绢袋淘澄后成型,再经焙烧而成的一种石砚。它也是历史上"四大名砚"之一。据《鲁砚》(石可,1979)记载:"澄泥砚在使用原料、焙烧工艺、火温、硬度各方面都和陶、瓷砚有所区别,其吸水受墨情况都甲于陶砚、瓷砚"。

澄泥砚制砚也始于唐代,据记载,柳公权最重另一种烧制的石砚,该砚的原料为"青州石末"。宋代欧阳修、唐颜猷等人关于"青州石末砚"也有记述,并说"青州石末砚"是以青州北海县山中烂石研烂为末,尔后烧制成砚。但唐代"青州石末砚"未见流传。澄泥砚除山西省(古称绛州)外,尚有河北虢州的澄泥砚、山东拓沟的澄泥砚等。其实用价值不亚于歙、端砚。很有价值的"汉砖砚"(用汉代砖加工的石砚)也应属于澄泥砚一类。据相关资料,澄泥砚品种有"鳝鱼黄"、"虾头红"、"蟹壳青"和"绿豆砂"等品种,其中又以古法烧制的砚质地最佳。

(5) 除了四大名砚外,还有鲁砚,鲁砚是指产地广为分布在山东省境内的各种砚石的总称。鲁砚和全国其他著名的砚石一样,也具有悠久的历史,唐、宋年间已享有盛名。许多唐、宋书法大师和著名诗人,都曾在其有关的著述中加以介绍并给予高度评价。但由于后人偏重四大名砚,数百年来竟使鲁砚和其原石默默无闻。鲁砚石材著名的品种有红丝石、紫金石、淄石、砣矶石、徐公石、温石、田横石、尼山石、金星石等十余个品种。

(6) 盘谷石砚是一种紫灰色钙质泥质板岩,产于河南省洛阳北王屋山天坛峰,唐朝李愿隐居此地而名叫"盘谷",故称"盘谷石砚"。盘谷砚石制砚,开始于唐开元年间,也有1200多年的历史。盘谷砚石质地坚细,所制石砚刻工精细,造型生动,古雅大方。又因石质发墨保湿,素为历代书画家所珍爱。盘谷砚,古称"天坛砚"(据韩愈《天坛砚铭》),盘谷砚一名出于清乾隆皇帝所著《盘谷考记》。该砚因继承了历史上传统的艺术风格,造型多样化,有马蹄砚、钟砚、琴砚、竹节砚等。刻饰图案多以"喜庆吉祥"、"龙凤吉祥"、"海天旭日"、"松鹤延年"等为主,在名砚中别具一格。

(7) 松花石,一种嫩豆绿色微晶灰岩,该石因产于松花江流域而得名。清朝松花砚为御用品,故宫有旧藏。据说,石材曾产于长白山麓,后来不知何时失传。1979年在吉林省通化地区找到此石,并制成石砚。松花石又名"松花玉",明代以前文献不见,宫藏遗物最早为康熙时制品。松花石制砚,其成品至乾隆二十九年止,共有120块,而解放后征集的砚石品,独无松花砚,可见松花砚在宫外极为罕见。松花石质地致密有微层理,敲击有声。因有石英,发墨快、不滞笔,贮墨久而不干涸。乾隆皇帝当时评价松花砚"发墨与端溪同,品在歙坑之右"。关于松花石的产地,清乾隆《盛京土产杂咏十二首》序称:"混同江产松花玉,可做砚材"。《吉林通志》载:"松花石出混同江边砥石山"。今发掘的松花石,是否是原产地,还需进一步探讨,有可能松花石并非只有一处产地。

(8) 贺兰石为粉砂质泥质板岩,因产于宁夏贺兰山而得名,主要产地在贺兰山风景胜地小口子。据清乾隆年间编撰的《宁夏府志》载:"笔架山在贺兰山小滚钟口,三峰矗立,宛如笔架,下出紫石可为砚,俗称贺兰端"。清末有"一端二歙三贺兰"之说。由此可见,贺兰砚石制砚,质量仅次于端、歙二砚。贺兰石突出的特点是质地致密,结构均细,清雅润泽,绿紫相依,刚柔相宜;发墨、存墨、护毫和经久耐用。

贺兰石储量丰富,1978年采石达数十吨。人民大会堂用三层颜色雕刻的大幅竖屏即为贺兰石在石雕艺术上的杰作。目前该石除了作石雕原料外,主要制作石砚,已远销国外。

世界上仅有中国、日本、朝鲜等几个国家产石砚。中国盛产石砚,且产量最大、质量最佳、工艺最精。据不完全统计,我国古今石砚有100余种,如今正在生产的有50余种,遍及22个省、市,4个自治区和2个直辖市。我国石砚主要集中于华东、华南、西南三大省区，其次西北、华北和东北及台湾省。华东有45种石砚，现在正在生产的石砚有22种之多。

石砚的好坏，主要决定于石质，改革开放近20年来，我国许多美术工作者和各名砚传说产地，发掘出不少湮没已久的优质石砚产品，为砚台工艺品的发展提供了物质基础，琳琅满目的石砚已出现在国内外市场，各制砚传统产地企业也扩大生产，以满足国内外对石砚的需求。

以上便是中国东、西、南、北、中地区玉石器生产、加工、销售贸易的基本分布格局。

第五节 中国玉雕前辈北京"四杰一魔"及现代、当代玉雕名家简介

北京、天津、辽宁一带玉雕工艺大师形成的雕琢风格，以北派为代表的"四怪一魔"最为杰出。北派共同的特点是庄重、大方、古朴、典雅。中国玉雕前辈北京四杰一魔（亦称四怪一魔）中四杰为潘秉衡、王树森、刘德盈、何荣，一魔为刘鹤年。他们每人都有各自的创作风格，都是玉雕特级大师，很多作品都达到了国家级珍品，作为国宝被国家收藏。

潘秉衡：河北省固安县人，早年居北京西城羊市大街宝斋作坊当学徒，主要从事珊瑚、松石制作，以技艺精湛独树一帜，被推为四怪一魔之首。主要从事人物、器皿创作，塑造人物形象极富内涵，情、形、神三者融为一体，《盗仙草》《西厢记》《六臂佛锁蛟》都是旷世之作。20世纪30年代致力于浮雕薄胎压丝（金银丝）技艺研究，堪称一绝，并创作了很多作品，不愧为当代玉器创作的一代宗师，青玉薄胎压金丝罐就是其作品之一。其作品不仅列为国宝，且被巴黎卢浮宫、美国费城博物馆、日本名古屋博物馆所珍藏。

王树森：擅长花片、怪人、妖魔仙道。早年善雕佩饰，名震全行，其玛瑙俏色作品《五鹅》堪称俏色作品首席代表作。解放后，因材施艺，巧夺天工，以善琢玛瑙俏色作品为全同行业所称颂，晚年一连琢制出多件不足手掌大高绿翡翠别子《龙凤福寿》《群仙祝寿》《五福同喜》等，件件价值连城，名扬海内外。王树森有三绝，用料工巧、善于用色、创作思路广泛、章法多样、人物精湛。设计制作的高翠《龙凤福寿》佩饰在1978年香港举办的中国工艺品展卖会上以180万元人民币售出，轰动港、澳和全国工艺美术界；以高级翡翠设计制作的《五福同喜》1981年被评为中国工艺美术首届百花奖"金杯奖"，该作品完成后他的体重由90kg下降为66kg，老花镜深度加高到800度。1982—1989年期间他还参与了国家四件珍宝《岱岳奇观》山子、《四海欢腾插屏》（彩图2-4）、《含香聚瑞花熏》（彩图2-5）、《群芳揽胜花篮》（彩图2-6）花篮的制作，他的杰作还有水胆玛瑙《群山巨瀑》等。

刘德盈：河北霸县人。精于花卉，尤以立体圆雕花卉称奇，综合了立体圆雕、深浅浮雕和镂空雕的技艺，工艺性特别强。在工艺技巧上，刘擅长使用钻砣、小勾砣，手法活跃，起花落叶，起叶落梗，花、叶、梗三层一气呵成，使作品形式上完整、艺术上气韵贯通，获得玲珑剔透的美誉。其作品既要手艺又见工夫，赞许颇丰，作品风格由细腻中见清秀、蓬勃有朝气；娇翠欲滴、在玲珑中藏匿纤巧，将生活中花卉的真实美与艺术的形式美结合，作品颇添异彩。

何荣：清末明初北京名师夏文忠的高足，何荣随师傅学习人物及佛像设计、画活。他的神佛造像大多使用白玉和青金材料，还擅长使用珊瑚材料。他在神佛创作上强调清、静、

神，他认为佛是人的化身，因而形体姿态的变化离不开人体的基本结构。仙佛形体变化多表现在头脸的变化上，比如天庭饱满、双耳垂肩、双目入定等等。此外观音菩萨讲究是女身男相，丰满中不求婀娜，刻画神佛性格，应当注重悲天悯人、驱邪降善等多方面。各司其职的神佛要各具特点，不能千篇一律。

刘鹤年：解放初期，除"四大怪"外，北京玉器行比较有影响的还有刘鹤年、张云和、王仲元等大师。为了不埋没刘鹤年的独特技艺（刘鹤年琢玉技艺超群，尤其在人物方面名震全行）。人们又在"四怪"之外加了一个"魔"字，把刘鹤年称为"一魔"。这样合在一起，即为"四怪一魔"。

张云和：绰号"鸟儿张"，河北省人，1911年生，1937年创作树本鸟，影响涉及全国，因此在行业中很有名气。

崇文起：满族人，1906年生于北京，1981年故去。专攻玉器花卉，擅长枝梅和蔓蜿技艺，作品深得花卉生态的提炼之法，苍劲有力，圆润而工巧内涵，或挺拔俊秀，做工意到笔到。

夏长馨：1912年生于河北武清县，专攻器皿纹饰设计，白玉花熏与他的白玉古代四大发明家花熏同是他五六十年代的代表作。

许茂林：器皿纹饰设计，与夏长馨齐名。

高祥：1918年生于北京，多年与刘德盈配合施艺，深得刘派花卉艺术真谛，自1950年至今，一直担任花卉设计工作，他用料严谨，花卉草虫写实，工艺细腻，章法和技艺水平很高，有国画工笔味道，珊瑚三花瓶是他的得意之作，其他作品也在精品之列。

王仲元：1913年生于琢玉世家，新中国成立后一直从事花卉产品设计。《翡翠三秋瓶》名作就出自他手。以后，在花卉、草虫、人物、山水方面多有创新，有不少优秀作品。1972年的玛瑙龙盘、虾盘堪称在用料、造型、俏色方面的绝品，蜚声中外。

刘纪松：1902年生，江苏江人，擅长器皿造型，被誉为"南玉一怪"。他的作品构思奇特，线条洗练，形象别致，人称他的作品"怪特"，如黄玉双羊尊，在用料造型上别具一格。

花长龙：1900年生，江苏江都人，擅长器皿造型。他的作品具有浓郁的青铜器特色，黑玉调色器就是在青铜器造型基础上创作的。

魏正荣：1908年生，1980年故去，江苏扬州人，擅长花鸟走兽品种。珊瑚"万紫千红"设计成花篮形，珊瑚枝雕琢成各种春花，轻盈摇拽，争艳怒放。1962年他主持设计了"攀登珠穆朗玛峰"玉山，付出了艰苦的劳动。

关盛春：1917年生，江苏江人，擅长人物，也兼创作器皿造型和花卉鸟兽等。

孙天仪：1891年生，1978年故去，江苏扬州人。解放前在上海玉器界就有名气，他的器皿玉器造型严谨，浅浮雕纹饰，干净利落，线条板正，地子平整，工艺水平很高，体现了上海器皿玉器造型的传统特点。

现代及改革开放后出现的玉雕艺术大师以下面几个为代表。

袁嘉骐：现代中国工艺美术大师，也是一位在玉中演绎佛教经典，以一件件传世珍品著称于世的当代玉雕大师。

学艺初期，袁嘉骐拜一代宗师王树森、玉雕大师王德龄为师。1980年还是艺徒的袁嘉骐创作的《极乐图》（彩图2-7）在香港展出引起轰动、拍卖底价高达180万元。1981年他考入湖北艺术学院雕塑系，师从我国著名雕塑家刘政德教授。在完成大学学业的同时，还沉迷于中国的佛教雕塑艺术。他足行万里，遍及敦煌、麦积山、云岗、龙门等艺术宝窟。孜孜以求、潜心钻研，融传统艺术精华与现代雕塑语汇为一体，形成了鲜明的个人风格，闪射出不同凡响的艺术魅力。

袁嘉骐执爱佛教雕塑艺术，缘于他对人品艺品的追求。他琢玉面佛、做人思佛，在他精心塑造佛的形象时，常常迸发超乎寻常的激情与灵感，因而达到出神入化高深莫侧的境地。他新近创作的大型玉雕《佛光普照》———一块新疆和田璞玉，经他之手，竟在佛祖像周围不偏不倚地琢出一轮红色光环，真真切切地放射出祥瑞佛光，真是一件旷古绝伦的世纪奇宝。他的多件艺术杰作，是他20多年来呕心沥血的成果和结晶。在这些稀世瑰宝中，描述着佛国的理想，洋溢着人间的真情，显示着作者的心智和才华。

施秉谋：中国俏色雕刻艺术大师、中国民间工艺艺术家。这位伟大的艺术天才，在玉的王国里以其鬼斧神工般的手法营造了他俏色雕刻的艺术世界。二十载苦心孤旨，千百回寻奇探幽，集天下之奇石美玉，施人间之神工绝技、玲珑剔透。以现代题材表现其创作方向，其作品突破传统刻意探索，充满浓郁的岁月沧桑和返璞归真的时代精神，以新、奇、特、绝的创意设计来表现独特的艺术形象。他成长于深圳，1968年在晋江工艺美术社学习与工作，1973年移居香港，开始从事雕刻艺术的研究与创作，走着购料、设计、制作一体化的新道路，近20年来共创作约两三百件俏色玉石雕刻作品。他不计工本以追求俏色美为目标，披荆斩棘，辛勤耕耘制作了一大批俏色玉石雕刻作品。施秉谋的玉雕作品突出了传统玉雕主要表现神话传说、宗教典故的题材范围，更多地关注现实生活，反映重大历史题材，揭示人性、自然之美，作品同时也表达了万物生灵对幸福、自由的渴望与追求，以及对罪恶渊源的揭露与批判。他是位崭露头角的俏色玉雕艺术家，是改革开放时代涌现出来的玉坛闯将，也是一花独放的新秀。他1987年在深圳设立施秉谋雕刻艺术研究机构，先后在"香港亚洲国际艺术博览会"和"北京炎黄艺术馆"主办"施秉谋雕刻艺术展"。1996年2月，被联合国科教文组织颁发"民间工艺美术家"和"世界名人"荣誉称号。其数百件美仑美奂之作，向全世界展示了神奇的东方艺术的辉煌。

林福照：浙江省青田石雕著名艺人。他从艺40余年，好学多思，潜心创作和理论研究，在山水、花鸟、人物创作上独树一帜，成绩斐然，获奖众多。1995年，他被联合国科教文组织授予"中国一级民间工艺美术大师"称号；1998年被授予"浙江省工艺美术大师"称号。他对自己的创作经验归纳为三句话：一是艺术来自自然，对自然规律既要知其然，又要知其所以然；二是立意选型师法自然，要懂得其意其法精神所在之所以然；三是造型立意要超脱自然，既要尊重客观现实，又要超越客观现实。

当今玉坛人才济济，大师辈出。1955年国家根据工艺美术技术人员的贡献和专长，授予北京的潘秉衡、刘德盈、何荣、王树森、张云和、崇文起、夏长馨、许茂林、张凤起，上海的魏正荣、刘纪松、花长龙、关盛春、孙天仪"老艺人"称号。老艺人们在改革开放和创新思想的指导下使用先进的工具，在优越的条件下创作了大量的优秀作品，其作品有的已为国家收藏，如近年来国家连续几届评定并公告的一批"中国玉石雕刻大师"及"中国工艺美术大师"。他们是不断涌现的一代新人，是中国玉雕界后继有人的象征。

第六节 中国现代玉雕行业基本现状

新中国成立以后，由于工艺美术品出口的大量需求，玉器生产厂膨胀性地增多，优秀的琢玉人却非常难得，滥竽充数的情况极为普遍，据不完全统计，全国大型玉器厂有数百家之多，从业人员数以百万计，乡镇中小型厂家多不胜数，年产量何止千万件，尤其是玉石产区的农民加工点和加工户多如牛毛，他们有的因滥采而破坏资源，还有的无偿使用国家资源，为了逃税、促销而不择手段。整个玉雕行业（包括整个宝玉石行业）喜欢一哄而上，盲目发展，殊不知市场容量有限，玉料短缺，又不可再生产，结果造成原料快速枯竭，产品竞相压价，玉雕不如石雕，比石雕还贱。当前产量之大，价格之廉令人瞠目，弄得各旅游点和工艺品市场的低劣玉器随处可见，如玉石筷子、腰带、串珠、钮扣、擀面杖、玉烟嘴，一件做工很精的独玉佛像仅三十元钱，有的价格低得不如塑料制品。这种低价竞争导致了全行业（内地尤甚）的粗制滥造，必然地导致了大范围的滞销。在低税或无税企业和无偿资源的廉价竞争下，一些技术较好的资源老厂也回天乏力，一些老厂已苟延残喘发不出工资或关门或倒闭。在玉业大萧条的情况下这个省要搞玉器专区，那个县要搞玉雕县，沸沸扬扬遍地开花，仅河南南阳地区镇平县搞玉雕的就达数万人，从市到县均设有玉器大世界；苏州吴县玉器一条街，一边是一半房子在开玉器厂，另一边是有不少的玉器厂一天比一天没落，上面没人管，下面没人拿主意，面临的问题是工厂要不要关门。因玉器是特种工艺，是手工行业，原料的市场销售这么紧，工厂效益却越来越差，一个大型的玉雕厂，动辄上千人，日子难过，还谈什么发展。

一方面是人头过剩，另一方面是人才短缺、人才流失，最可怕的是，这种混杂市场的秩序使多年来在国际市场上走俏的玉器从珍宝的格局一跌再跌。除稀有的高档翡翠能顶住冲击之外，其他料种一蹶不振，羊脂白玉、和田白玉籽料、高档翡翠已越来越少了，这些高档料在 20 年里已上涨了数百甚至上千倍。现在玉器厂 90% 的产品都是清一色的岫岩玉，产品单一，名牌老厂，高手如云用低档料做大路货，还谈什么较益，低价推销导致的资源浪费，而这种农村包围城市的发展战略，使资源面临枯竭与贫瘠。短短的 20 年，岫岩岫玉矿就以世界首位高产矿变成了无力向外省输出的贫瘠矿。昆仑白玉基本绝产，河南独山玉的黄金时代也昙花一现，湖北绿松石已难见到深蓝色上品，为开采玛瑙已不得不破坏农田和牧场，因此一些能够维持生计的玉器厂都不期而同地遇到了另一危机，玉料紧缺。遗憾的是这个情况并没有引起有关部门的足够重视，玉雕在国内除了旅游口之外，几乎没有更广阔的市场，国际市场的容量毕竟有限，且受到国际政治经济局势的很大制约。当然玉器行业低迷的主要原因是质量粗制滥造冲击了市场，另一个原因是当前加工机械已现代化，产出高效化，行业热门化，已成为外贸的支柱（好的产品有销路），但是至今没有开设琢玉艺术专业的大学教育，这种生产领域与学术领域的失衡使这支生产大军形成了一支文化素质低下的大军，行业缺少具有远见卓识的人才。玉器行业的人才问题不仅仅是经济财富问题，也是文化财富的问题，作为一种美术国粹，玉器在中国几千年的文化源流演变中，曾出神入化地成为财富、权力和神灵的象征被编入国家礼制之中，积淀着不同时代人们的祈望与追求，早在新石器时代晚期，琢玉技艺便已达到相当水准，至唐代，琢玉佩玉更是蔚然成风，然而有着东方"瑰宝"之誉的中国玉器果真要衰落下去吗？因此，它也面临着如同京剧般的拯救问题，应该让国家机关给予深切的关注，市场要搞活，但不能容忍粗制滥造、泛滥无治。

真正料好工好的产品还是供不应求，广东珠江三角洲的四会、揭阳、平州，广州的玉雕业正方兴未艾。许多独资、外资玉雕行业搞得有声有色，就是最好的例子，因此说到底还是市场机制、经营体制的问题。

艺术源于灵感，通过自然物吸取灵感，引发意念，溶入情感，升华为艺术作品，古今中外的著名艺术家无不如此。中国玉器历史悠久，重视玉润，重视传统造型，重视中国艺术风格，使玉质和造型统一。在一个整体中使造型和用途结合起来，这些玉质、玉色、工艺技术、民族特色融于一体的特点，是了解和研究中国玉器的重要方面。

雕刻技术是中国人发明的，因此也是我们值得自豪的，但正如中国四大发明一样，现代雕刻技术特别是在技巧方面，中国已落后于世界先进水平。透过雕刻表现内心世界的雕刻家更是凤毛麟角，目前国际知名雕刻家十之八九为外国人，这一现实已容不得我们有半点乐观。

第七节　对目前我国玉雕行业基本现状的思考

我国目前的玉器艺术还有很多缺点和不足，继承传统的多，发扬传统的少，反映新时代精神面貌、新造型、新特点、新用途的玉器更少，有人曾经对我国工艺品作过这样的评价："泥古人，乏创新，高不成，低不就"。甚至断言，我国当代工艺创作一直没有明显进步，几乎没有可代表现代、当代这一时间概念的工艺品。自然，这一评价同样适用于玉器行业。玉雕人才教育培养体系建设几乎空白，在我国现代各级别的教育体系中，没有玉雕专业人才的学历教育，没有直接面对服务于玉雕的工艺学、美学等理论专著问世，仍然沿袭着"师带徒"、"父带子"的"心教"传统方式。绝大多数玉雕从业人员缺少现代美术训练，尤其是现代造型艺术所必须的基本功训练。这种生产领域与学术领域的失衡，使这支生产大军形成了一支文化素质低下的大军。有些为了所谓的"独家绝技"，只传授自家子女，无子女的雕刻大师就使得绝技失传，严重制约了从业人员技艺切磋交流和水平的提高。目前玉雕产品绝大部分在题材选择和设计、工艺等方面都是追寻历史的单线传承，闭门造车，要么是福禄喜寿、花鸟鱼虫，要么是佛像观音、神仙仕女的玉文化，缺乏与时俱进的理念和优秀艺术门类的优化嫁接，使玉雕产品与现代人群消费的结合度太差，不利于大众消费市场的引导。既有优秀继承又有现实创新的精品极少，使得观赏、把玩、珍藏的精品市场快成为"无米之市"，因此适应现代化要求对玉雕行业来说是非常紧迫的了。作为市场经济主体的行业，必须有一个创新意识，扬弃的精神。因为没有任何事物是一成不变的，我们必须从思想认识，个人从业素质，包括艺术修养、技能培训、经营方式等方面都应在传统的基础上创新和发展。否则，设计、雕刻的产品便失去灵气，市场销售就会难以为继。玉雕从宫廷艺术流入民间，又从民间组织起来搞大生产，但是它毕竟是手工作坊。现在大生产已不能适应商品经济下的新形势，玉雕的出路只能是重新回到民间搞分散经营，搞手工作坊（这几年整个玉雕行业的发展已经完全是这样的状况了）。当然玉雕产业要走战略发展之路，要从"大处着眼"，"小处着手"。对各地方或各部门而言，需加紧制定区域性战略规划。产业的发展取决于整体的战略规划，无论是玉雕从业人员，还是玉雕产业的收益，对一些区域经济的发展都是举足轻重的，战略规划要实现资源、产品、质量、销售"一条龙"。以市场为龙头，及时了解和预测市场需求信息，加强有限资源的开采和管理；以市场需求合理统筹配置资源，产品设计要立足"创新是灵魂"、"创新是效益"的原则；产品质量要突出一个"精"字，通过有效的实施措施，把四个环节有机结合起来，协调统一，逐步培育行业的龙头产品，多出新品，多出精品。玉器艺术文化的研究比之市场动态调研更为困难，它要求玉器多吸收文化、艺术、历史等社会科学的知识和技能，同时也要求本行业知识和技能不断发展，把造型艺术美学和玉器技术结合起来，多生产有艺术性的玉器，这样不但能够提高玉器的声望和地位，提高作品的艺术性，也能兴旺销售市场。

综上所述，人类文明只有通过世代积累、继承创造才能不断向前发展。继承不单意味着接受上一辈授予的知识技能，它们其实是无数祖辈创新积累知识技能的总和。中国玉雕脱胎于石器制作，还在石器衰落消亡几千年后仍然保持着蒸蒸日上的发展趋势，正是得益于历代都在继承传统的基础上不断创新和发展，才创造了中国玉雕数千年的辉煌。因此，创新是一个民族进步的灵魂，是一个国家兴旺的不歇动力。玉雕行业更应当立足于传统的基础上自主创新和发展，努力运用现在已经成熟的技术向玉器艺术高度进军，向用途的广泛性上进军，在不久的将来，玉器要在艺术上登上大雅之堂，从用途上占领广大市场。只要不断地提高玉器的造型水平，开发新产品，提高玉器为现代生活服务的能力，玉器兴旺将不成问题。

第三章　中国玉器发展的基本概况

根据赵永魁先生的《中国玉器概论》：中国玉器历史的发展，经历了奠基期、发展期（繁荣期）与鼎盛期三个大阶段。红山良渚文化是玉器的奠基期，它给以后中国玉器的制作起到了很大的作用，商到春秋时代两汉玉器的制作达到了繁荣的昌盛阶段，此后三国两晋由于战乱频繁而发展缓慢，到了唐宋时期得到恢复，元明清时代是中国玉器的鼎盛时期。

第一节　原始社会的玉器

原始社会的主要劳动工具是石器工具，偶有玉质工具，如果把石器工具中的玉质工具列为玉器的起源，便可追溯到旧石器时代，然而旧石器时代的玉质工具与石质工具同出一源，被视为石器工具，一般只经过打砸，还没有上升到被特殊利用的地位。

发现最早的玉石装饰品是在新石器时代早期，河南新郑裴李岗文化及浙江河姆渡文化出土的玉石制品，如松石珠、玉璜、玉玦、管、珠等。这些玉石制品的出现距今已有七八千年，可以说玉器的起源要早于这个时期。

玉器在社会上广泛流行，形成文化是在新石器时代中晚期，在此期间，黄河流域，长江流域，辽河、黑龙江流域，珠江以至西藏、青海、甘肃等地区，都出土了黄河大汶口文化，山东的龙山文化，辽河的红山文化，长江流域的良渚文化，珠江的石峡文化。遗存的大量文物中，均出土了最多最精最美的玉器，如良渚文化中的一个墓葬出土玉器一百多件，占这个墓葬出土文物的90%以上。原始玉文化经过原始社会几千年的发生、发展到原始社会末期出现玉琮、玉龙等高水平的作品，从一个很重要的方面反映了原始社会的物质生活水平，揭示了原始社会的精神面貌。原始社会末期一部分人逐渐从石器创造业中分离出来，制作器物有一定目标，选用石类品种也已不是一般石类，而是石中最漂亮的品种，如白玉、岫玉、水晶、松石、莹石、玛瑙等，这些物品的全部磨制、打眼、钻孔、切割、琢磨、兼阴线勾花纹，浮雕、圆雕作品的出现，证明当时琢玉水平已达到初具造型的能力，表现手法也应用了写实和夸张的手段。

龙山文化玉斧有兽面纹，良渚文化玉锥形器、玉佩、玉琮有兽面纹，玉器出现兽面纹比青铜器早这一事实，不能不引起人们对兽面纹起源的兴趣，兽面纹的抽象、概括、简练、变化和夸张，已能显示出原始社会人类具有高水平的艺术构思，有熟练的表现技巧。

玉器在中国发生发展有多方面的因素，单就社会因素来讲，主要表现在玉本身没有特别之点，玉是石料的一种，出现的玉质石器是人们在偶然机会中将玉从石中选出来，感到它美和稀有，继而赋予它伦理、道德、权力和宗教、意识，这样，玉便成了习俗、权力、神灵的象征物，社会越进步，人们的这种观念越加深化，对玉的需求越大。原始社会的进步，导致私有制产生、国家出现，社会上出现以玉器品代表权力、宗教应该说是必然的结果，可以这样认为，它从石中分化出来，就是玉被私有观念所垄断，成为上层社会所看中的必然产物，玉器的发生、发展赖于人们对生活的认识，反映社会的意识形态，随着私有制的诞生，它是文明的征兆。中国玉器使华夏文化从远古时代就开始了玉文化的光辉篇章。

史前时期玉器特点如下。

（1）玉石的材质。此时期玉材材质大都属于蛇纹石类，还有透闪石、阳起石、蓝田玉、南方玉（亦属蛇纹石），亦有大理岩（碳酸钙）。

（2）从实用功能转化到装饰功能。此时期玉器除了玉铲、玉斧等生产工具之外，还有佩戴装饰和礼仪，祭祀玉器璜、坠等主要是佩戴在头部和躯干部位，其数量品种逐渐增多，由单件首饰向多件、串饰、佩饰的三个发展阶段。这种演化序列与其文化发展阶段相适应，是当时经济生活、社会习俗、思想意识等发展的必然产物。

（3）外观、形状的演变。从外形、变化看原始玉器，其造型上体现工艺美术水平，从早期河姆渡、良渚文化的玉器以圆方形为主，璧是圆形器、蝶形器，近似方形，而玉琮则是圆方结合体，细部方中有圆；东北经划分为动物与几何两大类，动物分为现实动物和幻想动物两种，现实动物有蝉、龟等，幻想动物有龙、神鸟，几何形玉器有马蹄形器、勾形器、云形器等，以古龙来说它已脱离单一的直方或圆曲的形制，而是以C形为骨干，头部形象又综合了两种以上特点，尾极简单，从以上出土的玉器造型和装饰看原始玉器工艺美术已达到相当高的水平。

（4）原始时期琢玉工具及专门行业。琢玉所用的圆盘机在原始社会已有，这个时期的原始玉器分别代表了原始社会中国东部、南部两地玉器工艺美术水平，其制作要经过审料、设计、开料、镂空、砣琢、磨光等工艺过程，如玉龙需要用较大、宽的板料，锯出龙身再将身首以外的玉料全部锯下，现出糙坯之后再琢磨，从大部分圆玉器来看，当时已经发明了旋转的圆盘状工具，即原始砣机。

红山文化与良渚文化的精美玉器如果光靠磨制石器是无法完成的，想必是由制玉人专门琢制，这标志琢玉业从石器打制业中分离出来，演化为独立的原始手工部门，并为后世的发展奠定了坚实基础，其中也包括发明砣机这一点。

第二节 奴隶社会的玉器

商朝是我国的奴隶社会，此期在继承原始玉器文化的基础上运用先进的铜器工具来制作玉器，玉器已经有了相当规模的手工作坊和技术队伍，在作坊里玉器工艺不断完善，玉器造型和纹饰已做得很复杂，硬度很高的玉也能精加工，造型形象和纹饰却有明显特点，表现出非常成熟的琢磨技术。玉器使用的原材料也广泛了，选料也精，出现了玛瑙、萤石、水晶、孔雀石、南阳玉、岫玉、河南玉等数十种玉石，这时的和田玉已开始进入玉器制作业。奴隶社会的玉器非常丰富，周武王伐纣获得俘商玉万四千，佩玉石有八万，这个具体数字虽不准确，但商代有玉器是大量的，商代出土玉器最多的地方是商都安阳，殷墟出土玉器即是证明。商代玉器造型中祥瑞动物如龙、凤，写实动物曲颈鹤、虎、鸭、龟、鱼、蝎、蝉等，还有变形动物、人物，其他还有很多璧、琮、璋、刀、戈之类，小工具之类如挖耳勺、小刻刀等。商玉造型于准确、生动、简练的形象中使用双勾突出纹饰，特点突出，出土的大玉盘造型规整、圆润、纹饰流畅。商代作品，早期多呈剪形作品；周灭商来到中原后，继承了殷商玉器遗风发展了浮雕；东周以后到列国分治，出土玉器虽然大的方面一致，但有地方色彩，如佩戴成组的串饰普遍。蔡国发现有成组佩玉松石玉珠；淅川下寺楚墓除有玉牌、玉笄、玉梳外，还发现有玉茎、铁匕首；洛阳东周都城发现玉器较多，其中玉俱剑以及成组佩玉、葬玉发现都对研究当时的社会有价值；山西侯马晋国发现盟誓玉圭，证明了用作礼仪、典庆祭祀的实际情况。

此期玉雕以浮雕纹饰为主，浮雕纹饰有两种表现手法，一为商代的双沟浅轧法，二为周以后的浮雕撞地法双沟浅轧法：即在玉器上勾出平行双线、浅轧、外棱形成浅沟凸起较深，这种方法比单线阴刻更突出纹饰的形象。

浮雕法：如现代的浮雕效果。撞地法浮雕法：这种浮雕是采用单元图案，把单元图案以外的地方轧下一层，撞出地子，使单元图案脱颖而出，如谷纹、涡纹、虬纹。

归纳起来，商朝玉器以佩饰为主，工具由无纹饰到有纹饰，注意了造型美，纹饰由单线阴刻过渡到双线阳刻再过渡到浮雕、圆雕，这是技艺和艺术的进步。这个时期的特点表现如下：

（1）多种玉石通过不同途径进入殷商王室，开创了和田美玉入主中原的时代。殷商王室以纳贡交换或掠夺等手段向各个诸侯国取玉和征玉，于是和田玉、肃州玉、蓝田玉、扬州玉、荆州玉等源源不断地集中于殷都和殷王室，开辟了以和田玉为主体的玉器艺术新时代。

（2）殷商玉器经历了一次工具改革。从妇好墓出土的玉兽、玉禽等玉器的琢磨来看，若用高硬度的和田玉为材，就非用砣具不可，而且砣具的硬度要更高，旋转速度要更快，碾玉用的金刚砂要有一定纯度。离开这三个条件就无法琢磨和田玉。这三个条件的变化，可能给砣具的构造带来改革，而更加接近后世的碾玉工具。

（3）以和田玉为主体，以殷都为制造中心，工艺技术和表现手法有很大进步，商周时期，我国的玉器由原始社会的彩石玉器制造业的殷都为中心，无论是工艺技术还是表现手法，都有较大进步。

奴隶社会玉器之所以如此昌盛，主要原因是社会风气盛行，《周礼》说："以玉作六器以礼天地四方，作五瑞以正邦国"。又说："君王以玉召见公侯大臣，公侯大臣以玉事君王"。正因为国家无处不用玉为礼节，所以周代专设有官府，"掌玉瑞玉器之藏"，由于社会崇尚玉，人们普遍佩玉和赏玉，"古之君子必佩玉"，"君子无故，玉不离身"，佩玉在奴隶社会不是简单的装饰，它有身份、感情、风度以及语言交流的作用。由此可见，奴隶社会无论是社会制度用玉，还是人身用玉都表现了一种美德，把玉作为美德的化身来看待、使用。因此以玉来象征伦理和高尚品德，已在人们心目中根深蒂固，这种思想来源于原始社会，人们对美玉的喜好和理解，随着社会的进步而强化，成为人们的道德观念。

第三节 封建社会的玉器

封建社会是继古玉之后中国玉器的第二发展阶段，也是造型玉器取得卓越成就的阶段，在世界艺术中占有独特的位置。它从奴隶社会的礼玉和道德规范观念中解脱出来，向着艺术造型方面发展，虽然在这一发展过程中，它始终未摆脱奴隶社会玉器的影响，受礼数观念的约束，但这种约束只是局部的，并随着其改变不断注入新的内容，因此它并没有防碍其主流的发展过程。

1. 战国、秦汉玉器

战国、秦汉玉器在继承商朝古玉造型纹饰的基础上，提高了造型能力，使玉器的造型和纹饰出现了生动、活泼、情趣、富于玩赏的新特点，用玉习俗也从庄重拘泥的礼教场合，变得比较自由，如卞和献的玉被制成"和氏璧"，后秦王改制成传国玉玺，各诸侯国都想获得，秦以后，各代王朝都制有玉玺，玉玺是皇权的象征。

成组佩玉是战国时期人们佩戴的风尚，简称组佩。组佩无一定格局，从出土情况来看，珩、璜最多，下辍环璧、珠饰、鎏管形成以一件或多件玉佩为中心的组佩形式，古人佩玉用丝绦或金属链系，挂在腰带上，腰带用带钩，带钩有金属制的，有玉制的，有金玉结合的。玉璧、玉璜、玉佩、玉环、玉玦、玉牌等，上面的浮雕都很精细，深浅浮雕、镂空相当精美，纹饰图案化，写实纹饰常和图案相间使用，线条流畅，造型柔美，布局匀称，有韵律感。

战国玉器镂空、活环技术已很普遍，技术非常高超，有一件镂空挂件玉佩用了4块玉做环，榫成16节，全长48cm，上面有21个活环，有的玛瑙管、玉管长20cm，孔径只有0.1～0.5cm，这么长的孔，没有特殊的打孔工具和设备是打不出来的。战国有玉卯、玉人、玉兽、玉灯等作品，葬玉中口含玉蝉、玉耳塞、握玉、填玉、死人脸上还盖有人脸形玉片，这些都反映了玉在战国时期应用的广泛。

中国自古就有葬玉的习惯，满城汉墓出土两套金缕玉衣，揭示汉墓习俗的秘密，葬玉有口含、手握、九窍塞、玉枕、嵌玉漆棺到玉衣，这些葬玉集中体现了古代对玉的神秘观，佩玉以护身，葬玉以"殓尸"，玉有保护人吉祥、死后灵魂不散、尸体不腐的迷信。汉代成就最高的仍是佩玉，包括璧、璜、环、玦在内的所有佩玉都很精美，变化了的桃形、骨形、鸡心形、圆形、椭圆形等佩饰，其外形轮廓和内部纹饰协调，纹饰线条简练，浮雕物象生动，反映了汉代艺术的特点，显示了真正的汉玉风范。

(1) 战国、秦汉玉器讲究造型美，即在古玉完整的造型中加入装饰，使均衡的造型有了变化，在圆润中注意了穿插，突破了古玉呆板肃穆、单调的格局。

(2) 淘汰了时代不需要的玉刀、玉戈、玉铲、玉矛，玉圭和玉璋的造型也少见了，或者不生产了。

(3) 龙凤飞禽、兽去掉了凶煞像，变得吉庆生趣多了，玉马、玉鹰、玉人、玉牛、玉鸽、玉貔貅形象更趋于写实和生动。人物的线条既简练又优美。此时玉器选料更精，出土和传世的玉器圆润、质纯、色正，都是优质玉料制成。这些都反映了中国艺术的当代特点。

(4) 书籍中对玉的产地、性状作了大量描述，如新疆和田玉，尤其是春秋战国以后，有的是追求了奴隶社会意识形态玉器的造型和用途，有的是对玉的含义给以解释和引申，这些论述都对中国人崇尚玉进行了总结和传播，提高了玉的社会地位，发展了玉器业。

战国、秦汉是中国玉器的重要发展时期，在创作思想、构思、设计、艺术表现、技术加工等方面都呈现出崭新的特点，创造了精雕细刻、生动传神的具有高度艺术造诣的新型玉器，这与当时的时代精神（百家争鸣、百花齐放、共同发展）及当时的艺术思潮有着密切关系，从而揭开了玉器史上光辉灿烂的一页，为后世玉器工艺美术的进一步发展和繁荣奠定了坚实的基础，正所谓的汉家风范的气派。

2. 唐、宋、元、明时期玉器

汉代以后，墓葬出土玉器明显减少，说明人们对玉的观念在改变，南北朝时期，少数民族侵犯中原，带来了不少少数民族的玉器风格，有不少少数民族玉器出土，外国文化也不断地介绍到中国来，影响了中国文化，在中外错综复杂的政治、经济变革中玉器以其超强的生命力同化和改造了外来艺术，促进了中国玉器的繁荣发展和民族特色，有的玉器直接表现了新的特点。

（1）出现了相当数量的金、银、宝石制品，金银器或者金银首饰嵌宝石已形成社会风气。在玉器造型方面，宫廷中的各种用具如杯盏多起来，唐代发掘的玛瑙牛头角杯、玉羽角杯、玛瑙碗等，就是以前少有的作品，这些作品完全脱离了古玉造型的范畴，显得新颖别致；雕琢花鸟、人物，并做得玲珑剔透，各式佩玉已少见，从这些变化中可以看到宫廷和贵族享有玉器是为了显示豪华和阔气，这个时期虽然有玉玺、玉带等等级用玉制度，表示玉虽在封建社会的重要方面仍起着重要作用，但已不是上层建筑的有力支撑。

（2）玉既能用于皇权，也能用于一般器物，这一阶段发展起来的玉器称为宫廷玉器。宫廷玉器以珍玩为主，礼仪为辅。对玉既看重，又打破了传统的约束力。

（3）玉器向造型艺术方面发展，并形成了主流。宋代考古风很盛行，仿古玉器的生产多起来，这些玉器虽然仿制古代造型，但在设计、玉料的选用、工艺上都有别于古代玉器，宋代仿古的玉器集中表现在仿青铜器造型方面，多杯盏、壶盒炉尊、文房四宝之类，做的花鸟、佩、簪、钗，写实。元代有渎山大玉海，质量约3t，是中国最早的大型玉器，上面琢有海马、海猪、海龙、海犀，采用深浅浮雕技法，表明了此时期玉器的新成就。

宋明时期是玉器造型艺术全面发展的时期，器皿造型、人物、动物、花鸟首饰用玉，金银宝石无不璀灿夺目，此时期宫廷玉器全面发展，并逐渐走向成熟。玉器发展需要雄厚的经济基础，只有封建社会的昌盛时期帝王爱好玉器装饰时，才能促进玉器的发展，这是玉器与其他艺术不同并影响它发展的很重要方面。民间玉器虽也兴隆，但与宫廷玉器比较起来，从玉料来说，质量、工匠技术以及工具等方面都存在着差距，玉器料好、工好，宫廷之作占多数，民间占少数，但民间玉器的小玩物也有料好、工好之佳作。玉器虽为统治者所珍爱，奉为稀世珍宝，但玉器艺人却是最低贱的下民，几千年来未给他们留下一点文字资料，更不用说有传说载入史册，周礼百工只提到玉工，这是对玉器艺人的普通称呼。所以玉器的成就就是工匠的成就，从整个玉器发展史看，玉器艺术是民匠创造的，它铭刻了民匠的聪明才智和艰辛卓绝的劳动血汗，玉器作品是他们的丰碑。宋、明玉器匠人除供奉宫廷外，民间也出现世代相传的玉匠，在中国玉器几千年的历史上，第一位在作品上著名的玉器人就是明代末期琢玉妙手陆子冈。他是嘉靖万历时期太仓人，为碾玉高手，治玉簪、白玉印池，尤以子冈佩最出名，他将诗、书、画、印融入玉器使之充满诗情画意，大大提高了玉器的艺术品味和地位，由于陆子冈在玉器艺术上的高超成就，凡经他所治玉器已成为当时达官显贵及收藏者追求争购的对象，同行中仿陆子冈者由明晚期到清代至今大有人在且层出不穷，子冈款式成了玉器行中不用注册的名牌商标，子冈款玉器在国内外博物馆、收藏家、玉器商店和私人手中数量很多，使不少有权威的玉器鉴定专家也为之棘手感叹，足见其影响之大。

3. 清代宫廷玉器

清代是宋以后，尤其是明代玉器风格的继承、发展和提高，是宫廷玉器的最高阶段。清初，玉雕业并未立即受到皇家的重视，自顺治、康熙到雍正将近一个世纪，玉料的供应也不丰富，在雕刻风格上和明代没有太大的区别，作品多为小件的文房用具、动物立雕或装饰用品，造型精巧雅致、雕工圆润、深厚。清高宗乾隆爱玉成癖，他在位60年，古玩玉器充斥宫廷，包括陈设、衣着、用具、供器以及玩物。乾隆元年，宫中建如意馆，如意馆保持四五人的规模。清代玉雕业承袭了历史悠久的传统，以民间原有的精致工艺为基础，用宫廷的力量，全力推展玉雕业，成品数量庞大，雕工精良而且种类繁多，用途广泛，达到了空前的兴盛。宫中器用上有宗庙祭典的玉册、玉宝、祭品，下至饮食起居的碗、盘、盒、壶，无不用玉，其他的仿古器，文房用具，各色服饰，甚至供奉所用的佛、菩萨等神像也用玉雕琢。

清代除玉的作品最多外，翡翠逐渐上升到玉石料的最高位置，被捧成最高贵玉料，其他原材料包括外国宝石应有尽有，选用也精，清代的中国是世界上珠宝玉器既丰富又精致、特点突出的少有国家。清代玉器在我国玉器史上占有重要地位，使我国宫廷玉器发展到极致，是宫廷玉器的鼎盛时期，其主要特点有以下四点。

（1）全面继承了中国玉器传统，不但对古玉进行了深入发掘、复制，还大量发展和变化古玉的造型，尤其是在用玉石制作古代青铜器或制作器皿方面都有很高的成就。清代的薄胎器皿和在玉器上镶嵌金银花纹的技术是对中国玉器技术新的发展和贡献，在山子雕方面表现出来的成就也是重要方面。

（2）清代对玉器的设计、工艺和用料方面有了较大的突破，突出的是造型向情景交融方面发展，薄胎和压金银丝技术的结合，以及刻字、题款等这些都代表了清代玉器的新技术水平。

（3）清代玉器工艺极细腻，一丝不苟，从大件《大禹治水图》山子到小件香囊、烟壶、别子、挂坠等远看有效果，近看耐人寻味，有很多作品的技术即使是现代也难以达到。清代的器皿造型，无论是外轮廓还是内花纹都无可挑剔，可见玉工眼力准确，技法高超，因此，评论清代玉器，技术水平应该占重要方面。

（4）清代是玉料最充足、应用最广泛的时期，各类宝石、玉石都有，尤其是翡翠成为玉料中最显赫的品种，新疆和田玉、东北岫岩玉、玛瑙、东珠、珊瑚、绿松石、青金石以及金刚石、祖母绿、猫眼石、碧玺、红宝石等都大量使用，原料的来源不限，很多来自大洋彼岸，如印度、印尼、斯里兰卡、欧洲和地中海岸国家。清代的宝石、玉石在世界上称得上是最丰富和最精致的：①继承发展了中国玉器传统；②在设计、工艺用料方面有大的突破；③工致质美的工艺技术达到了很高水平，形成独特风格；④宝石、玉石品种广泛应用，原材料充足，大多数薄如纸、明如镜、声如磬。

中国玉器历史悠久，技术先进，通过奴隶社会和封建社会充分表现出来，代表了我国玉器艺术的重要方面，体现了我国人民的勤劳智慧。它发源于中国，成熟于中国，昌盛于中国，服务于中国，是东方特有的民族艺术，但是清道光、咸丰两朝帝王的勤俭作风及内忧外患、不鼓励奢华使此时期为清代玉雕的低潮期。

第四节　玉器艺术走向世界

清朝末叶，帝国主义侵略中国，使中国沦为半殖民地半封建社会，半封建半殖民地的中国实际上是破了产的经济。人民喜玉的习俗已被崩溃的经济冲垮，宫廷玉器也完成了它的使命。然而中国玉器仍大量生产，玉器艺人除在第二次世界大战期间因行业萧条而大批转行外，近百年来玉器工艺仍能传宗接代，工艺技术失而复得，这是因为玉器已从宫廷供养中，转化为有利可图的特殊商品贸易中心，以玉器独有的艺术受到帝国主义国家的青睐。

中国玉器已被世界公认为独一无二的艺术，且由封建的封闭式的生产转化为开放式生产，玉器的惊人艺术使外国人为之瞠目，愿意把玉器作为东方艺术介绍给世界。他们疯狂地掠夺和收买玉器珍宝，使玉器从封建社会的宫廷出来，变为商品，并通过商人的转卖和有利可图，赢得世界市场。这种商品以中国文化的标志之一而受到重视，这正是中国玉器保持不衰败的立足点，使它能在半封建半殖民地的经营中惨淡经营，赖以生存。

因此，半封建半殖民地的玉器，既不是奴隶社会的玉器，也不是封建社会的玉器，而是半封建半殖民地性质的玉器，玉器生产完全是为了满足帝国主义的需要，以贸易为杠杆，为刺激，促使玉器的造型品种发生新的变化。此时期人物、花鸟、走兽的造型艺术逐渐恢复和强大起来，既有高水平的器皿造型保持不衰，装饰玉器也有了新的内容，转变为世界时俗的新款式，不合时宜的扳指、翎管、簪、钗等被改造造型，这就是此时期玉器生产总的趋势，我们称这种变化为玉器的第三阶段，即是商品贸易的玉器阶段，它包含着两个明显的特点：一是玉器艺术的追求，二是玉器市场的变化，它具有艺术的商品的双重性质，只不过它是由商人来决定中国玉器的命运。

新中国成立以后，中国玉器经过扶植、保护、发展，又兴旺起来了。现在，中国集中在北京、上海、天津、广州、江苏、河南、东北等沿海城市和地区，各地乡村市镇发展了玉器手工业，从业人员已超过数十万。解放后的几十年间有过兴旺时期，也有过波折，发展水平参差不齐，好的精工作品多出自名厂名家，对提高玉器艺术作出了贡献，但也有粗糙的产品充斥市场，影响了国际市场的开拓。为了开拓玉器和国际市场，中国玉器必须认真总结经验，努力培养高素质的技术人才。

第四章 玉雕的分类、设计构图及俏色运用

第一节 玉雕工艺题材的分类

古代玉器是以功能、用途分类的，如礼器、仪仗、工具、用具、宝、神像、佩饰、陈设、手玩等等。现代玉器种类繁多，中国玉器行业按造型和习惯，通常分为三大类，即首饰、玉器和盆景。首饰是人身佩戴用的，如玉镯、玉戒、胸坠、耳坠、串珠等。玉件人物造型艺术品包括人物、鸟兽、花卉、器皿等，凡有形象纹饰的都列入此类。玉件人物以古装为主，有仙佛、老人、小孩及有故事情节的人物，尤以仕女较多。花卉以写实为主，佩以虫草或鸟，栩栩如生，生机盎然，特别是花鸟玉器更为兴盛。兽类造型变化多，有写实兽、传统兽、兽形器皿等。器皿类造型以炉、瓶为主，还有薰、碗、杯、壶、盘、盆、洗等。盆景指盆栽艺术品，有真石盆景和玉石镶嵌等。盆景以花卉盆景为主，还有果品、蜡台、人物、景物、动物等盆景。玉石镶嵌范围很广，有屏风、插屏、挂屏等。玉器的种类可详细分类，现在的分类是：类、品种、花色、规格。类代表大类；品种是按每一类中的造型特点分，如人物、鸟、器皿等；花色是品种的细分，如人物中仕女、佛、小孩等；规格指玉料的种类和玉器尺寸大小。上述分类法可以用一定的代号表示。玉器应该根据其分类来正确命名，但有的加入玉料品种命名，如白玉仕女，有的不加玉料品种，这要根据料质而定。

一、玉雕工艺的分类

总结我国的玉雕工艺手法，主要有以下几种。

（一）线刻

线刻即以单线条刻成花纹图案。

（二）薄意

薄意即有画意的极浅的薄浮雕，一般是将形象轮廓之外的空白处去掉等深的一层，使形象略为凸起，形象因自身结构的原因而略呈现高低起伏，细部形象刻画用浅刻，因其高点与地平之间的距离很小，所以称之为浅浮雕（薄肉雕），硬币上的图案纹样就是典型的薄肉雕。

（三）内雕

内雕是深入玉料内部雕出圆雕及浮雕造型的玉雕工艺手法。

（四）凹雕

凹雕与浮雕相反，是在平面上雕出凹下去的图案或造型，又称阴刻雕。

（五）减地阳纹

减地阳纹也称平凸，是指一种浅浮雕，纹饰浅浅地出凸于地（平面）之上。这种阳纹是通过磨削"地"而实现的，即所谓"减地"。这种琢刻手法在商代玉器中就有发现。

（六）阴刻

阳刻较易从字面上理解，阴刻即凹刻，阳刻即凸雕，只是对纹饰的描述，并没有琢磨手法的含义，不同时代可能实现的方法及特征都有所差别。

（七）俏色雕

俏色雕即巧用玉料的多种颜色，使不同的颜色恰好分布在玉雕需要的部位，使作品有巧夺天工之感。

（八）双沟阴纹

双沟阴纹也称双沟阴刻线，是商代才出现的琢磨手法，是并列的阴刻双线条，看上去像阳纹线，其实不是，而是将纹线的两端浅磨去两条凹槽，它们是斜下的浅沟，并非直下的切壁，所以看上去像阳纹浮雕。这种特点与当时的琢磨轮有直接关系。现在的加工工具即便是仿制，在细节上也很容易出破绽。

（九）浮雕

1. 浮雕的工艺特点

浮雕是一种介于绘画和圆雕之间的艺术表现形式，强调平面效果，是在平面或弧面的玉料表面上，对本来是立体的人物、山水景物、花卉等形象采用压缩体积的方法，一般只是压缩厚度，而对长与宽的方位仍保持原来的比例关系来表现艺术形象。浮雕装饰的题材范围也相当广泛，除了各种纹样外，还有山水、人物、花卉、鸟兽等。在题材的选择方面，由于浮雕强调平面效果，一些在圆雕中无法表现的题材却可以在浮雕中得到充分完美的表现。如环境是圆雕难以表现的，而浮雕却可以大显身手；又如风景题材是圆雕不好表现的，而浮雕表现起来却得心应手，题材的广泛性和接近绘画的表现手法使浮雕有着广泛的用途，例如摄影的背景、景深层次一样，根据物像元素被压缩的不同，浮雕又可分为浅浮雕、中浮雕和深浮雕三种。

（1）浅浮雕：是在器皿上进行装饰最常用的一种方法，其特点为较薄、层次交叉少，其深度不超过 2mm，浅浮雕对勾线要求严谨，常用以线和面相结合的方法增强画面立体感。

（2）中浮雕：地底比浅浮雕要深些、层次变化也多些，一般深度为 2～5mm。

（3）深浮雕：为半圆雕，层次交叉多，立体感强。

（4）镂空浮雕：是带孔眼的浮雕，纹饰、镂空浮雕的层次不宜过多，其特点为玲珑剔透，花纹突出。

2. 阴刻线

阴刻线亦称线刻，就是只勾线剔地子，是浮雕的一种装饰方法。

浮雕图案在中国玉雕中可分为两大类：一是传统的各种变形纹饰、兽纹、勾连纹等；另一类是比较写实的图案，如花卉、草虫、鸟兽、山水、人物以及写实的龙凤、吉祥图案。

3. 立体圆雕

立体圆雕也称立体雕，是玉雕工艺中最为完善的手法，它比深浅浮雕、阴雕（凹雕）、线刻来得更为具体真实，是有着三维空间立体造型的实体，能够反映出形体的全方位概貌，具有很强而真实的四围可观性。一般来说玉雕即指立体圆雕。

4. 玉雕山子

这种工艺多利用玉石自然之形态，因形赋形，雕琢和表现山水人物题材。这种造型的成品，有的小巧玲珑，可作几案陈设；大的可逾 500kg，可作为摆件置于室内堂馆，气势宏伟非凡。制作时先按玉料的形状、光泽、绺裂进行构思，除去瑕疵，掩其绺裂，顺其颜色，使颜色、料质造型混然一体，然后按一定的比例在玉石上或浮雕或深雕或立体雕，使山水、林木、飞禽走兽、亭台楼阁、人物形象等或远景、近景交替变化，以取得材料、题材、工巧的统一，是一种综合的多题材、广角度的创作手法。玉雕山子在玉器造型中自由度较大，可以尽情发挥设计者的用料天才，多方面利用玉料的作品，明代扬州玉山子已见于史料和实物，清代玉山子的传世文物丰富，成就很高。

二、玉雕题材的分类

以下是现代玉雕常见的创作题材，按其分类可分为器件（玉器行业将各种非首饰类且具摆放功效的玉雕制品称之为"活件"或"器件"）和零碎小件两大类。器件分为四类：器皿、人物、花鸟、动物。零碎小件指小件玉佩（玉牌）、手镯、戒指等。

1. 玉器器皿

主要以传统造型的瓶、炉、薰为主，还有以青铜器为蓝本制作的尊、垒、卤、觥、觚、鼎、爵等，另外还有实用器皿如碗、杯、壶、盘、碟、盒、洗、酒具、茶具等。制作玉器器皿是玉器制作中最难的工艺技术，在用料、设计、琢磨、抛光、配座等方面都有严格的要求，目前，国内大量生产的器皿，造型多为仿清代玉器和古代青铜器。

玉件器皿（或称仿古器皿）是玉器中最难的工艺技术，它在用料、设计、琢磨、抛光、配座、盒方面都有自己的特点。目前大量生产的器皿造型多仿清代玉器和古代青铜旧器，解放后由于技术人员的挖掘和创新，使玉器造型在坯工及纹饰方面有了很大的进步，基本上恢复了历史上的最高水平。器皿造型以炉、瓶为主，北方以北京为代表，南方以上海为代表，在造型上出入很大，北京讲究端庄、稳重、规矩、细腻，南方讲究玲珑、挺拔、秀丽，在工艺上各有千秋。

器皿造型最重要的是规矩四称，造型和纹饰协调，且选料严格，脏、绺去净后才能设计，带脏和绺是缺陷。

炉：标准炉是圆腹、缩口盖，盖上有顶纽兽，腹两边有头，兽嘴衔环，兽下有腿。质量标准是选料干净，安排四称，琢工细腻，兽纽、兽头、兽面造型大小合适紧凑。变形炉有高炉、高庄炉和亭子炉等。

瓶：瓶的造型多种多样，有圆肚瓶、齐肩瓶、方瓶、小棱瓶、鸡腿瓶、蒜头瓶、葫芦瓶等，瓶上都有双耳和盖，瓶有素身的，有周身纹饰的，有浮雕的。

薰：北京薰造型一般由五节组成，从上到下分为顶纽、盖、腹、中柱和底座，用螺丝扣组成，有的薰有九节顶纽，一般雕琢龙、瑞兽、花头、下衔小环，盖作镂空花，在镂空花中有开光浮雕。身有素的、有浮雕花纹的，身上的两耳作镂空雕有龙、凤、花造型，两耳垂环。南方薰多链，顶盖之间加节，使顶高竖起来，腹和足之间也加节，纹饰也多，显得比北京薰玲珑工巧。

仿青铜器和由青铜器变化来的器皿造型有尊、垒、缶（音否）、卣（音友）、觥（音公）、觚（音弧）、鼎、爵等，多种多样，有的造型纹饰很美，常常是玉器中的佳作。其他器皿造型有碗、杯、壶、盘、碟、盒、洗等，常规和精品都有生产。北京玉器继承了薄胎技术、压丝技术，另外还有内画的玉器作品。

2. 玉器人物

玉器人物造型很多，但大致可归为两类，一是常规造型，这种造型有定式，有规律性的推凿方法，多以传统古装人物为主，有古典小说中的人物，如《红楼梦》《三国演义》《西厢记》《白蛇传》《聊斋》《水浒》及四大神话爱情传说中的人物，且多以女性为主。神话人物有大量的神、佛、仙、道、飞天等。二是非常规造型，要求有一定的内容和表现一定的思想主题，无论是什么样的人物都要给人以美和欣慰的感受，要求影像清晰，造型准确，比例协调，作工细腻，要注意料、质、色和造型的统一格调。

玉雕人物用料比较干净，底净，色匀，纹路特别明显的料不使用，如缠丝玛瑙、花地翡翠、花纹明暗太显著的孔雀石、有黑线的松石、轮纹的珊瑚等。尤其人脸部位的材料质地更讲究明快干净。多色玉常被用作俏色产品。玛瑙以及高级料的人物产品造型出入很大，很少有雷同的产品出现，在产品上除主题人物造型外，还有花卉、飞禽、动物、山水、静物烘托人物。

人物产品设计根据料质、料性、料色、透明度的情况，为烘托料的质、色彩用不同的技法，即什么料设计什么样的造型，并遵循客观规律。

(1) 仕女：通常的仕女拿花持扇，古装小姐打扮，发髻卷于顶上，发放下垂至背部，长裙拖地，宽袖下垂，腰围两道裙系带束腰打结，汗巾下垂，脚下衣纹作出碎步姿态，复杂一点的更加入各种首饰、服饰等。仕女造型的质量重要的是用料恰当、身段秀丽、脸美、喜相、手拿物俏气真实。

(2) 小孩：古装小孩选用古画的百子图造型，也有光身、顽皮的作品以雅气、顽皮、生动为主。

(3) 老人：老人的形象比较多，有东方朔偷桃、太白醉酒、天官赐富、寿星等。老人刻画重在脸部特征，宽衣大袖，造型喜庆。

(4) 佛：经常生产的有佛、番佛、大肚佛、观音、多臂佛等。

佛的形象如庙中正中殿堂塑像，是正宗佛的形象，肩宽、胸部丰满、盘膝作手势，慈眉善目双耳垂肩，显得端庄肃穆，唐代的佛塑像是玉器佛造型的学习标准。

番佛是印度佛塑像造型，袒胸、披裟，身着缨络，造型比较活泼，身段比较优美。

大肚佛是最常见的一尊佛像坐像，立像有大肚翩翩、哈哈大笑的特点，低、中、高档料全可制作，以中、低档料产品为多。

观音是人们喜爱的佛像，坐像、立像都有，我国多把他塑造成端庄慈祥的女神，是大慈大悲救苦难普渡众生的神仙。他玉面玉唇，眉弯眼秀，发盘龙髻衣飘风翎，右手持拂尘，左手持甘露瓶，可变幻32种形象，如杨柳观音、卧莲观音、龙头观音、白衣观音、水月观音、普慈观音、合掌观音、千手观音、童子拜观音及送子观音，根据其座骑不同又有鳌鱼观音、坐龙观音、兼象观音、坐狮观音等。

玉器多臂佛有四臂佛、六臂佛，造型较活泼。除以上各种佛以外还有各种造型的菩萨，如文殊菩萨、普照菩萨，常见的有文殊、普照骑象产品。

仙人的制作较为常见随便，形象和姿态随料而定，由于仙人的形象有一定特征和表情，技术难度更大一些，做不好反而不美，经常出现的有八仙、刘海、哪吒等。十八罗汉本是佛，玉器中也以做仙人的手法制作，形象较为怪异，如伏虎降龙罗汉。一些女像仙人以仕女手法制作，尤其是花仙用花卉、麻姑献寿用寿桃、青蛇白蛇用剑来衬托，其形象简直和仕女没有区别。

玉器人物是畅销品种，尤其是有情节的和仙佛产品，只要造型、工艺有特色，是非常受欢迎的，佛、神、仙人的高质量作品多出现在玉器精品中，是玉器人物很重要和很有代表性的作品，玉器中的俏色作品也多出自此题材中。因此，发展玉器造型艺术，玉器人物有着广阔的前景。

3. 玉器花鸟

玉器花鸟是近几十年来兴盛的产品，以技巧表现写实（陪衬物）为主。玉石料性很脆，单独表现花卉容易折断，所以花卉常傍以瓶身、花插和山石静物等以傍瓶身的为最多，又称花卉瓶品种。花卉做工玲珑，不宜体现玉的润美，不宜使用色暗的料和裂纹多的料，因此花卉造型较整齐，料色多明快，质地也较坚韧，傍以瓶身和其他静物的花卉产品。花卉周围的写实雕琢有主次面，主面花叶茂盛，次面点缀，瓶身和瓶盖上的花卉相互连接，形成一体，也有瓶盖是折枝花的，与瓶身花不衔接。

中低级料以制作花卉瓶为主，是常规产品，瓶盖上的折枝花、瓶身上的主花多是牡丹、月季，也有萱草、君子兰是以叶为主的，一般是一面花，背面点缀不多；草虫也只选用蝴蝶、蜻蜓，造型比较简单。

玛瑙和高级料的花卉，造型变化比较大，工艺也细，比较讲究花卉的穿枝过梗和花形的变化，在用料上特别讲究，用花卉把旺的料全部占上，把脏的部分镂空去掉，所以花卉产品做成以后，料质要优于原材料的原形，更有翡翠小的绿、分散的绿全部澄清出来使料的成色提高的作品，这是花卉用料的最大优越之处。

（1）花卉要做得飘洒玲珑、穿枝过梗，陪衬物的草虫、鸟要做得栩栩如生，花卉布局要顺应自然规律，自然中又巧妙变化，使花卉的聚与散、线、面、体保持完整，如枝杆的苍劲，花头的挠折，花叶的穿枝过梗、翻卷折叠，草虫动物的呼应，山石野草的点缀等都要恰到好处。一般用草虫、动物作为花卉的陪衬常有寓意，以增加花卉产品的情趣，草虫有螳螂、蝈蝈、蟋蟀、甲虫、蝴蝶都做得栩栩如生，生机盎然。多种花卉相互搭配，花卉与虫草为主题是常见的产品，花木与飞禽相搭配，取用中国传统的吉祥名称，如松竹梅为岁寒三友，梅兰竹菊为四君子、秋声佳色、松鹤延年、喜上眉梢等。

在做工上要叠挖自然，枝、梗、叶、蒂、花、花蕊，草虫的头、须、翅、腿都要做得干净利落。花卉在玉器中是立体的细腻产品，如同国画中的工笔画，细腻得连叶筋都要做出，只求写意效果是不行的，但这并不是说，花卉作品越繁越好，细腻和繁是两回事，细腻是烘托造型，繁是破坏造型，因此，看一件花卉作品的好坏，要从造型和细腻入手，而不是从繁入手。

20世纪40年代创树本装饰鸟以后，树本鸟占据玉件以鸟为主题的产品约有30年。60年代，掌握树本鸟技法以后，大量产品流入市场。树本造型的特点是鸟体大，树本形成挤、压等规律，鸟张嘴透爪，羽毛处理有工艺的表现手法，弱点是它很像标本鸟，但不如标本鸟真实，写实的特性抓得不够，有的产品只能叫作长尾鸟、短尾鸟，是什么鸟都分辨不出来，再加上工艺不细，造型呆板，致使树本鸟有落伍的趋势。花鸟正在发展时期，有些玉器以鸟为主，表现鸟的技术并不因为树本鸟的市场衰落而终止，有一种鹰的造型在市场上仍很受欢迎，这也是属于以鸟为主的产品，它的受欢迎主要是鹰的形象和动态处理得很好；有的以鸟为主，以花为辅；有的花鸟并重，好的花鸟作品要求注意鸟的形象和动态，花和鸟的呼应关系等等。

（2）鸟有常规产品和非常规产品，种类可分为山禽、涉禽、鸣禽、游禽、家禽、猛禽。但由于都是卵生，山禽嘴小而尖，动作灵活，如画眉、百灵、八哥等；猛禽嘴大而勾，腿短且粗，翅大而健，爪大而利，喜食肉，如鹰、鸟等；涉禽咀长、腿长、脖长，尾短，如仙鹤、鹭鸶等；游禽嘴宽而扁，趾间有蹼，如鹅、鸭、鸳鸯等；家禽性善易养，形状多样，如鸡、鸽等。花鸟产品多用中低档料制作，它用料灵活，常有俏色鸟作品，成对鸟要求两只鸟的颜色、透明度、质地、造型、高矮都要一致。

4. 玉器动物

玉器动物是以动物为题材的玉器，古代玉器兽件已很有水平，造型生动、变化自由、写实与装饰十分熟练，现代都很难达到这种水平了。现代兽只注意并突出了写实，在变化和装饰方面与古代兽件玉器还有差距。

兽类用料很杂，高、中、低档全用，大、中、小件都有。小的边角料可做小动物，如挂坠。按动物的造型分为写实型和传统型及兽型器皿等。写实型动物有马、牛、象、羊、骆驼、鹿、狮、虎等。传统型动物有蹲狮、貔貅、龙、角端、麒麟等。兽型器皿有牛罐、羊罐、狮罐、狮尊、牛尊、象尊等。

动物是民间喜闻乐见的品种，最重要的是动态，要了解动物的习性，掌握动物的动态规律，关键是动态和传神，一只动物要有神，两只动物要有情，群体动物要神形兼备。

常规兽如马、牛、象、门尊等，常规画法多成对也有成套的，如十二生肖、八骏等。掌握马身的矫健、头型和机警，注意马头的筋骨挤轧，前胸的丰满，后小腿的上提，腿关节蹄肘的安排。汉马、唐马都是我国传统马的优秀造型，现亦有仿制。

牛主要作立式和卧式，重点在头型，尤其牛眼的有神，其主要是挤轧胯骨，在牛身的粗大中突出脊、臂骨骼。

羊有山羊和绵羊，山羊跳跃顽皮，绵羊温顺平和，要注意头型的挤轧。

象的体形宽大，四肢粗、有力，前身高后身低，鼻子上卷、自然，脑包、眼泡、扇耳、牙根都是象的特点，处理好能提高象的动态和传神。

狮无论是走狮，还是门蹲狮都是中国传统造型，以头型最重要。

传统兽和兽形器皿虽然制作很多，但多仿制古代造型，造型和工艺要求也很高。兽是喜闻乐见的品种，需求量很大，在质量上除去作什么像什么外，最重要的是动态，作兽要了解兽的习性，掌握单个动物和群体动物的习性，只有掌握了兽的动态规律，才能作出适应市场的工艺品。

三、真实盆景、玉石镶嵌与其他

（一）真实盆景

真实盆景即用真正的宝石、玉石做的盆景。目前以花卉盆景为主，有单种花卉和多种花卉。果树盆景有 50 多种，这种盆景用珐琅作盆，浆料塑本，铁丝裹绒拴花和瓣制成。花用艳色玉石，叶用绿色碧玉、岫玉、墨绿玉等。如牡丹盆景有五色牡丹、三色牡丹、绿牡丹盆景，这些盆景用玛瑙、芙蓉石、岫玉、白水晶作瓣，墨绿玉作叶，每盆有花五朵、三朵，在绿叶中十分醒目，显得十分鲜艳。又如花篮盆景采用花篮作盆，多种花卉载入篮，花卉姹紫嫣红，争奇斗艳。金苹果树是用玛瑙、芙蓉石、岫玉、东陵石等料作果，用桃、石榴、佛手等浆料塑本贴金箔，金光闪闪，果实累累，富丽堂皇。

花卉盆果有大有小，有造型变化，有规格品，也有非规格品，盆的样式、做工的粗细都不同，检验盆景的质量以使用原材料的品种、制作的造型、做工的粗细为准，包括瓣、叶、果的磨制形状及颜色搭配是否协调，好质量的花卉盆景以花形艳丽、精工、丰满为主。

1. 果品

经常生产的有圆珠葡萄、奶珠葡萄、香蕉、佛手、桃、黄瓜、柿子等，北京的"葡萄"常能作带霜的葡萄。

2. 蜡台

蜡台是用攒制花卉的方法，将花的心部装上蜡碗，作盘状花形，放于桌上，是用于点蜡的实用装饰。特点：真实盆景用料范围广，工序多，它是既简单又复杂的玉器，每一道工序都影响着产品造型，每一道工序都要检验，这样才能组成好的真实盆景造型，北京盆景精工、艳丽、丰满的特色已受到购买者的欢迎和好评。

（二）玉石镶嵌

玉石镶嵌组成的艺术品可以包括很多类，范围很广，它可以组成画面也可以组成图案，既可平嵌，也可浮嵌，类如屏风、插屏、挂屏、静物、人物、器物等都有玉石镶嵌产品，如彩图4-1金丝嵌宝盒《白玉错金嵌宝石碗》。

宝石画是以各种宝石、玉石的边角料、碎料为原料粘贴的画，仿名画、仿古画、仿西洋油画等。宝石、玉石的用途是多方面的，它可用于现代的各种艺术品类，也可以用于实用装饰。关键是如何设计和使用，最大限度地增加其文化附加值。

（三）玉佩（玉牌）等小件

《礼记·玉藻》："古之君子必佩玉，右徵角，左宫羽"。此语说明古人对玉的喜爱程度以及行走时玉佩所发出左右不同的音响。"宫、商、角、徵、羽"为古代五音。经专家考证，那种能发出叮当之声的佩玉，不是现今人们概念中单独的佩，而是组佩，即由数件玉佩串缀而成，由此更见古人对玉的至爱。

玉佩始于何时，一时难以确定。从河南安阳殷墟妇好墓中出土的鱼、蛙、玉人、怪兽等玉器都有孔洞，可以佩戴。在其后的历史发展中，佩玉一直是文化的体现，不过不同的时期有着不同的特色，花饰、形态都各具时代特点。现今存世的玉佩各个朝代都有，以明、清居多。

明朝盛行培育玉雕人才，因此造就了众多玉雕名家，陆子冈便是当时著名的碾玉高手。子冈对琢玉有着极高的造诣，从而形成了一种风格独特的方形玉牌——子冈牌，后人以子冈牌作为一种艺术风格来仿效，出现了大量的仿制品，而质地纯正、洁白无瑕、做工精湛的真子冈牌是非常少见的。明朝的玉佩所用原料基本是软玉，其中以白玉最多。

到了清代，满族人的腰佩戴饰物蔚然成风，玉佩的需求量也随之大增，随着翡翠的大规模开采、使用，清代的玉佩除传统的白玉之外，又多了一种新品种——翡翠玉佩。翡翠玉佩的使用更加讲究，常在玉佩上拴以双套的结，以红碧玺、红宝石、尖晶石（旧称大红宝石）为结石，在结石之下用米珠把线绳围住，形成一种绿、红、白的色彩对比，使之更加艳丽夺目。

"玉佩"与"别子"有所区别，"玉佩"顾名思义是指那些佩戴在个人服饰或身体上的小玉件。"玉佩"这一名称的使用时间早，延续时间长，贯穿整个中国文明史。而"别子"是从清朝才开始使用，清朝时兴戴香囊、荷包等小饰物，为了拿取、存放方便安全，用一个薄玉佩拴在荷包的线绳一端，别在腰间，所以人们将此时的玉佩称为"别子"。随着历史的演化，人们也将"玉佩"称为"别子"。时至今日，人们对玉佩的称谓更加口语化，称之为"玉牌"，更加形象、上口。清代以前，男人将玉佩佩戴在腰带上，女人佩戴在胸前，但随着服饰的改变，玉佩的佩戴方式也发生了改变，男士将玉佩佩戴在胸前的也大有人在。

清代以前制作玉佩的材料基本上是白玉，冰清玉洁的白玉加上精湛的工艺，制成无数的精品。清代之后，除白玉以外，翡翠也大量使用，并且优质翡翠在价值上也大大超过了白玉，形成了一个更为奢华的品种。此外碧玺、琥珀、海蓝宝石等材料也被利用制成玉佩。现代社会中，白玉佩有一定市场，但数量不大，一般在拍卖会上以旧物身份出现，断定其真实年代完全凭买家的眼力。碧玺、琥珀旧物不多了，新的碧玺、琥珀制品向小型化发展，逐渐演化成了胸坠，成为女性专用饰品。目前市场上的玉佩大多数为翡翠和岫玉。岫玉质软，便于雕琢，故有许多玉佩，也有一些岫玉玉佩经仿旧处理后冒充旧货。翡翠原料价值幅度跨越极大，所以市场上既有几十元一件的翡翠玉佩，也有几万元一件的高档货，在拍卖会上还有价值几十万一件的极品，不可一概而论。数十元至一二千元者多为中低档货，多由大件作品的边角料制成，这类作品中有些还是B货、C货，多不具有收藏价值，但如果是老种巧做也是韵味无穷的。高档翡翠佩是人们争购的焦点，20世纪80年代，王树森老先生设计制作的一件火柴盒大小的别子，在香港以180万元成交，成为人们谈论的佳话。近年来，国内拍卖市场上精品不断涌现。1997年春季，太平洋国际拍卖公司珠宝拍卖专场的图录封面就是一件精品，此玉佩名为"福禄同在挂件"，翠色浓艳均匀，翠质润透，雕工细腻生动，仙鹿引颈远眺，仙鹤云中飞翔，一派仙境画意。

现代玉牌设计制作更加趋向时尚和便于佩饰，体积向小型化、随型化发展，形态千变万化。不仅如此，一些现代工艺在玉佩上也有体现，如用金、银、铂金、钻石镶嵌，甚至是多种宝石的镶嵌，使之更加富丽奢华。

玉佩所表现的内容也是有着鲜明时代特征的，如子冈牌一面多为花草树木、苍山云海或典故人物，另一面多题诗赋词。现代作品一般可分为三大类，一类是宗教题材，如弥勒佛、观音等，此类作品力求面部雕琢生动完美；第二类是自然界花草鱼虫的形象，要求作品既写实又写意，在方寸之间进行完美的刻画；第三类是吉祥图案，借助汉字谐音表达美好的愿望。如一对葫芦上伏两只蝙蝠，名为"福禄双至"，一匹马上有一只蜂、一只猴，名为"马上封侯"；一松一鹤名为"松鹤延年"等等。从此可以看出玉佩具有深厚的文化底蕴。

玉佩从出现至今已有几千年的历史，几经风雨，仍为人们所喜爱，其魅力所在就是玉佩浓缩了人类的美好意愿。

(四) 手镯

手镯的雏形始于新石器时代，那时的手镯第一功效是武器，然后才具装饰作用，与现在手镯相比制式比较宽厚。东周战国时期的手镯与现在的手镯形式相同，称之为"环"或"瑗"。汉朝手镯叫"跳脱"或"条脱"，"条脱"这一名词到了明朝初年还有人使用，手镯一词到了明朝才开始使用。

手镯的制式不多，以圆形圈口为主，也有方形或椭圆形。条杆横切面一般以圆形为主，也有绳纹手镯或雕花手镯，还有一种条杆是扁条杆的或是内方外圆的，此种手镯称之为"蒲镯"，现今也称之为"朴镯"。由于古时的生产工具所限，手镯的加工完全是手工操作，所以在对称程度以及粗细均匀程度上存在差异。手镯现在仍然大量制造，现代手镯质料一般为翡翠、白玉、玛瑙、蛇纹石玉及一些石英岩质类玉，现代加工手镯是将原料切成薄板，在套管机上切割成圆环，然后再将方形条杆磨成圆形条杆，所以现代手镯的特点是手镯各处的圆弧一致，粗细均匀。手镯一般内径 55~65mm，条口直径 6~10mm，不能太细或太粗。当然条口直径还必须与手镯圈口相匹配，以求比例协调适中。

（五）戒指

戒指分为两种类型，一种为马镫形，一种为镶嵌戒面形。马镫形戒指是指整个戒指都是由翡翠或其他玉石一体切磨而成，一般马镫面是翡翠且翠绿色的，指圈部分是白色的。如果是全部翠绿，那将是非常完美的。镶嵌戒面形的戒面有多种形制，常见的素面有椭圆形、圆形、马鞍形、橄榄形、水滴形等，也有各式刻面矩形，这些翠面由各种贵金属镶嵌成为戒指，如佩上钻石，更显华贵。

翡翠戒面质量分级以其颜色、种水、大小、净度、切工为主要依据。翡翠戒面对种水要求比较高，一般为老种或新老种，并且质地均一。翡翠戒面要求无裂绺、无棉絮、无黑点。切工要求是：长、宽、高比例适中，弧面平滑丰满，刻面平直整齐。在颜色、种水、净度、切工相同的条件下，戒面尺寸越大，其价值越高。

第二节 玉雕创作设计中的构图

玉雕中的构图就是把要表现的内容用各种具体的形象合理地组织起来，构成一个完美的画面。

构图大致分为静的和动的两大类，静的构图是对称，它给人的感觉为平稳、安定、庄重。动的构图是均衡，它给予人的感觉是活泼、自然、生动。

构图很重要，在主题和料石决定后，构图的好坏对一件产品来说起着决定性的作用，构图的法则是对立统一，在作品中各种形象的主与次、疏与密、前与后、上与下、左与右、大与小、长与短、曲与直……互相依存，相互制约，这许多矛盾着的各个方面又组成一定的画面，并在其中发挥着独特的作用。如果胸有成竹，处理恰当，就能立意新颖，更充分、更完美、更有感染力地表达主题思想，塑造出成功的作品来，构图中应注意的问题很多，归纳起来主要有以下几方面。

一、占料与构图

1. 构图

构图的完美表现了创作技巧的高超，而科学的用料则表现了用料经验的丰富。一件玉雕作品的成功，正是依靠了这两根柱石。

设计构图时，要最大限度地占有空间，应能反映原料的最高点、最宽点、最厚点，并使产品有大于原料和显活的效果；应根据产品影像和构图需要，有目的地突出某一部分，舍去某一部分原料，适当破掉原料的形状，使产品外轮廓造型更加完美。

在定好重心线的前提下，围绕重心展开设计，做到求主次、求平衡、求对比、求呼应。对任何一个组成部分都要为主题服务，任何与主题无关的物体都是多余的。

2. 脉络起伏及组织结构

所谓脉络，就是布置众多行物时，似乎有一条线贯穿在里边，把这些景物都连接起来。但是这个脉络还不能全摆在外边，必须是有起伏、有隐显，也即组织玉雕造型如同"编筐子"，结构是纵横交插的，筐子有经条，有纬条，里一道外一道，穿插编成，底部又是辐射状，互相连接，有组织、有结构。比如仕女人物是由头、胸、臀、上下肢这些体块组成，这些不同方向的体块又是由劲、腰椎骨在内部串联起来的，而周围的衣饰、飘带及配景又是围绕这些体块进行协调地布置和安排、组织而成的。

二、主次关系

玉雕作品要尽全力来表述作品的主题思想，这是唯一的创作任务，必须要把主体形象设计创作好，它是对表达主题起主要作用的形象，一切其他形象都要围绕主体形象来作各种不同形式的处理。如"二龙戏珠"图，就存在着二龙之间和它们与珠、云、水之间的种种矛盾和一致性。我们在设计时就应着重考虑如何突出"龙"这一主体形象，因为它是画面中要表达的中心。但若光顾"龙"而忽视了宝珠和云、水、火等在这个题材中的作用，主题就很难表达出来，没有"突"就没有"主"，要做到主题明确，主次分明，宾从主用、浑然一体，使画面变得更加明朗。

对龙的动态，它与云、水的呼应等关系也都应一并考虑，做到大的布局中有主客之分，局部中也有主客之别，不能随便填塞，乱做一气，没有章法。

三、疏密布局与空间处理

造型艺术中十分讲究疏密布局，疏密与主次的关系是紧密联系在一起的，画面过密容易给人以拥挤压迫的感觉，太疏又会形成松散的效果，应注意疏密相间和穿插衔接，让气势神态得以贯穿，疏处着重形态的变化，密处注意层次的处理，做到虚实相生，分组呼应，决不可平均对待和疏密相等，既不能"满天星"均匀撒开，又不能大集合，一堆一团。

要注意对空白的处理，实际上空白也是构图中的一个重要部分，有时也起着绝妙的作用。根据题材和料石的不同，一件产品有时是"以多取胜"，如兽类产品一般以不繁杂为宜，如果需要一些陪衬，也应围绕着兽来安排各种造型，画面要繁而不乱，紧而不塞，松而不散，不论用哪种手法，都是为了取得更好的艺术效果。

1. 向心与离心

在玉雕造型中，一定要注意向心与离心的巧妙应用。玉雕中的向心一般体现在人物的重心，鸟兽的重心，炉或瓶的中心线等方面；离心则表现在重心以外的对称物、平衡物及各种变化多样的体块、线条的位置安排等方面。

2. 呼应顾盼

前呼后应、左顾右盼，这是玉雕造型各部分彼此联系的重要条件之一。不仅是人物如此，就是花草鸟兽、山石树木也要有呼应顾盼，否则变成了一盘散沙。

3. 左右俯仰

玉器空间分布除采取对称式格局外，也有以左右为主的，或左低右高，或右低左高。高者俯（低头往下看的意思），低者仰，这样左右俯仰之间，就用了顾盼的关系了。

4. 阴阳向背

玉器造型必须注意景物的阴阳向背，既不可全向，也不可全背。向背有变化，造型就不显得呆板。

5. 大小环抱

景物的布置，必须有大有小，才不呆滞，或以大为主，而间以小物；或以小为主，而间以大物，并且是环抱自如。人物、花鸟及其配景物均应有环抱。

6. 参差错落

参差是不齐的意思。布置景物时，必须错落不齐，最好是有主有次，一虚一实，一疏一密，或一左一右，或上奇下偶，或近高远低，反之亦可；最忌一般高低，或无远近大小。

7. 轻重承复

这是指上下的分量轻重要恰到好处。如一件成品造型，上面的景物分布面积和分量过大过重，下边过小，就有头重脚轻之感；反之，如下面的景物分量和面积过重过大，上面的很轻很小，叫人看了也不舒服。承是指承接得住，复是指压得住，也是指上边的分量要压得住下边，下边的分量也能承接得住上边才好。

四、层次安排

玉雕不同于绘画，景物前后层次是给人以丰富多变和造成画面空间感的一个重要因素，层次和疏密不是孤立存在的，它们相辅相承，所以在完成构图时应一并考虑，使之成为有机的整体，要注意前景的设计和做工。主体和要表现的精彩地方大多在前。由于它们所处的地位显要，因而对表达主题和画面的美观有较大的影响。但前景不满和滥用前景不仅有损形象，缺乏层次变化，而且也给做工带来很大的困难。所以我们在重视前景的同时，决不能对后边设计和衬景有疏漏，切不可疏忽大意，只有前后衬托，互补不足才能达到较好的艺术效果。层次的处理在形方面一般情况下前景物形应小，后面安排宜大；前景物形应矮，后面安排宜高。在线方面一般情况下前面横线，后面宜用直线；前面直线，后面宜用横线。在手法上前景物应实，后景物宜虚；前景物应该画细致，后景物可以从简一些。在浮雕方面浮雕应该根据内容刻出高浮雕、浅浮雕、使之产生层次和透视感。

五、变化与统一

变化统一是一切艺术形式美的一般规律和基本原理。它是对立统一这一辩证法的根本规律在美学中的表现。人们在艺术实践中逐渐认识这一规律，用它来指导自己的艺术创作，同时也转化为审美意识，不断提高自己的造型能力。

玉雕造型是由互相关联的各部分组成的，各部分之间都有内在的形式上的相互联系，通过一定的形式。就造型各部分之间的区别和多样性而言，是玉雕造型的变化；就造型各部分之间的联系而言，是玉雕造型的统一。

玉雕造型在形式处理上应该既多样变化，又有整体统一，这是最基本的要求，多样变化是为了达到丰富、耐看的效果；整体统一是为了获得和谐、含蓄的目的。玉雕造型如果没有变化，就会使人感觉单调乏味；如果没有整体统一，就会使人感觉杂乱无章；要在变化中求统一，在统一中赋予变化，力求使造型的变化与统一取得完美的结合。

一般来说构图多取均衡局势，以求其灵巧而平稳，玉雕产品尤应注意这一点。如果把物体安置得太均匀、规矩，就会造成平稳呆板的感觉，缺乏生气；但若为变而变，又会显得杂乱无章。要做到在统一中求变化，在多变中求统一，一般说在设形上切忌等边三角形或同等距离和互相平行现象出现。任何同样大小、同样粗细、距离相等平行一致的形或线都会冲淡主题，并使它们失去自己的作用，一件事物总有自己的特点和面目，不论是人物、花卉或禽兽，在处理和表现手法上，都应该合情合理。

六、破形和俏色

常说的"破形"，就是把长的线、大的面或生硬、重复的几何形体给予穿插、掩盖或剔除，有些不可避免的地方应尽量缩小和减弱它的影响。

在设计时，对于画面的动势、节奏和边缘轮廓线的变化应给予足够的重视，因为它在人们的视觉上是很敏感的。另外，对于玉料的俏色利用也是一个很重要的话题，必须在构思和设计时一同考虑进去，俗话说："一俏值千金"。如果俏得好，俏得绝，达到画龙点睛的作用，那么一件看来寻常的作品便会身价百倍。对俏色有时还要取舍得当，应用得当，甚至有时还得忍痛割爱，以便取得更好的艺术效果；而随意滥用或用之不当，将会严重损坏主题。

由于玉雕本身的特殊性，所以在构图时，对料石、料性、工具的使用、表现方法等因素都不能忽视，要精心设计，通盘考虑，全身心地投入，才能创作出高水平的作品来。

总之，应根据每件作品的主题思想，抓住主要矛盾，从全面着眼，处理好各种相互间的关系，就能较好地将千变万化的不同形象组织起来并创作成一件完美的玉雕作品来。

第三节　玉雕造型设计中的俏色运用

一、俏色的定义

帅德权认为：俏色在我国玉雕工艺中，占有极重要的地位，它独树一帜，十分出众，对玉雕而言，俏色常常起到画龙点睛的作用，真是一俏值千金，一俏传万代。所谓俏色者，即漂亮也，可以这样简单地认为，俏色即漂亮的颜色（姑娘小伙俊俏美丽）。中国传统习惯形容货物销路好，称为走俏。俏货，形容菜做得好，必加上俏头，俏头可以增加菜肴的色味香。这俊俏、俏货的俏意，引申到宝石学中，把玉料中特殊出众美丽的颜色称为俏色，特别将其置于玉雕作品的显眼部位，收到极其理想的美感效应，起到画龙点睛的作用，这些玉料的颜色，即为俏色。有俏色的玉雕，即属于俏色雕的范畴，如果说玉雕是中国工艺林园地的一朵奇葩，那么俏色是玉雕的灵魂。

一块天然玉石往往会含有几种或几个层次的色彩变化，玛瑙就是典型，其次还有翡翠、青白玉、独玉、岫玉等玉材，琢玉可通过玉材中各类色泽变化展开想象力，顺其自然设计为好，会达到一种自然神奇的艺术效果。这种特殊的艺术效果，是单色玉材创作上无以比拟的，俏色玉材设计关键是要看作者对玉材的审料，有时还需要求少料，澄清其色的分布，然后进行设计，玉色俏色的利用好坏，关键还在作者的艺术修养，好的艺术珍品举不胜举，如五鹅、虾盘、龙盘等。

二、俏色玉雕按几何要素分类及其代表作

按俏色在玉料中产出的形态特征，或俏色在雕刻品中的形态特征，可分为点、线、面上的三类俏色。

（一）点状俏色

可简称为"点俏"。玉料中特殊颜色部位成点状分布，或玉雕中特殊颜色被运用于局部，成点状俏色者。其代表作品以工艺美术大师王树森的玛瑙俏色雕《五鹅》（彩图4-2）为突出的实例。在《五鹅》佳品中，作者十分高超地利用了点状俏色，巧夺天工地将黑色玛瑙运用于五只白鹅的眼珠部位，使它和五鹅的红嘴、白体相衬托，造成颜色上的鲜明对比，既十分逼真、传神，又十分和谐，真正起到了画龙点睛的作用！作者把黑色的玛瑙运用得十分得体，琢成白鹅的细小眼珠，显示了高超的工艺水准，使作品活灵活现，格外生辉。这样的杰作，能不"一俏值千金"吗？

（二）线状俏色

或称为带状俏色，可简称为"线俏"或"带子俏"。其代表作以工艺美术师姜文彬的玛瑙俏色雕《枫桥夜泊》（彩图4-3）最为典型。据说作者慧眼识珠，从废料堆中发现那块底色为红褐色含黄白色条带的玛瑙，于是联想到桥栏，从而解决了《枫桥夜泊》中的枫桥、引桥道及其上的卧云等，由于桥在场景中的主导地位确立了，其他的客船、寒山古刹、枫树、流水、云彩以及天边的玉兔等，也就迎刃而解了，从而把唐代大诗人张继的千古绝唱："月落乌啼霜满天，江枫渔火对愁眠。姑苏城外寒山寺，夜半钟声到客船。"刻画、体现得惟妙惟肖，极为生动。应该说玛瑙俏色雕和诗的意境是十分合拍的，它清丽而且高雅，以红褐色为主色调表现《枫桥夜泊》雕品的夜景，是独创也是推陈出新。作者妙手回春，大胆突破，是十分难能可贵的。

（三）面状俏色

可简称其为"面俏"，即俏色具备一定面积者。目的是将玉料中的特殊颜色部位予以突出，置于醒目的地位。其代表作以国宝翡翠山子《岱岳奇观》（彩图4-4）为例，《岱岳奇观》为三百多千克的翡翠巨雕，其块体之大前所未见，无比的珍贵。所刻画的东岳群峰起伏、山峦叠翠；石梯入云、天门高耸；古刹亭阁、错落有致；松柏森森、山泉冲冲；群鹤欢舞、祥云缭绕；好一派岱岳景象！名是反映东岳泰山的巍峨壮丽，实则象征着我东方文明古国的雄伟庄严，充满了和平幸福和宁静，并且欣欣向荣！最难得的是岱岳巅峰之旁，一轮红日临峰普照，和五岳之尊遥相呼应，交相辉映，它的东升，使整个巨雕活了起来！这一轮由橙红色翡翠雕出的红太阳，是面状俏色的杰出典型的实例。它使郁郁葱葱的岱岳有根有源，有因有果，"万绿丛中一点红"！打破了巨型山子单一绿色的格局，这橙红色的翡翠不仅十分得体，而且含义深远，真乃画龙点睛之笔！

三、俏色玉雕按造型分类及其代表作

俏色雕品中，按俏色玉料的大小和不同位置，分别设计成不同的造型，如人物、动物、花朵、瓜果、器物等各种造型。从古到今，佳品极多，内容尤其丰富。因此，俏色按其造型分类，可以分为如下各类：

(一) 人物俏色

指俏色部位的造型为作品的主人翁者，以此突出作品的主题。代表作如工艺美术大师宋世义的玛瑙俏色雕《长生殿》，作者取材于《长恨歌》中唐明皇和杨贵妃的爱情故事，连用了红、黄灰、黑、白色的玛瑙，把其中的白色玛瑙雕成七夕对天盟誓的唐皇和贵妃，以突出主人翁。以黄白色玛瑙设计为长生殿前白玉台和玉栏等，周围灰黑色玛瑙则雕成夜朦胧的宫庭殿宇、亭阁等背景，把七夕之夜的宫庭夜景反映得恰到好处。此外作品左上角，红白色俏色玛瑙冰轮，由比翼鸟合成，和唐皇贵妃天上人间，遥相呼应，临空作证。一块极普通的灰黑、白色玛瑙被作者调配得十分自如，再现了《长恨歌》的诗情画意：

"天生丽质难自弃，一朝选在君王侧。回眸一笑百媚生，六宫粉黛无颜色。

七月七日长生殿，夜半无人私语时。在天同作比翼鸟，在地愿为连理枝。"

作者炉火纯青的技术，使人们通过其杰作得到了极高的艺术享受！成为人物俏色的代表作之一。

人物俏色的另一个典型宝例是高级工艺美术大师原维成的玛瑙俏色雕《千古一尊》。作者利用白色和红色玛瑙来塑造秦始皇及其功业，是一件极出众的人物俏色雕品。秦皇一身洁白，宽袍大袖，手握长剑，凝视前方，器宇轩昂。作者利用白色玛瑙部分塑造了雄才大略的秦始皇极其不可一世的形象。其背景部分运用红色玛瑙刻画横卧于群山之巅的万里长城，这在色调的运用对比上不仅十分鲜明，而且反映的气势非常磅礴，万里河山一片红！作者在雕品中告诉观众，中国统一以后，山河可更加明媚壮丽，是人心所向。在雕品的上部，作者巧妙地利用白色同心圆状玛瑙，雕成一轮太阳，让它临空和秦始皇、万里长城遥相呼应，把这《千古一尊》烘托得更加至高无上。的确，统一大业对中华民族的发展极为有利；长城是秦始皇千古不朽的杰作，它不仅属于中国，也属于人类，当然值得作者大书特书。秦皇不仅在地面上留有长城，在地下还留有宏伟的兵马俑和地宫。在中国众多的帝王中，大有作为者，看来不能排除秦皇！可见这一玛瑙俏色雕，是一件十分出色的杰作，欣赏了它的照片后，使人联想到毛泽东主席气吞山河的沁园春词句："昔秦皇汉武，略输文采。唐宗宋祖，稍逊风骚。俱往矣！数风流人物，还看今朝。"

(二) 动物俏色

在传统的玉雕作品中，动物俏色雕可以说层出不穷，各种动物生动活泼，反映大自然动物情趣的绝品实在太多。它们虽然都属于小品，但最受人们的青睐：一是它们的造型可爱；二是常常不必用太重的费用即可求得。其绝品不少，如以下几种。

(1) 虾俏：肉红色玛瑙大虾，衬以灰色、白色的底盘等，十分常见。

(2) 蝈蝈俏：白色的翡翠白菜上爬以翠绿色的蝈蝈，或红色南瓜上，爬以翠绿色的蝈蝈并盖以绿色瓜叶……

(3) 雏鸡俏：如肉红色玛瑙雕成未出壳的雏鸡（彩图4-5），略露头、足，白色半透明玛瑙雕成略破的蛋壳，雏鸡刹时即将降生，生动无比……

(4) 鹰蛇俏：灰黑色独玉雕作雄鹰（彩图4-6），利爪下抓着倦曲的白蛇，由白色独玉雕成，十分生动……

例子极多，不胜枚举。

(三) 植物俏色

玉雕中利用各种俏色，雕成植物的花卉、叶片、瓜果、菜蔬、树木等等，是十分常见的。只要功夫到家，都是十分生动喜爱的！

例如，用红色皮膜状翡翠雕成树顶鲜花，掩映于白色翡翠雕成的楼台、仕女之上；用绿、白、黄、褐各色翡翠雕制的各色花果；用黑色独玉雕成墨菊，绿白色独玉为枝叶……内容不一而足。

（四）器物俏色

在玉雕中亦极常见。

四、俏色的运用手法

俏色的运用手法尽管各自有所不同，但归结起来，基本上都是顺色取材的。顺色，是指俏色与所表现对象的色调基本相似或相近。绿的俏色一般表现绿色的草虫、蔬菜、瓜果等。红的俏色常用来表现火及一些红的景物，如用玛瑙料的红色料做成《哪吒》中的风火轮，表现出哪吒脚踏风火轮勇猛刚强的形象，鲜红夺目的风火轮，正是俏色艺术的魅力所在，使作品的主题更加突出，达到了更高的艺术境界。又如神话题材《女娲补天》中的岩石及岩浆，也是利用红俏色制成，体态优美的女娲双手托起红艳艳的岩石，使作品的意境更加神妙，耐人寻味。再如工艺美术大师设计创作的玛瑙《龙盘》（彩图4-7）也是一件极其巧妙的利用天然俏色的玛瑙佳品。

工艺美术大师王树森的俏色玛瑙《五鹅》也是顺色取料，作者经过精心剥料，抓住红、白、黑三种主要俏色，按料色的形体和部位设计了五只栩栩如生围着食盘的鹅，周身羽毛洁白，额头和嘴呈红色，黑色的小眼睛炯炯有神，使观者无不惊叹，见彩图4-2。

此外，俏色玉料的运用不仅要考虑到各种料色，更要从整块玉料的色调和形体考虑。其中色调尤为重要，前面已谈到过，玉料的颜色是固定不变的，而玉料的形体经过雕琢是可变的。作者可巧妙地利用玉料固有的色调和形体创作出优美的俏色艺术品。已故老艺人潘秉衡可算得上俏色行家，他在一块质地细腻但有一瑕点的白色玉料上，设计雕琢了以《白蛇传》为神话故事题材《盗仙草》这样一件作品，从大的色调上看，用白玉表现白娘子是理想的色调，但那块黑色的瑕块却是极不利的因素，经过老艺人几经权衡反复推敲，几易其稿，最后那块黑色的瑕块被设计雕琢成白娘子口中衔着的灵芝仙草，由于老艺人善于"显瑜"和"掩瑕"，变不利为有利，变被动为主动，把材料的缺点变为创造艺术形象的优点，使其成为一件绝妙的佳作。一块块看起来并不珍贵的原材料经老艺人独具匠心的处理而大放异彩，其奥妙在于丰富浪漫的想象和对玉料运用的神妙，其规律也在于玉料的色调与所表现的对象色彩及其他某些特征相接近，从而引起人们的联想，如用翡翠雕琢成的荷花并不具备自然生长荷花的颜色，但是翡翠特有的色调和滋润感，适应了荷花的某些特点，使人仍然感到玉琢荷花的美，这就是翡翠魅力之所在。因此，我们对各种俏色玉料要竭尽全力找到它们最有魅力之处，来表现适合其色调和体形的题材内容。但是也常常看到一些作品，是利用有着天然美丽的孔雀石雕琢人物的，这样不仅不能发挥孔雀石天然花纹的美丽，反而将这些美丽的花纹，用来丑化了美女的形象，所以对天然美丽的花纹也要选择所要表现的内容，不然就会引起相反的作用。

对俏色玉料的运用应注意以下几点：

（1）自然景物是随着时间季节的推移和变化而变化的，所以俏色要选择和抓住最能表现事物和对象特征的典型色彩，如用一点鲜绿色的俏色翡翠做黄瓜，不仅使人感觉鲜嫩味美，而且看上去很富有生命力，如果采用黄色表现则给人以乏味与枯燥的感觉，用桔红色的俏色料做桔子，使人感到黄澄澄的桔子甘甜、饱满，如果用绿色表现则给人以酸涩的感觉。

（2）使用俏色要少而精，俏色运用得好坏，不在于使用俏色的大小与多少，而在于恰到好处，如果盲目贪大求多不顾效果，致使作品的色彩杂乱无章反而弄巧成拙。

（3）应尽量将俏色安排在作品的主要部位，才能使俏色发挥更大的作用，有时俏色分布在玉料的正反两面，给创作设计带来了困难，艺人们又创作了"移料法"，使反面的俏色也出现在作品的正面，如翡翠《俏色梅花瓶》就是利用前后两面的翡翠红皮设计创作了两个梅花俏色瓶。在瓶的一侧以活链相连，然后将两瓶分离，这样后面的俏色红梅瓶也就移到正面来了，而且也使小料做成了大料。

（4）俏色的运用要做到顺色，还要做到形准，如选择的题材俏色适宜，但料形不符，则不要勉强。不要顾此失彼，在这种情况下需另选题材使俏色作品更加色俏形准。

五、俏色的正确利用

利用俏色是玉雕行业的特技，使用俏色料进行设计比使用单色料较难掌握。

常见俏色容易出现在下列玉料中：绿色出现在玛瑙、翡翠中；红色出现在翡翠（翡翠中的红色为翡）、玛瑙、带糖青白玉、岫玉中；黄色玛瑙中有，岫玉中也有；褐色出现在玛瑙、岫玉中，岫玉中的黑色被认为不美，一般不用；粉红色出现在芙蓉石中；兰色多在翡翠、玛瑙中出现，如蓝玛瑙俏雕《万泉河》（彩图4-8）；紫色多出现在翡翠中。

我们由此可知道玛瑙中俏色最丰富，是俏色的主力军。

利用俏色时，要使表现的对象和俏色的颜色相一致或相近似，如《四海欢腾》以大面积的绿色设计成江海苍龙，以白色设计成白云，见彩图2-7。如绿俏色可以做花朵、草虫、植物和果实，也可做绿鹦鹉、翠鸟，就很顺色、合理。又如红色可以做花头，凤的羽，仙鹤的丹顶，鹅顶，寿代鸟、锦鸡、太平鸟的头，蝴蝶，蜻蜓以及龙兽口中喷出的火焰火球等。这样使产品主体部分更加突出。

好的俏色料和难以设计的俏色料，常常迫使设计人员苦思冥想，这时对俏色料不要轻易舍弃或等闲使用，可以长期构思，力求石破天惊。

在利用俏色时应注意下列几点：

（1）利用俏色的两个因素：俏色玉雕的产生有两个因素：一是玉石给定的颜色条件，二是设计者用色和造型结合的能力。玉石出现两个以上的色彩就可以进行俏色创作。

（2）主色和兼色：创作俏色玉器，一般以玉石主色作底，兼色作俏，色不混，不靠，物像逼真为好。主色是玉石中基本的大体积的色彩，兼色是杂于主色中的其他色，例如白玉红皮子有一层薄薄的红皮，里面通体洁白，白是主色，红皮是兼色，在作品中只有保留白玉红皮才使作品有生气，体现白玉红皮的美丽，如彩图4-9《丝绸之路》及彩图4-10《俏色山子图》。

（3）俏色创作要注意分色：俏色玉雕要分色清楚，用色忌混，如果人物的身体用白色，人体以外的物像最好用其他色。有的人体肌肤肉色，衣物用其他色，这样的作品更给人以逼真感。俏色作品在于精和醒目，色分不清，乱用就会使作品显得不俏。

（4）俏色运用要注意对比强烈和鲜明：玉石上的色彩分布是千变万化的，色与色之间有对比关系，用色要注意对比强烈。白、黑、红、黄对比都很强烈，白色物像有个黑物像，黑物像引人注目，这是对比强烈。如果褐红色物像有块黑物像，不能说用色不好，但对比就不那么强烈了，所以，为了突出强烈的对比色彩，用色忌靠。

(5) 依料赋形和依色赋形：绝妙的俏色作品，不仅要分清颜色，对比强烈就够了，最关键的还要在依料赋形的基础上，依色赋形，使作品形色相依，与自然生态绝妙吻合，富有情趣。玉石俏色讲究巧、俏、绝，巧是用料巧，把千奇百怪玉石色彩用得巧；俏是指效果，称为俏色；绝是在俏的效果上，其用料之巧，产生的俏色之佳，是绝无仅有的。巧是手法，俏、绝是作品的生命力，如彩图 4-11 玛瑙《小丑》就极具代表性。

在一件产品中，俏色部分要少而精，太多就显得零乱、破碎，反而不俏，以致弄巧成拙，俏色要大小适度，要尽量澄清，不要浑浊不清。

俏色一般利用在产品的主题上，是为了突出主题，如鸟品种俏色一般利用在鸟的头翎、花卉的花头及草虫、果实上，而次要部位一般没有必要俏色。有时候，俏色利用在主体所追求、口衔或喷吐的部分，以增加感染力。比如凤、仙鹤口中衔的灵芝，龙凤呈祥产品龙喷吐的火球，几只鸟所注目的草虫等。

白色玛瑙通常是作底子使用，来衬托俏色，有时一块玛瑙中红多白少，这样可用白色当俏色，用红色作底子，这就是俏色的反衬法。比如用红色做一串熟透的葡萄和枝叶，用白色做两只小鸟在啄食，这样利用俏色效果也挺好。

在玛瑙中除俏色外，有时还有不干净的杂色料块，这就是脏，按剜脏去绺的原则应该去掉，但脏有时也能利用，可以少许留一点作二俏色，这就是变脏为俏，变瑕为瑜。如《五鹅》中有一块脏没去掉，做成五鹅的食料，同样起到了很好的俏色作用。但脏变俏必须在有主色的情况下施用，只以脏为唯一俏色就没有意义。

利用俏色的设计人员就是一名导演，要在有限的空间和色彩中，导演得绘声绘色。

第五章 玉器的设计与创作

第一节 玉器的造型设计

一、玉雕属于造型艺术

我国有着几千年的玉石开采和利用历史，历代玉雕工艺品具有独特的艺术风格和精湛的技术，它们以寓意深刻、工致质美而耐人赏玩，同时又以坚硬的质地和优雅的色泽而取胜，它们还兼有中国画所具有的意到笔不到的特点，它们像诗一样反映着人们的思想、民族习俗和审美情趣。它们是中华民族灿烂文化的重要组成部分，也是世界文化艺术宝库的珍贵遗产，因此被誉为东方艺术之瑰宝。

玉器制作的整个过程是从立体想象到平面构图，再由平面构图回到立体造型的艺术。一件成功的玉雕作品，打动人心的首先是它的外部形态，即空间造型，工艺美在于以适用的造型、色彩、线条、形体来表现或烘托出一定的情节、气氛、格调和趣味，所以玉雕常被理论界归为空间艺术。

造型是一门综合艺术，它是由平面构图和立体构造组合而成，可塑性很大、题材的运用也相当丰富，现代理论家对玉雕下过这样的定义"玉雕即是空间所环绕的实体"，这里的实体就是形体，即依靠玉雕材料来营造一个空间，并启发观众欣赏形体以及环绕实体的空间的美。

玉雕的造型设计是由点、线、面三个基本形态的选择和结合来表现或激起人们视觉共鸣的一种艺术。

（一）艺术分为再现艺术和表现艺术

绘画、摄影为再现艺术，雕塑也是再现艺术。再现艺术的特点就是要有真实感。戏剧、电影为动态的再现艺术，而建筑、音乐、舞蹈为表现艺术。文学为语言艺术，雕刻是再现艺术，雕塑建筑是空间造型艺术，玉雕是静态的再现艺术，它的美首先是以动人的造型来反映生活，再现生活，它最能直接感染、陶冶和激发观赏者的心灵。我们知道自然界的物质千姿百态、丰富多彩，但它们的基本造型、要素都离不开点、线、面。艺术源于自然、师法自然，是通过自然物吸取灵感，引发意念，溶入情感，升华为艺术作品。外师造化中得心源，外师造化就是强调对客观对象的观察，自然是丰富而生动的大课堂，是艺术家创造思维最佳发挥的源泉。学画最好以造化为师，如画马要以马为师，画鸡以鸡为师。善画牛的李可染大师的画室就叫"师牛堂"。

（二）造型设计中的点、线、面

造型设计中的点、线、面是一切设计中最基本的、并且存在于任何造型设计中，对于一个设计者来说，研究这些基本的要素及构成原则是我们研究其他视觉元素的起点。点、线、面又被称之为构成三要素，但通常被认为是概念元素，运用到实际设计中，它们则是可见的，并具有各自特有的形象。在几何学上，点只有位置没有面积，但在实际构成中点要见之于图形，并有不同大小的面积。至于面积多大要根据画面整体的大小和其他要素比较来决定。点的连续会产生线的感觉（三点一线），点的集合会产生面的感觉（如照片放大是由许多点组成），点的大小不同会产生深度感，几个点之间会有虚的感觉。在空间中两个同等大的点，各自占有其位置时，其张力作用就表现在连接两点的视线，在心理上产生吸引和连接的效果。空间中的三点在三个方向平均散开时，其张力作用就表现为一个三角形。"北斗七星"由于其形象与一个勺形相似，其七点的联线就很容易被人们所发现，并增加识别和记忆。

点：点是线的开端和终结，是两线的相交处，是一切形态的基础，但从造型意义上说，点有空间位置和视觉单位。从点的作用来看，点是力的中心，是表示小的概念，但它集结起来也能表示虚线，虚面和衬托形体给人带来丰富的联想，具有活跃感、生机感、韵律感，以点可以带面。

线：几何学上的线是没有粗细的，只有长度和方向，但构成中的线在图形上是有宽窄粗细的，线在东方绘画中被广泛运用并具有强的表现力。线的种类有很多，现分述如下。

直线——平行线、垂直线、折线、斜线等。

曲线——弧线、抛物线、双曲线、圆等。

线在造型中的地位十分重要，因为面的形是由线来界定的，也就是说形的轮廓线表现不同的意念。从造型上说，线具有位置、长度和一定的宽度，具有较强的感情性格，更主要的是线条具有方向感，且富有变化，对动静的表现力最强，是曲、直、精、细、长、短的最佳概念，也是空间、时间的最佳依据。粗线条表现纯重和力度，细直线表现锐敏和秀气，曲线表示圆润和弹性，横线有平稳感，竖线有森穆感，斜线有不稳定感，交叉线则给人一种繁杂紧张感，起伏线表示流畅柔和，放射线表示奔放。

面：面是线的轨迹，具有长和宽的两度空间，是体的表面，它受线的界定，具有一定的形状，面有几何形、偶然形等。面又分为两大类：实面和虚面。实面是指有明确形状的能实在看到的，虚面是指不真实存在但能被我们感觉到的。与点对照，它具有巨大、整体的特征，给人的视觉感受是单纯，包括厚重，同时，它是点线密集的最终转换形态，如三点之间、两线之间都可构成面的感觉，直线平行移动为方形，斜线移动为菱形，直线回转为圆形等。

（三）形象

形象是物体的外部形象，是可见的，包括视觉元素的各个部分，如形象、大小、色彩等，所有概念元素如点、线、面在见之于画面时，也都具有各自的形象。在构成设计中对形象的研究是必不可少的，形的分类：

几何形

理念形态——抽象　　　有机形

　　　　　　　　　　　偶然形

形态

　　　　　　　　　　　人为形

现实形态——具象

　　　　　　　　　　　自然形

几何形是抽象的、单纯的，一般是靠工具描绘的，视觉上有理性明确的快感，但也缺乏人情味，在现代工业发展的今天，理念抽象形态被大量运用在建筑、绘画及实用的设计中，因为它不仅便于现代化大机器的生产，而且具有时代的美感。

有机形——指有机体的形态，如有生命的动物、生命的细胞等，它的特点是圆滑的、曲线的，有生命的韵律。

人为形——指人类为满足物质和精神上的需要而人为地创造的形态，如建筑、汽车、器物等。

偶然形——指我们意识不到的、偶然形成的如白云、枯树、破碎的玻璃等偶然形成的形状。

自然形——指大自然中固有的可见形态，自然形态千变万化、丰富多彩，是形态的宝库。

能引起美感的最基本的形式因素：色彩、线条、形体。

色彩是形式美的重要因素，也是美感最普及的形式，红色是热烈兴奋的色彩，黄色是明朗的色彩，黑色是肃静的色彩，绿色是平和安静的色彩，白色是纯洁的色彩。红色能使人联想到炽热的火焰、节日的彩旗、红润的笑脸；绿色常使人联想到宁静的树林、绿茵茵的草地、平静的湖水；黄色使人想起明亮的灯光、耀眼的阳光。麦当劳、肯德基、可口可乐店堂、桌椅、包装全都是红色的，据说红色最能引起人的食欲。

圆形柔和，方形刚劲，立三角有安定感，倒三角有倾危感，三角顶端转向有前进感，高而直的形体有险峻感，平面宽阔的形体有平稳感。如位于陕西省华阳县境内的华山，分为东峰、西峰、南峰、北峰、中峰，主峰南峰素以高、险、峻、绝著称，海拔2154m，四壁陡立，险峻异常，除了一条崎岖小道外，再没有一条路可攀登，人们常说的"自古华山一条路"，正是西岳华山险峻异常的真实写照。而平面宽阔的形体，如位于山东省泰安境内的泰山，主峰1545m，总面积426km^2，山势累积、安稳厚重，雄居华北平原之东，巍峨险峻，气势磅礴，号称五岳独尊，有拔地通天之势。人们常说的"稳如泰山"即是东岳泰山安稳厚重的真实写照。

在讨论了造型的基础要素后，我们再回到造型的空间构成上来。一件作品要引起人们的共鸣，除了点、线、面的有机结合外，最重要的还是空间构成，它有如作品的灵魂，空间构成的好坏，直接影响作品的成败。所以详细讨论空间构成对于造型艺术，是很必要的。

空间是无限量的，万物离不开空间，空间是物体内在的要素，空间也是无形的，只能通过对形体不同形式的限制才能表现空间的形态，海与天空构成广阔的空间，海阔天空，高地四合围成盆地。空间感与立体感具有共同之处，立体是以一种空间形式存在的，因而立体的东西也同时有空间的效果。纵观我国历代工艺品的造型设计，空间造型设计的原理早已被人们发现并运用到实践中，特别到了近代，空间的表现有了更大的进步，我国建国以来的玉雕制品，有许多空间效果处理得极好的佳作，如《日月生辉》《骏马》《蛇鹰之争》（彩图4-6）《福禄寿》等，这些作品不仅在空间构成处理上有独到之处，而且在艺术上有很高的审美价值。

玉雕的造型设计，不仅要使产品华美精致，还需要简练明了的空间造型，通过空间和形态、视觉的效果影响人的心理来产生美感。空间构成的形式，主要分三种：内空间、外空间和内外空间。

(1) 内空间是指被隔在形体内的空间，形体不完全的围合也可造成内空间。内空间在视觉上，造成被包围的感觉，对视觉有很强的吸引力，具有神秘感和空间感，如西汉时期的青铜器《长信宫灯》。它包围着形体，但也受形体的制约。独具内空间的摆件作品20世纪50年代较多，如《麒麟》《孔雀》等等。

(2) 外空间有明朗与丰富的表现力，但空间感不如内空间强，受形体制约较少。

(3) 内外空间是形体有明显的内空间情况下，使内空间和外空间同时得到表现的空间，如1972年在云南江川李家山墓地出土的《牛虎铜案》（彩图5-1），此器为古代祭祀时盛牛羊等祭品的器具，高43cm，长76cm，重17kg。形体为一站立的大牛，四蹄作案腿，前后腿间有横梁连接，以椭圆盘口状牛背作案面，大牛腹中空，内立一小牛。牛后部一圆雕猛虎咬住牛尾，四爪抓住大牛的后胯。此案中的大牛颈部肌肉丰满，两巨角前伸，给人一种头重尾轻的感觉，但其尾部铸有一虎，一种后坠力使案身恢复平衡。大牛腹下横置的小牛增强了案身的稳定性。此案构思巧妙，生动形象，风格写实，具有滇人作器的独特风格。

铜案大牛腹部的空间又是小牛的外空间，这便是复合的内外空间，其层次多，空间效果丰富，容易引人入胜。

了解了空间形成的方法，当我们进行立体造型时，更为有意识地赋予每一块材料以不同的空间形式，来获取不同的空间效果，由于玉器的四围可观性决定了它必须具有在空间中的复杂关系，并把握住从凝聚到开放的三维空间意识，正如理论家摩尔所说："空间和实体一样具有形体意义"，一个立体占有一定空间，使体积表现思想感情再现生活内容，具有生命力，才成为雕塑艺术。可见空间的构成在造型艺术中占据着重要的地位。

综上所述，点、线、面的有机组合与空间构成的塑造组成了造型艺术的基础，富有动感、生命感的空间构成是玉雕造型的关键。艺术的生命在于创新，随着社会的发展和时代的进步，玉雕创作设计应当不断地发掘和创新，将崭新的民族特色和时代风采揉和在一起，给玉雕造型艺术赋予新的生命。

二、认识原材料是保证创作设计的基础

（一）量料取材有的放矢

玉雕创作设计最主要的特点是"量料取材"，量料取材就是根据原材料所具备的条件选取题材，即量其料取其材。玉器的创作设计只有对原材料有全面彻底的了解，才能有的放矢。充分利用原材料提供的条件是创作设计的首要基础，如果对所设计的原材料，在设计前未被弄清和认识，那么，这种设计是不可靠的。有两种情况，一种是没有充分利用和充分发挥原材料的天然美，造成了对原材料在使用上的浪费；另一种是设计超越了原材料的客观条件，再好的设计构思也是无法实现的，所以玉器的创作设计对原材料的认识是极其重要的。如何去认识和鉴别原材料？主要从以下几个方面入手。

(1) 观察玉料有无"绺"、"线"、"棉"、"砂心"和窟窿等毛病。绺是指玉料上的裂纹，一般都应去掉，如有些小绺不易去掉，应注意处理和隐蔽。

(2) "挖脏"。脏黑一般都应剔除，使之美玉无瑕，达到最为理想，如一件翡翠玉佩，原来的高级翡翠原料上布满了许多小黑点，作者首先把这些黑点去掉，然后合理施艺，使之成为难得的珍品。但有些杂色也并不绝对不可以利用，如果用得巧，也可变脏为俏，变瑕为瑜，制成一件好作品，如松石作品《八仙过海》就是将其质地坚硬细密、颜色鲜绿而松面好

的部分,琢制成动感各异的八仙形象,将其质软的黑色脏料琢制成八仙过海乘坐的自然树舟,这样的设计处理,不仅将松面好的料琢成主体人物,并将其脏样运用得恰到好处,而使作品增加了艺术效果。

(3) 顺性。性是指玉料组成的纹理结构,用玉雕行话来说是指玉料的横性、竖性、顶性等,在玉料中有些性比较明显,如木变石。有些碧玉、白玉的性也比较明显,但有些原材料的性就不甚明显,如玛瑙、水晶等,所以在创作设计时尽量使用顺性,特别是在单细玲珑处也尽量避免使用横性,这样既容易加工,也不容易折断。

此外,还要详细观察原材料的质地、料形、料色、光泽等,对原材料的这些方面都要鉴别清楚(另作专题)。在充分了解玉料的情况下,才能进入构思设计阶段。

认识原材料的方法,可借助于仪器,或采取目测和经验的方法,根据目测和经验,结合推理判断,得出认识原材料的结果。在认识原材料的过程中,由于受到肉眼目测的局限,一般都需伴随着对原材料的去皮、切割、雕琢等剥料方法。使其对所设计的原材料达到全部认识与掌握,这样才能使设计做到有的放矢,物尽其能。

(二) 设计前原材料的处理

由于原材料本身有绺、脏、石,因此在设计产品前还得进行处理,其步骤大致如下:

1. 剜脏去绺

剜脏去绺,就是除去料表面的粗皮和料中不可保留的脏、石、石花,去掉料浅部、深部的绺(芙蓉石中的小绺除外)。在设计产品时,绺是大敌,尤其是断绺、恶绺,既不能放在鸟品种产品中鸟的头、身、尾、爪、腿部位,也不能放在陪衬物花卉的梗、枝、叶部位。甚至连产品中较粗大的山石也不能出现断绺、恶绺,对断绺和恶绺要如割痛疽,坚决去掉,毫不足惜。有时材料上带有一点实在去不干净的细碎绺,那这种绺只能安排在产品后面或小部的次要位置上,在产品制作中,用石纹、树纹加以遮盖,称遮。

在带有盒、瓶、罐、壶、盘的产品中,绺不能设计在这些器皿的口、足部位上,最好也别设计在器皿的其他部位上。

在剜脏去绺的工序中,要注意保存材料的最大形体,因为产品的价值和材料的大小、高矮有直接关系,尤其是贵重原材料,价值昂贵,尽量少去料以免降低其价值。

2. 材料的形体美

在剜脏去绺后,料还得经过破型留神,寻求形体美的处理。

破型留神是粗略地整体地讲究材料外轮廓线的影像美,讲究材料的各个点、线、面间的和谐美,玉器行业称为形美。

不少原材料在剜脏去绺后,形体很美,只要定下底平面,即可开始设计产品,但是有些材料在破型留神工序中,必须进行进一步的处理,以求得到形体美,才能进行设计,如果不管材料形状好坏如何,囫囵设计起来,则有害于产品的整个艺术造型和主题表现,这样的产品即使局部形象再好,刻画再细微,也不能弥补最初的缺陷。所以追求原料的形体美是很重要的,可起到奠基作用。

(三) 玉雕形式的表现

设计—琢制—传神就是将景与情逐渐融合在一起创造意境的过程,审玉是一个意境的过程,每一块玉都有它自己特有的定性,有自己的大小属性、形状、颜色、透明度、绺裂特征,这些特征就是一幅未经人工雕琢的自然风景画,一项重要的工作就是发现其中的美点,通过心灵的加工，即联想和想象等心理过程，对景物进行取舍而组成一幅新的图画。

玉雕形式的表现即玉雕题材的表现形式，通常需从主题形象、外形轮廓及雕刻手法的视觉效果上来表现。

1. 主题形象的视觉效果

玉雕的主题形象是否明显地被察觉到，并能明确地理解其意境，是玉雕产品设计构思的关键。为此，主题形象往往应具有以下的特点：

（1）突显于背景之上——主题形象居中和稍大，并略高于背景图像。

（2）有明显的分色效果——主题形象与背景的色调明显不同。

（3）浮雕的成角透视效果好——浮雕中的主题通过采用成角透视，使主题的立体感强。

（4）花纹线、纹理线的分布恰当——将花纹线、纹理线合理分布于主题或背景部位，以突显主题形象。

（5）表面粗糙度差异的利用——对主题形象不同部位及背景的表面采取不同的表面粗糙度，从视觉上使主题形象的线条更分明。

（6）配景的衬托——使用装饰性配景，与主题形象构成有机的整体，使主题形象被衬托得更具高贵的气质。

2. 玉雕轮廓的视觉效果

玉雕轮廓也即玉器的外部造型，这也是玉雕设计构思的关键内容。通常，所常用的形式与题材内容有一定关联，比如：

（1）圆形或圆弧形——此类型主要为正圆形、梨形及椭圆形，其次为圆柱形、球形及珠形，常表现圆满、平和、和谐及欢乐情调的题材。

（2）方形——此类型一般为长方形，偶而为正方形或柱形，常表现较为严肃的古典哲理、辟邪去灾和道德情操的题材。

（3）过渡形——如两头各为圆弧形的长方形圆形；一边为直边，其他边为多个对称的外凸圆弧形；似"S"型或流线型。往往表现（1）和（2）的折中题材，即欢乐中带有严肃情调的题材，如宗教、神话及纳福迎祥等题材。

（4）随意形——一般玉料外形作不规则状的轮廓，多半表现具浪漫主义情调的自然景象或个性化的人物题材。

3. 雕刻手法的视觉效果

玉雕的雕刻手法分为浅浮雕、浮雕、镂雕及圆雕。一般情况下，浅浮雕用来表现除近景外还具有中景和远景的题材；高浮雕、镂雕及圆雕则用来表现以近景为主的题材。其中前者应着重考虑成角透视构图的立体效果是否展现；而后者则侧重考虑形象的空间构成及各部位的尺寸比例是否恰当。

三、玉雕的创作设计

设计是创造性的活动，是一种开拓，概括地讲，凡是有目的的造型活动都是一种设计。设计不能简单地理解成物件外部附加的美化或装饰，而是包括功能、工艺、价值、审美形式、艺术风格、精神意念等各种因素综合的创造。

一块原材料由几个人设计，其设计结果必然不同，甚至设计的好坏、高低也会相差很大，主要是设计者的造型能力问题，造型即能力——即造型艺术的创作能力，创作设计者不仅具有熟练的艺术构思，还要有运用一定的物质手段将其创作意图传达出来的能力，这就是艺术技巧的问题。玉器创作设计的量料取材，首先在大的范围选择其适合表现的题材内容，这样有利于原材料的充分利用，创作出最适合的题材内容，做到物尽其用。玉器原料的运用，达到恰到好处，需要创作设计者具备丰富的创作知识及广泛的造型能力，从几件成功的作品可以看出，如《龙盘》（彩图4-7）为擅长花卉的王仲元老艺人设计，《五鹅》（彩图4-2）出自擅长人物的工艺美术家王树森，这些作品成功的主要原因在于作者的依料构思能力和造型能力。

一块有特色的料，物别是俏色料，人们不可能按照自己设计的稿样去找一块合适的俏色料，因为料上的多种颜色是自然形成的，创作人员只能依据材料固有的不同颜色及所在部位，巧取利用，因料施艺，在创作设计的构思过程中，遇到一块料选时应首先在自己擅长和熟悉的范围内构思最为适合的题材内容，扬长避短，但是如果料的颜色、形状、质地等适于表现自己擅长的题材，而此料恰巧很适合表现其他题材，这样就不得不改变原来的构思而从其他范围挑选最适宜的题材内容，以便更好地运用原料，为作品增色生辉，否则就会造成原料上的浪费和作品上的平庸乏味。以《龙盘》为例，如果不因材施艺，而按作者的擅长改成"花卉"作品，那就必须因原料使用不当而将一块如此有特色的玲珑料毁坏了，作者正是考虑到这一点，从其他题材中选择了最适宜的内容来表现，才使这块玲珑剔透的料运用得恰到好处。

四、问料和构思

玉不琢不成器，一件精美的玉器工艺美术品是经过雕琢而成的，玉器琢制的过程就是运用其工艺手段的过程。一件玉器作品艺术水平的高低，其构思设计是很重要的，它决定着作品的取材、内容、形式及其艺术处理等，但是不论多么高明的构思与设计，都必须通过玉器琢制工艺才能实现，特别是对玉雕工艺品的创作特点来说，玉器的创作设计是伴随着雕琢的过程进行的。

玉器的设计，只懂得工艺设计是不能称其为创作设计人员的，必须是熟练掌握玉器的琢制技术、并掌握玉器的设计方法及能力才能真正成为玉器创作设计人员。

从玉器的创作特点讲，作品的构思设计只是作者的创作思维活动和雕琢制器的准备阶段，而原料本身仍处于原始状态，但如果创作者已开始了作品的雕琢活动，那么雕琢本身就包含有设计的内容，不管他是否有无设计稿，不然他的雕琢是毫无目的的。对于创作水平高的作者来说，经过审料、构思，打好设计稿后就可以直接进行雕琢，雕琢的过程是创作设计继续的过程，同时也是在材料上进行艺术处理的过程。

雕琢技术的优劣，直接影响着作品的艺术效果，可见掌握好雕琢技术，是极其重要的。学好琢玉工艺技术不是一件轻而易举的事，如果只学理论知识，不进行实践，是掌握不了琢玉工艺的，必须通过亲自雕琢和实践锻炼，才能逐渐掌握、熟练及运用自如，玉器雕琢技术是创造性的劳动，是在雕琢实践的长期磨练中逐渐掌握的。玉雕艺术尽管也属于艺术的范畴，但是由于它的创作方式的独特性，即脑力劳动与体力劳动相结合的创作方式与艰辛程度，使我国古代的文人美术家所不为。所以玉雕艺人在古代仅属于百工之列。

玉雕作品为什么有优劣之分、快慢之别呢？关键在于掌握技术的熟练程度。在玉器行业中有些老艺人，经过几十年的创作实践，琢制技术熟练，经验丰富，造型能力强而广泛，他们在创作时，根据原材料的特点进行量料取材，并不一定要画稿或做泥稿，只要形成腹稿，直接用工具雕琢，以工具代替画笔，这些艺人做出的作品有设计与琢制融为一体之感。只有熟练掌握玉器的工艺技术，才能琢制出工艺精湛、巧夺天工的玉器作品。

琢玉包含着设计之意，评价一件玉器作品的优劣，要看其工艺技术的好坏，它能将创作设计意图表现到恰到好处的地步，但是工艺技术只是表现作品的手段，更为重要的还在于作品的创作设计，创作设计决定作品的取材内容、形式及艺术处理等，这是作品成败优劣的关键所在。如玛瑙俏色雕《无量寿佛》（彩图 5-2）就是用一件具有多种天然颜色的玛瑙料设计的，这块玛瑙料的主要颜色有红、牙白、水白、墨、红、灰、黄等。有的只有一片，有的成一点，或且成一线，相互交错，没有规律，既五光十色、丰富多彩，又斑驳陆离、杂乱无章，在这样的玛瑙上设计，难度极大，如果一个设计水平不高的人看见此料会不知所措而无从下手，但作品的设计者经反复琢磨，最后采取边剥料，边设计，边琢制，边修改，边深入，逐渐定稿完成了创作设计方案，将它做成《无量寿佛》玉器摆件。此件玉器区别于石像的纯一色，更区别于彩塑的任意着色，取其自然，俏色绝妙。色俏的关键在于设计者的巧用色，此块玛瑙主色调为灰黑色，大有深山老林、静谷源泉的深幽气氛，玛瑙的中间部位有比较突出的红色和一层不规则的牙白色，正好用来做一尊依山傍泉、饮露食霜、身披浅黄色袈裟的"无量寿佛"，浆红色的肌肤和浅黄色的袈裟相映衬托，既难得又真实，且耐人寻味，在身体的上下前后都有些部位是白色的，作者巧妙地将它设计成缭绕的白云、湍急的泉流，造成了一种静中亦有动，无声胜有声的"空谷雁鸣谷更幽"的意境，使欣赏者如闻其声，如见其景，如临其境，此作品以灰色为环境来烘托主题，突出地表现了主体人物的艺术形象，《无量寿佛》依石坐姿舒展，平视傲小，手持如意，加上流水月影、蝙蝠飞翔，更点出了他心大宽宏、无烦无恼、万事如意、福寿无量的常意，作品荣获 1985 年全国工艺美术百花奖珍品金杯奖。

又如玛瑙俏色《桔中二叟》（彩图 5-3）是一块玛瑙材料取其料色与形体，取材于东晋干宝《搜神记》载：古人巴丘人家的桔园中有一大桔，剖开后，内有两者，相对象戏，后称古象棋为"桔中戏"设计而创作的。

《桔中二叟》就是在一块不仅颜色杂乱，而且脏绺众多的玛瑙材料上创作设计的，作者亲自剥料，去其脏绺杂色，取其美色精萃。以大面积的桔红色为桔皮，鲜绿色为桔叶，黄色为桔梗，桔中的洁白色雕琢成白发苍苍的二叟，并以灰白色琢成朵朵云。作品雕琢得有形有神，桔皮开裂自然，消瘦、形色俱真，其枝叶雕琢纤巧玲珑，桔中二叟形象细腻入微，神态生动，二叟相对弈棋。一叟神态自若，胸有成竹；一叟全神贯注，另有高棋。不难看出，二叟桔中弈棋，棋艺非凡，难分难解，耐人寻味，整个作品色彩明快，清新悦目，用色绝妙。

《桔中二叟》的创作设计是将题材的选择巧合于玛瑙材料的色与形，充分体现了玉器创作设计"量料取材、因材施艺"所获得的巧、俏、绝的艺术效果，作品被评为 1985 年全国工艺美术百花奖创作设计一等奖。

从这两件作品可以看出，作品的成功首先取决于作品的创作设计，同时也取决于作品的雕琢水平，只有良好的设计没有高超的雕琢技巧，是创作不出精美的具有艺术魅力的玉器艺术珍品来的。评价一件玉器作品的艺术水平，一方面要看取材是否严，开拓是否深，另一方面要看表现技巧是否纯熟准确而又恰到好处，只有好的构思设计，没有好的工艺技术作品也不会成功。所以提高玉器制作的艺术水平，不仅要提高作者的创作设计水平，而且要提高作者的工艺技术水平，这样才能使玉器艺术得到提高和发展。

五、创作设计的基本原则

艺术源于自然并通过自然中天地万物来吸取灵感，引发意念，溶入情感并升华为艺术作品。无论是那个门类的艺术都是这样。

雕塑、绘画、玉石雕刻艺术也同样，人类从起源就对美丽的石头特殊钟爱，在漫长的进化过程中，人类逐渐不能满足于美石的自然形态，产生了欲把自己的理想、情感反映在美丽的石头上的冲动，由此产生了琢玉艺术。通过数千年的发展，前辈艺人总结了很多琢玉法则，因材施艺就是琢玉艺术创作中最重要的法则。

任何艺术种类，形成其创作设计方法、艺术风格及其特点，都和它所使用的物质材料本身具有的特性分不开，如泥、面是捏塑，象牙、木是雕刻，而玉石则是雕琢，这是材料的特性决定的。玉器所用的材料为玉石，玉料本身质地细腻，略透明而又坚硬，色彩丰富美丽，光泽晶莹，形体各异，这些基本特性形成了玉器创作的最基本方法，即"量料取材、因材施艺"，根据质料、质地、料形、料色、光泽等进行构思设计创作，设计者依据玉石料所具有的条件，去粗取精，去伪存真，充分发挥创作设计者的才能与智慧，在有限的范围内创作出艺术水平较高，甚至是不可再得的艺术珍品。玉器种类繁多，各种玉料的质地、性质、颜色、光泽等都不同，就是在同一种玉石原料中也千差万别，俗话说的"千种玛瑙万种玉"就是这个道理，说明了玉石种类丰富多彩，变化万般，琢玉创作确实有一定难度，然而在这种变化万般的玉石种类中，还是有规律可循的，综合起来有以下几种。

（一）按质施艺

各种玉石料由于成分不同，形成了质地的粗细、透明度的强弱、质地的韧脆、色泽的艳润等，也就构成了玉的优劣与价值的贵贱，因此，在各种不同的玉质上施艺的优劣，直接关系着玉器作品的艺术效果、质量的好坏以及经济价值的高低，所以"按质施艺"也是玉器创作设计中很重要的一个方面，玉质的不同以及在处理上的差异虽很复杂，但归纳起来有以下4种不同类型的区别。

1. 质地坚硬的玉料

这类性质的玉料，主要有翡翠、白玉、青玉、墨玉、黄玉、碧玉等。它们的硬度一般为6.5～7度，不仅坚硬，而且很有韧性，雕琢起来比较费工。由于这些玉料质坚性韧，可以雕琢到非常精细纤巧的程度而不致折损，因此此种玉石料均属高档料，施艺要求精细，但每种玉石料质地的优劣差别也很大，因此施艺的粗细、繁简也就不同，一般的做法是：质劣者，不施细工，只要大型有"相"即可；质中者，可施细工；质优者必施精工。以翡翠料来说，其劣质料没有多大的采用价值，弃之是可惜的，多少还有些雕琢价值的翡翠，只好求取作品的大型效果，对费工的细部不要过于精雕细刻，反之则得不偿失；对于料质比较好者要施以精工，对于翡翠料中的优质料，如粉地翡翠和玻璃地翡翠等，则必须施以精工，要雕琢得精细玲珑。

翡翠料中最为稀有珍贵的是翠中之"高绿"。由此可见，"高绿之翠"就更为难得了。"高绿之翠"既然如此可贵，是否应雕琢得更加玲珑纤巧呢？那是绝对不允许的，正因为翡翠稀有而高贵，所以不可以轻易去料，因此在"高绿之翠"上施艺，一般都采取少去料、多施艺的原则，这样琢制的产品不但能充分显示翡翠之美，而且又能看出精致图案花纹的琢技。如翡翠《三秋瓶》（彩图5-4），以鲜艳翠绿部分雕琢了两条鲜嫩的黄瓜，不仅大面积地占有了翠绿的体积，而且用翠绿表现黄瓜，从色彩上充分烘托了黄瓜的鲜嫩美味，在整个作品中起着主体的作用，精湛的技艺对于翡翠作品来说固然重要，但原料本身的好坏却是起着决定性的作用的。

翡翠表现的作品题材，大多为花鸟式炉薰，再就是翡翠玉佩、玉镯、玉牌，翡翠属高档料，一般不轻易大砍大杀。

2. 质地性脆的原料

如玛瑙、芙蓉石、水晶等，其硬度比翡翠稍高、韧性稍差、性较脆，因而在设计产品时应在精巧玲珑处多注意连接，以相互支撑，尤其是芙蓉石料，不仅性脆且多裂纹，不宜雕琢得过于纤巧，同时因料值不高也不宜加工过于繁杂；玛瑙料虽属中档料，但质地纯润、色彩艳丽者则可施以精工，其艺术效果也极为精湛、绝妙，属于精品上档次的作品都出自玛瑙，如《龙盘》（彩图4-7）《虾盘》（彩图5-5）《双蟹》（彩图5-6）都是很有代表性的作品。

3. 质地松软的玉料

如孔雀石、绿色荧石、绿松石等，一般不宜雕琢得过于纤细，即使能雕琢出来，恐怕也难过抛光工艺这一关，所以这类玉石作品在处理上多采用较浑厚的手法，如果作品的某些地方需要纤巧细腻，也多采用浮雕处理手法，如绿松石《黄道婆》（彩图5-7）的雕刻，在刻画细长的纱线时，考虑到绿松石质软不易镂空，便以浮雕手法处理，纱线顺着手和胳膊拉下去，这样既表现了纱线的细长柔软，又不致于损坏作品，不同性质的材料采取不同的表现手法，避其短而取其长。

4. 玉质不坚但价值较高的玉石

如珊瑚，硬度不算高，但质地润美富有韧性，材料的价值也很高贵，所以在珊瑚上施艺都是精心设计，精心雕琢，所制作品一般都很精细纤巧，加上珊瑚色泽红润，显得更加华丽。

总的来说，玉石的按质施艺是千变万化的，要根据具体玉石料质地的粗细、软硬、韧脆和色泽好坏，以及价值的贵贱等因素综合起来考虑，恰当施艺，做到物尽其用。

（二）量形取材

按照玉料的形体选取题材，是玉器创作设计的重要特点之一，玉石料的形体大小不等，形态各异，有开采后的自然形态（如白玉山料、碧玉山料、独山玉等）；有经过长年在山谷、河水中冲磨形成的卵石状玉料，如翡翠、玛瑙、羊脂玉、和田玉籽料等；亦有呈树枝形的圆柱体珊瑚料，玛瑙的料形更是变化多端，形态万千。另一种是经过人为的去绺、去脏，将大料经过开料加工成的，其料形为正方形、长方形、三角形等多种切面的形体，玉料是非可塑性的材料，不像泥塑、面塑那样可以任意塑造，玉雕只能在玉料所提供的形体条件的基础上进行构思设计，选择最适宜的表现题材和内容。

量形取材是将玉料形体作为创作设计的先决条件，只能在已定料形上构思设计，不管是什么题材内容都不能超越原料的形体和条件，这就给创作设计者带来了局限。但受局限的东西，反而成为形象艺术特点的决定因素，艺人们在长期实践中，形成了一种特殊的创作方法，如果给他一张白纸，让他设计一张玉器产品的稿样，那他会面对一张白纸，有些发愁，不知从何下手，但给他一块奇形怪状的玉石，他的思路马上活跃起来，而且他会顺着自己的思路将玉器按照脑海中的图形慢慢地雕琢出来。料形起伏的形体，正好提供了丰富联想的条件。在量形取材过程中，要尽量利用原材料体貌的外轮廓及其高点，特别是贵重的玉石，如珊瑚、松石、翡翠、青金、白玉等优质料更应如此，在雕琢作品时尽管需要去掉一些料，但应该注意在重量上减少而在外形上并不感觉去掉了多少，如果在塑造构图上处理得好的话，还会感到比原料要高大些。

量形取材的好坏，取决于作者知识的丰富程度和思路的宽窄，《待月西厢》（彩图5-8）便是著名老艺人潘秉衡在一块普通的下脚料上，设计的一件以《西厢记》为题材的作品，用钻取掉的圆柱体使方形玉料只剩下四块角料的空心料，一般常规做法是切成四块小料另做小件，而老艺人却独具匠心，把料薄的地方做成墙面及一些陪衬物，料厚处雕琢成张生、莺莺、红娘以及一些陪衬物，使用这块下脚料来表现这一题材可以说是真正做到了物尽其用。正是这独具匠心的创作，使原料使用的一分之差，便可差出几万至几十万元的差别。

不仅如此，艺人们并不满足于料形的利用，他们还可以将小料做大，如带链的一些产品都属于这一类。

在玉料的运用上，既要做到玉料的充分运用，又要防止不要艺术效果，一味追求占有材料，"量料取材"绝不能搞成"品如料貌"。所谓"品如料貌"，就是指完成的作品形状与原材料形状一样，还保持着玉料的原始面貌，如某些经雕琢后的成品仍保留着原料的方形、长方形、三角形的痕迹，珊瑚料做成人物或花卉后还保留着原料的枝杈的形等。这里说的是在充分利用原材料形体的前提下，进行构思设计，然后再根据设计的造型，采用"破形"的手法达到理想的造型艺术效果，即按"量形"（按原料形体）、"破形"（破原料形体）、"成形"（成为艺术造型）的"三形"设计与雕琢过程。进行玉雕作品的创作，珊瑚《六臂佛锁蛟龙》（彩图5-9）就是既充分利用了料形，又破了材料的原形，运用"三形"达到完美的艺术造型的典型杰作。总的说来，玉料形状千差万别，情况各不相同，往往有些玉料形体本身就具有某种造型的特点，不需要"破形"，只经作者加以少许巧妙的处理，就会收到较好的艺术效果，成为"量形取材"的好作品。如玛瑙俏色雕《雏鸡》（彩图4-5），就是用一块形似鸡蛋的玛瑙料雕琢的，玛瑙料的表面为白色，内部为红色，经过作者稍微加工处理就成为一件绝妙佳作。看那小雏鸡，头顶脚踹，多么地耐人寻味。可见，一件艺术品的好坏，不在于加工的多少，而在于处理的绝妙，因此量形取材的过程，是以玉料形体条件作用与思维的过程，是作者的创作才能对玉料形体运用的过程，也是构思形成的过程。

六、玉色运用

玉料种类繁多，各种玉料的颜色各不相同，即便是同一种玉料，有的地方也夹杂着多种色彩，所以五颜六色的玉料，可称得上斑驳陆离、晶莹美丽、光彩夺目。各种玉料大部分都有其基本的色调，如白玉为白色，墨玉为黑色，黄玉为黄色，碧玉为深绿色，岫玉为绿色，珊瑚为红色（也有一种为白色），紫晶为紫色，芙蓉石为粉红色，除每种玉料的主要色调外，还有在一种色调里包含其他颜色的玉料，例如白玉中含有黑、黄、灰等色；绿色的岫玉中含有黑、黄、白、红等色；翡翠中有绿色、红色、粉红色、白色等；玛瑙料的颜色更是丰富多变。因此，在琢玉过程中，对于各种不同颜色的玉料运用非常重要，这也是玉石雕刻创作设计中的主要特点之一，玉色的运用虽然没有固定的程式，但也有一些基本规律可循。

（一）单色玉料设计

单色玉料是指整个一块玉料呈一种颜色而言，运用单色玉料首先要使玉料色调的气氛、气质以及由色调产生的情绪来选择适合表现的题材内容,因为任何色调都能引起人们的联想和想象,玉料的色调与光泽也是如此,所以一定要借助玉料的天然色泽,使要表现的题材内容、形象与玉料的色调和谐统一起来,并起到烘托、深化主题思想的作用。例如,用洁静素雅的白玉雕琢观音要比哼哈二将和二郎神之类更为适宜,这样的玉雕既符合内容,又符合欣赏者的心理习惯,反之,就不会收到理想的艺术效果,再如用浅雅的玉料(白玉、青玉、翡翠)雕琢黛玉葬花,从色调上能渲染黛玉多愁善感的思想情绪,反之采用喜庆色彩的红珊瑚就不会收到好的效果,甚至有一些作品的题材内容与所用玉料的颜色很不协调,如用冷色调的绿松石雕琢一件以喜庆场面为题材的作品,其效果就会适得其反。因此,玉石质地细腻、温润、柔和的白玉和纯色翡翠就成了表现纯洁典雅、静穆、永恒的理想材料,因此,女神和女性多用纯色玉来体现,女神呈现安详、慈善、典雅的表情,没有复杂的姿势和动感。若是生活中的女性则呈现俏丽柔媚的表情,多有复杂的姿势,而多色料则可以表现出活泼、生动、灵秀的特质。

如果用鲜红材料、红玛瑙、鸡血石来雕琢玉马,不但不给人以美的享受,反而像是一个被剥掉了皮、露着血肉的马体,使人看了很不舒服,相反,用来体现二战时期反法西斯的题材如《南京大屠杀》(彩图5-10、彩图5-11),以鸡血石鲜红的血色来表现日本法西斯屠城的血淋淋的血腥场面,是比较有独到创意的。

《南京大屠杀》之鸡血石料呈三角形,地子由藕粉色向灰、深灰过渡,鸡血石作斑点,条带状错杂于地上。南京城门上燃烧着熊熊烈焰,野蛮残暴的日本侵略军举起屠刀灭绝人性地屠杀手无寸铁的南京市民,热血飞溅,头颅落地、尸横遍野、血洒大地。这惨不忍睹的景象激起人们满腔仇恨和复仇的怒火。这件作品本身就是作者代表中国人民向日本军国主义者的控诉,正如施秉谋在《我的艺术道路》一文中所言:利用鸡血石天然的鲜红色展现了鲜血淋漓、火光冲天的血腥场面,控诉了日本军国主义对我国人民犯下的滔天罪行。《南京大屠杀》不愧为催人泪下的现代俏色雕刻的杰作,它的重要价值在于说明俏色雕不仅是具有艺术魅力的供观赏的清玩,也可以成为再现历史事件、揭露人民公敌的一把利剑。鸡血石《南京大屠杀》手法新颖,感人肺腑,是施秉谋先生俏色雕刻的代表作。

色调是构成一件艺术作品的很重要的一个方面,我们有时候只注意了对料形的使用,却忽视了对色调的运用与处理。实际上玉料是可变的(经过雕琢后),而玉料的色调是固有的、不变的(白玉就是白色,红珊瑚就是红色),所以对玉料色调的运用就显得更为重要。

(二) 多色玉料的设计

多色料是指一块玉料中含有两种以上的颜色。玉料中所含色块的形状与体积是自然形成的,既不定型,又无规律,在这种玉料上进行设计难度很大。它不同于颜色及辅料着色上彩的绘画、彩塑、陶瓷、珐琅等美术品与工艺品,必须按料取材,因材施艺,以巧取自然俏色取胜,所以俏色艺术在玉雕中更为光彩夺目。多色玉料的运用比单色玉料更为复杂,除按照单色玉料创作设计的要求外,还需要对俏色巧于运用,俏色运用的好坏直接关系着作品的艺术性和经济价值,下面是有关俏色运用的步骤与方法。

(1) 审料。在一块多色玉料上进行设计时,首先要对玉料进行周密、谨慎地查看,搞清楚玉料的主要色调和几种颜色,色与色之间的界线是清还是混,色块的形体及玉料上部位是浮在表面还是内含于深层。

(2) 审料后,颜色的形体部位明确,就可进入构思设计。如果颜色的形体部位未能清楚明了,则先需要"剥料",剥料时将玉料的粗皮、脏、绺、杂石等去掉,然后才能看清颜色的形体和部体,剥料看起来是个粗活,但对于有着多种颜色的玉料来说,是设计俏色作品的关键一环,剥料的过程实际上是审料的继续和深入,同时也是对多种颜色的玉料进行取舍及构思更加成熟的过程。所以创作设计人员对复杂多色玉料要亲自剥料,以免失误。因此,剥料也是设计俏色作品极其关键的环节。

(3) 通过"审料","剥料",弄清多色料的全貌(即杂质、料形、料色等),即可进入构思设计阶段。

依照多色玉料所提供的条件,经过反复的琢磨、推敲,逐渐形成了所需要表现的若干个腹稿,然后再在这些腹稿中进行比较、选择,最后创作设计成一件题材内容新颖,利用俏色绝妙的艺术珍品。

(三) 不同玉色与玉料的因材施艺

1. 随色

有些玉石没有多样的色彩变化,一块玉料仅一种颜色,单一色如一般翡翠、白玉(青松石、碧石、青金、水晶等),但玉石的单一色彩也是很美丽的,在创作中可根据它能反映的色相,如洁白无瑕、清澄似水、淡紫春色、淡雅的构思等色彩,来构思、立意,这类玉石一般比较适合反映秀美的题材,透过品尝清雅的玉石色泽很好地反映出作品意境,玉石的质地美和反映的主题相结合,相映生辉;反之有些玉石则浓紫含烟、碧绿浑厚、点墨带彩。这类深色玉石则可创作出壮美的题材,反映一种阳刚之美,显得更加厚重、深沉、壮美,如《游春图》(彩图5-12)《清明上河图》(彩图5-13)及《大观园》(彩图5-14)等。随色的创作是根据玉石的玉色反映的意境来进行构思立意,在琢玉创作中,一定要灵活运用。

2. 善用俏色

一块天然玉石往往会含有几种或几个层次的色彩变化,玛瑙最为典型,其次还有翡翠、青白玉、独山玉、岫玉等玉料。琢玉可通过玉料中各类色泽的变化展开想象力,如果设计得好,将会达到一种自然神奇的艺术效果,这种效果是单色玉料无法比拟的,俏色玉料的设计关键是看作者对玉料的审视,有时还需要剥料,澄清其色的分布,然后再进行设计,玉色俏色的利用好坏,关键还在作者的艺术修养,好的艺术珍品举不胜举,如《五鹅》《虾盘》《龙盘》等。

3. 留皮

许多玉材包裹皮经大自然之手造化,有天籁之工般神韵,如有些玉髓经过亿万年的河流滚刷,圆润自然,是人工雕琢无法比拟的。

有的包裹皮随大自然的风化,更带有岁月沧茫之美,有的包裹皮则是玉石矿物的天然结晶体,有多样的构成之美,这类大自然所赋予的情韵美感,在设计时应相之形,观之神,恰如其分地保留其自然美的精华加以创作,会带来一种特殊的审美情趣,可充分感觉到自然美与艺术创作的对比,而更有观赏性。玉材留皮的创作设计是一种局部雕琢玉石的方法,作品大面积玉料不加雕饰,保留玉石美好的原始状态,正如中国画论中妙在半工半意之间,这样巧妙设计可达到超越形似,达到神似,以臻神游象外的高度艺术境界。如《独钓寒江雪》(彩图5-15)在一块天然结核状的绿松石上,立体地刻画出唐诗《寒江雪》的意境:"千水鸟飞绝,万径人踪灭,孤舟蓑笠翁,独钓寒江雪。"

再如青玉《赤壁图》山子,三分之一留下深深的褐色皮壳似山体的山岩,黄色的皮代表山体地貌，正是代表着一种沧桑美和自然美。判别软玉中籽料的主要特征就是其有没有外皮。

好玉不琢或高翠不挑花是琢玉艺人多年总结出的因材施艺的特殊法则，因为好的玉材，如翡翠中的高翠、白玉中的羊脂白、绿松石中的高蓝色、岫玉中的润绿色等。过多的雕饰会产生失色；雕琢的凹面太多、太玲珑则丢失了圆浑的弧面，不易抛光；没面突出不了高档玉材的天然美好的质地。所以，一块好的玉材，设计上要慎之又慎，不是设计雕琢得越精细越玲珑就越能体现出好玉材的身价的，如有些老坑、高翠玻璃种的翡翠可设计简练的器物或首饰，以充分反映好的弧面。经抛光后，其晶莹翠绿色的身价才能更好地显现，反之，应对有缺陷的高档玉材多加雕饰，充分剔脏除绺，尽可能保住高档玉料部分。

不完美的部分，行家都知道，有些高蓝绿松石，表皮颜色极好，对这样的作品进行创作时，就应把美好的绿松石玉料不做过多的雕饰，保留其完美光面而把大部分不完美的地方除脏，再来设计雕琢，使高档玉材能通过雕琢之手，变得更加完美。如近代集玉雕历史之大成的翡翠玉雕，1989年由王树森、尉长海、张志平、高祥主设计，由北京玉器厂制作的巨型翡翠玉雕山子《岱岳奇观》（彩图4-4），是近代玉雕的杰作，翡翠原料重368kg，高翠、晶莹、质地细腻、光洁，作者利用材料的原形和阴阳两面色泽分明的特点，取材于五岳之首的泰山，构图设计以保大面积高翠、充分展示材质美为前提，以简练概括的手法，表现泰山雄伟壮观和春意盎然、日出东方的景色，正面山岳挺拔，阳光普照，树木青翠，以中天门为背景，着意刻画十八盘、天街和玉皇顶，点缀以人物、仙鹤、羚羊和麋鹿，寓意春色、攀登和吉祥，背面利用原料的油青色，塑造叠峦树林、灰暗的黄昏景象，作者构图得当，用料精细，是迄今为止历史上没有哪件玉器可以和它媲美的国宝级珍品。

七、影像效果

玉雕造型要注意影像，这是由玉料的特性决定的。玉料除了质地细腻、坚硬、色泽艳丽、光泽晶莹外，还可分为透明（如玻璃种翡翠）、半透明和不透明三类，由于玉料有透明度，这样琢磨出来的玉雕作品，经抛光处理后，使玉料的透明和半透明感更清澈更鲜明地表现出来，就会闪耀着光彩美丽的质感，将玉雕的质地美充分展现出来也是构成玉雕特点的重要条件。但是这样产生出来的的强烈光泽反过来会影响作品的细部及微妙的面部表现力，成为其局限与不足。应充分认识到玉料的长处和短处，采取相应的表现手法，做到扬长避短，使其表现力更进一步得到发挥。

根据玉料透明、半透明的性质所产生较强光泽影响表现效果这一局限，应该在设计造型时，而特别注意造型的影像效果。"影像"是指玉雕作品的造型轮廓或剪影效果。强调造型的影像效果，在于玉雕透体半透体质感对表现细部的不力，创作设计者应该抓住影像的表达能力，充分发挥，要力求将作品所要表达的主题思想，尽可能通过作品的影像效果表达出来，也就是说，作者要将欣赏者的注意力引导到对作品造型的欣赏方面来，力求做到大造型的塑造足以表达主题，对细部及影像的刻画不可草率，还可供欣赏者继续品味。

怎样才能掌握好玉雕作品的影像效果呢？有以下两点。

(1) 要抓住最能反映物体特征的角度，如表现鸡蛋的最好角度是从侧面看的椭圆形，而不是从顶部看的圆形，因为椭圆形是鸡蛋的典型形象。

(2) 要注意整个作品构图的影像，突出作品中的主要对象，因为影像是为作品的主题思想服务的，必须服从于作品内容的需要。有些作品的造型影像效果本来不错，但是由于在设计上没有从整体考虑，往往被一些陪衬的东西破坏。如岫玉《松鹤延年》（彩图5-16），仙鹤本身的造型和影像都很好，但它后面那棵松树却安排白的空档，特别是那雕琢得细长而精巧的仙鹤头部，被淹没在松树的枝叶中，破坏了它的影像，如果设计时将仙鹤的造型缩小一些，把它的头部安排在松树的空档中，就会有较好的影像效果。又如玉雕传统作品《含香聚瑞花薰》（彩图2-6），通过作品大造型的影像，表现出作品端庄典雅的艺术效果。

对于透明度较强的玉料要特别注意影像，对不透明的玉料要采取不同的表现手法，如松石、珊瑚等，光泽不太强的玉料，虽然应该考虑大造型的艺术效果，但也要发挥其刻画细腻表现清晰这一特点。

八、灵活变化

玉雕设计是依据玉料条件进行的，"量料取材"是玉雕设计的基本规律。同时玉料的千变万化，常使我们的认识受到一定的限制，尽管通过必要的开料、去皮、剥料等手段，并运用由表及里的分析判断，仍会造成判断上的错误。即使设计完全符合玉料，也可能由于制作者的雕琢水平问题，常常会在雕琢过程中出现失误，或者由于琢制者对设计意图的不领会和设计造型上的理解不同，造成与原设计的不符，所以玉雕设计一般不会从设计定稿到琢制的完成始终能够做到一成不变，或者是绝对一致的。玉雕设计时随着制作的进展，出现了新情况，从而改变设计，是玉雕设计具有明显特点的一个方面。

在长期的艺术实践中，艺人们创造了极其丰富的琢制经验，并积累与提高了创作设计中的应变能力。从事玉雕设计的人都懂得，要把作品设计好，首先要把所要设计的玉料做到心中有数，只要在全面掌握玉料的情况下，才能进行设计，这是玉雕设计的一般常识。玉雕设计，对于脏、绺明确，色块显露，形状纹理简单的玉料来说，自然是比较容易认识的，也便于掌握。但往往也有这样的情况：从玉料的表面看不出有什么问题，但是在琢制的过程中玉料的内层深处含有其他色块及其脏、绺等不利因素，这些出乎预料的因素必然对原设计带来影响甚至是破坏作用，这时就必须将原设计按照变化了的玉料情况加以参考甚至重新设计，以适应新的条件。

复杂的玉料，如料形奇特、玉质优劣不齐、纹理多变、色彩丰富而又相互交错、甚至脏绺掺杂其间，设计这样的玉料，尽管是经过剥料，大体情况也明确，但在这样的玉料上设计，是不容易一稿定案的。一般都是先有个总的构思设想，然后结合玉料的具体条件，一边设计一边琢制，并且在深入推进中，如出现新的变化，设计造型也要随之而变，这样的变化过程，一方面是对玉料认识的逐渐深化，使其更符合于客观条件；另一方面也是变化着的玉料的条件，重新作用于设计者的思维，利用变化了的新条件，调动、挖掘创作设计才能与智慧，使设计在变化中丰富，在变化中提高。

按料施工，工料得当是一个设计人员在设计时应该首先权衡的原则。对普通原材料如芙蓉石、木变石、东陵石、孔雀石、独山玉、岫玉、水晶、玛瑙等在设计时要概括、简练、有好的大造型。布局合理，做工得当，也不要追求太丰满太庞杂，费工费时，以致得不偿失。如果在上述原料中出现难得的块度大质量好的特殊材料，也要从题材、造型、立意上多下功夫，做工仍不能贪多求繁。对于翡翠、水胆玛瑙、青白玉、碧玉、俏色玛瑙，设计要求应当高于上述原料，做工也须精细。对高档翡翠、珊瑚，要充分利用原料，取多舍少，对题材、情趣、内容要精心推敲，力求推陈出新，对整体构图、布局、章法要反复揣摩，做到尽善尽美。在做工上严格要求，精益求精。

以多胜少，利用空白，以形写神是我们民族传统的表现手法之一，很多国宝珍品首先是具备了新奇立意和情趣，才得以成为国宝。如果仅有繁密铺张的设计和精巧的做工，材料也是好的材料，但是立意题材平庸，那是永远都难以跨进国宝珍品这一艺术门槛的。

九、光泽处理

玉雕光泽处理的优劣，关系着作品艺术效果的好坏。抛光要求将玉雕表面抛出光泽，使作品达到平顺滋润，亮度强不走形，并将玉料天然的晶莹细腻的质地、丰富美丽的花纹充分地显现出来，犹如美女穿上光彩华丽的服装，更加妩媚动人。反之，如果玉雕不抛出光泽，或者不那么光泽夺目，给人的感觉就会黯然失色。

玉雕的光泽与亮度是它独具特点的长处，但应该看到，这个长处如果处理不好，往往又会成为短处和局限，例如，细腻的图案花纹和形象的刻画，经抛光后往往不易看清楚，作品中人物的面部表情也往往被明亮的光泽所掩盖，光泽在这里的炫耀即成为多余。在这些方面，就不如牙雕、木雕、石雕等表现得细腻与充分。玉雕的光泽是构成玉雕特点的重要条件，但在某些方面往往也是影响表现力的因素，所以我们对玉雕光泽所起的作用要有足够的认识，在光泽处理上，既要充分发挥玉雕所特有的光泽美，也要避开光泽给作品带来的短处和局限。

怎样才能做到对玉器光泽处理的扬长避短呢？重要的是抛光艺术处理问题。

目前玉雕的抛光主要采取不分轻重、不分强弱的"亮"则为佳的抛光原则，所以在今日的玉雕作品中只见光泽的晶莹美丽而不见抛光艺术所产生的绝妙效果。玉雕的抛光艺术，使光泽的亮度有强有弱，在反光强弱的对比中，产生出奇妙的艺术效果。如明代著名琢玉家陆子冈《子岗佩》（彩图5-17）名作，就是采用"砂地光面"的表现手法制成的。他将凸起的浮雕图案和书法诗句抛亮，对凹下去的底子却只是稍加柔润，由于强弱光泽的对比和变化，图像便清晰地显现出来，而且很有层次，使作品达到了惟妙惟肖的艺术效果，又如故宫曾展出一件玛瑙《鱼缸》（彩图5-18），大小仅及五寸，缸底琢有两条凸起的浮雕鱼，人们观赏时，总觉得缸里有水，两条鱼好似在水中游动。经反复查看，才发现是由于抛光亮度的强弱而产生出来的"无中似有"的艺术效果。我们应该很好地学习与继承这些优秀的传统玉雕光泽处理手法，以提高今日的玉雕艺术水平。

在创作实践中，艺人们也逐渐认识到，水晶料的制品，由于抛光后显现出清澈透体的质感，反而将作品背面的造型及图案花纹也显透过来，造成了作品的杂乱，破坏了整体。能不能不让背面的图案花纹显透过来呢？这就是抛光处理的问题了，抛光艺人们在水晶瓶的外面抛出足亮，而在瓶内处理成不透明的砂地效果，再施以"内画"，这样一处理，不仅不失水晶的晶莹透体之感，而配以神笔绝妙的"内画"，使作品的艺术效果达到了更高的水平，如《水晶提梁内画瓶》（彩图5-19）。

以上是玉雕设计在鉴别玉料之后从余料的质地、形状、颜色、光泽以及形象、应变等方面进行的构思设计，总括起来为"量料取材"，是玉雕创作设计最基本的方法。在"量料取材"中，关键在于"取"字，取决于人的作用，如能掌握并能灵活运用这一基本方法，加上作者本人在技艺、知识及生活等方面的修养和造化，就能创作设计出题材新颖，造型、构图独特生动的艺术作品来。

十、按材取料

量料取材是玉雕设计中主要和经常采取的方法，但我们也不能把它绝对化。譬如说，有时长枝珊瑚为什么不"量"长枝取材，而截两件或多件呢？为什么有不少的料不"量"大活取材，却把它开成适当的小料呢？同样的玉料，在擅长人物雕琢的艺人手里雕琢出来的主要是人物，而在擅长动物雕琢的艺人手里雕琢出来的主要是动物，其他种类也是如此，难道说擅长人物雕琢的艺人手里的玉料就只适合做人物而不能做动物，而擅长动物雕琢的艺人手里的玉料就不能做别的，也绝不是这样，这里虽都在"量料取材"，但由于分工的不同各有侧重罢了，况且生产玉雕产品的基本原则是以销定产，产销结合。这里就有个适销对路、按需生产的问题，根据市场的需要不断丰富品种和花样。由于玉料的种类繁多，有些玉料局限性大些，有些玉料局限性小些，对局限性小一些的玉料，可以相应地采取"按需生产"、"按材选料"的设计方法。事实上"量料取材"也有着极大的灵活性，"按材选料"就是作者先有个构思和初想的草稿，这时针对构思和设想，选择适合或相似的玉料，进行创作设计。企业在生产经营中，不也常有根据用户提出的具体题材内容来组织生产吗？这实际上也是属于"按材取料"性质的。但这种订制是在原料可能的条件下才能承接，不然也是无法实现的。

总之，"量料取材"是以原料为前提，依据玉料的自然条件进行构思、设计；"按材取料"是以题材为前提，根据作者所表现的题材内容选取玉料。前者以人的智慧巧妙运用天然玉料；后者根据作者的意图选取玉料。尽管前者是普通的，但两者各有好处，均可采用，以开阔作者的创作思路。

十一、玉雕创作设计其他法则

对于玉雕来说：好的设计稿并不等于好的作品，这里还要经过复杂的琢制过程，由于制作人员琢制技能的高低或者是由于制作者对设计意图的不理解及理解上的不同而出现问题，这是常有的事，就是设计者本人亲自制作，也难免出现问题，在长期的琢制实践过程中，为避免少出和不出雕琢问题，前辈们总结和创造了许多经验，如：

（1）"先大型，后细部"，在雕琢的开始阶段，首先从作品的大造型入手。要准确地把握住作品的大效果，在确定基本造型之后，能逐渐进入细部雕琢，这是一般的雕琢方法。

（2）"先正面，后背面"，在琢制作品造型时一般采用先正面，后背面的雕琢方法，先将正面的造型效果琢制出来，再适当顾及主要的造型效果，然后逐渐加细完成保证作品正面的艺术效果，这也符合雕刻艺术的一般要求。

（3）"先粗牢，后单细"，在琢制过程中对特别单细纤巧的地方一般都不急于首先完成，不然就给继续雕琢带来不便和危险，所以对那些特别单细、危险之处都在最后完成以防损坏。

（4）"先起链，后起型"，凡带有链条的玉雕作品，根据设计安排一般都不是在玉料上首先起出长长细小的链环，这不是很危险吗？对于带链产品，要首先起出链条，这固然很危险，会给玉雕带来不便，但是做带链产品，只有首先起出链条来，才较为安全便于琢制。琢制链条，一般都是在主体造型的原料上进行，如果事先不把链条起出，主体造型也无法琢制，况且也由于活链条的难度较大，最后会影响其他造型，但万一做坏了链条，在情况许可的情况下，还可以从余料上补救，如《群芳揽胜花篮》（彩图2-7），这些经验和技巧是极其宝贵的。

艺人们在长期的艺术实践中，不仅创造了许多丰富的琢玉方法和技巧，同时也创造了极为丰富的绝妙的应变补救方法。

在琢制过程中，也有些作品在接近完成的情况下意外受损，碰到这种情况时，有些被损坏的作品可以采取"以坏补坏"或"以破补破"的方法加以补救。如玛瑙工艺品《双蟹》（彩图5-6）是王仲元工艺美术大师设计的代表作之一，它是继玛瑙《虾盘》之后的又一件玛瑙俏色雕力作。此玛瑙与玛瑙《虾盘》（彩图5-5）为一块料，作者本来是利用玛瑙的红色部分设计成双蟹，下面的一层白色部分设计成白色的瓷盘，但是在琢制过程中，在白色的中央部位，却出现了意想不到的砂眼，把完整的计划破坏了。为了避免做出有洞的盘，作者最后采取了"将破就破"、"以破补破"的处理手法，加以重新设计，根据破孔的大小，并利用破孔修改了设计，将原来的盘改为编网，这样一改，既看不出破孔，编网也符合盛蟹的用具，作品不仅更加玲珑剔透，而且和《虾盘》又有了变化，作者发挥了最佳的创作才能，在被动中求得了主动，使不利变成了极为有利，真是匠心独具，最终使其成为有名的又一件俏色作品。

从以上例子可以看出，玉料的设计，从作品的开始到完成，设计不是一成不变的，局部的变动是常有的，全部的变动也是有的。玉雕的设计和制作过程证明，设计是制作的开始，而制作是设计的继续，设计贯穿在制作发展变化的始终，必须随时考虑整体的艺术效果。

(5) 和田玉创作设计的三七定律和四要素：三分细腻、七分流畅；三分皮色、七分肉体；三分形象、七分内涵；三分继承、七分创新。

在设计理念上，要充分体现和田玉的内在之美、阴柔之美、动感之美、阳刚之美以及年轻感和生命感。

(6) 玉雕工艺中的料就工和工就料。料就工是先设计图案、器形，然后依形制器。比如，器形是长方形，高平状，就将玉料切成长方形形状，其周边很多不用之材，应通通削除干净，然后磨平，开始施工、琢纹。

工就料则不同，它是依玉料的形状不裁切边缘，琢磨成器。也就是说，玉料是什么样子就依那个原样琢成器，如常见的大小摆件和一些小挂件、小器物在器顶钻一个小孔，便可戴起来或当手把件把玩。

第二节　不同题材玉器的设计

一、兽类玉器的设计

1. 以料取材

各种原材料都可以制作兽品种，如翡翠、松石、白玉、青玉、碧玉、青金石等。根据各种原材料的特点、质地、颜色、体积，选择适当的题材，也就是量料取材。

2. 按尺寸规格选料

根据用户和品种的要求：各种兽类还可将大块原材料分割成小块制作，但多指低档原材料和一般料。

3. 用色得当

设计兽应注意原材料的颜色符合各种兽类的颜色，或基本相符。如：白色的料适合设计小羊；桔黄色的料适合设计鹿；带黑色斑纹的黄色料适合设计猛虎。

4. 原材料的形状和横、纵性

设计兽依原材料的形状进行，注意兽的动态和准确，不要牵强附就。原用材料不带"脏"、"绺"，尤其是兽的头部、脚等重要部位绝对不能带绺，安排兽脚部的位置时还要注意料的横性、纵性。

5. 对兽的设计

对兽的设计所使用的原材料的大小、体积、颜色要一致。

二、设计前原材料处理

1. 挖"脏"去"绺"

玉器兽品种创作设计，首先仔细观察原材料的高、宽、厚等最基本的形态，什么地方有脏，什么地方有"绺"及其横纵性，然后挖"脏"去"绺"。调度料的位置，用准确料性，分清颜色。

2. 玉料分割

如果使用大块价值较低的玉料设计小型的玉兽，可将玉料根据所需分割成若干小块玉料（即：开料）。

考虑兽的题材，适合设计什么种类的兽，就设计什么种类的兽。如果玉料适合做双兽就设计双兽，适合做群兽就设计群兽；如果料的体积颜色适合做羊就设计羊，适合做虎就设计虎。例如：一块白玉料，它的体积、颜色适合设计一只小羊；另一块黄色的玛瑙料，它的体积适合设计一只小鹿。

三、兽品种的造型与艺术处理

1. 玉器传统兽与创新兽的造型

（1）玉器传统兽（亦叫神兽）的造型多采用夸张手法，造型生动传神，结构、比例合理，布局、章法严谨，骨骼、肌肉丰满、清楚。神态刻画得惟妙惟肖，有龙、麒麟、螭虎、狮子、貔貅以及其他各种怪兽等。它是我国独特的造型艺术。

（2）玉器创新兽的造型即自然界中各种兽类的形象，如象、虎、熊、狮、豹、猪、马、牛、羊、鹿、兔、猫、狗、骆驼、松鼠等。这类兽的造型比例、结构要准确，形象要生动，特征要明显。

2. 单件兽、对兽及群兽的造型

（1）比例、结构。创新兽的比例、结构要准确，要符合各种兽类的解剖。肌肉要丰满、健壮，种类特征要明显，五官形象要逼真。传统兽的比例、结构要在传统造型形象中求其生动和变化。

（2）生动、传神。兽有立、卧、行、奔、跃、抓、挠、蹬的各种姿态的生活情趣性，如设计一匹草原上的奔马，要表现出马的雄健姣美的生动形象，汉代的青铜器艺术品《马踏飞雁》表现了一匹奔跑的烈马昂头挺胸，四蹄腾空而起，"发飘洒，一蹄踏雁而行"，构成了一幅生动、传神的艺术画面。设计猛虎，就要表现猛虎的凶狠和气魄。设计小羊就要表现温顺、善良。

雕塑动物，不论是站、卧，都不要做得太杂乱难做。动物一条腿，腿就多了，应有变化和隐去，不然就杂乱难收。做群体动物时，应从整体来看，有全面观点，这些动物应在一个故事中。一个动物应有神，两个动物应有情，动物公、母、大、小配合得好会更生动，要做出母子之情，动物的行动特征要做出来，动物的形象特征更应做出来。身子随意地转向而弯，动物的头不宜低，头向左，尾就朝右，这样有变化。做动物一是形象，基本轮廓要做准，二是把它做活。做动物时，一是抓外形线（边缘更美），二是抓要点（骨节的高点），三是抓大的面（肌肉的块面）。

总之，不管表现何种兽类都要生动、传神而富有生活性。

（3）节奏起伏。兽类动态的节奏起伏，是有一定规律的，动作的起伏是连续完成的，不符合动作的规律和极限动作就会摔倒，俗语说："马失前蹄"即是如此。因此，在创作兽品种时要掌握好兽类动态的节奏起伏。

（4）对兽及群兽的造型。对兽的造型除应做到单兽所应具备的条件外，还应做到规矩、大小、体积、颜色要一致。

群兽的造型除应做到单兽的造型所应具备的条件外，还应注意：①同类兽的颜色要基本一致；②群兽的创作设计构图要讲究，要有均衡、对比、呼应关系；③群兽的造型要有老幼、公母之分，特征要明显。

兽的情节动态与生活习性，如"子母兽"、"饮水兽"、"猎食兽"、"搔痒兽"、"游戏兽"等等。有情节动态的兽与其生活习性和情趣是分不开的，因此创作设计一件有情节动态的兽产品，还要了解各种兽类的生活习性与情趣。

兽类的生活习性大体分三种：陆栖动物、水栖动物、水陆两栖动物。

兽类的情趣依各种兽的习性而异，例如：猴子灵活好动，喜欢在树上跳跃，喜食果类，大多生活在密林丛中，马、羊、牛性温顺，喜食草，大多生活在草原。狮、虎、豹、狼等凶猛异常，喜食肉，大多生活在深山老林之中，大象既温顺又凶猛，喜食果类，大多生活在热带丛林之中。

3. 变形兽与装饰兽的造型

（1）变形兽的造型。"夸张变形"是一种艺术处理手法，兽类的夸张与变形能突出表现兽的特点，例如：表现狮子、虎的威武、雄壮可夸张其发达的肌肉，坚实的骨骼，勇猛的头部，宽阔的肩怀胸部以及刚劲又柔软的尾部。又如表现一只温顺、善良的小鹿，可夸张其瘦长的颈部和脚步，使人感到既轻盈、灵活又优美潇洒。兽的夸张变形既要优美又要合理。我国历代兽艺术品多采用夸张和变形的艺术处理手法，创造了许多优美刚劲、生动传神的形象，形成了兽独特的造型艺术，我们要努力学习、继承和发扬。

（2）装饰兽的造型。玉器装饰兽的造型是我国玉雕艺人们根据兽类以及玉料的特点，经艺术处理加以变形、美化的一种独特的造型艺术，其造型生动、美观、纹理清晰，有着强烈的装饰艺术效果。玉器装饰兽的造型多种多样，其装饰手法也不一样，玉器装饰兽主要注重兽的骨骼结构、须、眉、发、尾等部位，加以装饰和美化，如龙、麒麟、狮子以及一些怪兽等。

玉器兽作为装饰纹样也经常在其他玉器品种中出现，成为其他玉器品种（人物、花鸟、器皿等）不可缺少的一部分，玉器装饰纹样多种多样，如："龙纹"、"龟背纹"、"饕餮纹"

以及各种兽类的装饰纹样。

玉器变形兽和装饰兽的造型,是我国工艺美术事业中特殊的造型艺术,是我国历代玉雕艺人不断努力创作的结晶。我们要学习、继承和发扬玉器变形兽和装饰兽的造型艺术,同时还要吸取其他工艺美术行业的造型特点,为发展玉雕兽品种的创作而努力。

4. 龙、麒麟以及其他怪兽的造型

(1) 龙的造型。龙的形象自古以来被视为中华民族的象征,龙的形象在全国各地经常出现,如北京北海"九龙壁"故宫的"九龙壁"、皇宫寺院中的"雕龙柱"等。龙在玉雕产品中也是一个重要的表现对象,龙的造型是我国传统的造型艺术,我们要特别注意研究历年来人们对龙的造型的艺术处理手法,很好地为我国的玉雕事业服务。

龙是我国劳动人民创造的一种理想的动物形象,在数千年的文化艺术中留下了绚丽的身影,在中国传统玉雕中更是发挥得淋漓尽致、多姿多彩。龙是中国古代封建帝王的象征,被中国各朝奉为圣物,在先民的构想中由虫、鱼、鸟、兽甚至人的局部状态来组成,它具有跨越时空的独特的精神气质,充满了神秘深沉的尊严和荣耀感,它寓意权威力量,寓意荣华富贵,也寓意吉祥喜庆,在现实生活中深受中国人民喜爱。龙同时也是中国的象征。

经过历代的画家和民间艺人的不断充实和发展,龙的形象日趋完善。龙有三停九象之说,三停指的是头颅、胸腹和尾巴三个等分。九象说的是剑眉虎眼、狮鼻鲶口、鹿角、蛇身鲤甲、鹭脚鹰爪、马齿獠牙、金鱼尾巴等形象。龙的四条腿上有腋毛,脊上有脊梁,背上有椎刺,长而有力的触须、宽阔隆起的前额、上唇有胡、下唇有须。龙的这种形象是综合了飞禽走兽及其他动物的一些特点而塑造出来的,人们把这些形态作了美好的寓意:宽阔的前额表示聪明智慧,鹿角表示社稷的安宁,牛耳寓意名利魁首,虎眼威严,鹰爪勇猛,剑眉象征英武,狮鼻象征富贵,金鱼尾巴象征着灵活,马齿象征勤劳善良。龙的出现常常以变化多端的云和水作衬托,这样就可以把它的千姿百态塑造得更加活灵活现。"一龙三停"的总体构成原则造就了一波三折的曲线,它隐藏着龙形的基本韵律。在局部的精细处理中,除了九似的原则,还有广为流传的七忌:嘴忌合、眼忌闭、颈忌胖、身忌短、头忌低、尾忌拖。这样整体与局部的处理结果,使得无论在平面和空间内,龙形都可以在各个自由变化上造就三弯九转、盘曲扭旋、腾跃潜伏的运动姿势,亦产生出玲珑剔透情势俱佳的视觉效果来。因此,我们不能不觉得龙形的变化较为集中地体现着中华民族审美要求中的节奏和韵律。

仅就龙本身的造型来看,它由类似点的头部和类似线条的躯体这些基本造型来构成,可以在构成中较自由地变化。龙本身不但在观念中包含了实在与虚幻、现实与想象、畜兽与神怪等多方面对立统一的因素,还在形态构成中融进了对称和变化、均衡与运动、盘曲与伸张等诸多方面的对立统一的因素。龙不但在任意的平面和空间中作充分的自由变化和安排,创造出千姿百态的飞龙、腾龙、行龙、游龙等形象,也能在给定形象的规则平面与空间范围中组成规则或变化的盘龙、团龙、坐龙等图案来,如圆形、方形、菱形或平面或锥体及柱体空间。龙似乎在一切环境、一切部位、一切范围内寻找表现自己的位置,每一个人都可以从历史经验和生活角度去体味它,理解它,这不能不说是造型艺术的奇迹。中华民族的审美特征讲究空灵曲折的境界,含蓄隐喻的手法与运动中有变化、静谧中有动感的趋势,龙的造型正是在长期的选择与变化过程中与此产生了充分的适应与观照。

龙的形象可以在立体圆雕、中高低浮雕、镂空透雕等多种工艺表现手法中来表现。龙除了多种多样、多姿多态的造型外,一龙九种的变形亦可在不同的艺术表现手法中觅其踪迹,俗话说的一龙生九种,种种不相同,正是如此。传说中龙子中的赑屃喜好负重,故被放在石碑下作为基座。虮蝮又称蜥蜴,喜水,故被雕刻在桥面上、水池的水口上做泻水口。螭吻无角色黄,好望远,多被雕刻在殿顶屋脊上。蒲牢爱吵闹,被铸成钟钮上的兽头。陛犴疾恶如讼,作为监狱门环上或门前的兽头或卧兽。饕餮好吃喝,多装饰在鼎角或烹饪的器皿上。睚眦好斗喜杀,被置于刀环或用于刀柄上的纹饰。狻猊好烟火,多被铸成香炉上的纹饰。椒图安分守己,被雕成门环花饰。人们还根据龙的变形和用途分类,如饰以水纹的叫"水龙",饰以火纹的叫"火龙",饰在钟上的叫"鸣龙",饰在兵器上的叫"蜥龙",双翼的为"应龙",无角似蛇似兽的是虬龙,三爪一足的为夔龙,另外还根据爪数分为五爪龙、四爪龙、三爪龙等。龙是中华民族的远古图腾,经历代不断创造不断完善,始终与中华民族的生息繁衍有所关联。龙作为最普通层次的中华民族的创造物,始终维系着数千年传统文化的基石。龙的造型是我国传统的造型艺术,是艺人们根据各种兽类的特点(恐龙、飞龙及兽类),经艺术加工而成的一种独特的造型艺术,经过历年来的演变至今已基本定型。龙的造型是种类的综合体,是人们想象中的形象,所以它的造型特点不尽相同,古之就有"南龙"、"北龙"之说,但大同小异。

(2) 瑞兽和龙凤是我国富有民族特色的传统动物,它们的形象象征着吉祥,所以深受欢迎。瑞兽主要有麒麟、传统狮、螭虎、天禄、貔貅、四灵等。

麒麟:古代传说中的一种瑞兽,形似鹿,披鳞甲,牛尾马蹄,肉角一只,后又改作龙首两角、狮尾,常作吉祥的象征。在南北朝墓地巨型石雕中以雄伟的姿态、盛气凌人的风貌出现在人们的面前。麒麟图案延续到元明清,经久不衰。日本人把长颈鹿叫做麒麟,所以有些人以为它就是我国古代书上记载的瑞兽麒麟。

传统狮:即中国造型变化后的狮子(也有的称狻),它的形象和真的狮子已有很大的区别,但还具有狮子的某些特征。传统狮是古代宫廷和民间工艺品用来装饰的普通题材,造型有单狮、对狮、太狮、少狮、门蹲狮、群狮等。

天禄:传统兽的一种神兽,有"四海之困穷,天禄永终"之说,即天赐福禄之意,天禄的形象是凭借丰富的想象力创造出来的,神态似狮似虎,多昂首挺胸、曲腰、大口、双目圆睁,头上一束长毛披散脑后,神态凶猛。形态近似鹿,头上有双角向后,身上无鳞甲、兽足(也有鹿蹄的)。南朝陵墓石刻天禄就是其中最富代表性且艺术价值很高的一部分,都是用整块巨石雕成,一般在3m高以上,造型拙朴中见矫健灵活。

貔貅:传说中的神兽,形态似狮,身上无鳞甲、兽足,长有双翼,是玉器传统兽中常见的。

螭虎:形态近似龙,头似兽,无角,四足,每足两趾。尾较长,一般常分为两股。造型有单螭、双螭、群螭等。

龙凤是中华民族传奇的神物,在我国传统图案中占据着相当重要的位置,是中国装饰艺术中最为广泛的题材之一。早在六七千年前的中国原始社会中,龙凤的形象已出现在彩陶上,商周时期就有关于龙凤的传说和图像,从商到清代的三千六百多年的演变过程中,龙凤的形象臻于成熟,有了一个标准的定型。传说龙与大禹治水有关,夏族君长禹被认为是半人半蛇的治水英雄,龙被视为水神而崇拜,有"水以龙"之说。中华民族自伏羲、神农氏直至黄帝、尧、舜、禹均以龙为图腾,夏部族的图腾是龙。传说中的龙其实就是神化了的蛇,以蛇为母体在外形上加鳞添足、改头换面，塑造成具有非常浓厚神秘色彩的神物。

龙凤的形象在中华民族传统习俗中始终是吉祥的神物，美好的象征，传说它上可腾空驾云，下可入海潜渊，还可调风顺雨，降福于人间。龙凤又是降恶压邪保护万物不受侵害的保护之神。特别自佛教传入我国之后，对于龙凤更赋予神秘的色彩。佛教视凤为保护之神，是繁盛与吉祥的象征，因而在我国建筑、雕刻、服饰、器物等各种工艺品领域中都可见到龙骨力矫捷、腾光跃影的形象和凤温和多姿、绚烂伟丽、雍容大度的姿态。在传统艺术的百花园中，又常常见到取龙凤题材而构成的"龙凤呈祥"、"凤凰戏牡丹"、"丹凤"、"二龙戏珠"等龙飞凤舞的图案。

龙能腾云驾雾、祈福辟邪，它的形象威严庄重，在表现它时，往往伴随着云或水，使其气势更加磅礴。龙的定型形象是：头大、头型长、前额宽阔而隆起，眉一般为火焰状（也有剑眉），眼突出；鹿角、牛耳、鼻梁长，端如狮鼻；鼻翼旁有长的触须，嘴如鲤鱼，马齿獠牙，脑后有长发；颈细、穿长如、肚腹如蟒，身上有鳞甲，脊有节梁、椎刺，尾如金鱼，四肢如鹫并有火焰披毛，爪如鹰（有四爪、五爪）。龙的形象应做到嘴张、眼瞪、头昂起、颈细身长，四肢爪有力。

凤一般叫凤凰，传说是百鸟之王，也是虚构的"神鸟"。传说商部族的图腾是凤，商族的始祖是玄鸟（凤），有"天命玄鸟，降而生商"之说。凤历代还有玄鸟、朱雀、天鸡之称，据《初学记》记载："雄曰凤，雌曰凰，雏曰鹫。"玉器产品中的凤凰只有一种形象，简称"凤"。凤凰是我国历代民间传说中集中了一些鸟类的特点而创造演变出来的一种鸟形，它寓意吉祥喜庆、雍荣华贵，形态万千，深受人民喜爱。

凤的形态特点是雄鸡头、鸡颈、人眼、鸳鸯身、鹤腿、孔雀尾。尾羽长而飘，多少不等，两根、三根至八九根都可以（一般多取三根），其羽有的呈火焰状，末端有一羽镜。在额前上嘴基部有一灵芝状的冠及副须，颈羽和尾部复羽细长多变。

凤具有鹤、燕、鸡、麒麟、蛇等动物的局部特征。晋皇甫端说："乃有大鸟……鸡头、燕嘴、龟颈、龙形、麟翼、鱼尾，其状如鹤，体备五色……"。凤的造型是：眼长、腿长、尾长、鸡头、燕嘴、蛇颈（一般说鹤颈），头上长有云纹，翅膀有麒麟纹，并长有鸳鸯的翼羽。

5. 狮

狮外貌威严，我国古代被视为法的拥护者，佛教中它又是寺院的守护者，是释迦牟尼侍文殊菩萨乘坐的神兽。

狮子的形象在民间应用也很高。有右前足踏鞠（俗称绣球）的雄狮子，左前足踏鞠的小狮子，还有雄狮子相戏绣球，叫"双狮滚绣球"。节庆时流行狮子舞等，它亦被视为喜庆的象征。

6. 虎

虎勇猛威武，素称"兽中之王"。中国古代敬虎为神，被列为四方之神之一。虎神能趋妖镇宅，驱邪避火，因此古时常以虎的兽面形装饰在青铜器、铺首、瓦当等器物上。民间尤爱把虎塑造得既威武又笨拙可爱，亦是希望孩子们能长得虎头虎脑，健壮活泼。

相传农历五月是毒月，每年五月端午东汉天师道即以菖蒲为剑，艾叶为虎来收瘟疫虫毒。以后人们为了求得心灵上的安全感，年复一年虔诚地把菖蒲、艾虎（一种有形头，艾叶形虎尾的装饰物）作端午时比用之物，悬挂在门楣上，以保全家乐享平安。

7. 四神

中国古代神话传说：青龙、白虎、朱雀、玄武为天之四灵镇四方，亦称四方（东西南北）之神，以后为道教所信奉，作"保护神"，以壮威仪。青龙为东方之神、白虎为西方之神、朱雀为南方之神、玄武为北方（龟、蛇和体）之神。

8. 鹿

古代神话传说千年为苍鹿，故鹿乃长寿之仙兽。鹿经常与仙鹤和南极仙翁一起保护灵芝仙草。"鹿"字又与三吉星"福、禄、寿"中的禄字同音，因此它在有些图案组织中亦常用来表示长寿和繁荣昌盛。

9. 羊

羊在中国的传统装饰中应用也很多。古人把羊与祥通用，大吉羊即为大吉祥。用羊作装饰的图案中就有吉利、祥瑞的意义。

10. 天安门狮

石狮造型多变，工艺精美，是出色的艺术品，玉雕中多有石狮的造型。石狮在民间流传着这样的说法：①辟邪纳吉。狮子最早用来镇守陵墓，在古人心中被视为驱魔辟邪的瑞兽。因此，在乡间路口，有时人们会设立石狮子与"石敢当"，希望它们能够镇宅、避邪，保护村寨的平安等。②预卜灾害。传说中狮子有预卜灾害的能力。如果遇到洪水、地震等自然灾害，石狮子的眼睛就会变成红色或流血，人们根据此征兆，便可采取应急避难。③彰显权贵。宫殿、王府、衙署、宅邸等处的守门石狮，常常气宇轩昂、威镇八方，显示出主人的权势和尊贵。

天安门狮多是我国玉雕石狮的造型。天安门狮的造型还有一种很强的装饰味，富有民间民族特色，常出现在传统、吉祥题材中。它进一步夸大美化了各部，使其活泼可爱，深受人们喜爱。天安门狮在建筑中较普遍，寓意门卫有镇邪之意。从东汉时期起随着时代和经济文化的发展，各个时期的石狮造型都有不同，至清代石狮的雕刻有了进一步的提高，但各地风格又有所不同。天安门狮的造型不论在生动威武方面或装饰性方面都是较好的艺术品。

天安门狮头俯视，略内扭，呈长方形，正面看稍长，面部前窄后宽，脑门隆起有三个丘，环状眉部上承额部，下压眼眶，每个眉上又有四个突起，眉间鼻根的两个球更为明显。眼球椭圆，深陷于眼窝之中，鼻梁短而有皱，鼻头宽大，鼻翼张起，拥起的部位紧逼眼下，上唇与鼻端在一个平面上，并有三条髭线撩上。下唇宽而短（与上唇在一个内收的斜面上），正面略拱，口张开，嘴角为圆弯，整个上下口围有一个与口平行的槽线，圆舌尖翘起，下颌有两缕胡须浮于胸前飘向内侧。耳后抿立起，胸部特别宽阔雄壮，下颈有双环铺首系铃的佩带，前背短，根部肌肉突出，环上缨球搭在臀侧，下腿三条肌肉明显，关节处三组卷毛。后腿屈蹲，肌肉不明显，卷过来的尾毛浮于其侧。前爪趾突出有力，狮身较平圆，弓背收腰，上背有双环条带。狮头颈上的鬃发有极强的装饰性，八排圆形旋状鬃发，从外到里6至8或9个不等，头顶与外侧的小而薄，脑后的则突出，它们排列不乱而自然。正旋反旋也不一致，雄、雌狮内脚分别踏一圆球和四肢向上的幼狮，幼狮斜置。

装饰性的台座和布饰浑然一体，使石狮更为雄伟威严，由于艺术的创作，天安门狮给人以威武的同时又觉得亲切可爱，从整个造型来看，它夸大了头部强调了正面，注意了装饰，更集中地突出了它的神态，这也正是我们塑造刻画它时应特别注意的。

天安门狮在创作设计中要注意的几个问题是：①狮身正面与侧面的比例是4∶6；②高

不足两个半头；③耳与嘴角自脚后在一垂直线上；④头内扭，五官内低外高；⑤内脚抬起和肩及佩带略高；⑥嘴宽与爪宽相等；胸等于两个嘴宽；⑦小眼角在顶至下巴的1/2处；⑧底座约为一个头高；⑨前腿关节处高于后腿。以下各距离大致相等：头顶—下巴、下巴—爪跟、下唇—后颈、前腿关节—爪跟、臀—下腹、头宽—头长、左腿中—右腿中。

11. 陪衬物对兽品种的烘托作用

各种兽类都有它的生活习性和情趣，陪衬对兽品种的创作起烘托作用，如设计一只猛虎，以高山、森林、雄鹰为陪衬，则烘托出虎勇猛的性格，俗话说"猛虎下山"亦是如此；如设计一只奔马，以草原、白云为陪衬，则烘托了马勇往直前的精神；如果创作一群小鹿，以山水为陪衬，则烘托出小鹿恬静、悠闲、活泼可爱的性格。总之，陪衬物对兽的烘托起着相当重要的作用，增强了兽品种创作的艺术效果，因此，陪衬物的选择，也是兽品种创作设计中不可忽视的一个重要组成部分。

具吉祥喜庆之意的兽品种为陪衬物和兽禽为一体可取吉祥喜庆之意，如：以大象为陪衬则为"福象"；怪兽以蝙蝠为陪衬则为"福寿"；鹿以鹤为陪衬则为"鹤鹿同春"；鹿以喜鹊为陪衬则为"报喜图"；龙以凤为陪衬则为"龙凤呈祥"；龟以鹤为陪衬则为"龟鹤齐寿"，此例甚多，不一而论。

四、花鸟类玉器的设计

（一）原材料设计前的处理

由于原材料本身有绺、脏、石花，因此在设计产品前还得剜脏去绺。剜脏去绺就是除去料表面的粗皮和料中不可保留的脏、石花，石花去掉料浅部、深部的绺（芙蓉石中的小绺除外）。在设计产品时，绺是大敌，尤其是断绺、恶绺，既不能放在鸟品种产品中鸟的头、身、尾、爪、腿部位，也不能放在陪衬物花卉的梗、枝、叶部位，甚至连产品中较粗大的山石也不能出现断绺、恶绺。对断绺和恶绺要如割痛疮，坚决去掉，毫不足惜。有时材料上带有一点实在去不干净的细碎绺的话，那这种绺只能安排在产品后面或小部的次要位置上，在产品制作中，用石纹、树纹加以遮盖，称为遮。在带有盒、瓶、罐、壶、盘的产品中，绺不能设计在这些器皿的口、足部位上，最好也别设计在器皿的其他部位上。在剜脏去绺的工序中，要注意保存材料的最大形体，因为产品的价值和材料的大小、高矮有直接关系，尤其是贵重原材料，价值昂贵，尽量少去料以免损伤材料而降低其价值。要巧妙、合理、充分地利用玉石原料，使艺术形象的美与天然质地美融为一体，从而达到真正的尽用其材、美用其材、绝用其材的目的。

（二）材料的形体美

在剜脏去绺后，料还得经过破型留神，寻求形体美的处理。破型留神是粗略整体地讲究材料外轮廓的影像美，讲究材料的各个点、线、面间的和谐美，玉器行业称为料形美。不少原材料在剜脏去绺后，形体很美，只要定下底平面，即可开始设计产品，但是有些材料在破型留神工序中，必须进行进一步的处理以求得形体美，才能进行设计，如果不管材料形状好坏如何，囫囵地设计起来，则有害于产品的整个艺术造型和主题表现，这样的产品即使局部形象再好，刻画再细微，也不能弥补最初的缺陷。所以追求原料的形体美是很重要的，有奠基的作用。

(三) 决定材料的底平

底平是产品和木座接触的平面,在剜脏去绺后,寻找材料的形象和定材料的底平是同时进行、相辅相承的,定底平应该遵循下列原则。

(1) 原材料的重心线把原料分割成两半异形等量、均衡,使原材料利用这个底平面时,最富于形体美或最接近形体美,为留神寻找捷径。

(2) 原材料的俏色部分和质地相对好的部分,被放置在前部表现主题的重要位置上。

(3) 底平面选定后,要对底平面进行加工,使底平面大小适度,重心稳定。底平面太大,没有动势、笨拙;底平面太小,不稳定,有头重脚轻之感。

(四) 按原材料考虑题材、造型

以鸟为主的题材构思鸟品种经常设计制作的鸟大约有三十余种,它们是:凤凰、仙鹤、孔雀、锦鸡、火鸟鸡、鹇、福兰马鸡、寿代、八哥、山喜鹊、葵花鹦鹉、太平鸟、极乐鸟、猫头鹰、鹰、雕、鸽、大雁、犀鸟、鸡、鸭、鹅、鸬鹚、企鹅、麻雀、燕子、红叶莺、琴鸟、翠鸟、凤凰鸽、鸳鸯、鹌鹑等。这些鸟大部分特征明显,形象优美,基本代表了鸣禽、猛禽、家禽、游禽、涉禽六大鸟类,是在优美作品中经常表现和大众喜闻乐见的。

这些鸟中有长尾的如凤凰、孔雀、锦鸡、雉鸡、寿代、喜鹊、虎皮鹦鹉、琴鸟、福兰马鸡;有嘴较长的如翠鸟、鹭鸶、乌鸦;还有三长即咀、脖、腿全长的鸟如仙鹤、鹭鸶等。玉石原料由于色泽、硬度、韧性程度在设计上述鸟类时,应区别对待。

像长尾鸟类锦鸡、孔雀、寿代、白鹇、凤凰等,由于尾部较长,只要用陪衬物在尾部增加连结点,就能保证安全,所以前面提到过的十几种原材料全可以设计长尾鸟类。而仙鹤、鹭鸶由于嘴、腿、颈较长,就必须用质地坚硬、致密的原材料来进行设计,如用翡翠、软玉、玛瑙、岫玉等来设计这类鸟类作品。这几种原材料由于价格较高,质地坚硬、致密细腻,故在设计制作这类鸟类产品时要从构图、题材层次、章法以至制作方面严格要求,做到精益求精,其中岫玉虽属于低档玉料,但如果质量好、有俏色仍可精雕细琢。

东陵玉、密玉、芙蓉石、木变石、独山玉和一般岫玉,由于原材料价格不高,其质地、韧性等方面不如上述高档玉料,在设计作品时要求简练、厚实,不过于繁密、堆砌,以免得不偿失。水晶、青金石、孔雀石,这类原材料或有一定透明度、或有艳丽的颜色及美丽的条纹,在设计时要充分利用其有利因素。

(五) 鸟类的安排规律

在一块处理好的原料上进行设计,鸟究竟该怎样进行安排呢?

(1) 产品中一般有一只体形较大很美的主鸟或虽然鸟种一样但位置次重要的鸟,在这两种情况下,这只鸟的位置应该安排在三七开或二八开位置上,其余次要的鸟可以随便安排,但最好安排在参考三七开或二八开的位置。

(2) 在一块处理好的参差不齐、凹凸不一的料上,鸟在大多数情况下安排在凸处或平面上,而不安排在凹处。

(3) 当原料有俏色时就应在遵循上述原则下,尽量使用俏色,把俏色安排在鸟的头、羽、翎或尾部。

在产品中剖三七开中上部是主鸟的常用位置。如果一幅图中上面寿代是三鸟在上面重要位置上,下面两只小鸟安排在近似于三七开位置但较随便,有时脱离了三七开位置,由于是次要鸟,也没关系,寿代和小鸟应该安排在平面或突出部位上,凹部设计鸟,制作起来很困难。如果是俏色原料，在可能的情况下让寿代的头、翎利用俏色。

当产品要设计两只、三只、四只和一群鸟时，具体应该怎样安排呢？

(1) 产品中设计两只鸟时，最好一只在山石顶端或枝上，一只在地下，上鸟俯视，相互呼应。

(2) 两只鸟向另一只鸟呼应时首尾方向相同而姿态要有多样化，如果姿态相近则首尾方向不同。

(3) 四只鸟设计在一件产品上要各具神态，富于生活性，并注意鸟的曲线变化。

(4) 在较大件产品中，鸟的视线要集中于主题上，并要注意鸟的分组。

在设计鸟产品时，要让这些鸟上下呼应，聚散得体，要鸣叫、食虫、啄尾、舒羽、栖止欲飞、戏水，富有情趣，形象逼真、传神，有生活性。

(六) 鸟品种的设计构图章法

在鸟产品设计中，经常利用适合鸟类生活习性的花和其他陪衬，来加强产品的生活性，使鸟产品丰满生动，富有情趣，构成很多触及视觉和打动观者情的形体，这些陪衬在鸟产品中是很重要的。

在植物类中，通常分为树类、硬梗类、软梗爬腕类及蔬菜果类。树类有松树、枫树、柳树、红叶树、芭蕉树、梧桐树；硬梗类有海棠花果、玉兰花、茶花、牡丹、月季、芍药、扶桑、杜鹃、菊花、满堂红、荷色牡丹、鸡冠花、向日葵、竹子；软梗爬腕类有牵牛花、紫藤、黄瓜、扁豆、窝瓜、葡萄、凌霄、萱草；蔬菜果类有柿子、桃子、佛手、石榴、白菜、萝卜。另外水中动植物：田螺、蚌、鱼、青蛙、龟、荷花、荷叶、莲蓬、藕等也常在鸟产品中出现。

这些众多的陪衬出现在鸟品种中，使鸟品种的构图、章法丰富起来，对设计人员提出了更高的要求。

鸟品种从整体构图来讲可分为两大类：立像产品和卧像产品。这两种构图形式，是对材料剜脏去绺后，由材料的形状、主要是底平的选择来决定的。

立像产品就是高度大于宽度的产品，这种形式很像国画中中堂、立轴、条幅的构图形式，高耸丰富，富有气势。比较多地表现体形较大的鸟和各种树、花卉，并较多地借重山石作为支撑主体，有时用竹桐、花插、变形的瓶做支撑，但较多地是利用山石做支撑主体。

卧像产品就是宽度大于高度的产品。这种形式很像国画中横幅的构图形式，典雅、飘逸，别有情致。

较多地利用器皿造型来作支撑主体，比如用桃、石榴、葫芦、瓜、灵芝、柿子，横躺的竹筒，都可以设计成上下两部分可分可合的盒、瓶产品，它不仅增加了实用价值，而且由于有了支撑主体，使产品的各部分的大小、轻重、聚散、虚实形成对比，有利于整个布局。

在决定了产品构图形式后，还要进行具体布局章法的推敲，下面介绍鸟和陪衬物的几种布局。

(1) 交叉形构图产品上方主鸟的长尾和陪衬花卉的方向呈交叉状态，形成两条不同方向力的交叉，长尾鸟类较常使用这种方法，对增加产品安全有利。

(2) 对角线的利用：中国画讲究对角线的占用。鸟品种产品也常利用对角线，鸟和鸟之间的呼应传神其视线充满对角线的空间，再有，树木的走向也常安排对角线处理。

(3) S 型的布局：这里的 S 型并非几何概念，也不像字母那样规整，它包含大小、长短、疏密、粗细、虚实、反正的多种变态，鸟的安排曲线、陪衬花卉的视觉流动线呈现出近似于 S 型的布局。主要指凤在飞动中，它的尾部飘逸的曲线以及头、身、尾组成的体态也呈 S 型曲线美。此外，流动的泉水、飞动的云朵也带或也呈 S 型曲线，在群鸟的分组安排中，也要注意鸟之间的曲线变化。

（4）长曲线、长斜线的分割与破绽布局把长曲线、长斜线分割、破开从而使呆板的长线活泼，富有气韵。

（5）在以团扇、盘子为依托的卧象产品中，经常使用旋转型构图，如龙凤呈祥、双凤图等，都可以取这种构图以增加动感。

（6）对扁平的花卉产品，鸟类应安排在产品两侧，看起来似乎有点偏，但是产品的重心线分割的左右两半的重量使人感觉相近，也富于均衡和变化，玉器行业中有一句话说得好：要想俏，一边靠。看来这句话是有一定道理的。

（7）对称型构图：鸟品种中对鸟、对盒产品，要求一对中的两只料的品种、颜色、质地及大小高矮、薄厚必须完全一样，这对鸟、对盒产品，我们称它为对称构图形式。

（8）对照型构图：在鸟类产品中，有器皿、山石、较粗大的树，同时又有较细小的花卉枝梗、细腻的鸟羽、咀爪，有动态较大的鸟，也有相对静止的陪衬，在群鸟中有动有静的不同姿态的鸟，这一切形成产品本身实与虚、大与小、动与静、上与下的对照，使产品生动，有气氛，我们称为对照型构图。

（9）半包围式构图：群鸟趋于一点，形成半包围布局，这种构图多用于有明显中心的较大件产品。

总之，鸟品种总的构图和具体布局章法是破形留神、追求材料的形体美之后，又一次更关键、更深入地对产品影像、造型的调整和对形式美的追求。在这一过程中要力求避免散浸、塞迫、平分、头重脚轻、缺乏曲线美等弊病。

（七）鸟品种的题材和情趣

重视情趣是东方艺术的特点和传统，玉器产品千百年来为人们所热爱，不仅是因为它质地美、价格贵重、做工讲究，更重要的是内容寓意吉祥，富有情趣，体现了人们对理想、真理、美好幸福生活的向往与追求，反映了人们心中的道德观和审美观。

鸟品种的题材和情趣有下列几方面。

1. 描写自然中禽鸟生活习性的题材

这种题材在鸟品种中广泛应用。它来源于生活，因而题材层出不穷，譬如：海棠小鸟这种题材的产品，安排的几只小鸟在海棠花丛中声鸣上下，呼应盼顾，虽然简单，但充满愉快的情趣。还有一件产品缝叶莺，是一件大缝叶莺用咀穿线缝制叶子做成的巢，旁边两只雏鸟在等待着住进妈妈缝制的新房，绿色的叶子，红色的鸟，白色的山石、树木，明显和谐，使鸟类的母爱之情由然而生，绚烂的花丛和春光中的孔雀，秋风飒飒中的锦鸡和菊花，松树下一群体态高雅的仙鹤等等全可以作为玉器鸟品种的富有情趣的题材，只要我们细微观察自然界中鸟类最富于生活气息的特写，寻求素材，积累经验，学习中国传统花鸟绘画和现代作品，我们就能创作出更多更新更富有情趣的题材。

2. 寓意题材——表现人们对美好生活和个人幸福祈求和向往的情趣

寓意的题材含有一定吉祥的寓意，或代表生活中流传的吉语，不用文字注明，仅用几种东西组合在一起，便能使人直觉感到祝福、希望、吉祥，便隐寓有利于自己的命运和未来，这种题材长期流传在人民中间。

鸟品种常用的寓意题材有：喜上眉梢、多福多寿多喜、安居乐业、室上大吉、代代富贵、代代长春、事事如意、松鹤延年、龟鹤齐令、百鸟朝阳、鹤鹿同春、龙凤呈祥、全家乐等。这些题材中有谐音的，比如喜即喜鹊、眉即梅花、福及佛手、安即鹌鹑、吉即公鸡、代即寿代鸟、事即柿子、如意即如意或灵芝；也有比喻的，比如富贵即牡丹、长春即月季、桃花、鹤代表长寿，龙凤又分别代表男女或代表富贵，全家即一群麻雀等。

另外还有岁寒三友（松、竹、梅）、四君子（梅、兰、竹、菊）、双清（竹、梅），配上适当的鸟，都可成为鸟品种题材，用以表示高尚气节和情操。

这些寓意题材虽是传统题材，但今天仍可以反映广大人民的情趣和意愿，只要我们在构图章法上求新求变，这些题材仍能充满时代气息。

（1）要掌握鸟的造型。前面讲过的30多种鸟，要不断进行临摹、写生、泥塑等基础练习，通过比较找出30多种鸟的共性、个性、找出它们之间头、眼、咀、腿、身、尾的相同点和差异点，从而一一掌握它们的造型、生活习惯和细部结构。对每一种鸟的飞、欲落、欲飞、食、鸣、栖、止的形态也要掌握得得心应手，为将来进行设计打下基础。

（2）要注意鸟和鸟之间的比例。在一件产品中出现两种以上的鸟时，要注意它们之间的大小比例。自然界中体形较大的鸟在产品设计时也应当较大，反之，自然界中较小的鸟在产品中应当较小即同步增减，当然在产品中的大小并不是和自然界的大小完全成比例的缩减，只是大体上的变化，总不该在一件产品中，自然界中较大的鸟反而小了，而自然界中较小的鸟反而大了。比如：在一件产品中锦鸡大而仙鹤小，麻雀大而寿代小，叫人看了就很不舒服。

（3）要注意鸟的生活习性。鸟的品种在设计时，要注意鸟的生活习性和人们约定俗成的鸟的传统习惯，比如：猛禽一般和松柏、怪石、枯木、凌霄及它追逐的猎物设计在一起，很少和烂漫的花设计在一起；水禽、涉禽、翠鸟、雁、鸬鹚习惯和荷叶荷花、芦苇及水中动植物设计在一起，很少和各种鲜艳花卉为伍；家禽宜和瓜果蔬菜、篱笆、草、菊花、草虫、农具、竹编设计在一起；仙鹤虽然生理上不能上树，但在产品中我们习惯把仙鹤和松柏、白云、梅花设计在一起，以喻长寿；凤凰和牡丹、松树、梧桐、竹子、泉水设计在一起，表示凤凰非梧桐不栖、非练食不食、非酿泉不饮的特性，和百鸟组成百鸟朝凤产品时，可以适当加以花卉；孔雀和牡丹、玉兰、松树、茶花、月季设计在一起，使人感到强烈的春天气息；各种鸟禽、小鸟可以和各种花卉、花果等硬、软梗植物组成产品。

如果我们打乱这些习惯，使鸡上了松树，凤凰配上芦苇，孔雀上了荷叶就让人有点莫名其妙。

上面只是试举了一些生活习性来说明问题，并不是所有产品设计都要这样做。在设计产品时，要浪漫富有想象力，在照顾传统习惯和鸟的生活习性的同时要提倡大力创新。

（4）鸟品种花卉、树、器皿的处理。树和花卉是鸟产品的重要陪衬，在料质好和有俏色的情况下，花卉设计有时候很丰富，显活，相对而言，比设计鸟的功夫还大，这样的产品是完全应该而必须这样处理，我们所说的鸟品种应当是广义而不是狭义的，鸟和花在中国绘画中从来都不是割裂开的。

在鸟产品中，花卉（包括花、瓜果、树、软硬梗花卉）有两种安排形式，插梗式和全株式。

插梗式是取花卉的一部分（这部分通常有花头、叶、枝梗、果实）来作为表现对象，形成产品，这一部分花不带有根部和粗大的枝梗部。这种设计形式可称为"以不完全的形式来表现一个完全的内容"。

这种插梗式在带有变形器皿的卧象产品中，经常使用，如这时花卉有一个梗头，有由梗头生长的一个弯形器皿和一组叶、花、须、细枝，在比较突出并坚实的位置上，找出几只小鸟，花枝梗要绵延起伏，和变形器皿又连接又腾起，这样能镂空透眼，使产品生动，连接不能太少，以免不安全，也不能连接太多，连接多了，腾不起来显得笨重。

无论是树、硬梗、软腕还是其他花卉，花卉设计时，要自然优美，形象准确生动，花和花之间要呼应顾盼，聚散得体，几组花朵要安排成勾股形状，花朵总数为奇数，花朵、花蕾要错杂一起，大小不尽相同，枝梗要弯曲、交叉、回折、横向枝枝头要上翘。叶要分组，和枝干相互掩映，叶不能塞迫，要有风动感。枝干要精细适度，老嫩结合，分枝要合理，不能呈十字、并字、伸出和泻开。

（八）花鸟类题材玉器的创作原则与因材施艺

玉器的设计指导思想和创作原则是因材施艺。原材料在初步处理过程中，就蕴藏着作品的题材和造型问题，在解决这些问题时，应该注意以下几点：

1. 以原料形状为基点

设计者要以原料（经初步处理后的）形状为基础来进行创作构思。例如：原料形状厚，适合设计一些变化大、层次多的花卉；料薄，适合设计一些纵向变化小、单层次的花卉；材料高长于宽的，适合设计立向生长的花卉；宽长于高的，适合设计横向生长的花卉……

又如，材料凸的部位，适合设计突出的花头、叶子，而凹的部位，则适合设计花、叶下面的梗子……否则，抛开原料本身形状的特点，凭主观随心所欲地去构思，创作的作品效果势必牵强附会，甚至完全会失败。

老一辈玉雕师常言："看料像什么，够什么，再说画什么，做什么"，就是这个道理。

2. 以原料质地为基点

原料的质地如何，很大程度决定了作品题材和表现手法。例如：珊瑚、松石等较软，较有韧性，可雕琢出精细、多层次、多枝权的花卉作品，而芙蓉石、水晶等较脆，没有韧性，适合雕琢手法简练、艺术效果浑厚的花卉作品。违背这一点，设计制作出的作品容易残损，直至报废。

3. 以原料色泽为基点

设计者要以原料的色调和色度为立足点，来构思题材，使其色得以合理巧妙的使用。例如：翡翠料的珍贵，决定了在绿色块上安排一些尽可能不零散的形物，如昆虫、果实，倘若置绿块而不顾，硬要雕琢花头，把绿用在四分五裂的花瓣上，非但效果不好，而且伤了料。又比如芙蓉石料，它的色度与原料的厚度有关，只能设计一些浑厚的形物，才能较好地保持色度。

此外，在构思题材上，原料的颜色要合理使用，尤其在同时具备几种颜色的原料上。比如：红色适合做花而不适合做藕，粉色适合做荷花而不适合做荷叶……让作品中各种形物的颜色尽量接近自然界植物的颜色，使人在视觉上有真实舒服的感觉。

以花卉作品为主的题材，内容要以花为主，在造型、手法上都要紧扣这一主题，避免出现陪衬物过多而宾主不分或喧宾夺主。

总之，花卉作品的设计，首要的是必须"吃"透原料的形、质、色，然后对原料特点的性质进行恰当的技术和艺术处理，选用适当的题材、内容和表现手法，在最大的限度内用尽、用美、用绝这一块玉料，力争在经济上、艺术上同时达到最佳的效果。

五、人物类玉器的设计

玉器人物基本上以古装人物为主，但是在人物题材方面也不乏创新开拓的例子，如反映刻画当代领袖人物和当代英雄人物的作品，但是为数不多。

玉器人物属于圆雕，因此在处理作品的情节时，不可能像有些工艺美术品利用浮雕或表面表现出较复杂的场景来衬托出故事的情节。但有些艺人采用中国绘画散点透视中把近推远、压缩中远景、扩大人物的方法，创作出"带景人物"作品来表现情节，使玉器圆雕人物的面貌为之一新，北京已逝著名玉器艺人潘秉衡，他的一件代表作品《待月西厢》（彩图5-8）堪称是带景人物的佳作。作品的情节是大家熟悉的故事西厢记中的片断。艺人在作品居中偏左的地方设计了一堵花墙，莺莺和红娘安排在墙的右侧，张生高踞在墙上注视着莺莺，红娘身旁有一香烟缭绕的香炉，拐角处的余料艺人设计了常青藤和萱草，整个作品有景有情，由于作品中间巧妙地设计了高墙，使人从直观上一看就知道作品的故事情节，如果艺人不设计这堵花墙，故事的场合和人物身份就不明确，使人看不出作品的故事情节。

作品的故事情节有时通过人物的道具、陪衬、动作等也能表现出来，像黛玉葬花，一把长锄、一个花篮起着决定性的作用，如果没有这两样东西，说是黛玉葬花则无人相信。

在带有情节性的作品中，人物的身份明确，尤其是作品中有两个或两个以上的人物时，主要人物的身份能通过服装、发髻、道具区别出来。如表现古装仕女的作品，她们的身份大多属于宫廷贵妇或豪门富户一类，因此服饰比较华贵，质料多为丝绸织品，佩饰也较多，有的还有披肩、披巾，总之身份越高，服饰等就越复杂，质量也越高；身份越低服饰就简单，质地也就差。

发髻对于分清人物的不同身份也是非常重要的，如仕女的发髻直接关系到我国历史各个时代的妇女生活、习俗等。通过发髻我们还可以了解到当时的社会制度，历代封建统治者用发髻来"分贵贱、别尊卑"，如贵族妇女一般梳高髻式，丫环、侍女或少女之类则梳双环或垂环。

发饰和发髻一样，根据妇女的身份地位不同，量和质也不相同，所以在仕女人物中对表明身份的发饰也不可忽视。

另外，关于人物的动作，我们在设计制作中也要注意，这与人物的身份也有一定的关系，如贵族妇女和文人的动作就不宜过大，对这一类人物，除了着重刻画人物的面部表情外，还可利用衣纹、风带的飘忽和飞舞来表现出人的动感。

由于人物作品的情节只是故事中的某些片断，不可能把整个故事的来龙去脉、前因后果都交待清楚，但是故事是由情节组成的，往往我们要通过作品人物不同历史时期的艺术形象（包括身份、发饰、服饰、动作、表情、发型等），道具，场景等来表现出精彩的故事情节。

（一）仕女造型

1. 仕女的服装、发型、发饰

仕女在玉器人物中所占比重很大，主要有贵族妇女、仙女、历史上知名的妇女和一般士庶妇女、劳动妇女、少女等。在设计仕女时，对一些历史人物和文学作品中的故事要表现出不同历史时期的不同特点。

(1) 发型：又称发髻。我国历代女子的发髻种类相当多，主要可分为高髻、垂髻、双髻、反缩髻、灵蛇髻等。

1) 高髻：把头发挽起竖于头顶，梳成各种形状，一般叫做高髻。高髻的种类比较多，但总的来说可分为两类：一类是先用假发根据需要做成各种发套戴在头上，用簪钗固定或用金属柱支撑起，与原来的头发结合成为一个整体，发套越多身分也越高贵；另一类是先将原来的头发用丝绦束缚好，然后根据需要编盘成各种形状，再用各种簪钗固定住。

高髻在中国古代妇女中比较流行，根据一些历代绘画、壁画、雕塑来看，从汉至唐、五代直到明代都可见到这种发髻。常见的高髻有大手髻、飞天髻、螺髻、惊鸽髻、单环高髻、双环高髻、九鬟仙髻等，梳高髻的妇女大多属于后妃和贵族豪门阶层，其中九鬟仙髻是古代绘画中的仙女常梳的发式。螺髻起源于唐代，这个时期绘画中的仕女很多梳这种发式。在创作唐代妇女人物的作品时，要注意到这一历史时期的发型特征。

2) 垂髻：将头发分成两部分，盘成各种形状用丝绦缚住分别垂在头的两侧或一侧。垂髻主要有坠马髻、双垂髻、双垂环髻。坠马髻始于汉代宫中，后来流行到民间，梳这种发式的妇女多为贵族阶层，有的侍女也梳这种发式，但与前者有差别，这种发式直至隋唐、宋明还在流行，不过改叫"倭髻"。双垂髻流行较早，到元、明仍然流行于民间，梳这种发髻的大多是一些未婚妇女或侍女、婢妓。

3) 双髻：又叫"双角髻"、"双丫髻"，其发式是将头发在头顶或头的两侧各扎一个小髻。梳双髻的女子大多为丫环、童仆、男女儿童，也有未婚女子梳双髻的。双髻主要有双丫髻、双垂髻等，这种发式比较流行。

4) 反髻：是将头发向后梳的一种发型，起源于魏。样式是把头发拢到一起用丝绦束住，可分成多股。这种发式流行于各代青年妇女中。

(2) 发饰。发饰主要指发髻上的各种装饰品，起源相当早，商周出土文物中曾发现过发饰。发饰和发髻一样，与人物的身份有关系。后妃、贵族妇女的发饰从数量到质量都有定制，民间士庶女子也用发饰，但质和量既少又劣。发饰的种类变化很多，主要有簪钗、步摇、梳等。

1) 簪：形状为单股长针，簪头上多雕有各种鸟兽和花形图案，有的镶嵌有珠宝玉石。它的作用是固定发髻或冠。

2) 钗：形状为双长针，头上也雕有各种鸟兽、花形图案，主要用来固定发髻。

3) 步摇：一种插在发髻上的首饰，上面串有垂珠，人步行时随之摇动。

4) 梳：主要用来梳理头发，有的女子往往插于发髻上作为装饰。

(3) 服装、佩饰。历代仕女装饰各不相同，玉器仕女人物大多采用现今画中的服装。这种服装是经过近代画家综合唐、五代、元、明各代服装的优点，加以改革创新而成的，大大加强了作品的艺术效果。如果作品题材是表现人物和事件的，则还应认真对历史资料进行考证。目前采用的仕女服装主要由衬衣、上衣腰裙、土裙风带所组成，现分述如下：

1) 衬衣：由于贴身穿在里面，从外面只能看到露领边的一点。

2) 上衣：常见的有两种式样。一种是以下部分塞进腰裙里，这种上衣比较瘦，另一种是比较宽的，不塞进腰裙里。衣袖有三种：宽袖、窄袖、半宽袖。上衣的领边有对襟和左衣襟两种。领边、袖边都有花纹，两处花纹要一致。衣袖的宽要根据题材中人物的身份来决定。

3）腰裙：又称"二道裙"，较短，约到膝盖处，上端有一段用白布或白绫做的裙腰，下端有裙边，腰裙上都有图案，以云锦、团花居多。

4）土裙：在腰裙的里面，在腰裙以下才显露出来。土裙很长，拖到地面盖住整个鞋，土裙没有花纹图案。

5）风带、披帛：风带是仕女装饰用的主要带子，较宽；披帛类似披巾。风带、披帛都有图案。

6）环佩、带结：环佩为玉制，有单环、套环、三环等。环为圆形，佩的造型较多，有圆形、棱形、方形、磬式、随形等。带结有正面和侧面带结在一侧，不能同时都有，主要用来系环佩。

7）项链、串珠、耳坠：项链、串珠用骨珠、玉珠、金银珠串成，耳坠也有金、银、玉、骨等制作成的，它们都有装饰品。

2. 仕女的手脸

（1）手：仕女的手有很重要的作用，手的各种姿态与人物的表情及性格都有关系。仕女的各种手势与现实生活中手的动作是有区别的。仕女的手进行了艺术夸张，并参改了戏曲表演艺术的手势，显得十分优美。

仕女的手势较长，骨节不明显，整个手的轮廓圆润修长。手的姿态很多，常见的动作有持物、拈花、执扇、弹琴、弹琵琶、扑蝶、吹笛、理鬓、写字、绣花、戏鸟、捧盘等。

（2）脸：仕女的脸型在构成作品艺术形象方面，是一个重要的因素。在现实生活中，妇女的脸型是多种多样的，但对一件艺术作品来说，要按生活中的各种脸型去表现，就会影响作品的美感。

目前仕女的脸型是鸭蛋形，这种脸形是吸取了历代仕女的脸型特征进行美化而成的。历代仕女的脸型与人的身材有关系。

仕女的五官现在基本已定型，其特点是：眉细长稍弯如柳叶、凤眼（眼皮有单有双）、樱桃口、唇不要太薄、下唇比上唇丰满、口稍张，不露齿、鼻如悬胆、鼻翼要窄、耳一般不全露。

（二）小孩、男子、老人造型

玉器人物除仕女外，还有很多题材是表现儿童、男子、老人的。这些人物与仕女产品相比存在着身材结构和外部差异以及服装上的区别，他们互相之间也存在很大的差异。

在制作这些产品时，首先要掌握他们解剖结构和身材外部的各个不同差异，最重要的是要掌握他们五官的不同特点。

儿童、男子、老人的手、头制作工艺步骤和仕女制作基本相同。

儿童：孩童的头脸选形需头大、面圆、眉目清秀、眼大而圆、五官紧凑、下颌多方、常带笑容、颈短而往往不表现脖颈。儿童的面部表情哭、笑变化大，外表可爱。孩童的年龄要有童子、幼儿、乳儿之别，以喜相、稚气、天真、活泼的形象出现在产品上。其形象大都借鉴于古画谱《百子图》。

儿童五官特点：眼大而圆，距离较宽，眉档宽、短而淡，唇厚，突出。

男子五官特点：眼有角，略方，眉宽、阔，口大而方，鼻阔，两侧略方。

老人五官特点：眼部有纹，成鱼尾状，眉下垂而稀，齿落成蔫状。

儿童的手造型丰满、圆润，形方，指短，五指叉开，手持物时满把抓攒，稚气十足。

老人的手结构明显，骨骼、关节、肌肉、瑾、筋腱清晰可见。持物时似鹰抓物干瘦有力，形如枯枝。所谓老人手，一般也泛指罗汉、苦行僧人、樵夫、渔夫或者较清瘦的中年人等。

（三）佛人造型

玉器神佛人物产品的历史不算久远，在宋代文学作品中有一段"碾玉观音"的故事，里面提到一尊玉制观音佛像，由此可知宋代已有用玉琢制的圆雕佛像。清代乾隆时期以后，玉制佛人逐渐增多，使得神佛成为玉器人物中一个重要的题材，直到现在佛人在人物中仍占很大比重，这类产品在国际市场深受欢迎。

玉器佛人造型一般都是从历代的佛像雕塑和绘画、壁画中因袭而来。中国佛教雕塑历代造型风格都有不同，在设计制作这类产品时，应对历代佛像的风格特点有所了解，不可主观臆造。

佛教人物的种类比较多，而且他们的身份也各不相同，主要有佛、菩萨、声闻、罗汉、天王、伎乐天、达摩等。

（1）佛：是佛教人物中的一个称号，意思是"觉悟了的人"，成道以后成佛，是佛教中身份最高的一层。佛主要有释迦牟尼佛、阿弥陀佛、弥勒佛、卢舍那佛、四面佛、报身佛、药师佛、千佛像等。其中笑口弥勒佛最受人们欢迎和喜爱，笑口弥勒佛实际是按照一个名叫契比的和尚的形象塑造的。据史书记载，契比是五代时期明州（今浙江宁波）人，又号长丁子，经常手持锡仗，杖上挂一布袋，出入于市井乡村，游化行乞。乞得之物就装在布袋内，故人们称之为"布袋和尚"。相传他身形肥大，衣着随便，言行不拘小节，能为人预测吉凶，知晴雨，神秘莫测。后梁贞明二年（916年）契比坐化，后人认为他是弥勒转世，建塔供奉，此后江浙一带就逐渐流行一种按"布袋和尚"的形象塑成的塑像，所雕塑像光头如比丘相，双耳垂肩，笑口大张，笑容满面，袒胸露腹，无忌自在，使人看后有一种烦恼皆无、坦荡欢喜之感。

释迦牟尼佛俗称如来佛，在玉器人物造型中也比较常见。据史料记载，释迦牟尼是公元前6世纪后期印度迦吡罗卫国释迦部落净饭王的儿子，俗称乔达摩，名悉达多。悉达多出家修行多年，终于彻悟了人生无尽苦恼的根源和解脱轮回的方法，获得无上大觉，成了一个佛。悉达多佛后被人称为"释迦牟尼"，意为释迦族的圣人。佛教徒为纪念教祖释迦牟尼，造了许多佛像供奉，有坐、立、卧三种，坐像居多，释迦佛结跏趺坐于莲台上，身穿通肩大衣，手作说法印，头有肉髻螺发，双耳垂肩，眉目修长，双眼微睁，眉间有白毫，背后是火焰纹背光。表现佛祖讲经说法、普渡众生的情形。

佛的形象一般是头上有高肉髻或束发髻，还有头上有宝冠或缠色巾的，上身裸露或露右肩、左肩披袈裟，里面穿僧祇支，下身穿裙。有的为遂肩式大披、盖在两臂上看不见内衣，这种衣服称"健驮罗"式。佛身前面有装饰品，如缨络、佛珠等，其他装饰品还有埠缢、臂钏、腕钏、绶带、足蹬木履等，有的佛脑后还有背光。

佛的姿势有坐、立、卧等几种，表情大多雍容严肃，有一种智慧、安详、无私、慈善之感，唯有弥勒佛的形象与众不同。大家都称它为"大肚子佛"，其形象大头方额、身宽体胖、露腹，显出和悦可亲的神态，在民间它象征喜悦吉祥，所以深受人们的喜爱，弥勒佛的姿态较多，有站、坐、卧、掏耳朵等。

（2）菩萨：佛在未成道之前叫菩萨，比罗汉、和尚要高一级，菩萨的名目繁多，如文殊、普贤、观音、地藏、日光、月光、大势等。一般菩萨的形象是头戴宝冠、上身裸露或披巾、颈上有埠缨，下身穿羊肠大裙、露足、有美男美女像两种。常见的菩萨有观音、文殊、普贤等，他们属于有尊号的菩萨，有时常加一些陪衬的兽如文殊骑狮、普贤骑象、观音骑金毛吼等。

　　观音又作观世音、观自在、光世音，是西方世界教主阿弥陀佛的上首菩萨，作为"西方三圣"之一，与大势菩萨一起随侍于阿弥陀佛身边。观音菩萨在中国民间受到最普遍、最广泛的信仰，这是因为佛教经典称，世间众生在遇到各种困厄灾难时，只要信奉观世音菩萨，颂念观世音菩萨名号，这时他就会"观其音声"而前来解救，使受难众生得以脱困，故这位菩萨的名号就称为"观世音"。总之，按照佛教经典的说法，观世音菩萨是一位救苦救难、大慈大悲的大菩萨。观音菩萨的信仰流行始于两晋之际，到了南北朝，由于战乱频繁、社会动荡，使得宣称能救苦救难的观音菩萨受到各阶层的欢迎，得以广泛的传播。

　　在佛教各种菩萨像中，观音菩萨的种类最多。宋代以后出现了按中国仕女形象而创作出来的观音菩萨像。这种类型的观音像成了观音菩萨像的主流，其特点是一首二臂，身结跏趺坐、面部清秀安详、双目低垂，手持莲花或净瓶，也有双手结禅定印，身着缨络项训服饰，头戴定冠，冠上有尊阿弥陀佛的坐像，这是观音菩萨的主要标志。有时观音的旁边还塑有一个小童子，童子面向观音菩萨，双手合十，这就是"童子拜观音"。

　　由于观音菩萨能以各种身份随机变化，所以他的化身特别多，但他们的形象也并非固定不变，像观音就有33变相（有说36变相的），其中就有骑牛、多臂、坐莲花等。

　　（3）声闻、罗汉：比菩萨要低一级，是承宣佛发的人，他们的相貌是世间人的形象，老少胖瘦、形形色色。声闻、罗汉的名称最多，最著名的有迦叶、阿难。二人均为高僧，迦叶是老人形象，阿难年轻。唐代为十六罗汉，五代以后为十八罗汉。后来还有二十四罗汉和五百罗汉等，有的只称罗汉，并没有具体名称。

　　（4）天王、伎乐天：天王主要是四大天王，俗称四大金刚，有持国天王、增长天王、多闻天王、广目天王，他们手持发器，如剑、琵琶、伞、蛇，合称"风调雨顺"，有吉祥的寓意。四大天王专司护法，在寺院山门内两旁能见到，塑像比罗汉大。除此外护法神还有韦驼、王像，全身盔甲方杵。

　　伎乐天人即飞天，他和四大天王都属八部护法神。八部护法神有：天（包括四天王、二天王、鸠摩罗天、金刚力士等），龙，夜叉，千达姿（伎乐天人），阿修罗（三头八臂手托日月），楼罗（金翅鸟神），紧那罗（歌祚），摩侯罗迦（大塔神）。

　　（5）达摩：相传为印度和尚，南北朝时来中国，后到嵩山少林寺面壁九年而死，达摩创立了佛教中的一个新宗派——禅宗，后人称"达摩老祖"。

　　（四）有关神仙人物的题材

　　八仙在历代神话传说中是不受万神之王——玉皇大帝的管辖，不听道家之祖——太上老君调遣的神仙。他们惩恶奖善，抑富济贫的故事在民间流传甚广。人们常把自己的愿望寄托在他们身上，因此在历史上八仙是更受民间喜爱的神仙。

　　李铁拐：神话传说中八仙之一，又称铁拐李。得道后灵魂可以离开躯体而神游。一次神游时其肉体误被徒弟火化，神游归来无所依归，乃附一饿死者的尸身而起，故蓬头垢面、坦腹跛足，原死者的竹杖点化为铁拐。他随身背一葫芦，神通广大（拐杖、葫芦）。

吕洞宾：又名吕纯阳。唐代人，两举进士不第，流浪江湖。六十四岁进山修道，自称"回道人"。他有一口阴阳剑，得道后云游江淮斩妖除害。在八仙故事中，他更富有传奇色彩，尤为民间所颂称（道袍、宝剑）。

曹国舅：宋曹太后之弟，故叫国舅。因其弟仗势作恶，杀人后出逃。国舅深以为耻，遂隐迹山岩，精思慕道，得遇汉钟离、吕洞宾等，被引入仙班，修道成仙（官服、阴阳板）。

蓝采和：他常穿破衣烂衫，一脚裸露。夏日衫内加絮无汗，冬则能眠于雪中，气出如蒸。常手持大拍板踏歌于闹市中。一天他醉于酒楼，空中响起一片笙箫声，他忽然轻攀升空，手持一花篮驾云冉冉而去（长衣、花篮）。

张果老：唐明皇时代人，是八仙中最老的仙人。他常倒骑一驴，日行千里。传说此驴不用喂料饮水，休息时可变成一纸驴折叠起来，如需乘行则对它吹一口气，即恢复成驴（员外服、鱼鼓）。

汉钟离：又名汉钟权。原是一名汉朝大将，后遇仙人指点入山修炼得道，下山后飞剑斩虎，点金济众遂升天成仙（老头、温凉扇）。

韩湘子：相传为唐代文学家韩愈之侄，从小爱与道士在一起，落魄不羁。后遇纯阳先生等从游学道，成仙后能用空樽造酒、聚土开花（小生服、横笛）。

何仙姑：唐朝广州增城县人，八仙中唯一的女仙。据传她十四五岁时住云母溪，曾梦神人教食云母粉可轻身不死，食后她行走如飞，能知人祸福，遂成仙（仙女服、荷花）。

八仙过海——西王母设蟠桃会，诸仙神皆去瑶池庆贺，八仙各带奇宝前往，行至东海，将自己的宝贝放入水中，乘座前往。传说八仙是各人学道而成仙的，每人各有一套本领，故有"八仙过海，各显神通"之说。

暗八仙——指八仙使用的器物。

葫芦：八仙之一李铁拐所持的宝物，能炼丹制药，普救众生。

宝剑：八仙之一吕洞宾所持的宝物，有天盾剑法、威镇群魔之能。

温凉扇：八仙之一汉钟离所持的宝物，玲珑宝扇，能起死回生。

鱼鼓：八仙之一张果老所持的宝物，能星相卦卜，灵验生命。

横笛：八仙之一韩湘子所持的宝物，有妙音萦绕、万物生灵之能。

阴阳板：八仙之一曹国舅所持的宝物，其仙板神鸣，万籁无声。

花篮：八仙之一蓝采和所持的宝物，篮内神花异草，能广通神明。

荷花：八仙之一何仙姑所持的宝物，它出泥不染，可修身禅静。

上八仙——王母、杨戬、寒山、拾得、刘海、白猿、太白、寿星。

和合二仙——是古代常见的象征性的神明，代表唐代高僧"寒山、拾得"。其二人蓬头笑面，常在一起，一人捧圆合，取"和谐和好"之意。此题材旧时多用于婚礼，明图吉利。

六、器皿类玉器的设计

玉器器皿中的造型绝大部分来源于中国的古器物，其中主要是殷商的青铜器，还有一些器皿从造型到花纹图案经过了再造型，成为既有传统性又富有新意的发展前途很大的产品。

（一）目前器皿中常见的造型

目前器皿中常见的造型有以下几种。

炉：造型特点圆口、短颈、圆腹下收如馒头状，有两个对称的炉头，头下有环、三足，有盖。炉的主要装饰在盖上的部分和炉头、足。炉的造型种类主要有标准炉、荸荠炉、扁炉、高炉、亭子炉、四管炉等。

薰：薰的造型与炉相似，薰盖上多有复杂特美的镂空花纹，顶上的装饰一般也比炉复杂，薰盖和顶是分开的，用子口组装在一起。薰足有腿足和圆足两种。薰是一个很有发展前途的品种，近年来各地玉器厂在造型和图案花纹上创造出不少新的形象，已经突破了传统的制约（彩图2-6）。

瓶：主要有圆瓶、扁瓶、方瓶、高角瓶、鸡肠瓶、转瓶、蒜头瓶、梅瓶、链条瓶、提梁瓶等，大多数瓶有盖。盖上用传统狮子、怪兽等装饰，耳和头、瓶身等部位一般用浮雕和圆雕进行装饰（彩图5-20、彩图5-21）。

鼎：三足两耳（也有多足的），耳上有孔，腹圆或方，多数无盖。鼎的造型庄重古朴，与它相似的还有鬲、觞（彩图5-22）。

豆：圆腹比鼎腹浅，圆足，足柄高矮不同，如图5-1。

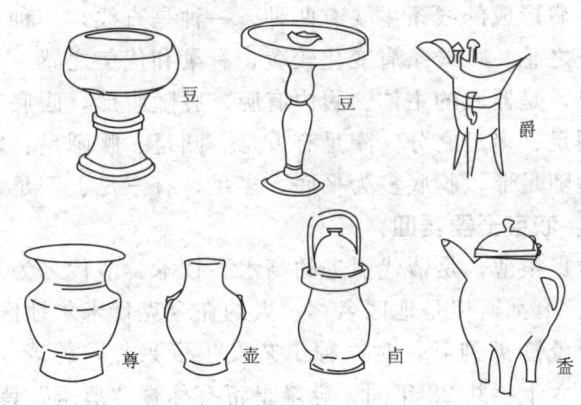

图5-1 器皿造型的种类

簋：多为圆形，也有方圆结合的。圆足（也有多足的），两耳较阔张、无环，有带盖和无盖之分（彩图5-23）。

爵：前面有流、腹侧錾，后面有尾，上边两柱，下有三足，有加盖和无盖的。与爵造型相似，同类的有角，角上面无柱。一般体积比爵大，无流，平底，有三尺，有加盖和无盖。

卣：腹大，敛口，有盖，盖上有纽，提梁位于侧面，圈足（也有多足的）。

尊：口大宽于足，无盖、鼓腹、圈足（也有圆口方足的）。形状如圆柱，有耳或无耳，和尊同类的有觚（彩图5-24）。

匜：有流錾，錾呈半圆形，多为圈足，有的流形如兽首，还有四足加盖的装饰多在腹壁，鸟兽的装饰多在腹壁、錾上（彩图5-25）。

杂器：杂器种类繁多，如文房用具砚、镶尺、笔、笔筒等，生活用品如酒具、茶具、槟具以及古器如璧、璜、佩、如意、带钩等（彩图5-26）。

（二）器皿的结构

器皿由口、颈、耳、肩、腹、柄、足等构成，根据需要有的加盖，有的加錾，有的为了造型上的需要还可以夸张变化或去掉某个部位，下面分别说一下器皿的各部分。

盖：盖的形状大多数和口相同。器皿的口圆盖也圆，口方盖则方。盖和器身用于子母口相接，盖口称子口，器身口称母口，总称"子母口"。子母口的制作工艺叫"下子口"。子母口相接处应成一条水平线。盖顶部分用圆雕鸟、兽、花等装饰，有的加环、链，盖有膛，膛随盖形。盖可以均衡器皿的造型、增强器皿的协调和美感。

口：器皿的口多随腹形，也有不随腹形的，可分圆口、方口、腰圆口、棱形口、角形口等。从正面看分直口、敞口、侈口、敛口等。不同形状的器皿形成的风格不同。

颈：器皿的颈有长短、粗细之分，连接着口与肩、腹。口下面为颈，颈和肩、腹相连，颈的形状主要有长、短、粗、细的变化，能使器皿具有灵巧、敦厚、肃穆、庄重等感觉。

耳：耳有两种，一种在颈的两侧，一种在肩的两侧，有妃耳、贯耳、平耳、立耳等。肩侧的耳行业中称"头"，颈侧的才称"耳"。"头"一是做成兽头、鸟头、花头等。兽头的鼻子或花头的梗延伸成半环状与腹侧壁相连，这部分称"耳鼻"。"耳鼻"上带有环。耳和头是器皿的主要装饰部分，能使器皿的造型均衡。

肩：连接颈和腹，肩形成的线条主要有两种，一种是直线，一种为弧线，直线条的肩一般为平肩，平肩有端正之感，弧线条肩变化较缓，有柔和优美之感。

腹：上接颈下接足，是器皿的主体。腹内有膛，膛随腹形，腹底有平底、圆底等。

足：承接腹，有圈足、多足之分。圈足有方足、圆足、腰圆足、窝角足等。圈足大多随口形成腹形，有膛，膛随足形，膛底多为平底，多足，有三足、四足及兽足、蕉叶足等。

（三）浮雕、压丝、嵌宝玉器器皿

玉器器皿把胎体做得很薄，是清代引进的高水平技术，清代名为"痕"玉，即"痕都斯坦"也称"温都斯坦"。痕都斯坦是地区名称，大约在今克什米尔地区。此地区制作玉器盘、碗多将胎体做得很薄。乾隆见到后，对这种工艺发生了兴趣，乾隆十六年至二十四年间引入，自乾隆三十三年至六十年共28年间，乾隆皇帝有称赞"痕玉"诗30余首，称此种玉器"莹薄如纸"。后来宫廷玉工也习此作，变为中国玉器器皿的一种常见风格。

（1）薄胎玉器在古代玉器器皿中也有发现，如唐代玉莲瓣纹杯，明代玉花形杯，只是在清代这种薄胎作品多了起来。工艺技术吸收了"痕玉"特点，才形成专称。

薄胎玉器以盘碗最多，如菊花瓣盘（彩图5-27）、白玉压丝嵌宝碗（彩图4-1）、玛瑙杯、翡翠杯等，瓶、壶之类也多有制作。

薄胎玉器因胎薄可以使很沉重的玉变得很轻巧，可以使青色玉减退青色变白，可以透光反映玉质的均匀美、透度美，可以使人感到工艺艰难，赞叹玉器工艺技术的鬼斧神工。薄胎玉器已成为中国玉器很重要的品种之一。

制作薄胎玉器多使用青玉、碧玉。薄胎玉器要求胎体薄，厚薄一致。胎的薄厚依玉质、玉色和造型而定，反映玉质、玉色、透明度。青玉越近白玉，胎体反而要厚一些，深色青玉胎体要薄一些，碧玉胎体也要薄一些。

薄胎的制作技术主要是串膛和做花，只有造型各部位薄厚一致，才能反映玉质色泽一致，所以在造型中的任何部位以薄厚均匀为原则。

薄胎玉器的串膛，尤其是大瓶，瓶口小，肚大，使用膛砣工具不是串膛不均匀，就是串漏，串漏多出在器皿肩部和底部。因此，设计薄胎玉器，不能有工具够不到的地方。外部施以浅浮雕图案，两肩头和顶纽施以镂空花，使造型秀美、典雅、轻盈。

（2）压丝嵌宝技术，在玉器产品上勾槽，把金银丝用小锤敲入槽内组成图案，使金银丝与玉器表面在一个平面上，出现玉的金银交错效果，称为压丝。

在玉器上压金银丝、嵌宝石，称为压丝嵌宝。

（四）环链玉器

环链常见于玉器器皿，其他作品也有应用。在整块玉石上取出环链要通过对造型的整体研究和玉石性质的研究后才能确定方案。环链的位置、取法、大小、长短都与玉石性质和作品的整体造型紧相关联，例如脆性材料不易把环链做得太细，韧性材料可以取出秀美的环链。

凡带有环链的产品，首先要把环链做出来，再做其他部位。

环链的制作分为抽条、起股、掐节、活环、脱环、修整等几个步骤。

鉴赏环链作品要仔细检查环与环是否大小一致、粗细均匀，相连是否紧凑，然后检查每个环上是否有裂纹和瑕点，最后衡量与造型是否般配一致，如提梁和链，两边是否对称，中梁大小纹饰以及其他陪衬是否得体等。

（五）浮雕图案在器皿造型中的应用

浮雕图案主要分浅浮雕、中高浮雕、镂空浮雕、锦地浮雕等，浮雕装饰的题材也相当广泛，除了各种纹样外还有山水、人物、花卉、鸟兽等。

浮雕的图案可分成两大类，一类是传统的各种变形纹样，如饕餮纹、夔纹、雷纹、勾连纹等，另一类是比较写实的图案如花卉草虫、鸟兽、山水、人物以及写实型的龙、凤吉祥图案等。

各种变形的传统动物纹样，可使器皿有古朴、庄严、厚重之感；植物纹样能使器皿具有富丽轻巧之感；几何纹样等则使器皿稳定均衡；变形图案纹样常施加在器皿的腹、颈及各种边沿。

写实类的图案大多带有边框，行业称这类图案为"开花"。浮雕图案的构成有以下几种。

1. 连续式

主要有二方连续、四方连续。它的特点是可以一个或几个图案纹样为单元，向两边或上下左右延续。二方连续在器皿中应用较多，其组织方法有并连、套连，不同形状的纹样也可以组合在一起，还能随意穿插或添加。二方连续的骨架常见的有波浪式、倾斜式、折线式、团花式、几何式、直立式等，总之连续式图案变化多端，节奏感强。

2. 对称式

是传统图案的主要构成方法，在器皿上应用最多，主要有上下对称和左右对称。

3. 呼应式

也是一种传统的图案构成方法，往往用两种或两种以上的东西（可相同也可不同），以对角或主次相呼应的构图达到平衡的目的。呼应式在器皿上常以圆雕或高浮雕的形式出现。

4. 旋转式

它的纹样带有方向性旋转感觉，骨架似纺轮，民间称之为"喜相逢"。这类图案多施加在圆形边框中，动感较强。常见的有凤凰、鸳鸯、卍字等图案。

5. 角隅

装饰在器皿的边角地方，纹样的基本轮廓随着边角的形状而变化。

（六）浮雕的工艺制作

1. 浅浮雕制作

先将图案仔细画好（一般对称或延续图案是画一半，然后将另一半扣出），墨线要求均匀流畅。然后用勾砣将整个轮廓线勾一遍，勾线时勾砣要稍靠墨线外侧，图案中一些细的地方，如果砣子在墨线中间或内侧勾，就会缩小它们的面积。另外要保持勾砣的规矩，不可左右摆动或上下跳动，不然勾出的一线不均匀。

勾线时还要注意区别"地底"和浮雕图案的深度，浮雕轮廓线的深度要根据层次来决定，但不能超过地子的深度。制作者在勾线之前，心中要对整个浮雕的层次和深度有个概念，这样就能避免"伤地"或深度不够造成重勾。

轮廓线勾好后先进行脱地，脱地的方法是用小钉砣或小轧砣等工具将地子轮廓内的余料剔去，然后用小钉砣或齐头杠棒之类的工具将地子顶磨平。

地子完成后将浮雕的层次琢出，完成细部。

不带边框的或极薄的浮雕，制作时不用整个脱地，只需在浮雕边线外采取斜面脱地的方法，可起到同样的效果。

2. 中浮雕制作

中浮雕制作的制作方法与浅浮雕相同，由于它比浅浮雕要深些，所以层次稍多，制作时要注意层次分明，要有空间立体感。

3. 高浮雕制作

主要分三层，第一层立体感最强，属于半圆雕。第二层和第三层的厚度相当于中浮雕、浅浮雕。制作先用錾砣或勾砣将轮廓线勾出，然后剔去余料。勾线时要注意砣子应向内稍倾斜，使浮雕成为坡形斜面。

地子脱好后，先从第一层开始琢制，要尽量分出块面使之有立体感，第一层的基本形找出后再进行第二层、第三层的琢制。然后对细部进行修饰，细部制作的顺序是自下而上，先从第三层开始，上层的细部最后琢制完成。

4. 镂空浮雕制作

花纹画好后，一般先在需要镂空的地方涂上颜色，这是为了区别那些不该镂空的地方，大多用红颜色，因为它较醒目。涂完颜色还需要涂上一层定画液或漆片（用酒精浸泡过的）使它不易脱落，然后用小平棒透孔，将空处的余料磨掉再用擦条蘸细金刚砂擦平痕迹。镂空处的余料全部剔除后再完成浮雕的制作。

5. 锦地浮雕制作

画图案时，地纹不必画出，将浮雕制作完成后，再将地纹画好勾出，地纹勾好后不宜修改，线条要均匀。

6. 阴刻线

方法和勾线相同，一般勾线时砣子都垂直进行，另有一种嵌金银丝的方法却不相同，它要求阴线的沟槽上窄下宽，这样嵌入的金银丝才不会脱出来，不过这种技法比较难掌握，要经过不断的实践才行。

第三节　玉器造型设计中的比例关系

比例是指一件事物、人物、动物或景观整体与局部以及局部与局部之间的关系。例如我们所说的"匀称"就包括了一定的比例关系。古代宋玉所谓"增之一分则太长,减之一分则太短"就是指的比例关系。那么什么样的比例才能引起人们的美感呢？西方蔡辛克认为黄金分割的比例最能引起人们的美感。所谓黄金分割是古希腊的毕达哥拉斯学派从数学中提出的一个形式美法则,它指事物各部分之间的比例关系,即大小（宽长）的比例相当于大小两者之和与大者之间的比例。列为公式是 $a:b=(a+b):a$ 实际上大约 5:3,也就是 1:0.618。一般来说,据此种比例关系组成的任何事物都表现出其内部关系的和谐与均衡,如书本的长宽比、房间门窗的长宽比等。我国古代画论中所谓的丈山、尺寸、寸马、分人、立七坐五盘三半、远山无皱、远水无痕、远人无目、远树无枝,就体现了对各种景物之间的比例的合理安排。

一、人物的比例关系

在玉雕产品中,人物占有很大的比重,反映面也比较广。河南省工艺美术公司《玉雕产品设计质量标准检验办法（试行草案）》规定如下:

1. 人体一般比例（全身与头长作比）

成年男女全身长度等于 7 个头长。两手臂平伸的总长等于全身总长。全身的总高 1/2 处为耻骨稍下处。头长等于下巴至乳头连线,等于乳头线至脐线的长度。宽关节至膝关节长度等于膝关节至脚底长度,等于两头长度。上肢等于三个头长,下肢等于四个头长。肩宽等于两个头长,是男性人体最宽处。脚长等于一个头长,手约等于头长的 3/4。臀部（大转子处）宽等于 $1\frac{1}{2}$ 头高。中国绘画有立七、坐五、蹲三半的人体比例口诀。女性的一般比例应比男性略小。女性肩宽约为 $1\frac{3}{4}$ 头高。女性人体最宽处为臀部稍下处,为 $1\frac{5}{8}$ 头高。女性乳口宽处与腰宽相等,约一头高。女子颈部较男性长而细。

少年儿童身长：3 岁 4 个头长,6 岁 5 个头长,10 岁约 6 个头长。

人的面部五官比例："三停"从发际至眉心的长度＝眉心至鼻底的长度＝鼻底至下巴的长度。

"五眼"（从正面看）一只眼宽＝大约耳到眼角的宽度＝两眼内角之间的宽度。

眼在头部中间 1/2 处。

鼻翼宽＝两眼之间宽度。

口缝在鼻底至下巴长度的 1/3 处。

口宽＝两眼珠之间宽度。

长＝眉心至鼻底长度。

侧面观察,外眼角至耳朵距离＝外眼角至嘴角的距离。

2. 服装及衬托

在人物方面,其服装、道具关系很为重要,衣服有质软、硬的区别,时代背景的区别,有静与动的区别,故要求一般做到：服装要做到随身合体,风带纹有虚有实,有疏有密,甚至反卷弯要折叠自然,飘洒利落,深浅适宜,动向自如,线条来龙去脉交待清楚,做到通过衣纹和骨肉道具陪衬物要恰当配合主题,突出充实主题内容,使产品增添色彩。

二、鸟类的比例关系

鸟的设计要求造型生动活泼，呼应传神，头、身、尾、腿各部比例准确。各种飞鸟之食、宿、鸣、啼、仰俯、卧、视、飞各种动作，均要形象逼真，动作灵活，呼应对称，主次分明。其陪衬物花、树等要求花盛叶茂，层次显著，聚散适宜，摆布合理，对木本、草本、藤科之特征变化，要富有真实感，在选料方面要求做到挖脏去瘤利用巧色做工要达到张咀透爪，毛层清晰，大面平顺，小面利落。

鸟的种类大体可分为山禽、涉禽、鸣禽、游禽、家禽、猛禽，但由于都是卵生，故鸟身不离卵形，山禽咀小而尖，动作灵活，如画眉、百灵、八哥等；鸣禽咀大而勾，腿短且粗，翅大而健，爪大而利，喜食肉，如鹰、雕、鹤等；涉禽有三长：咀长、腿长、脖长、尾短，如仙鹤、鹭鸶等；游禽咀宽而扁，趾间有蹼，如鹅、鸭、鸳鸯等；家禽性善易养，形状多样，如鸡、鸽等。

以上各种飞禽均系飞时腿缩，爪弯，而水禽飞时，则腿伸爪直，飞时仰头，张翅，缩足，欲落时低头、压尾，伸足，其具体比例如下。

(1) 长尾鸟：以头为单位（头以咀根上方至脑后），身为三个头长，翅为三个半至四个半头长，尾为七至八个头，腿为一个头长，爪比腿稍短，后趾与边趾比中趾短一爪尖。咀长等于头长的1/3，冠长为头长的 $2\frac{1}{2}$，为长方圆形，身为卵形，身宽等于身长的2/3，咀占头长的1/3。

(2) 凤凰：因自然界无此鸟，所以造型不定，有锦鸡头型和鹦鹉头型的，有双尾翎、三尾翎及四尾翎的，其形状丰富多彩，神气美观，一般身长为三个头，翅长四个半头，脖长一个头，腿长三个头，尾长九至十个头，爪长一个头，趾爪比例与长尾鸟同，其陪衬物以梧桐、牡丹为主，其他花草可适当增减。

(3) 喜鹊：身长三个头，翅长三个半头，尾长四个头，腿长一个头，爪比腿稍短，咀长是头长的1/2，其他比例与长尾鸟同。

(4) 仙鹤、鹭鸶：仙鹤头上有冠，尾巴下垂。鹭鸶头上带双，尾短而直，共同比例是以身为准，腿等于一个身长（可稍长），脖与头等于一个身长（可稍短），咀长等于脖子的2/3，翅长等于身长，尾长等于咀长，爪长等于腿长的1/3。

(5) 鹦鹉：可分为金刚鹦鹉、虎皮鹦鹉，有长尾的，也有短尾的；有单冠的，也有花冠的，还有无冠的。但均系咀唇很厚，上唇呈勾形约100°。其比例为：身长等于三个头，翅长等于三个半至四个头，咀长等于1/3个头，长尾等于五至七个头，短尾约等于两个头，大腿等于2/3个头，爪分前后各两趾，外爪比内爪短一爪尖，周身系圆毛组成，眼呈圆突形，脖子稍短，头形稍圆。

(6) 孔雀：雄性尾长，敞开似扇，雌性尾短缩定，头脑后部长有五至七根单翕，尖部有羽毛，呈圆形。其比例为：身长等于五个头，翅长等于五至六个头，尾长等于十至十二个头，腿长等于两个头，爪长等于一个半头，咀长等于头长的一半，脖长等于两个头或两个半头。

(7) 锦鸡：山禽中的飞鸟，多呈金红色，脖子有半群毛，冠毛较长且柔软，尾长似绫条缠绵，雌性则形状较小，色素尾短。其比例为：身长三个头，尾长八至十个头，冠长两个头至两个半头，腿长 $1\frac{1}{4}$ 个头，爪长一个头。

(8) 鹅：脖长，体重，腿短，喜游，行动迟慢，趾间有蹼。雄性冠大，雌性冠小，腹胸下垂。其比例身长等于三个半头，脖子长等于两个半头，腿长等于 4/5 个头，爪长等于一个头，翅长不超过身长。

(9) 鸭：咀长，宽而扁，体笨重，腿短，趾间有蹼，喜游。雄鸭美丽，尾尖向上卷起，呈环形；雌鸭色素，体形稍小，其比例为身长等于四个头至四个半头，身的厚和宽均为两个半头，脖子约一个半头，短于身，腿为头的 2/3，爪等于头长。

(10) 鸡：雄鸡冠大，尾长色美，体形也较大；雌鸡冠小，尾短，色素，体形也稍小。其比例为：身长等于四至四个半头，宽与厚为二至三个头，脖子一至两个头，咀长为头的一半，腿长一个头强，爪长一个头，雄鸡尾长为两个半头，母鸡尾短，一至两个头。

(11) 八哥：为鸣禽，咀细稍长，脖短，尾短，动作灵活，善学人语。其比例为：身长等于一个半至两个头，尾长等于一个头，腿长等于 4/5 个头，咀长等于 4/5 个头，翅长等于两个半头，爪长等于 4/5 个头。

(12) 鹌鹑：脖短，腿短，头小，咀小，体形似卵，性温顺，喜斗耍。其比例为：身长为三个头，身圆直径为两个半头，腿为 4/5 个头，咀为 2/5 个头。

三、兽类的比例关系

玉雕生产的兽类可分为两大部分：大自然界的真实兽类及古代传统艺术中的象形兽类。大自然界的真实兽类，由于它们各自生活的习性有温顺、凶猛、灵敏、迟缓等各种不同性格，有仰、俯、立、卧、抓、蹬、踩、奔、跳、蹲、走等姿态变化。凡食肉之兽类，大部分为嘴大、牙锐、爪利、腿长、肚扁、暴头环眼、面部凶恶、饥饿贪食等形象；相对的，凡食草兽类，嘴小，牙齐，反刍，肚大，偶蹄，一般性情温顺易驯服。故此在设计兽类时，一定要形象逼真，比例准确，特征明显，呼应感强，对陪衬与夸张均要恰当适宜。

我国早在商、周时期，已经有石刻和青铜器产品，造型和浮雕图案已有较高的艺术水平，它的特点是：富于形象集中，敢于夸张，其具体比例如下。

1. 马

(1) 真实马：造型要神态豪放，性烈倔强。对各种动态变化要适宜比例，骨肉要根据动态变化而合理表现。其比例以头为准，脖为一个头长，身高两个半头长，尾巴一个半头长，胯骨、大腿、小腿（包括蹄子）三节基本相同。

(2) 仿唐马：仿唐三彩战马。大部是：缠尾备鞍，也有剪鬃的，其腿稍长，筋骨明显，健壮有力，形态有较显著的夸张，其动作也颇多。

2. 鹿

食草动物，性温善跑，灵敏，其种类分以下几种。

(1) 梅花鹿、草鹿。特征是：腿长脖长，角长，分叉，尾短小，身有斑点，一般雌性无角。其比例是：脖长一个头，身长两个半头，前身长 $2\frac{1}{3}$ 头，后身高两个头，身厚一个半头。

(2) 长颈鹿。特点是：颈长直高，性温顺，喜食高树树叶，体呈斑条纹状，角短小无叉。其比例是：脖子长等于身长，身长等于后腿高至脊长，而脖长三个半头，前腿至脊四个半头。

3. 羊

有山羊、绵羊、翔羊等。性温顺，善跑，灵活，肚稍大，腿细健。其比例是脖长一个头，身长三个头，高三个头，腿与身各半。

4. 骆驼

骆驼有单峰和双峰两种，善在沙漠长途跋涉。性温顺，易驯，体积大耐力强。早在唐代三彩陶塑中，已有彩驼及陶俑产品。造型特点是：头小无角，长脖呈下垂形，脖子有较厚的长毛，腿高，蹄圆而弹软，面部鼠眼，猴嘴，兔鼻，马耳，牛腿，蛇尾。其比例为：身长两个半头，身高三个半头，脖长两个头，尾长一个半头，肚圆与厚等于一个半头。

5. 牛

牛有水牛、黄牛、牦牛、犀牛、野牛等，玉雕一般生产的是水牛和犀牛，现举例如下。

（1）水牛：角长，脖下无嗉带，肚大，尾稍短，腿粗健，动作迟缓，而气足力壮。其比例是：脖长一个头，身长三个头，身高两个半至三个头。

（2）犀牛：属野兽，性暴燥，气力足，形象似肥猪，粗长，稍低，面部凶猛，脸上有两支竖角，皮肤坚硬，陪衬物有蹲、瓶气之类。其比例是：脖长等于4/5个头，身长等于二至三个半头，身高两个头，尾短4/5个头，腿高4/5个头。

6. 象

有亚洲象、非洲象、海象等。特征是：体重，高大，形状鼻长，耳大，皮松，眼小，牙方长，腿圆，肚也圆，尾小，头呈三角形，由肉突组成。其规格比例为：身长三个头，身高三个半头，耳朵一个头，鼻长两个半头，牙长3/5个头，尾长一个头。另外仿古中的象尊与大自然的真象有不少形象差距，只可参考使用。

7. 虎

猛兽，性烈，孤胆，傲慢，形状似猫，全身有条斑纹。其规格比例是：身长四个头，高三个半头，脖长为一个头，前身与腿高各半，尾长等于身长。

8. 狮子

猛兽，头大发长下垂，其身似虎，尾似牛尾，雌狮无长发。

仿石刻门蹲狮：造型要庄严大方，面部刻画要突出，骨肉变化要富于艺术感。其比例为：高两个半头，胸阔一个半头，前腿至臂部长 $1\frac{4}{5}$ 个头，底座高一个头。

四、器皿的比例关系

炉瓶类是玉刻复制仿古，青铜器和石器的产品，故在造型和设计上，要求有资可查，适当夸张，特别在比例规格方面要求与复制品基本相同，对各部陪衬和透雕，浮雕均要使用恰当，借以反映出我国古代艺术的卓越成就。

1. 炉

五环炉：即盖三小环，底两大环，因而得名五环炉。其造型大方，纯厚，两兽头凶猛、魁伟，兽面小腿健壮有力，盖底扣接坚密，环子紧凑，膛薄而均匀，色泽一致。其比例规格为：正方形，高宽比例相等（或宽稍大于高），盖高为炉底的1/3强，底占盖的2/3弱，炉底的两个大兽头露出炉肚圆外围,两头各占肚径的 1/4 左右。兽头上面分三停,即,角全长,顶门,眼泡至鼻头。炉口占底高的 1/5 弱,炉口直径为肚径的 3/4 左右,腿高占底高的 1/5 强,腿占兽面的 2/5,兽面腿顶端在炉肚中线稍下方,兽面高为宽的 7/10,两环下垂不能超过肚底,环子粗细为环的直径 1/4,蟠龙高占盖的 1/2 弱,蟠龙直径为口径的 3/5 左右,三个小环下垂不能超过盖底,三个腿的总圆外直径可大于炉口圆直径。

2. 花薰

花薰为仿古青铜器产品,精巧玲珑,薰盖透空。在封建社会,贵族剥削阶级们用以室内散发香料。其一般形状是高宽相等,但也可伸缩变化,酌情增减。

其规格比例是:一般底为薰高的一半,薰盖直径为总宽的一半,两个花头占 2/3 强,薰腿占薰底的 1/4,两头可分为花头、龙头等。但花头和薰盖的透雕、顶盖花头等大部分属于一花型,两大环下垂时不超过薰底。顶上小环下垂时不得与盖连接。

做工方面要求膛薄均匀,环子紧凑,盖底扣紧严密,浮雕和透雕清晰利落,底子平整,边线整齐,层次分明,两头线条的翻卷重叠,要变化自然,突凹曲直规矩四称,层次要刻画细赢,既古又真。

3. 素瓶

素瓶是仿古青铜容器复制品,种类颇多,一般常见的有圆、扁、方、长脖、短脖、歪脖、椭圆、多棱等瓶样,但一般造型规律为:花型统一,线条统一,上下陪衬,对各种平面花纹要做到仿古艺术;对兽头和花头要做到古老、丰满、玲珑美观,并且可适当增加玉练,如单练、双练、三练及多练等。

其规格比例是:一般花头、兽头、浮雕、草龙要对称一致,高低粗细大小一致,膛子厚薄一致;一般长脖瓶脖长不得超过瓶身,其口底大小一致,或口稍大于底;一般短脖瓶的脖长等于瓶底高的 1/4,口比底大一至二分;另外一般瓶子,底高等于脖高的 1/2,比较合理,枇杷瓶(大肚瓶)底大于口,较为合一。瓶的膛内形状应达到内外一样,练子瓶练环的宽等于长的 1/2,环子要求椭圆形,双练瓶的练总长为瓶身长的一倍半为宜。

对爵、匜、卣、鼎、觚、豆、敦等各种造型,可按照青铜器参考样设计,并可适当增加艺术部分,但不能离体走形。

4. 花卉

玉雕的花卉,以花瓶为主,配合花、鸟、虫、鱼、人物、走兽、楼台、亭阁等,是结合面最广、艺术性较深的综合性产品,因此要求造型生动活泼,明朗向上,花盛叶茂,布局疏密得当,各种花草要自然真实,层次清晰,瓶体必须规矩,不能因花卉的造型而伤损瓶的造型,瓶和花卉之间必须突出瓶,一般瓶占产品整体的 1/2 左右。陪衬的人物、兽、飞禽等,要符合各类原来的质量标准要求。

第四节 中国玉器创作设计中的纹饰图案与吉祥图案

一、中国玉器设计创作中的纹饰图案

纹饰是古玉器的重要组成部分。古时有些玉器常以纹饰命名,比如古玉器"六端"中的"谷璧"、"蒲璧",便是琢有谷纹和蒲璧纹之璧,若不知纹饰,便无法辨认;再者,古玉发展

几千年，有创新亦有继承，因而纹饰的特征及变化，可帮助我们鉴别古玉器的年代和真伪；此外，纹饰直观地表现出古玉器的用意、用途，以及主人的身份地位；纹饰的琢刻手法及工艺不仅给我们提供了鉴别古玉的线索，更为玉器加工中的仿古题材提供了依据和帮助，因此我们说纹饰是古玉器鉴别及仿古玉加工中不可或缺的一部分。

从新石器时期至清代，纹饰的类型以及琢工手法都在不断变化。新石器时代，玉器多为素面，偶尔出现较简单的阴刻线纹。商周时期出现饕餮纹、龙纹、蟠螭纹、云雷纹。商时琢工以直而粗的阴线、双勾线、马蹄孔眼为特征，周时则弯曲阴线纹增多。春秋战国时，多见蒲纹、蚕纹、谷纹、乳丁纹及较复杂的蟠螭纹等，琢工细致复杂，规格严整得体。汉时以勾云纹最多见，也有卧蚕纹、谷纹、蒲纹、布局较稀疏的蟠螭纹，纹饰多对称。唐代多见缠枝花卉、葵花图案纹饰、人物飞天、鸟兽精细纹及具立体感的云纹等，琢工厚重而细。宋代元代多见古蟠螭纹、回纹、乳丁纹及凤凰、牡丹等图案，琢工精细。花鸟偏重表现神态。明代多见松、竹、梅、桃、灵芝、鹤等图纹以及云纹、云头纹、龙纹、缠枝花卉、山水人物及刻字等纹饰，镂雕或透雕普遍，且十分精细。清代纹饰生活气息浓，新创花鸟虫草纹，也有各种仿古纹饰，并出现了铭文及御诗等，琢工精细，手法多样，巧色巧工细琢逼真，大型圆雕气势磅礴。

了解古玉器的纹饰也是了解古玉的开始，古玉器的纹饰种类较多，如下所列。

1. 谷纹

谷纹的形态像发芽的种子，因而称为"谷纹"，也有形容为"蝌蚪纹"、"逗号纹"、"豆芽纹"的。五谷杂粮，是人类赖以生存的根本，因此琢刻谷纹既有纪念的含义，又有祈求五谷丰登的意愿。一个圆点带小尾巴，即是谷纹的特征。

2. 蒲纹

蒲纹是由两组或三组平行交叉线组成的编织纹。一般看到的蒲纹多是三组平行线等角度相交叉形成的纹饰。古代早期的人们常是"席地而坐"，即坐在用蒲草编织的席子上。蒲纹的琢刻，表现出对于安居乐业的向往和祈求。

3. 乳丁纹

乳丁纹又称"乳突纹"，即在玉器表面琢刻突出的圆点，代表"乳头"。"乳头"是母亲的象征，更是养育子孙的象征。中华民族向来讲究孝道，古人尤其重"孝"，因而乳丁纹的琢刻，一则表示对母亲的敬仰和怀念，二则更是蕴含祈求子孙满堂、人丁兴旺的深意。乳丁纹通常不是单个出现，而总是整齐排列或不规则排列的许多个，也有的将乳丁纹琢在蒲纹线交叉线所构成的空中。

4. 云纹

云纹，是古代用以刻画天上之云的纹饰。古人耕种全靠雨露滋润，无云便无雨，无雨则谷不生，故而古人由求雨转而敬云。琢刻云纹一则敬天，二则求雨，再而后则变成装饰纹而只有纪念意义了。最早的云纹较为抽象，其形似两端同向内卷的勾，因而又称"勾云纹"。很多玉器上，尤其是春秋战国时的玉器，可见到整齐排列或相互穿插勾连的云纹，这种抽象的云纹延续了很长一段时间，直到写实云纹的出现，便有了较多曲线组成的写实云纹和似云朵状的云头纹，更有了祥瑞的含义。

5. 云雷纹

云雷纹是青铜器上一种典型的纹饰，基本特征是以连续的回旋形线条构成的几何图形，有的作圆形的连续构图，也称为雷纹。云雷纹常作为青铜器与玉器上的地纹，用以烘托主题花纹，也有单独出现在器物颈部或足部的。

6. 螭纹

螭纹，是龙纹的前身，因而也有人称螭为螭龙，是指有四只脚，一条长尾巴，头上无角，似四脚蛇、壁虎或蜥蜴一类的爬虫。古人所雕的动物，多有想象成分，很难准确确定具体是哪一种动物。所以，只要我们在古玉器上看到这种头上无角、四只脚、一条长尾巴的则可称之为螭纹。

蟠螭纹，则是盘曲而伏的螭纹。半圆形或近圆形盘曲的螭纹，称为"蟠螭纹"。又因螭纹多是弯曲起伏的，因而常将螭纹都称为"蟠螭纹"。蟠螭纹是春秋战国至汉代玉器上的主要纹饰。

7. 虺纹

虺是古人传说的一种有剧毒的小蛇，也有人说是两头蛇。我们在古玉器中，若见到琢有小蛇一类的纹饰，或在蛇的尾部还有一个头的"两头蛇"这样的纹饰，便可以称其为虺纹。若有很多"虺"盘绕纠缠在一起，便可称"蟠虺纹"。

8. 龙纹

玉器上最早出现的龙纹是"夔龙纹"，简称"夔纹"。夔是古代传说的一种苍身无角一足的奇异动物。其纹饰多见于商周时的青铜器上，玉器上也较常见，多为阔口大首，弯曲起伏的身躯和一只足。较后期的龙形，体形要短小些，且头上无角。也发现有类似纹饰而有前后两只脚的，因其总的形态相似，故也被称为"夔龙纹"。夔龙纹出现在玉器上，最早应是商周，并持续了相当长的时间。

战国到汉代，夔龙已有了现代龙形的雏形。头上有了双角，可与夔纹区分。隋唐时期，玉器上的龙纹多为走龙，即昂首阔步，四条腿，尾部像蛇，头部有角有须。嘴、角、腿都较长，造型威猛。元代出现了漂浮状的毛发，明代则出现了风车状的三爪，也就是说，龙的脚由"兽"脚变成了"禽"脚，从而变成了飞龙。清代龙纹更具神话色彩，龙头毛发横生，出现了锯齿形腮，尾端则为鱼尾状，或称"秋叶状"。龙终于完成了最后的蜕变，成为真正无所不能的"神灵"了。

9. 饕餮纹

人们常说龙生九子，饕餮便是九子之一，是古代传说的一种贪食的恶兽。周时的青铜器尤其是鼎一类器皿上常见饕餮纹。玉器上也常见有琢刻，其形态往往是一个凶恶的兽面，仅有面孔而无下颌，较抽象而图案化。

10. 四神纹

四神纹也称"四灵"纹，是由青龙、白虎、朱雀、玄武（龟蛇缠绕在一起）四种神物形象作标志而创作的图案，秦汉时期广为应用。《礼记·曲礼上》载："前朱雀后玄武，左青龙而右白虎"，即标志着前、后、左、右四个方位。它又标志着四个方向和神灵，青龙为我国古代传说中东方之神，朱雀为南方之神，白虎为西方之神，玄武为北方之神。"四神"又标志着四种颜色：青龙——青色；朱雀——红色；玄武——黑色；白虎——白色，即是青、红、皂（黑）、白，中央则为黄色。道家之左青龙（东）、右白虎（西）、前朱雀（南）、后玄武（北）除表示星宿之外，还指人体的脉络。

四神中添以麒麟纹称"五灵"，也称之谓"五瑞图"。

11. 弦纹

弦纹即是弧线纹，常见两条平行的弧线组成一条弦纹。弦纹常出现在圆柱或圆筒状柱体的表面，以几条或多条弦纹平行环绕其上，因而亦称"环纹"。

12. 陶纹

陶纹即"绳纹"，是两股或三股绳索纹在一起的形状。一般多琢于圆形器物的边沿，明清时的玉手镯也有绳纹纹饰的。这种纹饰在古代陶器上出现最多。

13. 凤纹与鸟纹

玉器上琢有尾长如孔雀、头上有大冠且弯喙的鸟形即为凤纹。而其他飞禽纹饰则都称鸟纹。据说古代殷氏族的图腾便是凤。凤在中国一直都是高贵女性的象征。

14. 嘉禾纹

谷物禾苗图案。古人视禾苗为祥瑞的征兆，《汉书·公孙弘传》记载："甘露降，风雨时，嘉禾兴"，是风调雨顺五谷丰登的象征。

除上述外，还有鳞纹、人面纹、虎纹、鱼纹、龟纹、象纹、漩涡纹、水苍纹（水波纹）等各种纹饰，易从字面上理解，也较易识别。

二、中国玉器设计创作中的吉祥图案

据方泽的《中国玉器吉祥图案》记载：我国历史悠久，在漫长的岁月中，勤劳的祖先借助于多种工艺美术形式，创造了许多反映人们对美好生活向往和追求，寓意吉祥的图案，给人以喜庆、祝福、吉祥之意，它融合了广大劳动人民的欣赏习惯，反映了人们善良健康的思想感情，渗透我国民族传统和民间习俗，因而在社会上广泛流传，为人民所喜闻乐道。

吉祥图案是运用人物、走兽、花鸟、器物等形象和一些吉祥文字，以民间传说及神话故事等为题材，通过借喻、比拟、双关、象征、谐言等表现手法，构成了"一句吉语一图案"的表达形式，赋予求吉呈祥、消灾免难之意，寄托人们对幸福、长寿、喜庆等美好愿望。它因物喻义，物吉图祥，将情、景、物融为一体，因而主题鲜明突出，构思巧妙，趣味盎然，富有独特的格调和浓厚的民族色彩。吉祥图案起源于商周，开始于秦汉，发展于唐宋，成熟于明清。吉祥图案在我国非常盛行，特别是明清以来应用非常广泛，在传统的民间工艺、建筑、陶瓷、玉器、刺绣、金银器、景泰蓝等领域之中非常多，它是借助同音字的谐音巧妙地运用图案形象，绝大部分图案采用吉祥语句，以谐音和寓意，以指事和会意的方式构成，使形式和内容巧妙地结合起来，既悦目又悦耳，这个时期的纹样图案可以说纹纹必有意，意意必吉祥。

中国玉器中吉祥图案形式多种多样，内容也丰富多彩，总的来说，大体有以下3个方面。

（一）求福

人们对美好幸福生活有着共同的追求心理。

1. 蝙蝠

因与"遍福"、"遍富"谐音，尽管它形象欠美，但却经过充分美化，把它作为象征福的图案。如蝙蝠望着古钱中心方眼的图案，被称为"福在眼前"，蝙蝠与荷花组成的"和福图"。

2. 佛手

色泽鲜黄香气浓郁的佛手，也是传统的寓福呈祥的载体，这大概是佛赐的"福"吧，如佛手、桃子、石榴组成"福寿三多"。

3. 福包含"有余"

余则借谐于"鱼"，两条鲶鱼并在一起，叫"年年有余"。

4. 福还包含"如意"

玉如意，以寓一切祈示和希望都能如愿以偿之意，如百合、柿子、如意组成"百事如意"。

(二) 长寿

古往今来人人都希望健康长寿，寓意和祝颂长寿的图案也较多，如万古长青的松柏；享几千年寿命的仙鹤；食之长命百岁的灵芝；食之长生不老的仙桃；"寿"字，长条形称为长寿，圆形称为圆寿；"仙人"，传说长生不死的仙人，如"八仙"；老寿星，在生活康宁的时代，人们以老寿星作象征和祝贺，不只是亲朋好友之间的祝福，还包含着对美好生活的祝愿和歌颂。

(三) 喜庆

表达人们美好、愉快、幸福的心情，如喜得贵子、喜结良缘、喜庆丰年。

(1) "喜"字，如双"喜"。

(2) 喜鹊是喜事的征兆，如"喜上眉梢"为喜鹊栖于梅枝的图案。

(3) 鹿同"乐"，如梅花配以双鹿称为"眉开双乐"。喜鹊与鹿表示"喜乐图"。

(4) 石榴：绽开的石榴喻为"喜笑颜开"。

(5) 瑞禽仁兽，如龙、凤、麒麟。它们的出现是天下太平的征兆，如龙凤呈祥、龙飞凤舞、二龙戏珠等。

(6) 鸳鸯、并蒂莲、花成对、鸟成双，表示美满婚姻。

(7) 生肖图案：鼠、牛、虎、兔、龙、蛇、马、羊、猴、鸡、狗、猪。

三、中国玉器传统吉祥图案示例

(一) 动物

1. 龙

据古代神话传说，中华民族的师祖伏羲和女娲形象的"蛇身"是龙的原始形，中国先祖夏后氏的领袖禹的出世与黄龙相关。古传说禹出自其父鲧之腹，鲧死，身躯三年不腐，剖其腹时有黄龙化出，因此上古图腾时代，龙就被华夏先民当作祖神而敬奉。

龙的形象集中了许多动物的特点，口角旁有髯须，颔下有珠，能巨能细能幽能明，能兴云作雨，降伏妖魔，是英勇、权威和尊贵的象征，为此又被历代皇室所御用，帝王自称为"真龙天子"，以取得臣民的信奉。但现在中国民间仍把龙看作神圣、吉祥、吉庆之物。龙以它的英勇、尊贵、威武的形象，存在于中华民族的传统意识中。

龙的图案从上古发展到明代，经历了无数次的变化，造型也极丰富，先秦以前的龙纹形象质朴粗犷，大多没有肢爪，近似爬行动物；秦汉时期多呈兽形，肢爪齐全，但无鳞甲，呈行走状，给人以虚无缥缈的感觉；明代以后龙的形象更趋完善。

龙纹图案在构造特色上的区分有：状如行走的行龙，云气绕身、露头藏尾的云龙，盘成团形的团龙，头部呈正面的正龙，头部呈侧面的坐龙，头在上尾在下的升龙，尾在上头在下的降龙。在形态上分：有鳞的是蛟龙，有翼的称应龙，有角的是虬龙，无角的叫螭龙，尚未升天的是蟠龙，好戏水的是蜻龙，喜火的是火龙。

拐子龙是一种把龙形简单化的图案，连接不断的拐子龙包含着无限幸福的意义，它和蔓草画在一起称"草龙拐子"。

2. 凤

凤是凤凰的简称，在远古图腾时代被视为神鸟而予以崇拜。它是原始社会人们想象中的保护神，经过形象的完美演化而来。它头似锦鸡、身如鸳鸯，有大鹏的翅膀、仙鹤的腿、鹦鹉的嘴、孔雀的尾，居百鸟之首，象征美好与和平。曾被作为封建王朝最高女性的代表，与帝王的象征——龙相配。

凤又是传说中能给人民带来和平、幸福的瑞鸟，因此作为吉祥、喜庆的象征，其美丽的形象一直在民间广泛流传。

3. 麒麟

麒麟是我国古代传说中的神奇动物。它全身鳞甲，牛尾、狼蹄、龙颈、独角。它武而不为害，不践生灵，不折生草，是人们心目中极为喜爱的祥瑞之物。因此在神话和民间传说中，它总是仁慈和吉祥的象征。

古代《圣迹图》谓："孔子生，见麟吐玉书"，意即太平盛世降临。因此后人又传有"麒麟送子"之说，麒麟送来的童子长大后必然是贤良之臣，能辅助治国。

4. 狮

狮有威严的外貌，在我国古代被视为法的护卫者。在佛教中是寺院等神圣建筑的守护者，是释迦左协侍文殊菩萨乘坐的神兽。

狮子的形象在民间应用也很高，有右前足踏鞠（俗称绣球）的雄狮子，左前足踏小狮子的雌狮子，还有雌雄狮子相戏绣球，叫"双狮滚绣球"。节庆时流行狮子舞等，它亦被视为喜庆的象征。

5. 虎

虎勇猛威武，素称"兽中之王"。中国古代敬虎为神，被列为四方之神之一。虎神能趋妖镇宅，驱邪避灾，因此古时常以虎的兽面形装饰在青铜器、铺首、瓦当等器物上。民间尤爱把虎看作儿童的保护神，让孩子穿虎头鞋、戴虎头帽，睡虎头枕。虎的形象塑造得既威武又笨拙可爱，亦是希望孩子们能长得虎头虎脑，健壮活泼。

相传农历五月是毒月，每年五月端午东汉天师道创始人张天师即以菖蒲为剑，艾叶为虎出来收瘟疫虫毒。以后人们为了求得心灵上的安全感，年复一年虔诚地把艾虎（一种有虎形头、艾叶形虎尾的装饰物）作端午时必用之物悬挂在门楣上，以保全家乐享平安。

6. 四神

中国古代神话传说：青龙、白虎、朱雀、玄武为天之四灵以镇四方，亦称四方（东西南北）之神，以后为道教所信奉，作"卫护神"，以壮威仪。

青龙为东方之神、白虎为西方之神、朱雀为南方之神、玄武（龟、蛇合体）为北方之神。

7. 鹿

古代神话传说千年为苍鹿，两千年为玄鹿。故鹿乃长寿的仙兽。鹿经常与仙鹤和南极仙翁一起保护灵芝仙草。

"鹿"字又与三吉星"福、禄、寿"中的"禄"字同音。因此它在有些图案组织中亦常用来表示长寿和繁荣昌盛。

8. 羊

羊在中国的传统装饰中应用亦很多。古人把"羊"与"祥"通用，大吉羊即为大吉祥。用羊作装饰的图案中就有吉利、祥瑞的意义。

9. 鹤

古传说鹤是仙禽，神人驾鹤升天。它是鸟类中吉祥长寿的代表，有"鹤寿千年"之说。因此在帝王时代，鹤便作为一品鸟而引用于有相当品级官员的各种装饰中。

10. 蝶

蝴蝶是中华民间喜欢的装饰形象，亦是美好、吉祥的象征。蝴蝶形象美丽、轻盈，恋花的蝴蝶常用来比喻爱情和美满婚姻。

"猫"、"碟"与"耄耋"同音，耄耋指八九十岁的高寿老人，是常用于祝人长寿的颂词。猫、碟与牡丹组成的图案意为长寿、富贵。

11. 蝙蝠

按我国吉祥寓意的习俗，"蝠"因为与"福"、"富"谐音，所以人们很早就喜爱把蝙蝠作为吉祥物用于装饰艺术中。

蝙蝠的造型在我国民族传统装饰艺术中，是值得骄傲的创造。中国人用自己丰富的想象和大胆的变形移情手法，把原来并不美的形象变得翅卷翔云，风度翩翩。蝠身和蝠翅都盘曲自如，十分逗人喜爱。

与蝙蝠组合的图案在我国应用很广，人们以此表示自己美好的希望和追求，最常见的有飞翔的蝙蝠与云纹在一起的形式，表达了人们祈求幸福也会像蝙蝠一样自天而降的美好愿望。

12. 鱼

鱼在中国图案上是一个流传极广、传为佳话的装饰形象。我们可以看到，早在原始时期的彩陶上，就出现了许多优美生动的鱼形装饰形象。在骨刻、石刻、玉雕、陶瓷彩绘以及织绣等历代工艺品中，众多的鱼形态之生动，造型之优美，实是中国图案美术中的珍品。

中国人喜爱鱼纹，更赋予它一定的人情味，人们把盼望书信交流的美好感情称作"鱼雁传书"，把夫妻恩爱称作"如鱼得水"。"鱼"与"余"音同，故在传统习俗中它又被视为吉祥物，常用来比喻富余、吉庆和幸运。

13. 鸳鸯

鸳鸯羽色绚丽，雌雄偶居不离，古称匹鸟。在中国的传统装饰中常作为夫妻恩爱、永不分离的美好象征。

(二) 植物

1. 梅花

梅花是中国传统名花，它不仅以其清雅俊逸的风度赢得画家的赞美，更以其冰肌玉骨、凌寒留香被喻为民族的精华为世人所敬重。中国历代文人志士爱梅、颂梅者极多。梅以它高洁、坚强、谦虚的品格，给人以立志奋发的激励。在严寒中，梅开百花之先，独天下而春，因此梅又常被民间作为传春报喜的吉祥象征。有关梅的传说故事、梅的美好寓意在我国流传深远，应用极广。

2. 竹

竹青翠挺拔，奇姿出众，每当寒露初降、百草枯零时，竹却能临霜而不凋，可谓四时长茂。竹竿节节挺拔，有节发叶，蓬勃向上之势，受到人们的称颂。人们赋予它性格坚贞、志高万丈的高风亮节和虚心向上、风度洒脱的"君子"美誉。它与梅、兰、菊、松一样，既有出众的奇姿，更有高尚的品格，被择入"岁寒三友"和"四君子"之列。历史上许多文人爱为它们赋诗、投墨，予以赞美。

民间传统中有用放爆竹以除旧迎新、除邪恶报平安的习俗，所以竹在中国的装饰绘画上常作为平安吉祥的象征。

3. 松

松树的丰姿雄态醉人千古。它是一种生命力极强的常青树，不管冰冻风寒，依然苍笼茂郁，人们赋予它意志坚强、坚贞不屈的品格，与竹、梅一起比作"岁寒三友"而予以敬重。民间更爱它的常青不老，在传统装饰上它是长寿的代表。

4. 兰花

兰花是中国的传统名花，是一种以香著称的花卉。它幽香清远，一枝在室，满屋飘香。古人赞曰："兰之香，盖一国"，故有"国香"的别称。

兰的叶终年长绿，它多而不乱、仰俯自如、姿态端秀、别具神韵，中国自古以来对兰花就有看叶胜看花之说。它的花素而不艳，亭亭玉立。兰花以它特有的叶、花、香独具四清（气清、色清、神清、韵清），给人以极高洁、清雅的优美形象。古今名人对它的评价极高，被喻为花中君子。古代文人常把诗文之美喻为"兰章"，把友谊之真喻为"兰交"，把良友喻为"兰客"。

5. 水仙

水仙冰肌玉骨，清秀优雅，仪态超俗，雅称"凌波仙子"。水仙开花于新春佳节之季，被视为新岁之瑞兆，也是吉祥之花。

6. 玫瑰

玫瑰形似蔷薇，是蔷薇与月季的姊妹花，被誉为蔷薇园三杰，世界上最普通、最烈性的花卉。它浓郁的芳香、娇丽的花色让人留恋。诗人赞美它的浓香丽色，宗教、神话上它又是美丽、高贵的象征。

7. 莲花

莲花亦称荷花。莲花在佛教上认为是西方净土的象征，是孕育灵魂之处。佛身多置于莲花之上，所以佛座亦作莲座。

历代诗人赞美莲花出淤泥而不染，濯清涟而不妖，中通外直，誉莲花为君子，百花中它是唯一的能花、果（藕）、种子（莲子）并存的。

莲花以其美、爱、长寿、圣洁的综合象征成为中国人喜爱的名花，因此常籍与"连"同音组合在传统的吉祥图案中。一茎双花的并蒂莲，是人寿年丰的预兆和纯真爱情的象征。

8. 萱草

萱草又称作黄花菜。其叶丛生，粗看像兰叶，花冠状似漏斗，品种亦多，有的每株开花六至九朵。中国历代诗人爱把萱草看作使人忘忧消愁、怡养性情的花卉，因此萱草又名"忘忧草"。

9. 牡丹

牡丹是中国传统名花，它端丽妩媚，雍容华贵，兼有色、香、韵三者之美，让人倾倒。历史上不少诗人为它作诗赞美。如唐诗赞它："佳名唤作百花王"，又宋文《爱莲说》中："牡丹，花之富贵者也"等名句流传至今。"百花之王"、"富贵花"亦因之成了赞美牡丹的别号。

唐朝人更爱牡丹，曾在牡丹花开季节，举行牡丹盛会，长安人倾城而出，如醉如狂。宫中亦爱种牡丹，诗人李正封赞美它为"国色"、"天香"，唐皇极为赞赏。"国色天香"亦从此成了牡丹的又一雅号。

牡丹以它特有的富丽、华贵、风茂，在中国传统意识中被视为繁荣强盛、幸福和平的象征。

10. 藻纹

藻是水草的总称。藻纹是水草和火焰之形，因其美丽文采，古时用作服饰。古代帝王皇冠上盘玉的五彩丝绳亦谓之藻，象征美丽和高洁。冕服上的十二章纹中亦有藻纹，以其表示洁净。

11. 蔷薇

蔷薇藤身丛生，枝条柔软。其花玲珑娇小，含笑绽放，更有清雅的芳香。它与月季、玫瑰共为姊妹花。中国古代诗人赞美春风中的蔷薇如含笑的美人。在美人的眼中它是优美姣好的象征。

12. 百合

百合早在我国南北朝已成为宫苑品花。它颜色优美，有的洁白芬芳，有的鲜红，宛如玛瑙。古人视百合为百事合意之义，因此每逢佳节爱用百合花作为礼品相赠。它不但是中国名花，也是世界著名花卉之一，百合花在许多国家都享有崇高的声誉。

13. 玉兰

玉兰于早春先叶开花，又名望春花。它硕大如莲，色白微碧，幽香似兰，一杆一花，婷婷立于枝头。

玉兰冰清玉洁之质，素净莹润之容，绝不受灰尘所垢，诗人常为之颂咏。人们亦以它作为美好品质的寄托。

它洁白如玉，硕美名贵，在装饰上又常谐音借喻玉堂（华贵门第的雅称），组合在传统的吉祥图案中，如"玉堂富贵"便是以玉兰、海棠、牡丹来象征。

14. 桃花

桃花艳丽妩媚，花开阳春三月，是春天的象征。民间流传的许多有关桃花的优美故事，常把桃花比喻爱情。

我国民间栽植桃花常配以溪畔、台榭、园林、水滨而密集成林，并赋予美丽的名称，如桃花溪、桃花源、桃花坞、桃花渡、桃花林等等。花开时节娇红烂漫，遍地春色，一片明媚的景色。晋代著名诗人陶渊明笔下的理想世界——世外桃源，曾作为历代文人神往的清净乐土而闻名于世。

桃花在传统的寓意中是春光明媚、安乐美好的比拟，它的果实——桃子又是喜庆、长寿的象征。

15. 灵芝草

灵芝草又有瑞芝、瑞草之称，乃为仙品。古传说食之可保长生不老，甚至入仙，因此它被视为吉祥之物。如鹿口含灵芝表示长寿，如意的头部取灵芝之形以示吉祥。

16. 石榴

石榴是随佛教一起从中亚细亚而流传到中国的，应用在装饰上的中国石榴图案亦带着宗教的色彩。在佛教中，石榴图案被神化，它常与比作圣树和圣花的棕榈叶和莲花结合在一起。唐朝有些菩萨手持石榴枝是象征平安神、夫妻恩爱神等。

石榴多子、丰收的内蕴和波斯的石榴图案是一脉相承的，因此深受民间喜爱而广泛应用于装饰上。

17. 佛手

又名佛手柑。常绿灌木，果实鲜黄色，形如人手。因"佛"与"福"谐音，古常作为多福的象征应用在传统装饰图案上。

18. 桂花

桂花树形美观，香气袭人，有九里香之称。花色丰富，有白色的银桂、黄色的金桂、红色的丹桂。它也是我国的传统名花，古代神话传说月宫中有月桂树，我国古代考中状元即被誉为"蟾宫折桂"。

19. 忍冬纹

忍冬是蔓生植物，忍冬纹即类似忍冬花植物的花纹。东汉末期开始出现，魏晋南北朝时最流行。因它越冬而不死，所以被大量运用在佛教上，比作忍的灵魂不散、轮回永生，以后又广泛用于绘画和雕刻等艺术装饰品上。

20. 枫叶

枫叶状如鸡脚、鸭掌，有三角、五角、七角之分。叶小而秀，种类很多。枫叶入秋后由绿色泛为黄色，一经霜打便愈泛愈红。霜后枫叶，满山如火如荼，绚烂得宛如披着一件红锦衣裳，故又名红叶。

传说唐朝曾有一学士与宫女，通过红叶题诗的巧遇结成了一对美满姻缘。"红叶为媒"也因之成为优美的佳话而传颂人间。

21. 葡萄

葡萄枝叶蔓延，果实累累。佛经说持有此草果表示五谷不损。我国民间亦爱以葡萄的丰收和富贵、长寿广泛应用于各种装饰上。

22. 蔓草

蔓生的草。蔓即蔓生植物的枝茎，由于它滋长延伸、蔓蔓不断，因此人们认为它有茂盛、长久的吉祥寓意。

蔓草形象很美，随时代发展富有众多变化，逐渐取代了早期的忍冬纹而广泛应用在装饰上。蔓草纹在隋唐时期最为流行，形象更显丰美，成为一种富有特色的装饰纹样，后人称它为"唐草"。

23. 宝相花

宝相是佛教徒对佛像的庄严称呼。宝相花即是一种象征的花，它是魏晋以来伴随宗教而盛行的，是集中了莲花、牡丹、菊花的特征进行艺术处理而成的更圣洁、更端庄、更美观的理想花型。

（三）器物

1. 结

在中国传统装饰中，常看到有多种姿态表现的彩带和结组成的图案，如常见的中国结。

结的运用使人联想到"结发"、"结盟"、"永结同心"等一切美事好景，是民间极喜爱的美好语言，为幸福、吉利的标志。后来又发展出彩带与"结"相配合组成的种种图案，如"吉庆有余"、"八吉"、"吉祥如意"、"绶鸟衔环"等，它是中华民族所特有的吉祥语言。

2. 如意

如意是器物名，多用骨、竹、玉、石、金属等制成。原柄端作手指状，用以搔痒可如人意，故而得名。

古人用以指划，佛家宣讲佛经时手持如意，记经文于上，以备遗忘。以后又把柄端改成灵芝状或祥云形，其柄微曲，造型优美，供玩赏用，它曾被作为天帝力量的象征。

如意寓意吉利，且形象很美，因此更是民间极喜爱的装饰图案。

3. 扇

中国的扇子历史悠久，造型丰富，有宫内扇、羽扇、屏风扇、折扇，还有表示权威、地位、作礼仪用的"掌扇"等。特别是折扇，自唐宋以来盛行不衰，文人雅士尤爱在扇上绘书写字，互相赠送。因此扇子在历史上不仅是引风驱暑的工具，亦是被看作礼仪、装饰、书画鉴赏、信物、礼品的艺术品。

中国民间有些地区在女儿新婚后第一个端午节时，需送各种扇子给出嫁的女儿，以辟邪保安，并祝愿女儿在夫家百事顺当。

4. 古钱

钱在中国古代曾是农具名，可用于交易，故最早曾仿其形状铸成货币，以后"钱"就作为一切货币的通称。

我国古代钱形很多，有农具形（其形似今钱铲）、刀形（又称钱刀）等多种造型，钱上还刻有文字，颇具装饰美。在中国的传统习俗中，它以"避邪"和富有的象征被用于装饰上。

5. 祥云

云是中国图案上的重要装饰形象。古人在铜器、石刻、漆器、壁画、服饰上创造的云形层出不穷。而中国艺匠的云形，不仅形象丰富生动，且更具有中国图案独特的意境美，那飘忽缤纷的流云伴随着神仙、神禽、宝物等，犹如在你眼前呈现一片笙歌悠扬、腾云驾雾的神幻气氛。古人观云色察凶吉，五彩缤纷为祥云，黑云翻滚为恶云。云纹在装饰意义上多以祥云来表现。

6. 火珠

古传是一种能聚光引火的珠，在传说和神话中它是一种神奇的通灵宝物，是一种象征祥光普照大地、永不熄灭的吉祥物。在中国古代宫殿、塔庙建筑的正脊上经常把它用作装饰，亦称宝珠，有两焰、三焰、八焰等不同形式。它在英武的龙的形象面前常作为雷和闪电的象征。

7. 磬

中国古代宫廷打击乐器，用石或玉制成，形有大有小，上面刻有花纹，并钻孔悬挂于架下，击打传音。清乾隆因喜爱此乐器，命苏州玉工制作了160多枚碧玉特磬。其玉质光泽，上面饰有龙纹。在皇帝朝会或典礼时,设在太和殿檐下演奏,其清亮之声极其悦耳,闻者倾倒。

8. 钟

钟是中国古代宫廷乐器。金属制成,上面饰有花纹,其声嘹亮,悠扬动听,有着不同音阶的成套编钟更能演奏丰富的乐曲。"金石之声"就是中国古代乐器的代称,即指钟与磬。

钟是佛教法器,击之召集僧众。晓击则破长夜警睡眠,比喻觉悟与觉醒。

9. 四艺

四艺即琴(中国古琴)、棋(围棋)、书(木版线装书)、画(立轴中国画)。

(四)吉祥用语

1. 丹凤朝阳

首、翼赤色的凤凰为丹凤。亦有传说:赤者为凤,青者为鸾(属凤凰一类的神鸟),故凤有丹凤之称。图案"丹凤朝阳"是由美丽的凤凰向着一轮红日组成,它象征美好和光明。中国古诗"大雅"中,把丹凤比喻贤才,朝阳比喻"明时","丹凤朝阳"又比作"贤才逢明时"。

2. 百鸟朝凤

"百鸟朝凤"是我国民间极为流传的美丽神话故事。传说凤鸟原是种简朴的小鸟,它终年累月不辞辛劳,在大旱之年,曾以它辛勤劳动的果实拯救濒于饿死的各种鸟类。因此,为感谢它的救命之恩,众鸟从各自身上选了一根最漂亮的羽毛献给凤,凤也就此成了一只极美丽、高尚、圣洁的神鸟,被尊为百鸟之王,每逢生日之时受到众鸟的朝拜和祝贺。民间即以此象征吉祥和喜庆来歌颂幸福的生活。

3. 年年大吉

图由两条鲶鱼和几只桔子组成。以"鲶"与"年"、"桔"与"吉"谐音,表示年年吉祥如意。

4. 一多十余

图系一鹭食鱼。古时"鹭"曾谐音为"多","食"谐音为"十","鱼"的谐音为"余"。组合起来即一多十余,大吉大利,此图案多见于古传统吉祥印章中。

5. 金玉满堂

金鱼和藻纹填满圆形空间。借"玉"与"鱼"谐音,"堂"与"塘"谐音,组成金玉(鱼)满堂(塘)的图案,象征富有、幸福。也比喻才能出众,学识渊博。

6. 独占鳌头

鳌是传说中海里的大龟或大鳖。唐宋时期,宫殿台阶正中石板上雕有龙和鳌的图像,凡科举中考的进士要在宫殿台阶下迎榜。按规定第一名状元要站在鳌头那里,因此称考中状元为"独占鳌头"。图案以一品鸟仙鹤立于鳌头来象征。

7. 六合同春

中国古代所指的"六合"为天、地及东、西、南、北四方。图案借象征长寿不老的"鹿"、"鹤"同"六合"谐音,并与桐树一起组成一幅寓意普天之下太平盛世的吉祥画面。

8. 连年有余

由莲花和鲤鱼组成的吉祥图案,借"莲"与"连"、"鱼"与"余"谐音,故称作连年有余。表示对生活优裕、财富年年有余的愿望。

9. 龙凤呈祥

中国古代把龙象征权威、尊贵，而仪态端方的凤象征着美丽、仁爱。两者结合则是太平盛世、高贵吉祥的表现，以后民间又把结婚之喜比作"龙凤呈祥"，也就是对富贵、吉祥的希望和祝愿。

10. 松鹤长春

鹤与青松在中国的传统习俗中都是长寿的象征，古称千岁鹤，不老松。因此松鹤图在装饰上寓意永远年轻长寿。

11. 一路连科

鹭在古代也属吉祥鸟，它曾是六品文官的服饰标记，在装饰上应用亦很多。"鹭"、"芦"都与"路"谐音，"莲"与"连"谐音，把鹭鸟与芦草、莲花组成一幅美丽的水禽图，在吉祥图案中寓意事业非常顺达，犹如考场接连登科。

鹭鸟与芙蓉花或荷花（中国古时文人爱把荷花称作出水芙蓉）组成的图案，表示对外出的人的最良好的祝愿，祝他（她）在整个人生和事业的道路上，伴随着无限幸运、富贵与荣耀，即一路荣华。

12. 鲤鱼跳龙门

古代神话传说：每年春季有数千鲤鱼争赴龙门山下，但是多数不能跳越。能上者为龙，不能上者则为鱼。以后世间传说为"鲤鱼跳龙门"，以此来比喻旧时科举制下的中考者，赞美其光宗耀祖的荣耀。亦有希望得到高名硕望之意。

13. 太平有象

象力大魁梧、性灵柔顺。古传佛从天下降是乘象而来。因它与圣人下降联系着，有谐"祥"之音，因此在我国传统习俗中代表了吉祥。在装饰上与象组成的图像很多，如"太平有象"图是象背上驮一专装圣水的宝瓶，圣水洒向人间能带来祥瑞，它象征天下太平。因此太平有象即表示和平、美好和幸福。又，象与如意组成的图案则是福禄康宁、美满如愿的象征，它是喜庆时人们喜爱的相互祝颂之词，称作"吉祥如意"。

14. 三阳开泰

明清时期，民间传说曾把青阳、红阳、白阳，分别代表过去、现在、将来。民间喜用的"三阳开泰"是一种吉祥语，它表示大地回春、万象更新的意思，也是兴旺发达，诸事顺达的称讼。图案以三只羊（谐音"阳"）在温暖的阳光下吃草来象征。

15. 福寿双全

福、寿是民间应用较多的吉祥词。常用象征福、寿的蝙蝠和寿桃在一起组成吉祥图案。如"福寿双全"，即一只蝙蝠、两只寿桃、两枚古钱，这是比喻既幸福又长寿的吉利词。又，蝙蝠口衔仙桃、伴着祥云飞来，图案以谐音和象征的手法表示幸福、长寿都将来临，即福从天降。

16. 福在眼前

它是中国传统的吉祥图案，用谐音手法，借"蝠"和"福"、"钱"与"前"同音，用一只蝙蝠和几枚古钱组成"福在眼前"，表示美好的祝愿，即福就在你的眼前。

17. 福份无疆

它是一根线绳盘曲成菱形图案，无头无尾，在吉祥图案上作永远无终止的象征。"福份无疆"借蝙蝠或佛手同"福"发音类似，与盘长结合组成图案。它比喻福份极大，祝愿永远幸福、快乐。

18. 鸳鸯贵子
这是鸳鸯莲蓬图。鸳鸯本性喜欢成对生活、形影不离，人们习惯把它比作忠贞的爱情、夫妻的象征。莲蓬即莲子，是荷花成熟的种子。图案用"鸳鸯贵子"这一吉祥名词，比喻对夫妻和美、生子也贵的赞美。

19. 万象更新
"一元复始，万象更新"，是过去岁末年初时除旧迎新的一句成语。图中一头大象背驮一盆万年青，象征财源不断，时运好转。

20. 喜鹊登梅
图案是喜鹊落在梅枝上。在中国传统习俗上，喜鹊是一种报喜的吉祥鸟；梅开百花之先，是报春的花。所以喜鹊立于梅梢，即将梅花与喜事连在一起，表示喜上眉梢。

21. 竹梅双喜
著名唐朝诗人李白在诗中写有"郎骑竹马来，绕床弄青梅，同居长千里，两小无嫌猜"。它生动地描写了一对孩童天真无邪、亲密嬉耍的情景。"青梅竹马"比作男女之间在童年时就建立起来的亲密情谊。图案"竹梅双喜"藉此寓意，并用一对象征喜事的喜鹊陪衬，即表示对深厚纯真爱情的赞美。

22. 白头富贵
在中国的传统装饰上，牡丹花常以富贵的象征与其他纹样组合成各种吉祥的图案。

"白头富贵"由白头鸟与牡丹组成。白头鸟的眉及枕羽白色，有"白头翁"之称，在中国民间常把它比作夫妻恩爱，白头到老。故图案"白头富贵"即是夫妻长寿恩爱、富贵美好的象征。

又如把象征长寿的寿山石与牡丹组成图案"长命富贵"，亦是对人们的祝福。

23. 吉庆有余
图由一磬（古乐器）、一吉字、两条鱼组成。"鱼"与"余"同音，应用谐音和象征手法组成图案"吉庆有余"，表示喜事、好事绵绵不断，绰绰富余。

24. 五福和合
"和合"是中国神话中象征夫妻相爱的二神仙名，即"和""合"二仙，常画成二人在一起，一人手持荷花，一人手捧圆盒取和谐和好之意，用于装饰以图吉利。此图案借用一只圆盒，配以五只吉祥的蝙蝠，表示和谐美满、长寿幸福。

25. 五福捧寿
它是民间流传极广的吉祥纹样，五只蝙蝠围住一个寿字。"蝠"与"富"同音，故历来被视为吉祥物而广泛用于人们的装饰上。五福之意：一曰寿、二曰富、三曰康宁、四曰攸好德、五曰考终命。也就是一求长命百岁，二求荣华富贵，三求吉祥平安，四求行善积德，五求人老善终。

26. 一品清廉
一枝清莲亭亭出于水中。图中莲花那端庄素雅的容貌、美好俊拔的姿态，不失一品之高贵，它出淤泥而不染的品质，更是高洁、清正美德的象征。

图案"一品清廉"即以莲花的品质，"莲"与"廉"谐音来比喻为官的廉洁、格高品正。

27. 锦上添花

锦即是有彩色花纹的丝织品。在美丽、华贵的锦上再添上花朵，这是比喻美上加美，好上加好。

28. 子孙万代

图系葫芦及葫芦蔓草组成。葫芦可假借"福禄"音，许多葫芦结在延伸很长的藤上，像蔓草一样繁殖生长，蔓延不断。象征着子孙万代永远繁荣、幸福昌盛。

29. 瓜瓞绵绵

图案是一根盘缠曲折、绵延不断的藤上长着大大小小的瓜，或借"蝶"与"瓞"同音，在图中配上飞舞的蝴蝶。"瓜瓞绵绵"原是形容祖先自创业开始，像瓜瓞一样相继繁衍发展，后人用作祝颂子孙昌盛。民间亦有借此表示丰收在即的美好愿望。

30. 富贵万年

这是由芙蓉、桂花、万年青三种瑞草借谐音手法组成的吉祥图案。它表示对生活永远富裕、幸福的祈求。

31. 兰桂齐芳

芝兰和丹桂在古时比喻子侄辈。盛开的芝兰、丹桂一齐散发芳香，是比喻子孙发达，都能荣耀富贵。

32. 四君子

这是由梅花、兰花、竹子、菊花组成的寓意图案。它们都有不畏严寒、刚直不阿的高贵品格，谦虚正直的君子风度，在群芳中被喻为四君子，为世人所敬慕。

33. 万事如意

吉祥纹样如意取灵芝形态构成，所以灵芝仙草在中国传统装饰中亦常作"如意"的象征。图案"万事如意"由灵芝与万年青组成，表示一切事情都很顺利称心。万事如意是古今广为流传的吉利词，礼仪交往中人们极爱用它作为赠予对方的最良好祝愿。

以灵芝作如意象征组合的吉祥图案很多，又如灵芝与百合、柿子组成"百事如意"；灵芝与荷花、盒子组成"和合如意"。

34. 和合如意

"和合"原是古代传说中二神仙名，即手持荷花的"和圣"与手持圆盒的"合圣"。在我国的传统习俗上，把他们视为和美谐调的象征。此图案运用了代表二神仙的荷花和圆盒。圆盒半开，插入荷花，外面放着灵芝，取意和合如意。

"和合如意"是深受民间喜爱的吉利词，以它为装饰的图案表示美满如意，人们更多地把它用作对婚姻美满的祝贺。又如"和合"与两枚古钱组合而成的"和合双全"，表示祝贺夫妻终身和美幸福，白头偕老。

35. 必定如意

如意是中国人喜爱的吉利词，器物造型优美，因此被广泛用于我国的装饰图案上。

"必定如意"是如意与笔配上金银锭，或用笔与一锭墨组成图案，借谐音手法表示事业必定成功。

"事事如意"是由如意和两个柿子组成的吉祥图案，应用谐音手法表示任何事情都能称心如意。

"平安如意"是瓶中安插如意组成。借"瓶"与"平"同音，表示安泰无恙，称心如意。

"福寿如意"由如意与蝙蝠、寿字组成。借谐音表示幸福、长寿,称心如意。

36. 玉堂富贵

图由玉兰、海棠与牡丹组成。借"玉"字相同,"堂"与"棠"谐音,牡丹则是富贵的象征,玉堂富贵是对府第辉煌富贵的赞美。古人常喜欢把玉兰与海棠、牡丹同植一庭,即取"玉堂富贵"之意。

37. 四季平安

花瓶在中国传统装饰上,因谐"平"之音被作为驱邪得福的象征。月季是四季常开之花,又有和平幸福的寓意,故由花瓶和月季组成的图案,是表示对四季安泰这一良好愿望的祈求。

民间爱用竹来象征除邪恶报平安。以竹与花瓶又组成了吉祥图案"竹报平安",它表示旅行外游的人安泰无恙。

38. 一帆风顺

一只挂起篷帆的船,它航行大海,顺风千里。图案以此来象征"一帆风顺"。它比喻人的事业发展很快,前程一直非常顺利。"一帆风顺"是深受民间喜爱的吉利语,常用它来表示对即将出行的良好祝愿。

39. 风调雨顺

佛教传说须弥山有四天王,各护一方天下(俗称"四大金刚")。他们手中各持一法宝,分掌风、调、雨、顺之权。南方增长天王手持宝剑,职风;东方持国天王手持琵琶,职调;北方多闻天王右手持伞、左手持银鼠,职雨;西方广目天王手中绕缠一龙,职顺。此图案即以四法宝组成一组吉祥物,象征风调雨顺,天下太平。

40. 珠联璧合

汉书谓:"日月如合璧,五星如联珠。"璧是中国古代流行的平圆有孔的玉,也是极珍贵的饰品。珍珠联成串,美玉和成双,集高贵、祥瑞与优秀于一体,称作"珠联璧合"。后人藉此来比喻人才或美好的事物聚集在一起。

41. 黄金万两

图系菱形(亦有长方形)中饰有黄金万两四个用减划连笔组成的装饰形字体。这是民间所喜爱的吉利词,以此祝愿来年生意兴旺,财源茂盛。

42. 连升三级

瓶中插入三支戟(古代兵器),或瓶旁再陪衬如意等吉祥物,组成富有装饰美的古代摆设。图案借"瓶"与"平"、"戟"与"级"谐音的手法表达了官运亨通、连升三级的吉祥寓意。

43. 连中三元

图案由三只元宝或由一枝箭穿过三枚古钱组成。元宝是谐"元"的音,古钱是借用它的外形,"圆"字与"元"谐音。中国封建社会科举制规定:乡试第一名称"解元",会试第一名称"会元",殿试第一名称"状元"。连考连中都得第一名,故称"连中三元",这是赠给亲友、祝愿高升的吉利词。

44. 唯吾知足

圆系一古钱,外圆内方,钱上有四方字。上为"五"、下为"止"、左为"矢"、右为"佳",分别与中间一个口形的孔相组成,即"唯吾知足"。借喻中国一句俗语:"知足者常乐也。"

45. 太平世界

在六朵莲花的中心部分各置有一个符号式的纹样,太极图、罔形图、两束丝图、双钱图、定胜图以及一对角觥。这是一组古代流行的象征吉祥的图案。寓意天地阴阳、五湖四海、光明正大、生产发展、经济繁荣、国强民富等,朵朵莲花开启了一个太平世界。

46. 天从人愿

人的一切美好愿望:生活美满、事业发达、富贵平安、长寿延年等都如天从人愿,这是对喜事临门的颂词。图案借谐音手法,用天竹与灵芝组合来寓意。

47. 四海升平

水浪中竖立着山石,上方饰有宝瓶、犀角和笙。图案借谐音和象征的手法来寓意天下太平,也隐喻出绵延不断的吉祥含义。

48. 双喜

喜是欢乐。据传说,宋宰相王安石年轻时上京考试后被人招婚,成婚时恰好有人来报,金榜题名、头名状元。王安石即以此喜上加喜,挥笔写"囍"字贴在门上,喜庆欢乐气氛顿时大增。以后人们纷纷仿效,沿用至今。"囍"字也即成为家喻户晓的喜庆吉祥的标志。

49. 福、禄、寿

福、禄、寿民间流传为天上三吉星。福,意为五福临门;禄,寓意高官厚禄;寿,寓意长命百岁。中国民间喜欢把福、禄、寿三星作为礼仪交往和日常生活中象征幸福、吉利、长寿的祝愿。

历史的车轮在不断地前进,人们的精神境界和审美要求也在不断地提高,中国玉器吉祥图案需要我们在批判继承传统艺术的同时,创造富于新的时代精神的民族艺术,也需要更多地吸收外界有益的东西,创作出为人们所喜爱的新的装饰图案,更好地表达现代人们的美好心灵和幸福生活。

第六章 玉雕设备、基本技巧及工艺实例

第一节 玉雕设备、工具及辅助材料

一、玉雕设备

中国琢磨玉器的专业设备就是古老的磨玉机,明代《天工开物》宋应星的磨玉机图与20世纪初的磨玉机从功能和操作方法上几乎没有什么大的区别,全是用脚踩轮的琢磨玉器的方法,在形状上也大同小异,清代使用的活动磨玉机琢制大禹治水玉山已没有资料可查,至于用钻石刀刻(昆吾刀)刻玉,钻石刀除在刻阴浅方面有较明显的效果外,对切开和深浅浮雕不可能功效很大,按当时的技术条件,不可能作为琢磨玉器的主要工具广泛使用,从纵的方面看,《天工开物》上刊的磨玉机,有相当长时间可能是中国古代琢磨玉器的最主要和最古老的磨玉设备,大约有几千年的历史。

20世纪50年代以前,磨玉机叫木橙,以脚踏作动力,轴有木制的和铁制的,木轴50～60mm,铁轴约20mm。轴端连接琢玉工具,中部挂一皮带条,下连踏板,人坐在木橙上,两脚上下踩动踏板,使轴绳或皮带上下运动,轴就来回转动,操作者左手拿玉石、右手换金刚砂接触转动工具来琢磨玉器。古老磨玉机生产效率非常低下,劳动强度大。

新中国成立初期,玉器生产恢复阶段就有人在开料方面研究使用电动机取代人力踩动踏板,以减轻人的劳动强度。1958年以后,磨玉机普遍使用电动机作动力,1964年前后,各地玉器厂又相继研制了新式磨玉机,各地先后有十余种机型,功能与旧磨玉机相仿,但造型转速及安装工具方面已有较大的变动。

20世纪70年代,由于钻石粉工具扩大,对磨玉机提出了高转速的要求,各地又在磨玉机转速上进行改进,并采用晶体管电路控制元极(可控硅)变速,最高转速达到20000转/min,60～80年代,对磨玉的其他设备如自动开料机、旋碗机、磨球机、搓光机、打孔机等进行了改进,同时还引进了国外加工设备,如宝石切割机、人造钻石磨盘及宝石研磨抛光机、打孔设备、超声波打孔机、超声波清洗震动抛光等等。

新中国的成立使琢磨玉器的设备进行了一场技术革命,它首先解放了磨玉工人笨重的体力劳动,让女同志也能发挥技术天才,不再为体力不支而不能从事生产了,使大量的女技术工人做出了突出的贡献;其次提高了生产效率,尤其是钻石粉工具和专用设备的使用,使很多费时费工的劳动工序快起来。

但是,由于玉器操作技术主要是手工劳动,很多手工操作很难用机械代替,改进磨玉设备包括引进国外高效切割设备,却代替不了人的脑和手高超的构思和技巧。所以琢磨玉器设备的研究要本着我国自有的特点来进行,在尽量采用先进的科学技术成果时,还要注意研究磨玉设备,适合手工技巧方便的特点。

现代玉器雕琢基本设备的原理同几千年前发明的雕琢设备完全一样，只是靠足踏来驱动砣片变成了电动动力；琢磨工具由钢铁取代了木头、骨头等；由人造金刚石取代解玉砂。玉器雕琢主要方式有四种，即锯、磨、钻和抛光。

（一）锯割设备

锯切是玉雕的重要手段，其作用有将大块玉料切割成合适的块度；将玉料锯切出基本造型；雕琢过程中一些技术也需要锯，如镂空透雕等。玉雕行业常用的是圆形锯片，其次是线锯和带锯。

1. 圆盘锯

用电动机带动金刚石圆形锯片来切割玉料的机器。分大型、中型和小型开料机，人造金刚石锯片最大直径 1200mm，小的锯片直径 200～300mm。大型开料机多采用 800～1200mm 的锯片，可以切割 1000kg 的玉料；中型开料机锯片直径 500～700mm，可以切割 1000kg 以下的玉料，多用来切割较厚的片材；小型机器锯片多为 300～400mm，主要切割 10～100kg 的玉料。还有锯片更小的切条（块）机，用于锯切更细的片或条块，锯片直径 200～300mm。锯料时锯片必须要用水或油冷却。

圆盘锯的式样很多，但主要结构是相同的：有水平安装的主动轴，电机带动砣片在垂直主动轴的方向作高速旋转，有水或油冷却设施。大型开料机无工作平台与夹具，主轴以支架支起，通过支点杠杆可以上下活动，在电机带动下锯片部位因自重直接作用于要切割的料上，以水冷却。中型（图6-1）和小型开料机有带纵向进给装置和夹具的工作平台，横轴有水平进给装置，并带有循环水或油冷系统。切条（块）机（图6-2）与以上切割机略有不同，工作平台即是位于横轴上方的冷却水箱的盖板，盖板上有可调整位置的钢块，锯片有部分浸在水箱的水中。

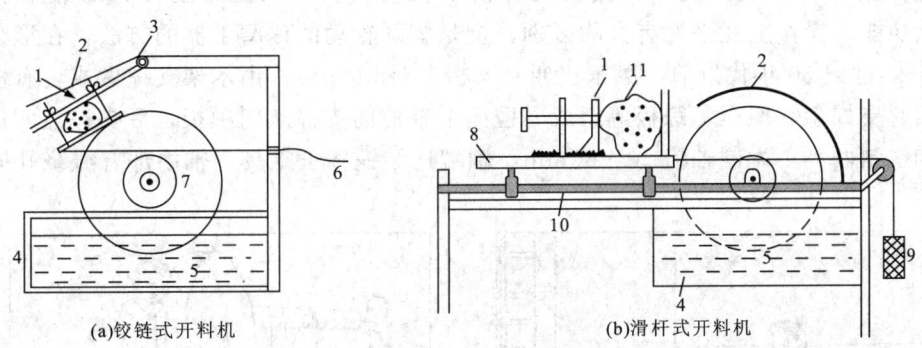

(a)铰链式开料机　　　　　　　(b)滑杆式开料机

图6-1　中型开料机结构简图

1. 原石夹；2. 防溅罩；3. 铰链；4. 冷却箱；5. 冷却液；6. 绳；7. 锯片；8. 托架；9. 重锤；
10. 滑杆；11. 原石

2. 线锯

采用金属丝作锯条，锯割时要添加磨料。主要用于镂空雕琢。为了加快锯割速度往往采用三股钢丝作锯条，这样三股钢丝的缝隙可以容纳和带动更多的磨料。线锯可以用电机带动，在偏心轮和往复式推杆的带动下作往复式，小型玉件锯割时也可以用手操作。

3. 带锯

分弓形锯和环带锯，前者就像手持钢锯一样，用电力带动往复运动锯料，有金刚石锯片和无齿锯片两种类型，无齿锯要不断添加磨料。目前带锯应用较少。

(二) 磨玉设备

磨玉包括轮磨、擦磨和砂磨。轮磨就是利用高速旋转的轮状磨具（砂轮、砂纸、轮状金刚石工具，砣片与游离磨料）对玉石粗坯进行磨削加工，使其造型更为细致准确。玉器加工必须经过轮磨；擦磨主要是用磨盘、砣片与游离磨料、人造金刚石工具等对玉器进行磨削，并磨平玉坯上的錾痕，使玉件光洁平整。因此擦磨使用比轮磨粒度更细的磨料；砂磨也叫去糙或精磨，就是利用粒度不同的磨料（由粗到细）分多次擦磨玉器的表面，清除玉器表面的

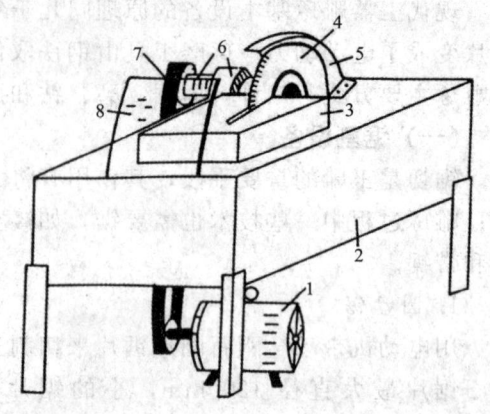

图 6-2 切条（块）机
1. 电动机；2. 冷却液箱；3. 载石平台；4. 锯片；
5. 防溅罩；6. 轴承与主动轴；7. 皮带轮和皮带；
8. 防溅板

擦痕，得到细腻光滑的表面，为玉件抛光奠定基础。轮磨和砂磨设备比较简单，分横轴、纵轴、手持和软轴式磨机。

横轴玉雕机比较简单，如普通砂轮机就可以磨削玉件，这种横轴磨机由于只能上直径大小不同的磨轮或磨盘，因此可用于平面、弧面或形状不复杂的玉器。但是，目前玉雕多采用较为先进的玉雕机（磨玉机），通过更换不同形状与粒度的磨头，可以进行轮磨、擦磨和砂磨、抛光及锯割等作业。现在广泛使用的磨玉机与明代《天工开物》刊的磨玉机图（图6-3）从功能与操作上几乎没有大的区别，全是脚踩轮动的琢磨玉器的方法，在形状上也大同小异。20世纪50年代以前，磨玉机叫"木橙"（图6-4），由木架支撑做成，有橙面、橙槽、锅架、支撑架、座橙、踩板等组成。橙面上轴的前支撑点叫项板，后支撑点叫山子。轴有木制和铁制两种，木制轴粗50~60mm，轴端连结铁琢玉工具，轴中部有绳绕几圈，下连

图 6-3 《天工开物》琢玉图（明）

图 6-4 琢玉图（20世纪50年代）

踩板。铁轴粗约20mm，中部挂一皮带条。踩板是竹制的，另一端架在座橙撑上，人坐在座橙上，两脚上下踩动踩板，使绳或皮带上下运动，轴就可以来回转动。人左手拿玉石，右手攥金刚砂，接触转动的磨玉机来琢磨玉器。橙槽做成簸箕状，放金刚砂和产品。橙槽前的锅架上有铁锅，便于接住流下的水和砂。古老的琢玉机一直沿用到新中国成立以前，其功能和操作方法基本相似。新中国成立以后，研制成功了新式琢玉机及许多专用设备，使用钻石粉工具，从而结束了繁重的体力劳动，提高了工作效率，增强了玉雕艺术的表现能力，解决了以往难度大的技术问题。

现代玉雕机（图6-5）也是一种操作者坐于机前使用的设备，玉料必须由操作者的手拿着转动，用各种磨头进行雕刻。玉雕机工作时由电机带动皮带轮转而带动前端安装有磨头的主动轴，有低压照明电灯和操作控制开关，机器可正转或反转。有采用交流电机不能调节转速的玉雕机，也有可升降的采用可控硅电子电路调节直伺服电机无级变速的玉雕机，可调速范围为10～5000转/min，转动速度也可以根据需要进行调节。玉雕机配有许多连接加工工具的轴棒，与主动轴的连接有丝接和卡接，配合各种磨头工具（使用直径8mm以内铁杆规格的磨头），这样的玉雕机可以完成锕、錾、磨、钻，甚至抛光等工序。可以独立完成绝大多数种类的产品的制作，因此至今仍是玉雕专业设备中必不可少的一种机型。虽然在没有其他设备的情况下，这种台式机可以完成几乎所有的工作，不过由于现在玉雕设备的发展很快，大多小件玉器的加工及精细的工作由其他设备来完成将会更具效率，因而目前有些工匠主要用此类机型做相对粗重的工作，例如出坯的切割工作等等。

软轴式玉雕机（图6-6）由电机、软轴和工具卡头组成。最初的主要应用范围是台式机无法搭载的大型玉雕作品，通常配合电磨这类手持设备使用，来完成电磨无法进行的细节工作。由于台式机的固定式磨头在处理某些器型时不如手柄那样灵活，软轴式玉雕机也应用在一些较小或较特殊的器型上。软轴式玉雕机是可移动的电动加工工具，灵活方便，是非常有用的雕琢机器，这种磨机的电动机可以悬挂起来，软轴前端为工具卡头，工具卡头装有多瓣夹具，为此可以根据雕琢需要更换打磨工具（φ6mm以下的钻石粉工具），通过软轴带动

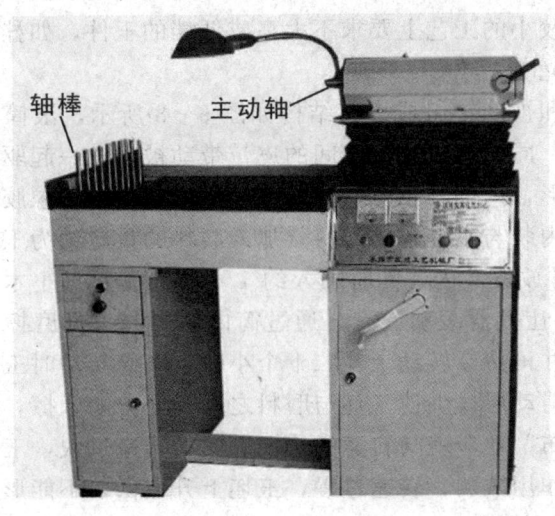

图6-5 高速玉雕机

图6-6 软轴式玉雕机

工具卡头（夹具）上的磨具对玉器进行雕琢，甚至可以进行抛光。因此，它的使用在目前来说已经越来越普遍。

微型电子雕刻机（图 6-7）也是一种软轴式玉雕机。由于对玉器的精细要求不断提高，玉雕艺人不断寻找和尝试更有利的设备。它的灵活性是目前所有机型中最好的，因此主要用于细节处理，在粗重工作中几乎没有应用价值。微型电子雕刻机为卡头式装卸磨头（较方便），脚踏/手动开关，脚踏/手动调节转速，力气较小，转速较快，只能使用一种铁杆规格的磨头。

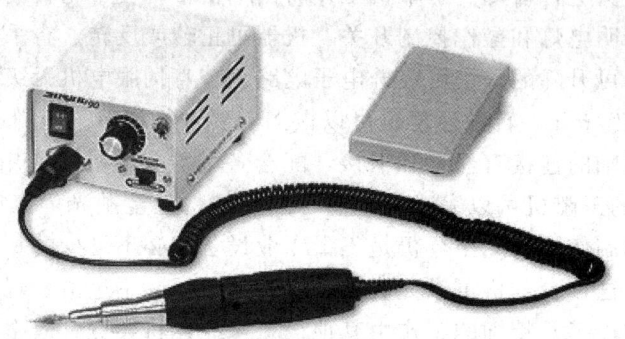

图 6-7 微型电子雕刻机

纵轴磨机就是将磨盘、磨轮平放，主要用于磨较大面积的玉件，如磨玉件底座时采用纵轴磨机比较方便。磨制宝石戒面多采用这种磨机，如磨制刻面宝石，通常需要配有夹或粘宝石的八角手，以便磨制时掌握宝石的刻面角度。

上述几种磨机的主要功能是轮磨和擦磨，当然还可以进行其他雕琢工序。由于设备的转速都很高，在雕琢过程中会产生高热，因此在雕琢的同时需要不断地滴水，可将容器悬挂于高处，以细水管将水引到手前，安装一个控水开关，最后将水管头固定（可用铁丝）滴水冷却。横轴磨机也可以进行砂磨，对一些较小的工艺上要求不太高或低档的玉件，如挂件、玉珠等可以采用滚筒或震筒进行砂磨、摇光。

滚筒式摇光机主要由滚筒、主动轴和被动轴组成，其结构如图 6-8 所示，滚筒放在主动轴与被动轴上，电机带动主动轴转动，同时通过它们之间的皮带带动被动轴一起驱动滚筒转动。滚筒的两端有支轴支撑。筒为圆形，内部为正多（六或八）边形，内衬有橡胶板，其作用是为了减少筒壁磨损与噪音。滚筒内装与水混合的磨料（加入磨料的量应约为玉坯质量的 1/20，但最好不超过此比例），将玉件放进筒内，同时加入约 1/4 的助抛料（小木块、皮革、钉子、泡沫塑料等较柔软的东西），让机器滚动起来，通过筒内磨料与玉件磨擦，起到砂磨或抛光作用。摇光机可双向转动，并可持续转动十几二十个小时。滚筒转动时玉件随筒壁上升到最高处然后开始下滑，形成一滑动层，促使玉坯与磨料之间有充分的摩擦，这个效应也叫"瀑布"效应。要达到好的"瀑布"效应就与转速的快慢有关，转速过快，玉坯因离心力的作用贴在筒壁上升，与磨料间的作用减弱；转速过慢，玉坯上升点低，不能形成有效的流动摩擦。桶的内径 25～40cm 时，其转速 40～10 转/min，不要超过 50 转/min，具体可根据桶的内径与所抛磨的玉件实验而定。

第六章　玉雕设备、基本技巧及工艺实例　　　　　　　　　　　　　　·119·

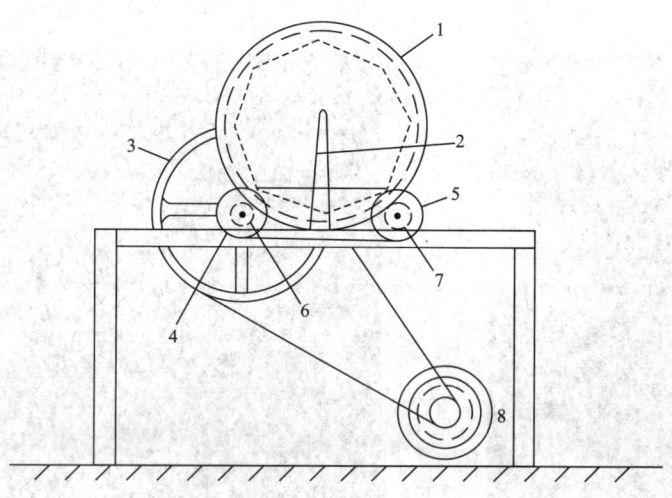

图 6-8　滚筒式摇光机
1. 滚桶；2. 支轴；3. 皮带轮；4. 皮带轮；5. 皮带轮；6. 主动轴；7. 被动轴；8. 电动机

振动式抛光机（图 6-9）的震筒是一个内置圆锥体的筒状体，放置在有弹簧的板上，筒内有磨料，电机转动时因为偏心装置的作用震动筒体，使磨料与玉件产生磨擦，起到对玉件的砂磨作用。为了防止玉件损坏，通常在筒内壁垫有胶皮，磨料中加助抛料。

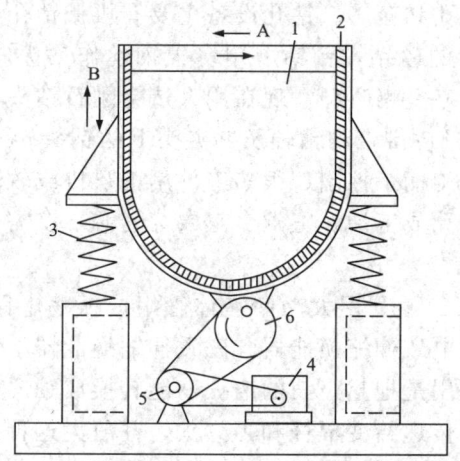

图 6-9　振动式抛光机
1. 抛光桶；2. 橡胶内衬；3. 弹簧；4. 电动机；5. 皮带传动装置；6. 偏心轮
A. 水平方向往复运动；B. 垂直方向往复运动

超声波玉器雕刻机（图 6-10）是现在小件商品玉器生产比较普遍的一种雕刻机，特别是玉挂牌。其原理：利用超声波高频的机械振动通过专用模具对工件进行雕刻。雕刻用钢模可焊接在超声波玉器雕刻机上，钢模可变换；焊上打孔针后可给玉件打孔。优点：效率高，平均雕刻加工一件玉器 10～20min，是人工效率的数十倍，而且雕刻图案的一致性好，立体感强。玉器的款式由模具来决定，因此只能用于比较低档的玉料与比较规整的小玉料的加工，这样加工的玉器不带有手工加工的擦痕，但有不少都是超声波雕刻后再手工擦磨，有时不易区分。这样的玉器工艺性不强，相对手工的玉器来说价格也较低。

 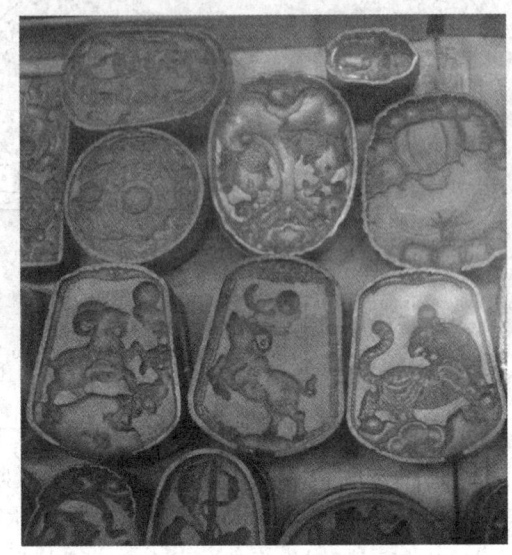

图 6-10　超声波玉器雕刻机（左）与钢模（右）

（三）钻孔设备

钻孔作业包括打眼、钻孔和套芯。钻孔设备主要有机械钻孔与超声波钻孔，还有激光钻孔。机械钻孔过去采用所谓的砂钻，台钻上用多根钢丝作钻头，钻孔时加入砂浆，两边穿孔，这样的钻孔往往不正，略呈喇叭型。现在用人造金刚石钻头，效率有所提高。机械钻孔的原理如图 6-11，电机通过皮带带动钻轴及钻夹头上的钻头转动就可以磨削玉件。钻头的钻进与退出可通过升降控制旋柄来控制。很多玉件用玉雕机或软轴式雕刻机配人造金刚石钻头就可以钻孔。大的玉件钻孔或玉炉、玉碗、玉镯等套芯，多需要在台钻上用管钻或人造金刚石钻头加工。

超声波打孔机（图 6-12）：利用大功率晶体管组成振荡电路，主要由超声波发生器和振动系统组成。振动系统由电致伸缩换能器、磁致伸缩换能器、耦合放大杆、变辐杆和工具头几部分组成。换能器的作用是把超声波的声振荡能转换成轴向的机械振动，耦合放大杆则是将换能器产生的机械震动传递给变辐杆和工具头，并放大这种振动。变辐杆的功能是扩大振幅。电磁能转换成机械能，产生往复式的振动，震头在磨粉（一般为金钢砂）和水的配合下反复震动，使得加工部分磨穿，打出适合的小孔。超声波打孔又快又好，孔径可以非常细小且平直，并且可加工各种几何形状的异形孔，如：★●◆▲等。超声波打孔机可用于宝石、玉石、玻璃制品、陶瓷器具及锗、硅、铁氧化物等一些高硬度材料的钻孔。

激光打孔就是利用激光的亮度比太阳高出几十亿倍，激光光束具有能量高度集中，方向性好、聚焦点微小等特点来加工玉件。当激光能量准确聚焦后，可以在短时间内将包括玉石在内的坚硬物质在微区内熔化从而起到穿孔的作用。目前多采用红宝石固体激光器，激光打孔速度快，操作简单，尤其适合钻精密的小孔。

（四）抛光设备

抛光是玉雕的最后环节，非常重要。抛光就是使玉件表面的擦痕降低到肉眼看不见的程

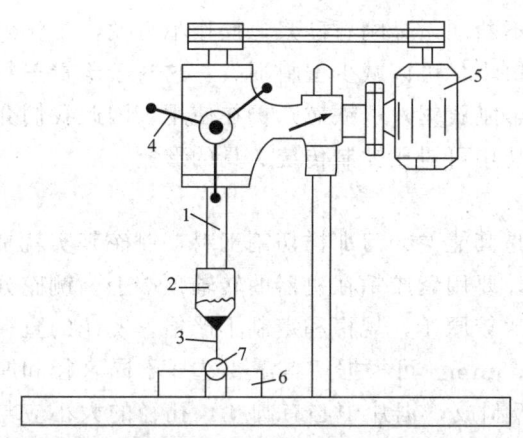 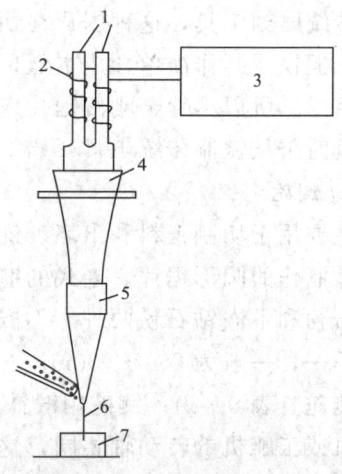

图 6-11 机械钻孔设备　　　　　图 6-12 超声波打孔机原理
1. 钻轴；2. 钻夹头；3. 钻针；4. 升降控制；5. 电动机；　1. 换能器；2. 线圈；3. 超声波发生器；
6. 载石台；7. 圆珠坯　　　　　　　　　　　　　　　　4. 耦合放大杆；5. 变幅杆；6. 工作头；7. 毛坯

度，让玉器表面能反射光线，产生温润光洁的效果。玉器抛光时的高温，有可能在其表面产生熔融现象，填平了表面的细小不平，使得玉器光滑明洁；玉器抛光时的磨料粒度越细，磨粒在玉器上磨削过后的表面就越光滑，当磨粒的磨削深度在 100nm 左右时就可得到"镜面效应"的表面。抛光机器比较简单，采用以上介绍过的玉器雕刻设备，根据玉器需要选择合适的抛光砣具和抛光粉就可以了。有时为了抛光一些特殊玉器，可以自己制作相应的抛光设备和抛光砣具。一般说来，抛光机转速要求在 400 转/min 以下。

抛光之前的擦磨和砂磨非常重要，玉器表面打磨后平整光洁，没有明显的锯痕、磨痕，抛光起来事半功倍，反之抛光将非常困难，甚至要重新打磨。

二、玉雕基本工具

很多玉石的硬度都比钢铁高，玉石雕刻显然不能直接使用钢铁制成的刀、凿工具，而必须使用特殊的专用工具。对于古代的玉雕的专用工具，因为在古代文献中很少有这方面的记载，目前所知并不多。"它山之石，可以攻玉"应是我们的祖先最初雕刻玉石制品的方法，随着铁器的出现，铁砣加解玉砂使玉石的雕刻得到很大的发展，明代宋应星所著的《天工开物》就载有，"凡玉初剖时，冶铁为圆梁，以盆水盛砂，足踏圆桨使转，添砂割玉，遂忽割断。"谈到了用铁盘带动砂子剖玉的情况，而未涉及其他雕刻工具及抛光工具。还有古文献提到过的切玉如切泥的锟铻刀等，但因无具体介绍，后人也难明其器。

现代玉雕工具种类很多，但归纳起来主要有锯料、雕刻、抛光、钻孔和辅助工具等。

（一）铁砣

砣是玉雕行业非常古老的名称。它与砣字相同，可以互相替换。字典上说："砣就是打磨玉器的轮子。"可以是木制的、铜制的，常用的是铁制的。后来延伸到所有切割、雕刻玉器的工具均称为砣。现代已多被镀钻石粉锯片、各种磨头等所代替，"镶"在锯片成磨头上的金刚石大多是人造的，现在成本也逐渐降低；将人造金刚石的细小颗粒"镶"在锯片、磨头或钻头上，用金刚石工具加工玉雕，工作效率有大幅提高。铁砣作为一种有两千年使用历史的传统雕刻工具，这种锯片在切割玉料时需要不断加入金刚石砂浆，操作不方便，工作效率低。但铁砣制作简单，成本低，切割玉料的豁口小，可以减少玉料损失，这对于珍贵玉料尤其重要。所以尽管金刚石锯片广泛使用，但无金刚石锯片（铁砣）仍在使用。因此我们介绍工具时仍从铁制传统工具开始，钻石粉工具的功用可对比铁制传统工具的形制。

1. 锎砣

主要用于切割玉料和出坯。锎砣顾名思义就是其能像锎刀那样切割玉料，锎砣其实就是用铁片制作的圆形锯片。老式的锎砣没有中心孔，要用紫胶粘在机器的转轴顶端上。锎砣分嵌钻石粉和不嵌钻石粉两种。不嵌钻石粉的锎砣比较原始，规格和定制不严格。锎砣的直径大小不一，一般为 350～900mm，厚度为 0.3～1.5mm。可根据切料需要选择不同直径和厚度的锎砣（表 6-1）。锎砣用锻铁的冷轧或热轧板制成，锯片中心有圆孔，孔径的大小应与切料机或玉雕机的转动轴相同，这样可以用螺丝与切料机或玉雕机的转轴连接。孔周围应敲打出比砣平面高出 2～10mm 的箍来增强锎砣的强度。但是锎砣面一定要平整，要有一定的弹性；且锯片轴心保持居中不变；锎砣旋转时锯口始终保持稳定不偏，锯口出现偏心时要及时调整。尤其是安装无孔锎砣，要用热而软的紫胶粘在转轴上，趁紫胶没有冷却时，要转动粘连的轴，用木棒紧靠锯口使其旋转在一条直线上，紫胶固化后就可以切料了。

表 6-1 锎砣规格用途表

规格（直径×厚度）	用途	切开深度
φ900×1.5mm	切开大料	小于 350mm
φ600×1.2mm	切开大料	小于 250mm
φ500×1.2mm	切割中料	小于 200mm
φ450×1.0mm	切割出坯	小于 150mm
φ480×0.8mm	切割出坯	小于 150mm
φ390×0.8mm	切割出坯	小于 120mm
φ430×0.6mm	高档料出坯	小于 120mm
φ390×0.6mm	高档料出坯	小于 100mm
φ300×0.4mm	切割珍贵料	小于 80mm
φ250×0.3mm		小于 50mm

铁制锎砣，也称无齿式砂浆锯片，现在玉雕切割采用不多了，目前多采用嵌钻石粉的锎砣，也称金刚石锯片。人造金刚石锯片规格齐全，定制严格，安装在机器上便可直接使用，操作十分简便快捷。按锯片制作工艺分粉末冶金法和滚压—电镀锯片两种，粉末冶金法锯片是将金刚石颗粒与其他金属材料（铜、锡）的粉末相混合，将这种混合物压入金属基底上，经加热使粉末熔合，铸造成所要的钻石粉刀头，然后将钻石粉刀头焊接在锯片基片边缘上，这样就制成锯片。这种锯片厚度大，适合锯大块玉料。对中小锯片可直接在铣好的槽中加粉滚压烧结。目前开口锯片和镶齿锯片多为粉末冶金法所制。

滚压—电镀锯片工艺就是先将软钢片冲压成圆形锯片基，然后用在锯片两侧边缘一定宽度内向中心铣出一些小槽，将金刚石粉用少量甘油调成糊状，用滚压装置压在锯片上，然后将锯片电镀，使金刚石粉牢固附在锯片边缘的铣槽中。这种锯片的铣口分与边缘垂直和斜交两种，铣口斜交锯片的在转动时有方向性。

金刚石锯片（图6-13）按边缘形状又分整边式、开口式、镶齿式和沟槽式。

（1）整边式（或全粉式）锯片是指金刚石颗粒均匀布满在锯片环状口边上，因此锯口边缘较厚。这种锯片常常使用，主要用于切割块度较小的玉料。金属基片厚约1mm，圆盘直径120~200mm不等。

（2）开口式（或节块式）锯片，锯口边缘有若干缺口，形成多个锯齿，锯片直径越大，其锯齿就越多。缺口的存在主要是为了使切割玉料时产生的石屑能及时带出。通常这种锯片用于切割特大块的玉料。锯片直径一般105~1000mm。

（3）镶齿式锯片就是一种由布满金刚石细粒的"U"字形铜齿，均匀而有间隔地压焊在钢质锯口边缘上的锯片。铜齿主要是为了在部分锯齿损坏时可以及时替换。这种铡砣直径850~300mm，锯齿数与直径有关，锯片越大锯齿越多，多在200~480个齿之间。

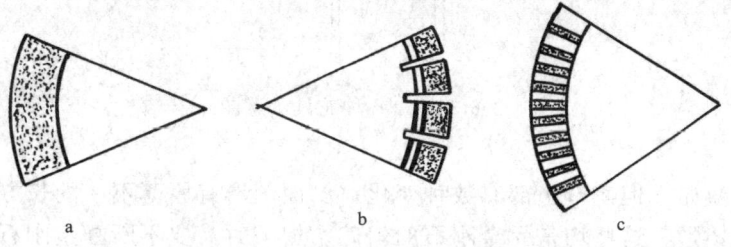

图6-13　金刚石锯片（局部）
a. 整边式锯片；b. 开口式锯片；c. 镶齿式锯片

（4）沟槽式锯片与整边式锯片基本相同，只是锯口边缘压了一圈沟槽的环带，沟槽上布有金刚石细小颗粒。规格和直径均与整边式铡砣一样。

2. 錾砣

主要用于雕琢出坯。錾砣（图6-14）也是圆形铁制锯片，中心有孔，较大的錾砣可以直接用螺丝与玉雕机转轴相连。较小的錾砣需配铁杆，铁杆与錾砣采用铆接焊牢，细轴必须和砣片垂直，然后与玉雕机的转轴连接，这样的转轴前端是空心的，将錾砣安装在转轴正中不偏心，安装时可用木棒紧靠錾砣的铁杆，转动玉雕机的转轴，使錾砣口旋转时保持一条线。砣片不圆可用锉刀或油石将砣片口磨圆。砣片出现左右摇摆时，敲击铆点调整使之逐渐平直，这样錾砣就安装好了。无金刚石錾砣

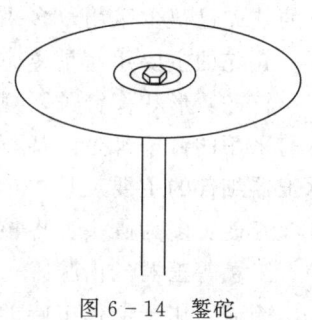

图6-14　錾砣

安装较麻烦，目前大多采用嵌有人造金刚石颗粒的錾砣，玉雕时采用金刚石錾砣快捷方便。錾砣其实就是直径较小的锯片，直径多小于120mm，是玉雕中最重要的工具之一。由于锯片直径小，操作起来灵活，不仅可以用于玉雕时錾、标、扣、划等切割，也可作贴、靠等磨削。人造金刚石錾砣多是整边式的，直径大的100mm，小的仅20mm，基片厚度小于1mm，多为0.6~0.8mm。

前面介绍砣是铁制的圆盘片状，其实玉雕行业习惯上将所有切磨的工具都称为砣，除上面介绍的铡砣和錾砣外还有钩砣、轧砣、钉砣、膛砣、弯砣等（图6-15），目前金刚石磨

头已完全代替各种旧式蘸金刚石砂浆的铁砣工具的作用。

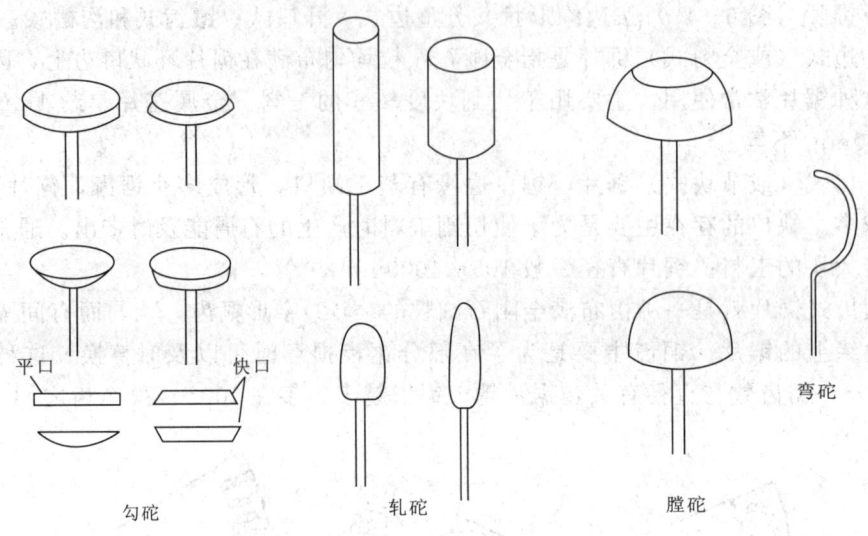

图 6-15　各种砣具示意图

勾砣：即小錾砣，但砣口边部有数种变化，侧面图形有厚薄不一的长方形、梯形、倒梯形、圆边形、透镜形，这些均是无金刚石的勾砣。加工时需要不断蘸金刚石砂浆，主要作用是勾出纹饰花纹和线条。形状相似的金刚石磨头，如花盆、钉子、混口、平口、快口等都能起到勾砣的作用。还可用勾砣的平顶和边缘磨削加工玉器，行业中用平顶磨削称顶，用刃边磨削称掖。

轧砣：形状如棒，规格很多，形状各异，是玉雕的主要工具。砣口平直呈直角的称齐口，砣口小于90°的称为快口。也可以侧面形状称梯形、平头、圆顶、枣核等。目前无金刚石的轧砣已很少采用，多采用功能相同的金刚石磨头，如平头棒、圆头棒、球形棒、枣核棒等。轧砣的主要用途是錾砣加工后的研磨，使雕件造型准确、表面圆滑光洁。

钉砣：形状像钉子，规格较多，从不到1寸的小钉子到6寸的大钉子，有五六种之多。目前采用的钉子都是嵌钻石粉的，其功能与勾砣相似，可以作勾、掖、顶、撞等工作，是雕琢玉器细部的主要工具。

膛砣：多为圆头、枣核、球形，用于冲磨口径较大的敞口玉器器皿内膛，如玉碗、玉炉、玉薰等玉器的内膛。

碗砣：用于制作玉碗的工具，用铁板冲压成碗状，用于旋制玉碗。现在膛砣和碗砣大多采用金刚石的，还有特殊用途的异形磨头。

弯砣：用粗铁丝弯成，用于掏口径小的玉器器皿的内膛。

冲砣：为一铁环状的工具，用于冲磨大的平面。

擦条：用粗铁丝拍扁而成，用于擦磨孔眼内部。

目前玉雕行业多采用金刚石雕琢工具，其他工具可以根据玉雕加工需要制造。金刚石玉雕工具的优点在于安装简单、雕琢效率高、加工操作方便等，所以目前已基本取代了老式的没有嵌钻石粉的铁工具，而嵌有钻石粉的金刚石玉雕工具的用法与形状相同的铁工具的用法是一致的。金刚石玉雕工具也有一些缺点，例如切割玉料的开口较大，对高档玉料会造成玉料的浪费；金刚石锯片成本相对也较贵等。所以对高档玉料如高翠的翡翠、高档的羊脂白玉可考虑使用蘸砂浆的铁工具。另外，为了合理地使用金刚石锯片和工具，延长其使用寿命，也为了减少对玉料的破坏与浪费，使用金刚石锯片和工具要注意以下几方面的问题：

（1）无论切割或研磨一定用凉水冷却锯片切口处或磨头打磨处，磨削时金刚石磨粒的作用只是瞬间的，在如此短的瞬间，磨粒磨削所产生的热能集中于磨粒、磨屑以及微小的磨削区域内，会使温度骤增，瞬间温度有时可达 800~1200℃，甚至更高。磨具上与宝石同时作用的众多磨粒，可以使宝石磨削面的温度高达 700℃以上，这样高的温度会对磨具和宝石表面有损坏作用：会在宝玉石表面出现裂纹；工具表面的金刚石将会燃烧，磨削热量也会使磨具（锯片）发生热变形，或使磨具粘结剂软化，强度降低而损坏工具。因此磨削时，使用水或油作为冷却液来降低磨削温度是十分必要的。水流大小根据锯料或研磨的情况确定，切开大的玉料时直接用自来水冷却或用油来冷却，也可以用桶状物盛水，连接一个塑料管引水冷却就行。冷却水不仅起到冷却工具的作用，还可以起到除尘防尘的作用。

（2）金刚石锯片切割玉料进刀时用力要均匀，进刀退刀时应尽量减慢速度；防止玉料与锯片相撞，避免损坏锯片，同时可防止玉石碎屑崩出伤人。

（3）金刚石锯片要尽量安装平正，使其成直线运动。一旦锯片偏斜跳动，锯口变大会浪费玉料，甚至影响出坯的效果。

（4）金刚石锯片使用后要沿原来的旋转方向安装，反向安装或旋转将损坏锯片。

（二）钻

钻是玉雕的重要工具之一。玉雕中钻孔作业是必不可少的工序，玉佩挂戴需要打孔，项链珠子需要穿孔，透雕需要穿孔，雕琢链、环、手镯、花薰、香炉等需要穿孔或掏料。钻头主要分实心钻和空心钻两类，实心钻用于打眼和钻孔，空心钻用于钻较大的孔和套取料芯。打眼一般是指在玉器上钻直径小于 2mm 的孔，钻孔是指所钻的孔的直径大些，一般在 2~6mm。雕琢炉薰或手镯往往要掏出内部的玉料，用来加工其他玉器或配件，或从玉料上取环状与圆柱状的料，这些需要用空心钻套取料芯，简称套芯。

1. 实心钻

现代普通玉雕打孔方式与古人的差别不大，只是采用电动机作动力，钻头多是嵌有人造金刚石磨粒的。原始的钻孔方法现在有时人们还在采用，例如用未嵌金刚石磨粒的钢针夹在台钻上旋转，不断加进金刚石砂浆，就可以在玉器上钻出穿孔，钢针可粗可细。目前玉雕打孔主要还是采用嵌有人造金刚石磨粒的钻头，用金刚石钻头钻孔，操作起来快捷简便且成功率高。根据玉器加工的具体情况，打孔时可采用台钻、玉雕机或软轴式雕刻机、轴式雕刻机的金刚石钻头安装在软轴的卡头上，这样打孔非常方便，尤其是大型玉器的打孔。

激光打孔和超声波打孔等技术的出现，使玉器打孔更加快捷，钻孔不仅成功率高，而且钻出的孔光洁周正。

2. 空心钻（管钻）

空心钻主要钻孔径较大的孔或为了套芯。过去小的空心钻用金属管制作，而较大的空心钻用薄铁片圈卷而成，因为薄的铁皮在加砂浆旋转时愈薄钻孔的速度愈快。制作大的空心钻需先用车床加工出所需尺寸的规整金属圆筒，圆筒上装一根短轴，可称其为圆筒架，然后将铁片围卷成圆筒状，用小螺丝固定在圆筒架上，要注意的是铁片卷成的圆筒接口处需要留出 2~3mm 的空隙，主要是为了加工时金刚石砂浆可以通过这一空隙进入钻孔处。空心钻安装在钻机上旋转时不断加入金刚石砂浆,这样就可以钻孔或将料芯套出。铁片空心钻套料的开口较小,可节省部分贵重的玉料。现代空心钻头上都镶有数个嵌有人造金刚石磨粒的齿,其作用与铁皮制作的空心钻接口处需要留出的空隙一样,加工时金刚石砂浆可以通过这一空隙进入钻孔处,也是玉石磨屑排出的通道。只是人造金刚石空心钻的开口较大,对玉料有一定损失,但它的加工速度快而规整的好处使目前金刚石钻头已基本替代了老式的铁工具。超声波打孔时,用异形的空心钻头还可打出异形孔。

机械钻孔时要注意:玉雕钻孔操作时,必须用水冷却钻头工作处,尤其当钻头是嵌有人造金刚石颗粒的,要有足够的水冷却钻头,否则人造金刚石遇热后损坏钻头。钻孔时钻头要慢进慢出,向下施压时用力要均匀,否则容易造成钻头折断或使玉器裂损,尤其是脆性的玉石或薄片状玉件。钻孔或套芯时要固定牢玉件,一旦玉件松动,钻孔可能跑偏,甚至会崩掉损坏。

(三)抛光工具

抛光工具的选用很重要,虽然抛光效果与抛光粉的种类有关,但也与抛光工具的种类与结构有关。抛光效果不佳时,改换抛光工具也常能奏效。

1. 胶碾

胶碾又叫"胶砣",是用特殊的抛光胶制成的、形状各异的抛光用磨头。抛光胶的主要成分是虫胶和抛光粉,故胶碾就是虫胶微粉砂轮。中国玉雕使用胶碾的历史非常久,在人造碳化硅微粉问世之前,多采用天然产出的刚玉粉。现代则多使用280号、400号碳化硅或碳化硼。也可根据需要选用更细的抛光粉。

胶碾是抛光粉与工具的结合体,质地强韧而表面又够软,不仅有优良的抛光性能,而且制作方法简便,是一种实用方便、用途广泛的抛光工具。制作方法是先将碳化硼放在两铁片上加热至足以融化虫胶粉为止,然后分数次加入虫胶粉并搅拌均匀。待其稍凉后可如揉面般地折叠数次,使碳化硼能均匀地混合,最后压制成砂轮状,中心孔可用热铁条贯穿而成。亦可用加热法,使虫胶与碳化硼混合物沾在抛光机的轴杆上,乘热捏成球状、棒状。在慢速旋转中用碳化硅条将其打磨成最终形状,或乘热在慢速旋转中用钢片挤压成形。

2. 木砣

木砣是用木材车镟成盘状、轮状、鼓轮状的抛光工具。木砣本身并无抛光作用,因有些抛光粉依附在木材的鬃眼里,随木砣转动时对玉雕产品产生抛光作用。因此鬃眼较大的木材都可以用来制作木砣。

由于抛光工具是在潮湿条件下使用的,木砣会因潮湿而弯曲变形。为降低木砣的吸水性,要对木砣作浸蜡处理。

木砣价格低廉,加工制作也很容易,抛光性能也很好,对那些有剥蚀性的宝石、玉石进行抛光尤为奇效。对一些高硬度的玉石、宝石进行抛光其效果也优于其他工具。因此,木砣早就被国内外玉雕行业和宝石行业所采用。

木砣抛光工作面的形状是多样的:抛平面时,抛光面是平整的;抛凸面形体时,抛光面是呈不同曲率的四面。不过木材的材质有硬、软之分,因此在使用上略有不同。

(1)硬质木砣:即选用材质较硬的木材镟制成的木砣。使用硬质木砣时,抛光粉应用油或滑脂调制。这样的配伍最宜抛光硬度较高的玉石制品。

(2)软质木砣:即用软质木材制成抛光面层的抛光轮。因为软木较软,牢固性差,故将

8～10mm 的软木板粘贴在金属铁盘上。这种用软木制成的木砣最宜用来抛光剥蚀性的玉制品。

3. 皮砣

皮砣即将皮革蒙在特制的金属盘架或硬木盘架上，使之如同鼓的一侧。任何皮革均可使用。

皮砣可用于抛光任何玉石和宝石，对有剥蚀性的玉石抛光，效果尤佳。抛光粉以氧化铬、红宝粉较好。皮砣的抛光效果优于毡轮。

皮砣可用薄层皮革或 3mm 左右的厚皮革。蒙皮面时，一般将皮革光面作为抛光面。薄皮革的适形性好，适宜抛光凸面的玉制品及首饰；厚皮革的适形性差，抛大平面时较好。

4. 毡轮

毡轮有实心毡轮和蒙面毡轮两种。

(1) 实心毡轮采用好羊毛压制而成。尺寸较大时须使用法兰盘。毡轮使用时，转速不宜快。若转速较高，抛光粉会因离心作用而散失，抛光效果反而不佳。

毡轮易吸尘土，尘土会影响抛光效果，保存时应当保持清洁。此外毡轮也不宜改换所用抛光粉的种类。

(2) 蒙面毡轮即将厚羊毛毡用热水浸泡 10 多分钟后将其钉压在馒头形状的木轮上。

5. 布轮

布轮为传统抛光工具。因布较软，故在高速旋转中才能发挥抛光效果。但因转速较高时，抛光粉将会因离心力而散逸，而且玉制品也易被摔出，使用时需注意。

6. 刷砣

用毛鬃制成，用于去糙刷亮。

7. 葫芦砣

用老葫芦干后的硬壳制成，用于抛光。

8. 皮条

即较厚的马皮条。用时割取 3～5mm 见方，长度为 30～40mm 的一段，一头夹在机器上即可。机器转动时皮条亦会随之转动，可利用这种转动来带动抛光粉。这种抛光法主要用于无法使用轮磨工具的部位。

9. 油石（砂条）

可切成所需的形状，用手擦磨金钢砂磨头修饰过的玉件表面，用于去糙。

10. 金刚砂什锦锉

去糙时细致修磨。

11. 抛光砂纸

$400^{\#}$～$1200^{\#}$ 的号数，用于去糙时的大面积修磨。

12. 蜡抛光盘

蜡抛光盘是指用蜡覆盖的抛光盘，专门用于硬度极低的宝石或玉石制品的平面抛光。

蜡抛光盘的盘芯以 8～10mm 厚的铝板制作为宜。一股剪成 8～12in 大小，工作时作水平旋转。

工作面应车镟平整光滑。将铝制盘芯微微加热至能熔化蜂蜡时，将蜂蜡涂上，待全部熔化时，将一块质地紧密的厚布剪成圆形轻轻蒙上，用手抹平。然后再在布表面涂抹少许蜂蜡使蜂蜡与布均匀地结合在一起。冷却后，将此蜡盘放在机器上，开机使其旋转。用极平坦的金属块压磨已涂好蜡的布表层,目的是使布与铝盘紧紧相贴。待表面完全平整后,可在蜡盘表面涂上抛光粉,便可用于抛光。

13. 过蜡、喝油用具

石蜡、油能填平抛光不到的地方的细微不平(特别是凹入的抛光工具不易接触的地方),使玉件抛光后的亮度得到改善并显得均匀。除了蜡和上光的油外,需要的工具还有融蜡的锅、勺、毛巾(布)、刷油的刷子等。

三、玉雕常用的辅助材料

辅料,通常是指除玉石材料之外必须使用的各种材料,它们可能不构成产品的结构,只在制作过程中起辅助作用。而碳化硅、碳化硼等磨料,氧化铁、氧化铬等抛光粉,实际上是起主要作用的。可以说,没有磨料和抛光粉,就没有玉雕工艺,但在习惯上仍称为辅料。

(一)磨料

磨料是指能对各种玉石材料起到磨削与抛光作用的颗粒或粉状材料。磨料可分为天然磨料和人工合成磨料,常用的磨料有刚玉、碳化物与金刚石类三大系。

1. 磨料的粒度与使用

磨料的颗粒粒径的大小用粒度号表示。粒度号有两种不同的表示方法。习惯上,颗粒尺寸大于 $63\mu m$ 的磨料称为磨粒类磨料,以筛分法测定其粒度。而粒度小于 $63\mu m$ 的磨料称为微粉类(或磨粉类)磨料,以显微镜分析法测定其粒度。表6-2只选用了与宝玉石加工有关的磨料级别。

表6-2 磨料粒度粒径对照表

磨粒类磨料		磨粉类磨料	
粒度号	基本粒径(μm)	粒度号	基本粒径(μm)
46#	425~355	W_{63}	63~50
54#	355~300	W_{50}	50~40
60#	300~250	W_{40}	40~28
70#	250~212	W_{28}	28~20
80#	212~180	W_{20}	20~14
90#	180~150	W_{14}	14~10
100#	150~125	W_{10}	10~7
120#	125~106	W_{7}	7~5
150#	106~90	W_{5}	5~3.5
180#	90~75	$W_{3.5}$	3.5~2.5
220#	75~63	$W_{2.5}$	1.5~2.5
240#	63~53	$W_{1.5}$	1.0~1.5
		$W_{1.0}$	0.5~1.0
		$W_{0.5}$	<0.5

需要说明的是，在玉石加工中，不同粒度的磨料其物性不同，磨削性能也不同，使用中应具体根据加工玉料与工艺选用。据加工中的工艺要求，可将不同粒度的磨料适用范围列于表 6-3 中。

表 6-3 磨料各粒度的适用范围

粒度号	适用范围
$46^{\#} \sim 80^{\#}$	大块原石切割，毛坯倒棱
$46^{\#} \sim 80^{\#}$	片料、条料及小块料切割，毛坯倒棱、预形
$46^{\#} \sim 80^{\#}$	粗磨、出坯、穿孔、小石切割及修整
$46^{\#} \sim W_{40}$	细磨、穿孔
$W_{28} \sim W_{14}$	精磨、粗抛光
$W_{10} \sim W_{0.5}$	细抛光、精抛光

2. 磨料特性

(1) 天然磨料。天然产出的磨料，史书上称为"解玉砂"。玉雕行业则称为"砂子"。大约在 20 世纪 50 年代之前我国的玉雕行业一直使用天然产出的"解玉砂"。

"解玉砂"是天然产出的、硬度很高的各种矿石砂。玉雕行业中使用的"解玉砂"质地、名称、产地和品种各不一样。常用的有剖石采玉时用的"黄砂"，即石英砂，雕刻时使用的"红砂"，即石榴子砂。抛光用的是产自云南的"红宝石粉"，用油调和抛光玉器。另外还有"黑砂"，即金刚石砂，用于旋转琢玉。据载，历史上"解玉砂"的重要产地有酒泉、真定、玉田、顺天、邢台等。

天然产出的各种矿砂大小不一，质地不纯，使用时要进行分选。传统的分选工具是大铁锅、水、各种不同网目的筛子（俗称"罗"）。将"解玉砂"放入普通的大铁锅中，注入水，然后用木棒搅拌，略等几分钟后，将泥水排出。又注入清水，如此数次，可将泥砂排尽。待泥砂排尽后，用木棒搅拌几下后，便用木棒轻击锅边，使铁锅产生振动，过一会儿最粗的砂子便会沉入锅底，可及时捞出，放入一个盒里。再继续敲击铁锅，过一会儿，又可捞出较细的砂子。如此重复，便可粗分出几种粒度不同的砂了。然后进行细分：将粗分好的砂子倒入一个筛子、同时放入盛水的铁锅中，轻轻摇晃，细砂便漏至锅底，粗砂留在筛中。将漏入铁锅中的细砂放入另一个网孔更小的筛子里。重复上述过程，就可在筛子中得到某一粒度的砂子。只要用上述方法细分，便可以得到各种粒度、适合于各种用途的砂子。

用过的"砂子"也采用这种方法进行筛选。因为"砂子"有一定的脆性，在磨削玉石的过程中，会裂成粒度更小的"砂子"。最细的"砂子"可用于抛光。

(2) 人工合成磨料是用人工合成的方法生产出来的磨料。天然磨料分选加工麻烦，质量也不能保证，现在主要使用人造磨料。一般说来，人造磨料比天然磨料（天然金刚石除外）品质纯净、硬度高、性能好、来源方便。因此，我国制造人工合成磨料的历史晚于国外，但有史料证明，清乾隆二十八年前已能生产人工合成磨料——"火镰片"。此记载出自清廷档案，可靠性自当无可怀疑，故我国人造磨料的历史当不晚于 1772 年。

现在我国人造磨料发展很快，已成为一门独立的磨料行业，能生产刚玉、碳化物、超硬磨料三大类、十几个品种，在国民经济中起着重要的作用。

磨料用作磨削加工，应形状与粒度均匀，具有很高的硬度、热稳定性和化学稳定性并具有一定的自锐性。由于磨料的硬度比被加工的玉石材料的硬度高得多，因此磨料能顺利地磨削，加之磨料热稳定性好，能在高温下不失切削性能；同时又有一定的自锐性，在磨削力作用下能自身碎裂更新它的切削刃，以保持磨粒的锋利。

碳化硅（SiC）又称为"人造金刚砂"，是将石英砂（主要成分为二氧化硅）与焦炭混合，加入少量木屑和食盐，并放置电炉中，加热至1800~2200℃，在高温还原条件下发生化学反应生成碳化硅。纯碳化硅是无色结晶体，常见的碳化硅因混有杂质，故多呈黑色、绿色、灰色。碳化硅的硬度很高，达到摩氏9度以上，仅次于金刚石。其切削能力相当于金刚石的0.28倍，耐高温、耐酸，有导电性。碳化硅的价格较低，是宝玉石加工中应用最多的一种磨料。碳化硅生成的温度不同其颜色也不一样，高温的多呈绿色，炉内边缘低温一些的碳化硅多为黑色，近年已研制出结晶颗粒大、无色透明的碳化硅晶体，其具有良好的热导性，与钻石不易区分，并已用来作钻石的替代品。

碳化硼（B_4C）是将三氧化二硼和沥青焦的混合物，放置电炉中加热至2800℃生成的。碳化硼的硬度也很高，仅次于金刚石。由于其高硬度及较好的耐磨性，故多代替金刚石作为研磨和抛光中、高档宝玉石的磨料。

金刚石（C）磨料硬度极高，棱角锋利，导热性好，切削性能优良，是理想的磨料，但价格昂贵。人造金刚石是优良的磨料，合成人造金刚石就是将石墨放入一种特殊的压机中，加催化剂升温至1500~2000℃，升压至5×10^9Pa，使石墨转变成金刚石。金刚石颗粒较小，主要用来做磨料和抛光粉。随着科技进步，人造金刚石的生产成本大幅降低，玉雕行业采用人造金刚石工具也就普遍了。

立方氮化硼是近几年研制成功的优质超硬新磨料，其硬度近于金刚石，热稳定性优于金刚石，并具有较好的化学惰性，磨削性能很好，特别适合磨削既硬且韧的特种钢材，如耐热钢、高钒、高钼、高钴合金钢等，其磨削效率比金刚石高5倍，比刚玉类磨料高近百倍。

刚玉类磨料在宝石加工中的运用不如前几种磨料广，因为刚玉的韧性较好，耐磨性能好，相应地自锐性就较低。它比较适合于磨削那些高硬强韧性的钢料和合金材料，在玉石加工中，可用于磨削韧性较大的翡翠、虎睛石，而对其他宝石，其磨削能力不如金刚石和碳化硅。

加工中的磨料选择：宝、玉石加工使用各种工具时，对磨料有不同的要求，切割选用较细粒的磨料，如铡砣用120#金刚砂；粗磨用粗粒磨料，如出坯、碾轧时用60#~100#金刚砂；细工时使用细粒金刚砂，如顶撞、勾掖和勾面纹时用120#以上细砂。制作小的玉件（挂件等）可使用更细的砂，如240#或以上的金刚砂。过去解玉砂的提取需经水掏洗分选出粗细不同的砂粒级别。钻石粉工具因钻石粉附着在工具上面，不用人工分选，在制造钻石粉工具时，选择不同粒度的钻石粉就可制造不同的工具，各钻石粉工具见图6-16、图6-17。

（二）抛光粉

抛光粉是专门用来抛光玉石和宝石制品的，是一种特殊的磨光材料，它与上述的磨削材料有一定的区别（主要是在加工宝石机理方面）。一般金刚石、刚玉、碳化硅等高硬度磨料W_7以下粒度的微粉都可以作抛光粉。宝玉石的这种特殊的抛光机理，使有些硬度并不高的微粉材料也可作为抛光剂。通常对这些抛光剂的要求有：①外观均匀，不含杂质；②粒度基

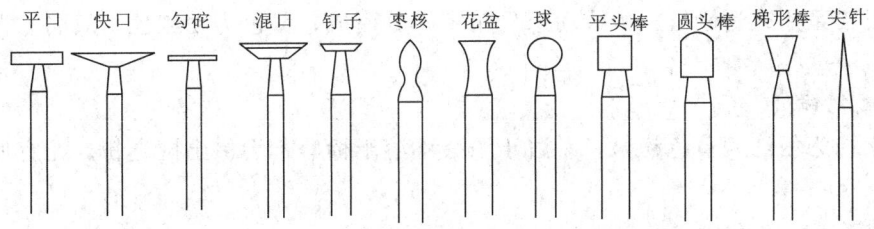

图 6-16 钻石粉工具式样示意图

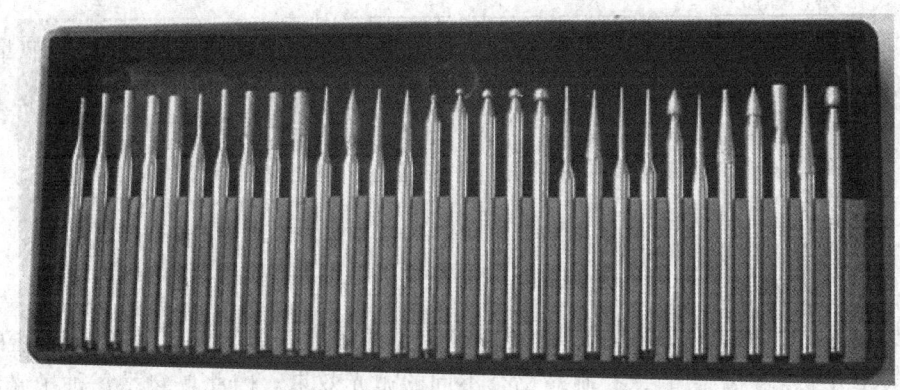

图 6-17 小钻石粉工具实物图

本均匀一致;③有适当的硬度和密度;④有一定的表面活性;⑤有良好的分散性和吸收性。具有此种性质的抛光剂以氧化物为主,各种宝石和玉石要采用相应的抛光工具和抛光粉。常见的有以下几种。

1. 氧化铁(Fe_2O_3)抛光粉

氧化铁抛光粉为红色粉状,俗称"红粉子"、"红土子"、"铁氧红"等。化学成分为三氧化二铁。性质稳定,不溶于水。溶于盐酸,易污染衣物、用具、手指等。不常用。

2. 氧化铬(Cr_2O_3)抛光粉

氧化铬抛光粉为绿色粉状,俗称"绿粉子"、"铬绿"。化学成分为三氧化二铬,易污染衣物、用具、手指等。其颗粒不太均匀,易在玉石制品上留下擦痕,但因其色为深绿,尤宜抛光翡翠制品,不宜抛光浅色或带有小裂绺的玉石制品。

3. 钻石粉

将自然界中产出的低档钻石压成粉末,按粒度粗细分号,粗者为磨粉,细者为抛光粉,使用时以油脂调制。所有抛光粉中钻石粉的抛光效果最好,适合各种玉质的抛光,但价格贵。

4. 氧化铝(Al_2O_3)抛光粉

氧化铝抛光粉的种类较多,有"矾土粉"、"蓝宝石粉"、"红宝石粉"、"人造红宝石粉"等。其化学成分均为氧化铝。

氧化铝抛光粉大都呈白色粉末状,不溶于水。抛光效果很好,广泛用于玉石、宝石、金属的抛光。

红宝石粉系用人造刚玉压碎成粉末经精密筛分而成，颜色为粉红色，故名。抛光效果尤佳。

5. 二氧化铈（CeO_2）

二氧化铈为粉红偏黄色粉末，易溶于浓酸不溶于稀酸，为稀土抛光粉。尤宜抛光水晶制品。

6. 二氧化硅（SiO_2）

化学成分与水晶相同，颜色有白色或浅黄色两种。抛光性能较好，广泛用于玛瑙、翡翠及各种玉石制品的抛光。

7. 二氧化锡（SnO_2）

俗称氧化锡，用于抛光的微粉质地不纯（含碳酸钙、碳酸镁及少量草酸），质量不稳定。纯度较高的二氧化锡微粉为奶油白色，加水后立即敞开。抛光效果不如二氧化铈。

8. 二氧化锆（ZrO_2）

为红棕色的粉末。适合中硬以下的宝玉石的抛光，抛光性能与二氧化铈相同。

9. 碳化硅（SiC）、碳化硼（BC）

均应选用特细的微粉。

抛光粉的正确使用有两点。

（1）正确地选用抛光粉。不同的抛光粉与相应的抛光工具配伍，可产生较佳的抛光效果；不同的抛光粉对于不同的玉石制品也有不同的抛光效果。因此，熟悉每种抛光粉的特点很重要。

（2）分类存放分号使用。各种抛光粉性能是不同的，存放时要分门别类，不宜混淆错乱，也不宜有异物粉尘混入。

另外，即使是同一种抛光粉也有粒度上的不同，抛光时应先用较粗的，后用较细的，最后用最细的微粉，因此应分号存放，在换细微粉时应将有关工具、玉石制品洗干净才能保证抛光的工作质量。应当知道在细微粉中哪怕只混有几粒粗粉，也会在玉石表面留下不易除去的擦痕，影响抛光的效果。

（三）辅助工具

辅助工具即用于琢玉中的作为辅助使用的工具，如用于工具修理的锉、锤、钳之类；用于拿放产品的夹具和垫、衬、箱之类；用于设计的笔、砚之类。还有酒精灯、制胶碾等辅助工具，它们因工作和产品的生产需要，种类很多，有一些是通用工具，有一些是专用工具，在产品制作过程中，都要遇到辅助工具的选择和制造问题，可结合生产实习认识这些工具的名称和功能。

第二节 玉雕工艺及制作基本程序

中国玉雕艺术历经数千年的历史，创造了无数惊世骇俗的艺术精品。一块美玉只有经过琢玉人的巧妙构思和鬼斧神工般的雕琢，才能成为一件精美绝伦的艺术珍品。中国琢玉工艺经过几千年的发展，以精湛的技艺和优美的造型著称于世，享有"东方艺术"之美誉。琢玉大师们用自己的勤劳和智慧，把玉料的玉质、玉色与工艺技术、民族特色融于一体，琢于一体,琢成的玉器无疑是中国文化的传承之物,同时也是世界艺术之林的宝贵财富。

一、古代玉雕中的攻玉与解玉

中国制玉工艺方法起源于先祖的生产劳动。在生产力极其落后的古代,古人是如何加工玉器的呢?《礼记·学记》有"玉不琢,不成器",《诗经·卫风·淇奥》中更有"如切如磋,如琢如磨"的诗句,其中就有对琢玉技术的描绘。这里的"如切如磋,如琢如磨"所指的是琢玉的工艺程序,切就是把玉料解开;磋就是对玉料进一步地成形修整;琢就是雕琢花纹和成器;磨即抛光。《诗经》讲述了如何琢玉,同时又更为形象贴切地比喻君子修身要像加工玉器一样。那么古人又是用什么材料对玉石进行切、磋、琢、磨的呢?

《诗经·小雅·鹤鸣》有"它山之石,可以攻玉……它山之石,可以为错"。这里被用来"攻玉"的"它山之石",一般指两种材料,一类是"错"即磨玉用的粗石,另一类是"攻玉"用的解玉砂,易于粗加工和精加工,而后者最常用。

有关考古资料显示,我国某些旧石器时代文化遗址中便有玉器出土。早期所谓玉石包括的种类比较多,有些是我国现在所称的软玉,摩氏硬度6~6.5;有些是水晶、玛瑙等,摩氏硬度7。青铜器时代、铁器时代虽然出现了金属工具,但前者硬度仅为3,后者硬度为5.5,难以雕刻硬度较高的玉石。显然,为了攻玉,我们的祖先早在旧石器时代就认识到了等于和大于玉石硬度的研磨材料——解玉砂。

《天工开物》曾具体描述攻玉时的某些情形。玉工剖玉时,以水盆盛砂,一边用脚踏动铁制圆盘旋转,一边添加拌水的解玉砂,一点一点把玉划断。无论是大块还是支解的碎块,量材加工大器或小件饰物,都需经锯出外形、琢出粗型、雕刻线纹、修整表面、钻孔抛光等工序。磋磨成型及钻孔用杆钻(金属或木质)或管钻(竹管)砂浆不断旋转钻进而成,雕刻用解玉砂,抛光则用皮革和木质物。我国新石器时代用不同粒度的解玉砂在开料、造型、研磨、雕琢、抛光、钻孔等方面均已显示出较高的制玉水平。章鸿钊先生在《石雅》中最早对国内解玉砂进行科学定名。他指出民国初期所用解玉砂有两种,一种是红砂,其色赤褐,产于邢台,验之即为石榴石;一种是紫砂或紫口砂,其色青暗,验之即为刚玉。这两种矿物一般呈大小不等的结晶颗粒,现代主要制成砂轮、砂布、砂纸及充当研磨砂,优质者可作钟表、精密仪器的宝石轴承,透明色艳且粒大者本身就是工艺宝石。由于它们硬度高、耐磨性强,故含石榴石、刚玉的原岩经风化、剥蚀、搬运后,常以矿床形式富集为工业矿床。

在生产实践中,人类不仅逐渐揭示了解玉砂的矿物属性,而且发展为可以人工制造。目前,高级铝土矿制成的人造刚玉已大量替代天然刚玉。人工合成的超硬磨料如碳化硅、金刚石、氮化硼等则有更高的生产效率,并且其粒度多达数十种之多,可满足不同材料、不同精度的研磨需求。

二、古代玉雕的工艺技法

古代玉雕工艺的雕刻技法主要有以下17种。

(1)阴刻线。指在玉器的表面琢磨出下凹的线段,有单阴刻线或两条并行的双阴刻线。汉代以前的阴线段大多极浮浅,由一段段短线连接而成,若断若续,这是砣具旋转轻起轻落形成的,一般称之为"入刀浅"、"跳刀"、"短阴刻线"。

(2)勾撤。按设计的花纹勾出浅沟形凸起线条叫"勾",也称刚线,商代时常用。把一边的线墙磨出一定的形体叫"撤",西周时为单撤,即一面斜入刀,另一面为阴刻线,也产生阳文凸起的效果,俗称"一面坡"。

(3) 隐起。在线条或块面外廓略减起,形成隐约凸起,触之边棱不明显。红山文化即采用此手法。

(4) 浅浮雕。利用减地方式,挖掉线纹或图像外廓的底子、造成线饰凸起的效果。良渚文化的玉琮,兽面眼、口、鼻即用浅浮雕。

(5) 高浮雕。挖削底面,形成立体图形,并加阴线纹塑形,始于战国,明清时流行。

(6) 圆雕。立体造型人物、立兽等,红山文化及商代玉器中经常出现此类器件。

(7) 活环。将玉料削琢成相连的活动环索,可延伸玉料的跨度,春秋时即已采用。

(8) 镂空雕。又称透雕,在穿孔的基础上加以发展,最早见于良渚文化镂空的玉冠状饰。

镂空雕的程序是先在纹饰外廓等距的地方钻管打孔,再用线锯连接形成槽线。商代时镂空玉凤的镂空剖面很平滑,说明当时镂孔对接技术已非常娴熟。元代的镂雕技术有了新的发展,透雕的玉炉顶,荷花芦叶穿插多达三、四层,十分玲珑剔透。

(9) 花下压花。由多层透雕发展而来,所制玉器巧妙地以细密镂空纹饰为底纹,衬托表面半浮雕手法琢制的龙纹或花草造型,形成两层或三层有浮雕的装饰面。

(10) 打眼。红山文化时打孔的形式就很丰富,当时用竹木、皮革为钻具,借助于中介水砂钻磨,硬度极低,造成孔洞口沿磨损,两面钻孔的对接不够准,孔径壁有条痕等。良渚文化打眼,穿孔的技术有所提高,玉琮的射径内壁均很光滑。先秦以前由于钻孔工具原始,孔洞多呈马蹄形眼(单面钻)、蜂腰眼(对接孔洞)。战国以后使用铁钻头穿孔,形成整齐的管状。汉代时能钻制复杂的人字眼,如五翁仲、象鼻眼等。

(11) 底子。古代人制作玉器精益求精,纹饰底子也不惜工本。铲削后的器面、器壁,注意削平磨光,因而十分平整。

(12) 挖膛。琢制玉器内腹技术,良渚文化时的高筒玉琮已显示出挖膛技巧的高超,清代的鼻烟壶制作更是追求薄壁,使这一技术更趋娴熟。

(13) 抛光。抛光分为粗光和精光。战国以后的玉器很注重最后的抛光工序,使玉雕表面的晶莹润泽玻璃光泽得以充分发挥和体现。

(14) 剪影。所雕出的人物或动物采用正侧面剪影的手法,如同剪纸一样,抓住主要特征,用熟练而准确的轮廓线勾勒出生动的艺术形象。

(15) 汉八刀。为汉代独有,所雕玉器"八刀"即可形成,这里是指汉代琢玉刀法的精准,寥寥数刀即可成形,不是指刚好八刀。后人称之为"汉八刀",如玉豚、玉璜等。

(16) 跳刀。为汉代独有,汉代阴线纹细如游丝,由许多短线连缀而成,称之为"跳刀"。虽若断若续但线条依然流畅,有的阴线还以极细微的圆圈陪衬。

(17) 俏色。利用玉料本身天然的不同颜色,巧妙地琢刻成物体外表的肤色或器官,若能雕刻的恰如其分,则有巧夺天工之妙。

三、琢玉设备的功能应用

古代琢玉是用脚踩玉盘使其转动,并用解玉砂使玉切开,然后用硬度高的砣钻之类的工具雕琢。古老的琢玉机一直沿用到新中国成立以前,其功能和操作方法基本相似,与新疆部分少数民族地区仍在使用的琢玉机也基本相同。新中国成立以后,研制成功了新式琢玉机及许多专用设备,使用钻石粉等工具,从而结束了繁重的体力劳动,提高了工作效率,增强了玉雕艺术的表现能力,解决了以往难度很大的技术问题。然而,琢玉操作技术主要靠手工劳动,现代化代替不了人的高超构思和技巧。因此,人的技艺仍起着主要作用,人使用琢玉设备,经过一系列加工程序,才能创作出技艺精湛的玉器,才能真正使"玉"成"器"。

琢玉的主要设备为琢玉机,其次有开料、打孔机等。琢玉机亦称雕刻机,中国一些玉器厂家都可以制造,主要由机身、转动和轴组成。由电动机传动,速度可以调节,工具安装于主轴上,操作非常方便。还有照明、吊秤、供水、砂圈、挡板等辅助设备。蛇皮钻是另一类型的磨玉机器,由电钻、软轴和工具卡头三部分组成。电机转动通过蛇皮管中的软轴传给工具卡头,工具卡头卡住工具头,使工具头转动琢磨玉器。这种设备可以手提,工具头能任意加工产品的各个部位,灵活方便,现在使用很广泛。开料设备有油丝锯床、无齿锯床、半自动落地式开料机、托盘式开料机、钻石砣料机等,用于切开石料。目前打孔设备中的手拉空心钻杆打钻已多为机械打眼所代替,如把钻头卡在钻床上打孔。最新式的是用超声波机床等专用设备打孔,极大地提高了效率。抛光设备用于抛光玉器,主要为抛光机,其造型如磨玉机,唯一不同的是在机上增加了防尘装置。其他抛光设备有抛光桶和振动抛光机等多种。玉器抛光后的清洗和过油过蜡可使用超声波清洗器和烘箱。

四、现代玉雕的工艺程序及技法

将一块玉石琢磨成器物,要经过一系列加工程序。中国古代已有一套程序,清代的琢玉程序有捣砂、研浆、开玉、冲锅(锅即现在的砣)、磨锅、掏膛、上花、打钻、透花、木锅、皮锅等工序,反映了中国琢玉工艺的成熟。现代玉器的加工程序,一般分为选料、设计、琢磨、抛光四个阶段,每个阶段都有一定的内容。

(一) 选料

这是第一道工序,目的是正确合理地选用玉石原料,以达到物尽其美。玉石品种繁多,变化很大,因此首先必须判断玉石的种类及其质量,主要根据质地、颜色、光泽、透明度、硬度、块度、形状等指标来确定创作何种题材的作品,力求优材优用,合理使用,必要时还要进行去皮、去脏、切开等审查工艺,以"挖脏避绺"、"量料施工",把玉料吃透,避免或减少玉料的缺点。选料是非常重要的步骤,富有经验的艺人,凭着一双慧眼和多年来丰富的经验来认识玉料的质量。在选料过程中精确、巧妙用料,可以使产品效果突出,引人入胜。对和田玉的选料,要对玉料表面仔细观察,如果玉料质量好、油性强,绺裂、瑕疵少,可依靠颜色和块度大小及形状来确定选用。方形料一般适用于器皿造型,三角形料一般适用于鸟造型,长条形料一般适用于人物造型。如玉料有杂质、瑕疵、绺裂,可切下阴阳面一端的表皮,进行观察,以确定选用。带有一些缺点的料只要有好玉存在,都在选用之中。

(二) 设计

玉器产品不是定型产品,每件都有变化,设计工作要贯穿制作的始终。设计首先是造型设计,即根据玉料的特点设计造型,使造型舒适、流畅、受人喜爱。为此,必须发挥原料的特点与造型美相结合,突出料的不同特点,如质地、光泽、颜色、透明度等。质地美,发挥玉的温润特性;颜色美,注意表现艳美题材。造型设计还要从玉材特性出发,保证工艺技术可以顺利制作,对脆性大的料,不可雕琢得太玲珑剔透;韧性好的料,可作细工工艺。造型设计的标准：一是用料干净，即挖脏遮绺，使作品上无严重的脏和绺；二是用料合理，把玉料玉质最美的部分放在最显眼的部位，并占用最大体积；三是量料施工，根据玉料的质色，施以最恰当的工艺；四是造型美，形象逼真、美丽、生动，有情趣，主题突出，四衬平稳。设计考虑周密后，要在玉料上画绘图形，有粗绘、细绘两道工艺。粗绘是制作以前，把造型和文样绘在玉石上；细绘是作出粗坯后，把局部细致要求绘在坯上。在制作过程中如出现变化，要随时修改设计，设计者与制作者互相配合，使玉器精益求精。如和田玉的造型设计，首先要根据玉质和玉色等精心设计，有的一块玉料可以设计几件产品。有小绺的和田玉玉料用于仿古玉器，效果很好；有俏色的玉料在造型中巧用俏色，可以使作品更加生动有趣。白玉产品重视洁白和润美，造型面要求圆润；青玉色浅淡的，可取用薄胎造型；色浓重的，可制作动态较大的兽类造型。墨玉可根据全墨、聚墨和点墨按不同情况设计造型，全墨多用于器皿，聚墨和点墨多用于俏色。玉山子可使用有石花和绺裂的玉料，主题造型要凸显玉质好的地方，要做到题材多样化，以提高玉料的利用率。

（三）制作

设计完成之后，制作者利用磨玉机、玉雕工具及磨粉等，按设计意图加工成产品。技巧千变万化，归根到底是琢和磨，琢就是利用铡砣、錾砣等，将造型中的余料切除，其手法有冲和轧的不同方法。基本造型完成后，为清晰面部，还要进行勾、撤、掖、顶撞等工艺。此外，还有叠挖、翻卷等工艺，把花瓣、衣边的飘带都做出来。打孔、镂空、活环链等工艺一般是琢磨时一起进行的。琢玉是属于艺术范畴的创造性劳动，玉及其雕刻的特技，是中国人的天才创作和杰出贡献。现在中国的玉雕厂都拥有现代先进设备和技术精湛的工人，在生产车间进行创造性的劳动，艺人们用他们灵巧的双手，创作出了无数精美的玉器。玉器加工中要量料取材和因材施艺，如：和田玉的韧性大，在制作产品的过程中，尽可能施以细工工艺，使其形准、规矩、利落、流畅。细工是细部的精加工技术，难度较大，是精美玉器的一个重要标志。薄胎玉器是中国精美玉器的重要品种，和田玉用以制作薄胎，更能反映玉质之美，其制作技术主要是穿膛和做花，使造型薄厚均匀，色泽一致，产品以器物为主。在一些玉器中还勾槽、压金、银丝和镶嵌宝石，其中压丝镶宝技术是很有特色的技术之一。此外，在制作中还要注意对玉性（指整块玉料中质量较差的部分）的处理，不能因有玉性而把宝贵的玉料废掉。制作过程如下。

1. 琢磨

琢磨是设计出造型的工序，其基本手法和步骤是冲、磨、轧、勾等。冲是指较大面积的磨削，用冲砣（直径3~4cm）或金刚石砂轮将高低不平的部分冲成玉器大样（粗坯）；磨是用大小不同的磨砣磨出大样，即磨出设计中主要部分的轮廓形态，如人物的头、手和身体等；轧是指深度磨削，即用轧砣轧出较细部分的立体感，如给人物头部开脸，轧出嘴、鼻、耳等；勾即是用勾砣勾出细部的细微花纹，如人物的头发以及鸟羽、龙鳞、鱼鳞等。细部的雕磨还有撤、掖和顶撞等手法，因而使用的琢磨工具也因作用不同而五花八门，除了冲砣、磨砣、轧砣、勾砣外，还有串锤、钉子、棒挺、平口等。以上这些工具都是传统玉雕工具的名称，过去都是用铁制成的，使用时带动金刚砂将玉器琢磨出来。现在多使用固着钻石粉的工具，劳动强度、工作效率都得到极大的改善和提高。

玉石雕磨通常使用的是专门的玉雕设备，玉雕设备主要由电动机、工作头、皮带传动装置、磨头、水槽等组成。皮带传动装置在电动机的传动下，带动工作头左端的磨头转动，再通过换用不同的磨头，实现不同的雕琢目的。磨头即是各种不同形状的磨具。目前大多数电镀钻石粉磨头，磨削效率极高，使用寿命长，价格也适中。还有一种带软轴的玉雕设备，电动机带动软轴，软轴一端连接夹头，夹头夹持磨针，开动电动机，即可雕琢玉器。

2. 坯工工艺

所谓坯工就是玉器的出坯，是按照设计意图和玉雕工艺规范，利用各种工具将玉石材料雕琢至玉雕造型基本上被确定的程度。

坯工工艺可以分解为切块分面、平底、二次画样、推落派活、首次修整几个步骤。

切块分面又叫"去大料"、"去荒料"，是根据这一阶段的工艺目标，或者说是这一面是根据这一阶段的工艺目的而取的名称。

确定玉雕造型的形象轮廓，通常是用铡砣或錾砣将轮廓以外的余料去掉。顺序是先去大料，后去小块，先去前面（正面料），少去或暂不动后面的料，通过切状（即切割去与景象轮廓无关的玉料），使玉雕造型以几何形体的方式显现出来。

平底的目的可以使玉雕造型的动势符合设计要求。有时造型已符合设计要求，但经过平底还可使玉雕造型的动势更好看些，这时仍要平底。若是切块分面不准确才造成的，应当从形体面的空间关系上去进行补救，但是，平底在大多数情况下，都是有效的调整方法。

使玉雕造型能摆放平稳是任何一件玉雕产品的基本要求。如果一件玉雕产品放在那里，或东倒西歪，或前倾后仰或底面与桌面接触不定，或者根本不能站起来，都是不符合玉雕技术要求的。

二次画样是为了能继续雕刻，也为了使雕刻更具有准确性，需要在玉料上进行再次勾样，由于经过切块分面和平底，玉雕造型在空间上的关系已大体确定，所以我们可以勾勒出符合设计意图的雕刻符号。

推落是北方地区的绘画术语，在玉雕行业上也多沿用，即向纵深方向推进，对于雕刻来说，就是要将有些块面部位挖去一层，使各个块面之间的高度差和榫结关系更加合理。目的是调节好代表玉雕造型的数个相应块面的相对关系，使之更加准确，更加具体，推测顺序是从上到下，先正面后背面先整体后局部。派活又叫安排细部，是玉雕行业术语，是指先在相应的块面表层上试探性地勾勒出具体的轮廓线，若所勾之线很浅不合适时，还可以很方便地修改。

修整就是对大的块面进行更细致的分割，用更多的小块面概括形象。修整也包括对加工面进行光洁度方面的修整。因为是第一次修整，而且以后还要进行几次，故称为首次修整。如果是人物类产品，应当在这个阶段开脸，做手及手持物。

3. 坯工工艺的五条工艺原则

这五条原则是雕刻者的意念和雕刻手法的体现，代表了雕刻者的艺术素质和雕刻技术的高低。

（1）见面留棱，以方代圆。面是代表形体体现块的主要面，棱是面与面相交而形成。凡面与面相交处都应当有棱。棱也是雕者出于雕刻需要，凭自己的艺术修养，在具体的形象上假想出来的棱线，即任何形象都是由一个一个的平面组成的，相邻的面之间都有一格棱，如最初时可以把头看成长方体，这样便于把握头的动态和方向。雕刻的过程总是先将玉料节节刻成大的块面，然后再将大面细分为若干个小面，只是记了细坯修整时，才能将棱裹圆，总之要把体和块面的认识贯彻到雕刻的始终，才能迅速提高雕刻的技艺水平。

如做圆球先将玉料握成一个正方体，磨去正主体的 8 个棱，得 14 个面形，再磨去正方体 8 面边棱得 26 面形，加工过程中，面越来越多，棱线也越来越多，但事实上也越来越接近球体了。

（2）打虚留实。虚是形象的某些部位没有呈现出明显的结构，如人体因有衣裙蔽体从正面看时向后撇的腿就没有明显的结构，这就叫虚处。是形象的某些部位因为动作的原故而呈现出明显的结构，如人向前伸跨的腿总有衣裙所挡，但隔着衣服还是能呈现出很明显的结构，这就叫实。雕刻中，实处往往处于玉料的最高处和最低处，在雕刻过程中这些实处是应当出动或不动的，而虚处才是雕刻加工的重点部位，只有恰如其分地自后推落定处才能鲜明地呈现出来，因此，打虚留实是一条很重要的雕刻原则。

（3）留料备漏。玉雕产品素来以做工玲珑剔透著称，但这种特点是在雕刻过程中逐步实现的。因此，在切块定位阶段，要留好相应的余料以防备设计上的遗漏或雕刻过程中才能发生的各种意外，如裂纹、崩碴、不小心搁碰等变化，如果不留有修改余地，一旦出现问题就不好办了。对那些实际上很坚实的部位来说，也要遵守"留料备漏"的原则。

（4）先浅后深。即派活的要先在相应的块石上轻轻地刻画出立体形象的大致轮廓或结构，待检查无误后，才能推落成立体形象，由于开始时吃刀很浅，即使是不合适也能很方便地进行修改，不会伤及玉料。

（5）颈短肩高。指一种雕刻过程中注意留料的方法，并非指雕刻的效果。例如，人的脖子是越做越长的部位，对脸型的细加工和对肩部的细加工都会使脖子越来越长，因此，要想使脖子合乎比例，在开始切块分面时就有意识地把脖子做得很短，并有意把肩做得高些，到雕刻到最后时，就不会出现脖子太长的现象，另外，还有一旦大了不可变小的部位，如眼睛和嘴等；对一旦小了不能变大的部位，如鼻子、手、头等，雕刻时就先小些，然后再扩大到正常尺寸，鼻子是小不能大的部位，那么在雕刻时，先将鼻子做大些，然后逐渐缩到正常尺寸。总之要有预见性，要根据每个部位的特点来加工。

4．细工工艺及工序

细工琢制是从产品的重要部位开始，余料去除本着先大后小的原则，使用工具也应先大后小，通过细工琢制使产品工艺加细，如人物产品就应首先琢好头的动向，然后琢出发型，突出五官位置，刻画面部表情，头脸琢制后再琢其他部位，最细的加工留在最后进行，如发型、胡须、服装花纹等，对一些易碰易断的镂空的部位应放在最后处理，在整个细工琢刻中要注意，产品的整体效果、物像的来龙去脉及各种关系都要交待清楚。

玉器产品经过坯工阶段只能是粗坯，继之是细工琢磨，称之为细工工序，也称细作。细作的步骤是在粗坯的基础上从大到小、从里往外进行琢磨，先处理主体，后处理陪衬物，对一些容易断裂或碰撞的物件等，应在产品细琢接近完成时再进行处理，待整个产品的细坯全部完成后，对一些细部再进行勾面纹，如人物的头发、局部、表情、服饰上的花纹图案，花卉的花蕊，鸟的羽毛等。

细工实际上仍是去掉余料、完善产品造型，细工完成以后，余料全部去除，产品造型已经全部托出，还有一些细部需精细地刻画，如人物的面部表情，有喜、怒、哀、乐、忧、思、欲等，头发的发型，服装花纹图案等，动物鸟类和传统兽的眼睛、毛发、爪尖、嘴，花卉的花蕊、叶筋等，并把全部产品细磨，达到形象准确生动，物体来龙去脉交待清楚，层次关系正确，表面平整细腻利于以后的抛光。

一个立体占有一定空间,使体积表现思想感情,再现生活内容,具有生命力,才成为雕塑艺术。举世闻名的巴米扬大佛是世界上最高石雕立式佛像,由两座佛像组成,分别高53m和58m,位于阿富汗巴米扬小镇,塔利班组织不顾国际社会的一再劝阻,执意摧毁全国所有的佛像,他们动用了炸药、火箭和坦克炮,历时20天摧毁了巴米扬大佛。

结构是动物各部具体形象的面和体,就是各部分之间的有机联系,要做得实实在在有骨有肉,不能像玩具那样光滑圆动形体不明。

雕塑动物,不论是站、卧,都不要做得太杂乱难收。动物一条腿,腿就显得多了,应有变化和隐去。做群体动物时,应从整体看,要有全面观点,这些动物应在一个故事中。一个动物应有神,两个动物应有情,动物的公、母、大、小配合好才更生动,要做出母子之情,动物的行动特征要做出来,动物的形象特征更应做出来。做动物基本轮廓要做准、做活,身子随意地转向而弯,动物的头不宜低,头向左,尾就朝右,这样才有变化。做动物时,一要抓外形线,使边缘更美;二要抓要点,如骨节的高点;三要抓大的面,如肌肉的块面。

5. 抛光及其他

抛光即去粗磨细,用抛光工具除去表面的糙面,把表面磨得很细;其次是罩亮,即用抛光粉磨亮;再次是清洗,即用溶液把产品上的污垢清洗掉;最后是过油、上蜡,以增强产品的亮度和光洁度。和田玉的抛光要求使玉面平顺,以充分表现玉质的润美。仿古玉器则要求过胶磨细至乌亮,不经罩亮就过油、上蜡,以反映古玉的特点和亮度。玉器抛光的全过程将在第八章中展开论述。

玉器制成后,还需配上富丽的装潢,以美化和保护玉器并提高其身价。座是玉器的主要装潢,用木、石、金属等制作,其形状、高矮、厚薄和造型的雕刻都应以玉器造型为依据,使之浑然一体。匣是放置玉器用的,大体反映玉器的高贵程度,有专门的技术要求,以保持中国匣的风格。总之,一件玉器的制成,从选料开始,到装进匣才算全部完成,这期间凝结着无数琢玉人的心血。一件作品,少则一月,多则数年,稍有不留意就有损坏的危险,琢玉人凭借高超的技艺,费尽心血才使一件作品最终得以完成。所以,一件玉器不仅玉料宝贵,而琢磨之功更是难能可贵。

第三节 玉雕的基本琢磨技巧及工艺制作实例

一、雕刻前的认识和准备

工艺技术的特殊性——手工艺,玉器是难以用机器大规模生产的工艺品,它具有很强的手工特点,固而被称为手工艺。

玉器生产使用的设备和工艺虽然很简便,但很复杂,多数要求手工修理。修理设备和工艺达到能很好使用的程度,是各种工艺技术的基础。设备和工具的修理,主要是工具的修理。工具修理贯穿于产品制作的全过程,每个人可以按照自己对产品造型的理解,凭着对各种工具长期使用的经验,把要使用的工具修理到适合自己使用的程度。修理工具应注意以下几点。

(1) 选择。按产品制作部位正确选择适当工具,按设备安装工具的要求选择工具。

(2) 修理。首先把工具牢固地装(粘)牢(此处指大型卧式玉雕机)。然后,再调试主轴，调整工具在轴上作同心圆运动，工具不能作同心圆运动则无法使用。

（3）辅料和辅助工具要合适齐备，如琢磨工具中磨料的水、刷产品用的刷子等。

（4）在产品的制作过程中，在适当时机换用不同的设备工具，在不同的工序完成产品制作设备、工具、工序的变换以及操作规程和技术标准。可根据各种原材料的性质、质量、形状，加工成各种不同的造型。

工艺技术反映原材料的内在美，使原材料以各种不同的造型表现出来。

原材料的内在美给产品造型限定了范围——正雕，或者是人物、动物、花鸟、器皿形象，都有美的和不美的比较，这就是造型在工艺技术上的反映，造型要反映原材料的美，其自身造型也要美。工艺技术就是为了达到原材料内在美和造型美的综合反映。

雕刻工艺的特点：宝石加工或玉器加工都要通过琢磨来完成，也就是减法出造型。因此，减法准确对保证产品质量、提高生产效率关系很大，多了损伤造型固然不可取，少了不能达到高效率也不可取；做工不细，造型含混不清，达不到质量要求；做工太细，费时又艰难，影响产品成本，对一般产品来说得不偿失，是不允许的。因此如何使工艺技术恰当地表现造型和质量是关键，是最难掌握的基本功。

玉器生产很专一，全面手创技术人员可能碰得到，但不容易。设计者也不可能全都掌握，尤其是质量高、艺术水平高的产品，更需要各品种中技术优良人才的合作。

玉器产品反映质美、造型美。但有很多装饰品造型是随意的，很受欢迎。艺术品除注意玉质之外，还要注意造型美和玉器的有机结合，达不到就是浪费原材料。

现代玉器的琢磨工艺技术讲究速度，古代玉器的琢磨工艺技术讲求精美。练就一套琢磨玉器的好本领，就要达到技术过硬，就要熟练掌握原材料的性质，熟练掌握设备、工具、辅料的使用和修理，熟练地掌握造型规律，熟练操作技术，只有技术过硬，才能应用得得心应手，稳、准、狠地琢磨造型，用最快的速度制作出满意的优良产品。玉器是商品，商品生产要求成品率，达到合格率，无论是玉器艺术品还是一般商品，都要求成功率。原材料的珍贵不允许浪费，做工时的需要不允许浪费。因此玉器生产成功率要达到95％以上，玉器生产每发生一件废品事故都造成很大的经济损失。因为每一件产品都价值百元、千元、万元，甚至几十万元，一旦出废品损失是严重的，因此产品中的安全和质量都是十分重要的。在操作中要小心翼翼，遵守必要的规章制度以顺利完成工作任务。

琢磨工艺技术就是玉器造型的生产工艺技术，只不过因为玉器是磨出来的，所以称为琢磨工艺技术。

琢磨工艺技术最重要的基本功是琢和磨，琢磨要通过设备、工具、辅料的运用来完成。要求心想手做达到理想效果，随着每个人掌握设备、工具、辅料技术的熟练程度，随每个人的心和手工达到的程度而出现琢和磨的效果差别，因此，掌握琢和磨工艺技术很重要。

玉器生产是创造性的劳动，人的手和脑的劳动不是常规的，是在生产中经常地变换着。创造着同一类型产品与个人生产的质量是不同的，这种质量不是尺寸的误差，而是线条之间变化产生的美丑。制作者从一开始就应该把自己看成是一个艺术制作者，用自己辛勤的劳动做出优美的产品来，同时也提高了自己的荣誉。高水平的玉器产品不是轻易制作出来的，琢磨玉器，技艺自然是主要方面，但也不能忽视文化、艺术、科学知识的积累和提高，文化、艺术、科学知识是促进技艺发展的动力，是提高琢玉技术人员素质的首要条件。它像一把钥匙，可以打开人们的眼界，思路的心扉，发现总结技艺方面的长处、短处，用此提高产品的水平。只有高超的技艺，一定的文学、书法、绘画、篆刻等文化艺术的修养，加上上乘的美玉材料和高超的琢玉技艺，诗、书、画、印的艺术丰彩在玉器上才能得到充分的表现。具有诗情画意的高品位、高水准的艺术作品才能面世。总而言之，好原料、好技术，再加上文化艺术修养高的人，只有这三者的结合才能生产出高水平的作品。

二、玉雕的基本琢磨技巧

玉器的加工工艺实际上就是琢磨的工艺技术，琢即切割，磨即研磨。琢和磨主要通过设备、工具、辅料来完成。由于个人掌握设备、工具、辅料技术的熟练程度不同，每个人手工制作达到的琢和磨的程度和出现的效果差别就会很大，因此，掌握琢和磨工艺技术就显得非常重要。

琢是以切割的手法出造型，即用切割工具除去设计轮廓以外的边角余料与挖去瑕疵或脏点等，得到玉雕料坯的大致雏型。顺序是先去大块，后去小块，使用铡砣、錾砣工具也是先大后小。这些技法也用于雕磨过程。切割使用的工具主要是起切削作用的铡砣、錾砣等。切的手法有铡、摽、扣、划（图6-18）。铡与锯同义，就是用铡砣切割玉料。摽是指用砣片削去棱角余料，玉器行业叫摽棱摽角。扣是用砣片从玉料的两个方向切削，剜取中间部位的角形的余料或把一块片（块）形的余料切割下来。有的余料在去除时，既不能扣又不能摽的，就采取"划"的方法。划的方法是指切和扣的反复运用。用砣片在余料上切出许多平行的沟槽，深浅根据产品需要来定。切，切不到底，扣，扣不完整，是一砣一砣密排着去掉多余的料，再用撬片将沟槽中间的玉片撬断。

铡、錾、摽、扣、划是琢的基本功，必须熟练掌握。要准确，平时可练习制作片、方、球体和小型洗子。

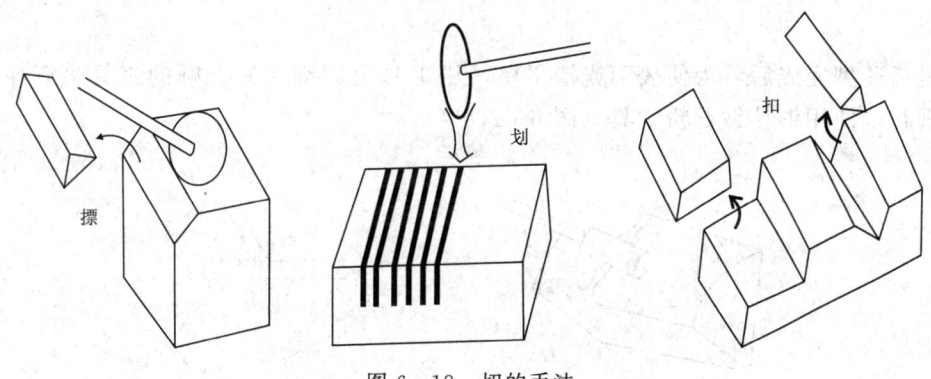

图6-18 切的手法

当不能再用切割的方法出造型时，即需换用研磨的工具，采用研磨的办法出造型。研磨是指用冲和轧的不同手法去除余料。冲是指较大面积的磨削，用冲砣（直径3~4cm）或金刚石砂轮将琢出的大致雏型玉坯料冲磨成玉器粗坯。轧是指推进式的或深度磨削来磨出大样，即磨出设计中的主要部分的轮廓形态。冲和轧是磨的主要工序。

产品经过铡、摽、扣、划和冲轧后，基本造型已经完成，细部的雕磨还需进行勾、撤、掖、顶撞等的操作。使用的雕磨工具也应根据不同的作用而选用不同的小工具，除冲砣、磨砣、轧砣、勾砣外，还有串锤、钉子、棒挺、平口等等。上述这些工具都是传统的玉雕工具，过去都是用铁制成的。现在多使用固着钻石粉的工具，效率提高很多。

勾即是用勾砣勾出细部的细微花纹，如在器物面勾画出图案，或处理毛发以及鸟羽龙鳞等等。勾线的勾砣要求薄而规矩，运用要熟练，走砣要稳而活，线条要流畅。此外还可用勾砣的平顶和边缘磨削加工玉器，用平顶磨削称顶，用刃边磨削称掖。

勾撤是用勾砣勾线，再用快口轧砣撤地，顺勾线去除小余料（图6-19）。掖撞是用钉砣的顶平面把地的根线掖入和撞平，即把勾撤后的底部清理清楚，达到角线利落。勾撤和掖撞既是出造型，又是使边线利落、影像颖脱的工艺，依造型和制作过程中的部位要求，选用合适的勾砣、轧砣、钉砣。

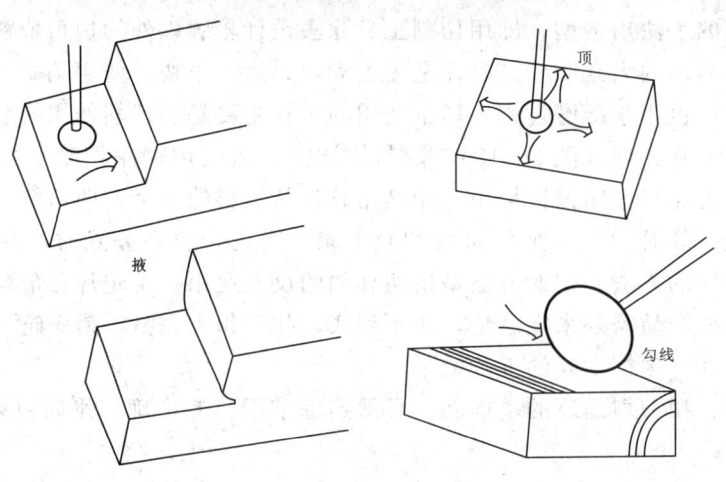

图6-19 细部操作工具和手法一

顺是指造型完成后，为使表面光滑平整，用工具再磨细一遍。顺的工具最好使用轧砣、棒等，现在多使用细粒钻石粉工具（图6-20）。

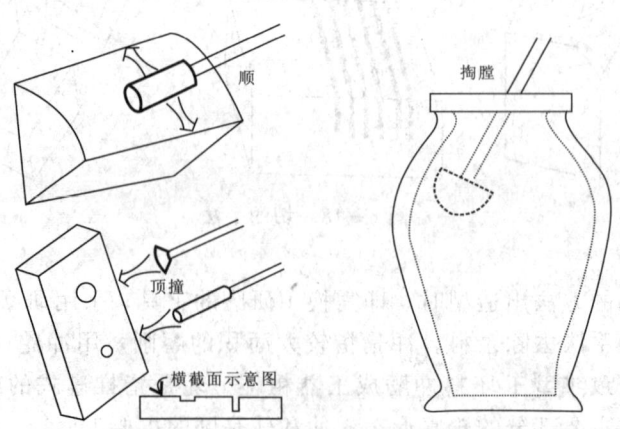

图6-20 细部操作工具和手法二

撞是用各种不同工具的顶端，有着各自的用途。

掏是用膛砣冲磨器皿的内膛，而弯子是用来掏小口器皿的内膛。

刨是用砣片（如勾砣）的圆形刃边，变化工具的角度，刮出各种弧度的凹槽。轻刮可刨出圆滑的弧面的凹槽，重刮可去掉不用的余料。

除了用勾砣勾线纹外，还可用细的尖针来拉出线纹（图6-21），用尖针拉线也非常方便灵活，比勾砣更易掌握，在小件玉器如玉吊坠、玉牌、把件等的加工中常用此技法。

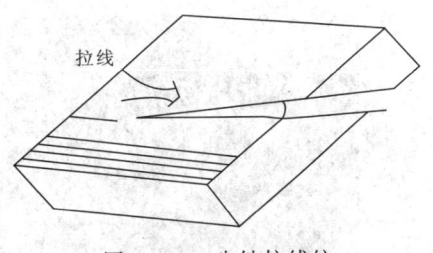

图6-21 尖针拉线纹

打孔是专门工序，有专用设备。

镂空是制作者很重要的基本功，有造型的镂空和图案的镂空。镂空按造型要求进行，使用的工具和方法很多，应学会把直线、弧线、角镂空规矩，用好搜弓子和擦条。

总之，任何工艺技术和琢磨手法都除了手巧，还要学会动脑，全神贯注才能得其要领。

三、玉雕浮雕的制作工艺

工艺设计阶段的各种要求大体上与圆雕工艺相同。浮雕的画面内容比较复杂，采用的是"先减地以定形象轮廓，后推落以求层次变化"的工艺方法。深浮雕在"拓样"或画样时，应有意将画面上移0.5~0.7cm，这是特意留的加工余量。在此我们以鱼作为我们浮雕的实例来讲解。

（1）画样。先将浮雕图案仔细画好（对称图案或连续图案可只画一半，然后将另一半扣出），墨线要求均匀流畅，然后用尖针拉线或小勾砣勾线，将整个轮廓线勾一遍。勾线时勾砣要稍微靠墨线外侧，图案中一些细的地方可先不勾。也可不勾轮廓，用毛笔沾虫胶漆给画好的线条均匀地涂抹上一层。虫胶漆干后形成一保护层，防止在雕刻的过程中画线被触摸等原因而被抹去。在此笔者就用的画线涂虫胶漆的方法（图6-22）。

（2）减地出轮廓。用轧砣（直棒）如图6-23操作，将形象的轮廓与地子分开，确定形象的外形轮廓。地子的深度应当是一样的。注意要留有一点余地，不要把线条也磨去。大轮廓内的减地可用合适的打眼针撞，如图6-24。最后用合适的勾砣或钉砣顶平地子，砣的平面不要太小，否则砣面与地子的接触面积小不易顶平，效率也差。

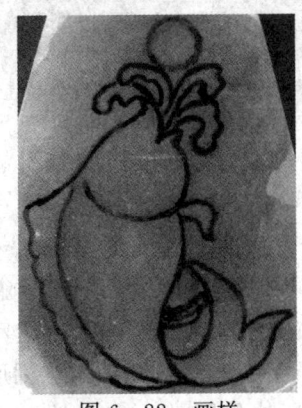

图6-22 画样

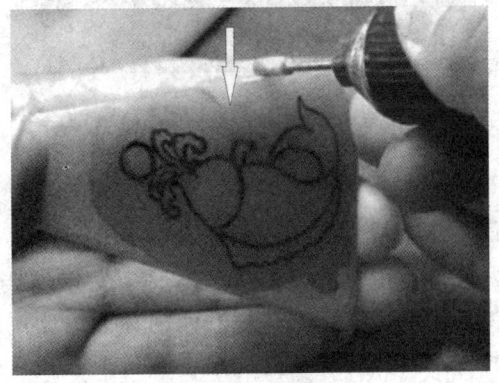

图6-23 减地出轮廓

（3）勾大样。先检查原来的画线是否清晰，如不清，就二次画大样，再上虫胶漆。然后用金刚石细尖针或小勾砣将整个轮廓线很浅地勾一遍（图6-25）。

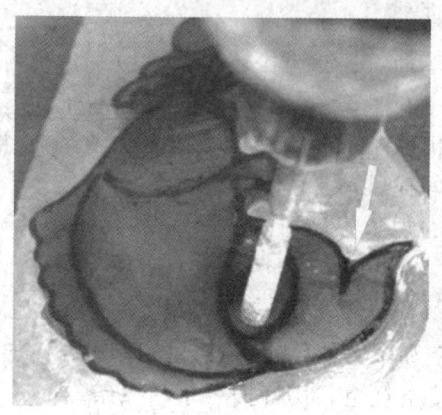

图6-24 打眼针减地

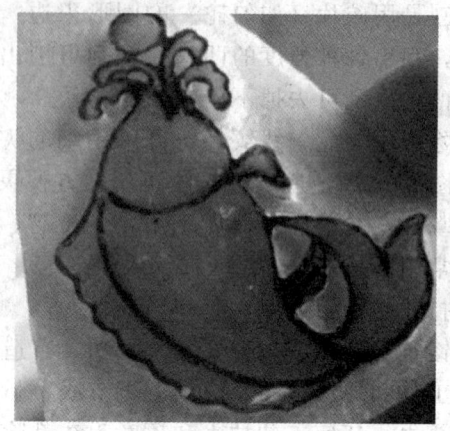

图6-25 勾大样

（4）初次推形。用各种合适的金刚石玉雕针磨轧使各个块面之间的高度差和榫结关系合理，调节好各个相应块面的相对关系。此次的推形要留有一定的余地，方便下一步的画细样和推形。鱼背部的鳍注意前高后低；鱼尾部的扭转线处注意外高内低，前低后高，这是鱼尾部扭转而决定的（图6-26）。注意外轮廓与地子接触处要向内掖入，使二者之间有空间而显出浮雕的立体感（图6-27），图中弧形白线表示掖入后边部的形状。

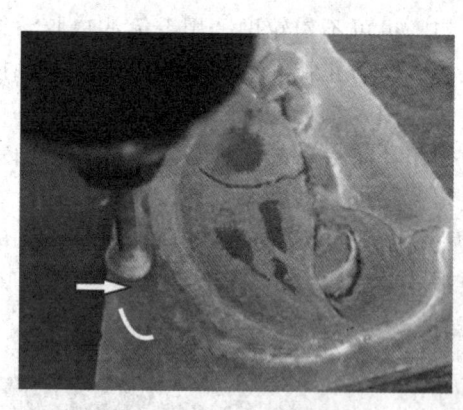

图6-26 初次推形

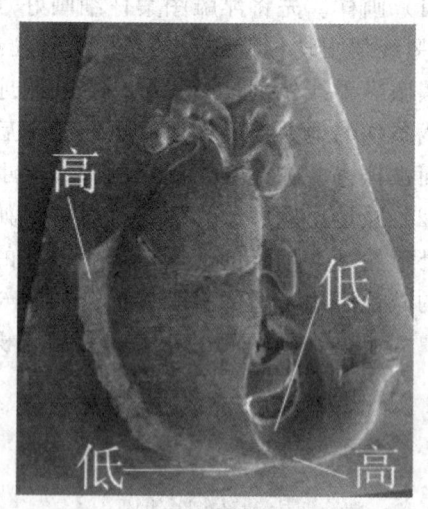

图6-27 初次推形后的立体感

* ［补充说明］——浮雕原理

为什么在对玉器进行浮雕时要对形体与地子的根线进行掖入？这就需要了解浮雕的原理。玉雕浮雕实际上是把立体的物体按比例压缩而雕刻在玉料的地子上，当然这种压缩要符合透视法则。为了更直观地了解，图6-28中把代表地子（黑色长条块）与雕刻形体的图进行了倒置。如图6-28（1）所示，在平整的地子上雕一立体的圆球，在视觉上它就是一个完全立体的形体；图6-28（2）在地子上雕一半球体，它就是一半球体，不会给人一立体球的感觉；图6-28（3）把圆球体按压扁的形体刻在地子上，并且地子与形体间留出空隙，这就有了浮雕的立体感。所以在玉器的浮雕时要把地子的根线掖入，图中的白色弧线就代表了掖入后背鳍与地子间的空隙关系，特别在雕刻鱼所吐戏的圆珠时更好地诠释了这一原理。

（5）再次推形。在初次推形的块面上画出细样，如图6-29，在鱼的头部画出眼与须，鱼身上画出腹部靠外一侧的鱼鳍。然后做出眼、须与鱼鳍，并继续推形使各个相应块面的相对关系到位，线条流畅。

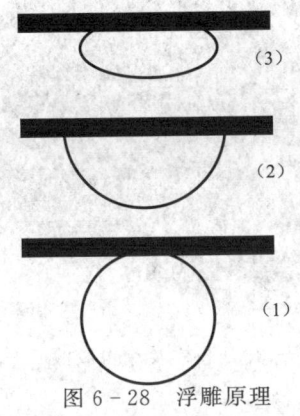

图6-28 浮雕原理

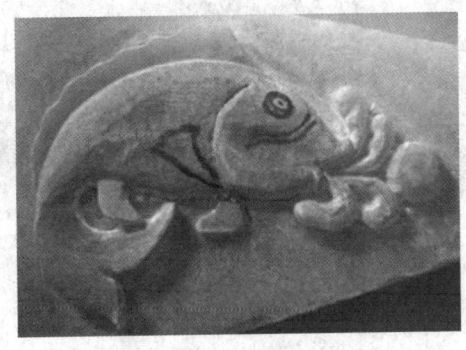

图6-29 再次推形

（6）做细节。在推好形的玉坯上画上鱼鳍纹、鱼尾纹和鱼身上的鳞片纹，上虫胶漆（图6-30）。然后以细尖针刻线，再对细节部位推形（图6-31）。

图6-30 做细节

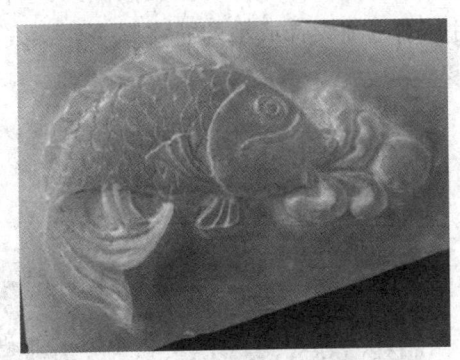

图6-31 细部推形

（7）修整。对雕刻的玉坯进行全面的修整，使地子平整、形体顺畅，对精品应在十倍放大镜下检查表面没有雕刻时磨粒留下的明显的擦痕和凹凸不平。

（8）抛。

四、玉雕立体雕的制作工艺

此处的立体雕我们以小花件"如意"为例来加以说明其制作过程，这样的雕刻法能随形就料，很适合对一些不规则的小玉料的雕刻。希望大家能举一反三，从中了解和掌握小件立体雕的方法。

(1) 画样。如图 6-32，这是一块不很规则的小片料，由于如意的形体变化多，很易于灵活运用。所以我们把片料设计成一较简单的如意，先将浮雕图案仔细画好（对称图案或连续图案可只画一半、然后将另一半扣出），墨线要求均匀流畅，然后用毛笔沾虫胶漆给画好的线条均匀地涂抹上一层虫胶漆保护层（图 6-33）。

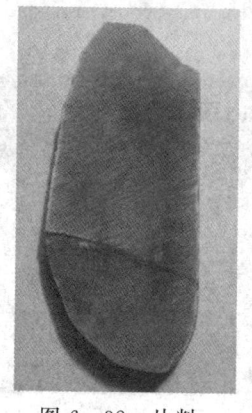

图 6-32　片料

图 6-33　画样及涂虫胶漆

(2) 用玉雕针轧砣如图 6-34 操作，打磨出形象的外形轮廓。内部的镂空用与之相适的打眼针先打孔，再用尖棒或其他雕刻针扩修镂空处，镂空与外轮廓的打磨皆应留一些余地，不要把线条磨掉。

(3) 勾大样。先检查原来的画线是否清晰，如不清晰，就二次画大样，再上虫胶漆，然后用金刚石细尖针或小勾砣将整个轮廓线很浅地勾一遍（图 6-35）。

图 6-34　轧砣

图 6-35　勾大样

(4) 初次推形（图 6-36）。用各种合适的金刚石玉雕针磨轧，使各个块面之间的高度差和榫结关系合理，调节好各个相应块面的相对关系。此次的推形要留有一定的余地，方便下一步的推形。

(5) 再次推形。在初次推形的块面上画出细样,并继续推形使各个相应块面的相对关系到位,线条流畅。加工中碰到意外情况时要适当地处理,比较图6-36与图6-37可知,原本设计做边部的一朵小如意的地方出现了崩裂,因此顺势把崩处修顺做了修改(图6-37)。

图6-36 初次推形

图6-37 再次推形

(6) 修整(图6-38)。对雕刻的玉坯进行全面的修整,使表面平整、形体顺畅,对精品应在10倍放大镜下检查,表面没有雕刻时磨粒留下的明显的擦痕和凹凸不平。

(7) 抛光(略),成品见图6-39。

图6-38 修整

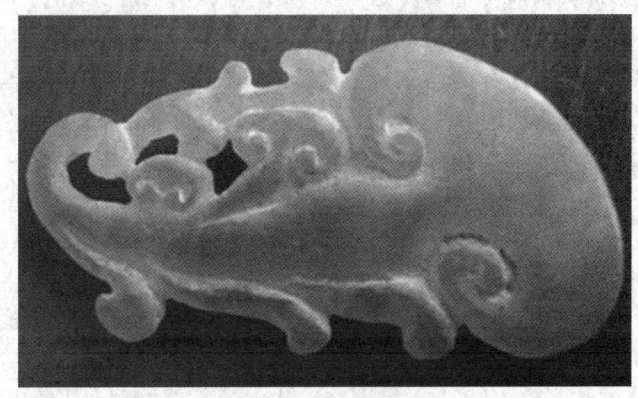

图6-39 抛光后的成品

五、玉雕走兽(马)的制作工艺

(一)工艺特点

1. 制作工艺特点

做玉雕兽类摆件的时候,由于所刻画的形象不同,造型的特点不同,所以,玉雕兽类产品的制作工艺仍有许多值得注意的地方:

(1) 出坯时,一般先从兽头开始,继而是躯干,最后是四肢。

(2) 在切块分面时,对头部和四肢应留有较大的加工余量。

（3）对细腿的兽——如马、鹿、羊等，一定要留有辅助性的"临时支柱"，让两只前腿或两只后腿暂时分别连起来，待进行到细坯时再去掉。

（4）做兽的四肢时，应运用"先方后圆"的原则。因为这样做，容易做准四肢的结构。只是在细坯阶段时才将"棱"裹圆。

（5）在粗坯阶段，主要是运用铡砣、錾砣进行形象的确定。待基本形象确定后，用冲砣、轧砣将表面琢平，然后才开始细作兽的结构。

（6）细部加工应在细坯阶段去完成。不要在粗坯阶段就做好某些部位的形象。

（7）兽脊是表现兽动态较好的部位。制作时要经常以兽脊作为观测点，来检查兽的动态是否正确、兽结构是否两边匀称等问题。

2. 玉雕马的制作方法

玉雕马有"仿汉马"、"仿唐马"、"写实马"之分。这种区别是指马的艺术形象所具备的形体特征和装饰风格而言，并非是指马的生理结构有不同。

例如，"仿汉马"是指制作者有意识地夸张马的头、颈和躯干，使之呈大体大块的裹圆结构。其健壮的四肢都在做上下轮回地运动，并与头尾运动方向相呼应。"仿汉马"的躯干略长，动势呈弧线形。马的形体结构简单得几乎可以用一些几何体组成——臀部作1个圆，胸部、颈部作两个半圆。整个马的造型表现为由头、尾、四肢向外呈放射状展开，同时又在作上下前后的呼应。因此，"仿汉马"具有浑厚简朴、雄健奔放的风格。

又如，"仿唐马"是在造型上强调头小、颈薄、胸宽、腹窄、肢细等外部特征。在具体部位上又强调特征的表达，如马头；强调上唇见方、下唇见圆，鼻孔转折呈"の"字形，眼上睑呈直角并与圆形的眼球成对比关系；臀部强调丰满；马腹强调平收。再加上剪成"三花"或"五花"的马鬃、挽卷起的马尾、装饰华丽的马鞍、马鞯、马镫、缰绳、璎珞垂饰，这就必然使"唐马"丰丽饱满、体态匀称、装饰华丽。因此，各种马的风格虽然不同，但工艺制作方法应是相同的。

（二）玉雕马的制作

玉雕马的制作可分为工艺设计——坯工——细工——精细修饰——抛光五个工艺步骤。

1. 工艺设计

图6-40所示为在玉料上勾样之后的状况。

在工艺设计阶段应从正面、侧面和俯视面来把握马的动态和形体。如果马的动态不大，就可以从正面将马的造型用最简单的线形和体块概括起来。如果马的动态较大，如马回首、奔腾，则要多从侧面和俯视面来进行形体块面的分割，只有这样才能把握马的各部分形体和在空间中的相对位置。制作者应经过上述思考后，才能进入雕刻阶段。

2. 坯工工艺

粗坯的第一个步骤是"切块分面"。制作者按工艺设计阶段所构思的形体块面，用铡砣将玉料上所有与马的影像轮廓无关的余料切去，使之成为如图6-41所示的状态。

要注意的是，对马头和四肢的留料要加放加工余量，并不要急于将各部分裹圆。

粗坯的第二个步骤是推落派活：这一加工步骤主要是解决代表马的各部分体块在玉料上的实际位置。因此，应多从侧面和俯视面来细分马的形体块面。雕刻的顺序是马头——躯干——四肢。在这一步骤不应当做出具体的结构，而是在相应的体块表上，按照形体特征，将大面分成中面，在中面上继续分成小面。只有这样反复地从马头至四肢进行几次，马的形象

图 6-40 玉雕马的工艺设计示意图

图 6-41 切块分面示意图

才会逐渐显现。在这一步骤中最忌讳的事是将四肢做成圆柱形，而应当将四肢概括为四方柱形，应牢记"先方后圆"的雕刻法则；只有在细坯阶段才能将马腿裹圆。为了防止马腿断裂，应在纵深方向留有支柱，应将马腿连在一起。图 6-42 所示是用錾砣经多次推落派活才达到的状态。

首次修整是粗坯阶段最后的一个加工步骤。因为这时造型上已无余料，形象也相对地准确，因此，这时的任务是把表面做细，把一些不太准确的"派活"做得更加准确。首次修整的主要工具是冲砣和轧砣，应当把马坯表面的砣痕、凹凸不平处磨平。图 6-43 所示为这一加工步骤完成后的状态。

图 6-42 推落派活示意图

图 6-43 首次修饰示意图

3. 细工工艺

细工是精细加工，包括两个步骤。

"精细派活"，是用各种大小不同、形状不同的工具，对玉件的细部形象进行刻画，包括对外形的最后确定和各种装饰线的确定。精细派活应当从马头开始，然后是颈、躯干和四肢，最后是马头的眼、嘴、鬃毛、马尾。以上程序要反复进行几次，也就是说，每做一个部位都不能一次到位，要经过几次不同的"逼进"，才能达到图 6-44 所示之效果。

4. 精细修饰

最后修整，只着眼于一些细部形象的刻画，如勾鬃毛、勾眼皮；调整局部未做准或未做到家的部位；还应当对产品表面进行精磨，达到平整、光洁的程度，并去掉各种辅助性的支柱。成品完成图如图 6-45 所示。

图 6-44　精细派活示意图

图 6-45　玉雕马完成示意图

5. 抛光（略）

第七章 玉器的后续处理及综合评价

第一节 玉器的抛光和装潢

一、玉器抛光

玉器抛光直接关系到玉器美的程度，是一个很重要的工序，抛光因原料、造型而异，世界各国对宝玉石采用的抛光方法不尽相同，中国各地对玉器的抛光采用的抛光方法也不尽相同，本书仅限于中国某地区使用的常规方法，不能概括全貌，各种原材料和各种造型的复杂抛光工艺也不能逐一介绍。

抛光。就是把表面磨细至镜面状态，使光照射在其表面时有尽可能多的规律性反射，达到光滑明亮的程度。产品表面受两方面因素的影响：一是产品材质的性质，由材质性质决定的光亮称为光泽，另一种是产品表面反射现象，产品表面平整的程度决定光线反射的角度，能够使光线作规律反射就有强的亮度。前者是本质，后者是条件，也就是说，不给以表面反射的条件，不能反射材质本质的光泽，所以，无论何种玉器如果表面不平整光滑，就没有条件形成规律的反射，也就看不到材质的光泽。

细磨。在抛光工序过程中，细磨叫做"去糙"，即去除表面的糙面，把表面磨得细腻。磨面是琢磨的继续，但不是为出造型，而是为抛光，因此，去糙只能去除表面的不平整，不能伤害造型的细纹。尤其是造型的纹饰和细部，不能因细磨而变得模糊。磨细已不使用琢磨工具（用琢磨工具的磨细称抒细），换用抛光工具，磨细抛光工具国内用非金属材料制成，有草、棉、木、竹、胶、石等抛光工具，北京用的一种抛光胶是由胶和磨砂混合制成的，称作胶碾。去糙使用糙胶碾，制作各种抛光工具是抛光工艺的重要基本功。

罩亮。产品去糙以后，基本上已达到乌亮的程度，即表面已很细腻光滑，为了使表面有强的反射光，还要罩亮，罩亮就是用抛光粉磨亮，抛光粉蘸在旋转的抛光工具上，用力摩擦产品表面，使其表面平整，产生镜面光反射，达到有镜面明亮的程度。

玉器是手工产品，有各种造型，玉器的抛光难度，主要是保持造型的特点，制作时使用什么形状的工具，抛光时还要仿效制作工具的形状进行抛光，只不过抛光工具是用革、布、木、石、竹、胶等材料制成的，有着专门的名称和用途，如用葫芦制的葫芦瓢进行罩亮，拉布带子去糙、罩亮。首饰石的一些小挂件，造型简单，除精品、珍品用手工抛光外，大多使用滚桶、震桶，由产品和抛光粉及填料（石、竹、瓷、木等）掺和在一起长时间地滚动、震动并不断相互摩擦进行抛光，也可以选用其他机械抛光设备进行抛光。

在缅甸密支那，可以见到最原始的加工机械——我国北方称的"水蹬子"：用脚蹬作动力的磨玉机。当然，还有用单缸柴油机"嘭嘭嘭"作动力的，也有用电机带动割盘作切割的。最为独特的是抛光不用抛光粉，而是用缅甸遍地都有的竹筒或竹片。利用竹子表面刚好适宜的硬度和光滑度,将竹筒套在铁棒上,再夹在卧式转头上,高速旋转进行抛光。或把竹片插在水盆里,手持粘好戒面的粘棒,用手工上下摩擦抛光,如此的土法,生产成本确实很低;可想而知加工人员工资会低到什么程度,例如一名缅甸交警的月薪折合人民币30多元,这些双手整天泡在水里的"小工"能有多少?所以,整个加工成本之低可想而知。

总之,抛光工艺中的设备、工具、辅料以及工艺的选择,要依产品的形状、材质和效率而定。亮度在机械行业称为光洁度,它是由产品的精度决定的,玉雕行业对光洁度的要求虽然没有那么严格的区别,但表面也必须达到光滑、舒展、光亮和不走型的标准,使人眼看不到不亮的地方。

产品造型复杂,要把各个角落抛光并保证产品安全,并不是一件容易的事,为此各厂家制定了操作程序和安全操作注意事项,抛光不仅要熟记这些规程和安全事项,还要研究各种不同材质的造型特点,解决不同材质、不同造型抛光中的操作技术问题,采取必要措施,保证产品安全和质量。

清洗。产品抛光以后,要把产品上的污垢清洗掉,使用的方法有水洗、酸洗、碱洗、冷洗、热洗、超声波清洗等,依材料和产品造型以及产品上的污垢特点而选定。

二、过蜡、喝油

过蜡、喝油、擦拭是玉雕产品抛光后又一道主要工序,其作用仍然是弥补表面的微观不平,蜡和油都是原油蜡类物,浮在产品表面可产生油亮的感觉,显得湿润,也可填平微小低凹不平之处,增加了产品表面的光的反射度,所以,过蜡、喝油的产品还要光洁,亮度也高得多。

过蜡又称上蜡,上蜡是玉石制品在抛光之后通常要进行的一道工序,实际上这不是对玉器的加工工序,而是对玉器的处理工序。上蜡不仅可以使玉器表面更光滑,还可以遮掩裂纹。对于多孔隙的玉石材料如绿松石等,还可以起到免受污染、增加结构稳定性及改善颜色的作用。

过蜡操作过程:过蜡是将产品烤热以后,用脂屑溶化在产品表面上,喝油是将蜡或油脂加热后,放入产品,使产品浸入油脂肌里,过蜡喝油工艺的选择依产品材质的不同而不同,产品过蜡过程中掌握温度很重要。

不能因过蜡喝油而损坏产品。注意:①产品加热不能用煤块或其他电炉、火源,必须以炭火加温;②石英岩类产品不宜放在火上烘烤以免炸裂;③对石英岩类产品,如桃花石、芙蓉石、东陵玉、密玉、水晶等热过敏性的产品,则实行以蒸气加热,待产品经过过蜡喝油以后,要在热的时候,进行擦拭和冷后剔蜡,使油脂分布均匀,以质地柔软吸油性能好的棉纸巾擦拭为好,剔蜡则用木签子。另外,蜡和油还有保护表面不易被脏物污染等作用。

三、装璜——座和匣

玉器要有富丽的装璜,装璜的目的有两个:一是美化产品,二是保护产品。

玉器装璜已有很久的历史,一般玉器都有座和匣的两种主要装璜,有的还有成套的包装,如座上有玻璃罩,在玉器正结丝条垂以穗、镶金银等。座对提高玉器的身价、使玉器放置平稳、增加整体的稳定性起很大作用。同时,在艺术上亦是一种衬托,是为了艺术的完善和多元化的统一。玉器的座有木、石、铜、镏金等,但基本上是实木的,只是木质不同,如红木、紫檀木、花荆木等。底一般依玉器产品的造型而设计,形状多为椭圆形、方形、长方形、圆形、字、座的高矮、宽窄、薄厚要看玉器的尺寸,太高、太宽、太厚一不协调,二喧宾夺主;太矮、太窄、太薄又显得穷酸气和不稳定性。

座的造型雕刻以玉器造型为依据,器皿玉器多用素座,花鸟玉器多用天然山水座,插屏多用支架座,木座以硬木制面,雕刻好后干磨硬座,绝深稳妥,十分美观、稚雅,使用其他优质木材则应在制成后,上深色漆仿硬玉效果,座承接玉器,按玉器的底平把座面挖深一层,叫落窝,落窝的深浅以放置产品后稳、正、不紧、不旷为好。金属座、石座,不如木座使用广泛,但也有应用,《大禹治水图》山子就是金属座,铜镏金;元代的《渎山大玉石海》用的是石座,都很有代表性。

匣是为放置玉器而制作的,也可保护产品,有纸、布、锦、木、金属等,匣内有软囊用棉和泡沫塑料填入,糊有绸布里,颜色选择依产品的颜色而定,以衬托产品颜色醒目协调为主,产品放入软囊中不紧、不旷,和四周距离不可过大,也不可过小,匣的外表以纸、布、锦、绢糊之,并以此分档次,纸匣是低档,布匣是中档,多用蓝布称蓝布匣,锦匣是高档,还有硬本匣、花纹匣、漆本匣、珐琅匣、塑料匣、纸盒等,用于玉器的不同造型和品种。匣也是产品的主要装璜,通过匣的装璜,大体能了解产品的高贵程度,匣的大小衬里面料的选择以及制作工艺都有技术要求,为保持匣的装璜,特点和质量要求是严格的。为发展玉器装璜艺术,对玉器的装璜还应该进一步研究,以提高其实用性、醒目性和装璜美,形成玉器和装璜的统一格调。在玉器装璜上还应该有作者的署名,产品的说明书,以及存放、使用、运输等注意事项,这些都是玉器商品或者艺术品所需要的。

第二节 玉器的综合评价

一、玉器的商品性

列宁说:"价值是由社会必要的劳动量来决定,或者是由生产某种使用价值所消耗的社会必要劳动时间决定。"玉器生产正是遵循这个价值规律。它符合一般商品的规律,它的价值一般由劳动量来计算。

1. 玉器具有明显的商品性

玉器生产的劳动量是很大的,原材料的寻找、开采、分选、运输、利用率,原材料的设计加工,玉器生产中的消耗、管理,产品的装璜、包装、贸易等,各个环节都要付出劳动量,都关系到玉器的价值。玉器生产不是一个人能完成的工作,它所提供给社会的商品,服务于社会一定的阶层、民族和人群,在市场上广泛流通,所以说玉器具有很明显的商品性。

2. 玉器是无固定价值的商品

玉器不是一般商品,它的价值虽然主要由劳动量获得,但不是绝对的,在很大程度上受其质量的影响,受对玉器处理手法的影响,受各阶层民族和人们物质条件的影响,提供给社会的玉器是少量的,社会的需求也是少量的,这种量的变化对玉器的影响很大。优质玉和劣质玉同属一个品种,但价值有天壤之别,人的技术条件、加工技术处理手法是否得当,都对玉器的效果产生影响,使玉器在造型上千变万化,产生的价值自然也有了出入,人们在选用玉器时,由于民族社会习俗、传统观念以及信仰的差别,都会对玉器的价值产生不同的认识,这些就是玉器无固定价值的主要原因。玉器以港、澳、台胞及一些与中国文化有渊源的华裔为主要的购买对象,但经过数年的畅销,台湾省很快趋于饱和,出现滞销,从1989年起玉价已几次暴跌,这时的工艺达到了历史最差水平。优料次作,国家有限的资源遭到严重的浪费,这主要是指近些年刚组建起来的小集体、私营、个体等新形成的生产群,他们是国内市场的主要供给者。而20世纪50年代中期组建起来的正规老厂的货没有或很少投放市场,他们的质量没有下降,反而有较大的提高,生产了多件国家级产品主要投放国际市场。国内市场可分内地与沿海两个销售区,内地销售区主要由我国初期形成的购买群来购买,需要的是货真价实、廉价实用以圆雕为主的玉器小件,但也需中、高档小件玉器来满足来华参观访问旅游、探亲访友的华裔人士。沿海销售区以南方诸城市为代表,这些区域侨胞来投资者较多。玉器销售对象是他们,主要需要高、中档级别的玉器,小件几乎需要清一色的高档玉料——翠玉和白玉。

世界对宝石的流行,一个时期对另一个时期、一个地区对另一个地区产生偏差,也使它的价值发生变化。宝石和玉器之间的固定价值还表现在人们购买时的心理作用,起初认为是高不可攀的昂贵之物,但随着经济条件日渐富裕,购买的风气日盛,使货源大量减少,提价就是自然而然的了。

3. 玉器的价值永远不会消失

玉器是非常耐用的商品,不因人的装饰和陈设而损坏,一旦再投入市场,只要玉石的质量好、造型好,同样赢得价值的不变,往往还会高于原来的价值。

由于以上的原因,宝石、玉器是商品,又是有别于其他商品的特殊商品。

二、玉器的艺术性

玉器是有别于其他商品的特殊商品。它用于人们的装饰、陈设、收藏,它不是生活必须品,但它是人们精神生活(无论是上层社会和民间)的欣赏品,是文化生活不可缺少的一项,所以才能在社会中流通。

宝石、玉器装饰与欣赏有两个属性:一是欣赏石,二是欣赏工艺。石之美决定了它的身份高贵,工艺美决定了它的造型艺术。石之美和造型美都能成为世界上仅有的特殊品,被作为珍宝收藏。

玉器造型艺术一定要烘托石之本质,这是产生玉器艺术的决定条件。玉器艺术发挥石之本质特点越显著,就越有欣赏价值。然而艺术必定是艺术,即作品要表现一定的主题,其造型的点、线、面、体处理受美学、艺术造型规律的指导,在作品风格上形成一定的格调,在人们的装饰、陈设、欣赏中给予精神上的不同享受。

玉器艺术与工艺有着不可分割的联系。工艺要服从艺术的需要,正如美的语言要服从思想的内容。只表现技巧的玉器不可能是好的艺术品;但如果没有工艺的烘托,其玉器艺术也逊色。人们挑选玉器既重视石的质量,也重视造型。也就是说,玉器的两个属性都非常重要。

玉器是世界文化艺术的宝藏,它归属于上层建筑的范畴。玉器艺术不能单用劳动量来等价看待,它所产生的艺术价值与劳动量不成正比,它可能因为不美产生不了价值,但也可能因艺术水平很高,而产生高出劳动量很多倍的价值。

为了发挥产品的艺术价值,提高设计人员、制作人员的智力素质是重要的,提高原材料的科学利用是重要的，提高艺术造型能力是重要的。中国玉器有中国传统的特色，要发扬这种特色，使之成为代表东方艺术的艺术，代表有时代气息的东方艺术。我国目前的玉器艺术还有很多缺点和不足，继承传统的多，在发扬传统基础上创新的少，反映新时代精神面貌、新造型、新特点、新用途的玉器更是凤毛麟角，更需努力运用现在已经成熟的技术向玉器艺术高度推进，向多用途的广泛性上进军，要在不久的将来，玉器要在艺术上登上大雅之堂，从用途上占领海内外广大市场。

发展玉器商品和艺术品，无论是把玉器看作商品还是艺术品，它都必须在人们心目中占有一定的位置，人们在心理上感到它的必不可少，这是玉器在社会上存在的必然因素。世界历史的发展已经证明了玉器的这种力量和吸引力，它没有停止过，每时每刻都在世界商品中流通和追求，受到社会种种力量的推进，强迫它改换面目，满足社会的需要，受社会的制约，形成了玉器的时代风格。玉器是比之其他艺术受到的制约没有能力突破给划定的框框的行业。

我们在研究玉器的时候一定要看到和重视这种不可逾越的障碍，它是原材料开采、流通、技术、时间等因素造成的，受权力和财力的支配。新中国成立之后，党和国家给了玉器发展的条件才使玉器又复活起来，如果没有国家的大力支持和重视，玉器发展只是一句空话。玉器的对外贸易也是一样，如果世界上财力不这样充裕，它的发展规模可能很小。

商品生产完全为了销售，没有销售也就促进不了生产，这个道理是很简单的，玉器生产同样符合这个道理。要使玉器业兴旺，就要努力生产适销对路的产品，在社会购买力不断变化中，一些老的产品可能被淘汰，代之以新时代特色的产品，这些新的产品需要玉器生产部门通过商业信息加以研究改进和创造。

研究玉器艺术，比之研究市场的动态更困难，它要求玉器多吸收文化、艺术、历史等社会科学知识和技能，同时也要求本行业的知识和技能不断发展，把造型艺术、美学和玉器技术结合起来，多生产有艺术性的玉器，这样不但能提高玉器的声望和地位，提高工艺品位的艺术性，也能兴旺销售市场。

世界宝石、玉石的销售市场，容量是大的，呈递增式。大众佩戴首饰已成习俗，欧美、日本已不把一般首饰作为高级品买来佩戴，也不注重它的财产性。高档宝石、首饰已成为畅销货，人们在努力企求它，一旦有机会就购买；极为珍贵的宝石首饰，流行在上层大亨之间；但极珍贵的宝石首饰很少，显得货源紧张。世界富裕国家宝石业也兴旺，他们多具民族性，受传统观念的影响，玉器是作为艺术品销售的，精品销售市场很活跃，只有劣质、造型丑陋的销路不好。因此发展我国玉器优势，争取成为玉器大国，只要不断地提高玉器的造型水平，开发新产品，使玉器能为现代生活服务，玉器兴旺将不成问题。

三、玉器的工艺及艺术鉴赏

玉器的工艺鉴赏是玉制品的技术审美活动，首先应观察玉质和玉色。玉质除用肉眼观察其致密细腻外，一种简便的方法是用手微微地抚摸，如能产生一种滋润的亲昵感，一般都是上好的或高级玉料，自然，这种抚摸也要有过一段时间的实践和感知，在整体的琢磨工艺鉴赏中料是客观生成的，其中奥秘就在于如何使用这一块料，这才是真正的艺术寄托。现代琢玉宗师潘秉衡曾经科学地总结说："玉器这门艺术，说穿了就是用玉（即用好玉）的艺术"。1000 个人对于同一块玉料能有 1000 种不同的用法，其结果就是看它的艺术和经济效果。玉器的价值在艺术创作之中，具体说来则表现在尽、善、绝三个字上。

尽即恰到好处，没有余料或很少有余料；善即是真正到了弃脏去绺，返瑕为瑜，投机取巧，巧夺天工；绝即仅此一件，是别人想不出的方案，唯有用此方案经济、艺术价值最高，令人拍案称绝或者是前无古人后无来者，亦可概括为人无我有，人有我新，人新我奇，人奇我绝，这才是玉器中的稀世之宝。

在工艺鉴赏中，还有工艺本身的琢磨和碾磨的艺术效果，即不见砣道，无棱线，圆熟、平顺、滋润而不辉闪，光亮无死角恰到好处。只有琢磨精细，严丝合缝，砣砣到家，才称得上鬼斧神工。

器皿：着重在其形象的厚重、典雅、古朴、雄浑，花薰的制作便是一个突出的例子。它的造型有点四不像，既像炉、又像鼎，又像尊，并且有点像亭子炉，但又都不真像，至今没有一个定型，因此，器皿造型主要要求对称、规整、安定上下比例适度即可。装饰设计上离不开花纹，花纹有兽面纹、宝相花纹及素体等，此外还有许多边饰和扣环、链子等，因各地风格不一而多少有所相殊。一般说北玉简洁些，南玉玲珑些（北玉指北京为主，南玉指扬州、上海为主）。现代器皿中，一个较为鲜明的特点是经常借鉴瓷陶器及景泰蓝的外形，但也互为影响。人物首先要看形象、表情，如果采取舞蹈题材，当然是可取的，比如西厢记、黛玉葬花、戏鹦及宝钗扑蝶等，要求有一定思想内容的刻画，由于玉料、工艺限制，也难以与一般雕塑、雕刻相比。玉器中的花卉、鸟兽除程式化的作品外，要求逼真仿鲜，它提倡艺术的活性与灵性，目的在于真善美，鸟的动作要区分鸣、食、宿的不同动态，花卉要求穿枝过梗、翻卷折叠、含苞未放等，使玉花和真花相媲美。

鉴赏玉器器皿中的薄胎，在金银丝嵌宝石的玉器中，工艺要求金丝、银丝平整、洁固，手摸金银时完全与玉面相平，薄度要求则是薄如纸、明如镜、声如磬、清如水、万里无云，实际厚度在1.5mm左右，隔胎能见指纹为上品，特别是胎的整体薄度要求均匀，才是见真功夫。

四、玉器的材质评价

张蓓莉的《玉器评价》认为：玉石原材料的品种和质量关系到玉器和首饰的价值，只有正确判断玉石的品种、级别及其价值，才能更好地评价一件玉器的价值。我国玉雕业可利用的玉料品种比较多，但主要的品种却并不多，有翡翠（硬玉）、透闪石玉（软玉）、松石、玛瑙、芙蓉石、东陵石、独山玉、岫玉、孔雀石、水晶等十几种。

1. 翡翠

翡翠原料千差万别，高档原料不足1kg的小块，价值可达数千万甚至超亿元，几吨重的翡翠原料可能只值每千克几十元，价格的差别上万倍。也可以说，翡翠是唯一一种不用质量来衡量其价值的宝石。正因如此，翡翠的质量评估就更显得重要。

如何来评价一块翡翠原料或饰物的质量是许多专家研究、思考的问题。综合现有研究结果，我们可以从以下几个方面来分析。

（1）颜色。颜色是评价翡翠最重要的因素，翡翠价值最高的是绿色，其次是红色、藕粉色，颜色的好坏直接影响翡翠的价值。要考虑颜色的好坏，就要具体分析翡翠颜色是否正，浓淡是否适宜，颜色的冷暖、分布是否均匀等。

翡翠颜色纯正是很理想的，但自然界所产翡翠的颜色往往是不纯正的，有的偏黄，有的偏蓝，有些翡翠有灰色色调。我们以纯正绿色为最佳，依次按照偏色的强弱再划分几档，这样可大致掌握颜色的分类和档次。

颜色的浓淡也很重要，颜色太浓会影响透明度，太淡也不好看。一般认为，翡翠颜色以浓淡适宜为佳。

翡翠颜色的冷暖色调，偏黄也即暖色成分多，偏蓝也即冷色成分多。颜色的偏色关系到翡翠的艳丽程度。也有人以黑色调、灰色调的多少来描述翡翠颜色的艳丽程度，黑、灰色调越重，翡翠的颜色就越差。我们可以根据自己的经验，将翡翠颜色的艳丽程度分级，并制定出每个级别之间的差异，这对翡翠价值的评估是很重要的。

在一块翡翠上颜色的分布也很重要，颜色越均匀越好。首饰用翡翠原料的颜色分布均匀与否很重要，有时是影响其价值的决定性因素。玉器用翡翠原料还要看颜色的分布特点，有些原料的绿色是按带分布的，色带的宽度、走向、形状等分布特征将决定玉器设计和采用的加工方法；有些原料的颜色是团块状的，有些是一条线，只有在研究了颜色的特点后，才能确定玉器的设计方案，它直接影响到玉器的成品质量。翡翠颜色利用得好，利用得巧，这块原料就得到了最大限度的利用，就可以最大限度地体现其价值。

(2) 透明度。翡翠的结构，是以硬玉矿物为主的多晶体的集合体，多数为半透明，甚至不透明。最好的翡翠也不可能像单晶体宝石（如祖母绿）那样透明。也许正因如此，中国人喜欢翡翠，就喜欢翡翠那种半透不透、水灵灵的感觉。

组成翡翠的硬玉矿物的晶体颗粒大小、排列方式以及杂质的含量等，都对其透明度有直接的影响。一般翡翠行家将透明度称为"水头"。透明度好的就是水头足，种好；透明度差的就是种差或水头很干。有些行家用很形象的词来表达翡翠的透明度，例如玻璃种、冰种、干青种等。

翡翠原料的透明度越好价值越高，尤其在评价中、高档翡翠时，透明度对价值的影响往往高于颜色。有色无种一定不是高档货，有一定色种又好的翡翠才能成为高档货，也可以说，高档翡翠一定是种好，而色好的不一定是高档翡翠。对于低档翡翠来讲，有色无种要比无色有种贵许多，在这种情况下颜色比透明度更重要。细心的评估师会总结出翡翠种好与不好之间的大概价格差，越多的统计计算，越有其代表性，知道不同种份的翡翠价格的差异，对评估对象的对比分析极为有用。行内有句话叫"种好遮三丑"：①种好可使颜色浅的翡翠显得晶莹漂亮；②种好可使不够均匀的颜色由于相互影响而显得均匀；③种好可使质地不够细的翡翠显得不明显。由此可见种的好和差对翡翠的重要性。

(3) 结构。这里讲的翡翠的结构是指组成翡翠的硬玉矿物的结晶微粒的粗细、结晶体的形状及其组合分布方式，行家称"底"或"地"。

一般来讲，硬玉矿物结晶颗粒越小，翡翠的质地越好；硬玉矿物结晶体越粗大，翡翠的质地越不好，感觉不细腻，抛光效果就差，价格也就越低。

我们可以将翡翠的质地大致分成非常细—细—较粗—粗—很粗五个级别，一般好的翡翠质地都很细。也可以根据地子的好坏，来分析翡翠原料价格的差异，研究出一般的规律来，从而较容易地掌握"地子"对翡翠价值影响的幅度。

(4) 干净程度。翡翠的评价像其他宝石一样，干净程度也直接影响其价值。

翡翠的瑕疵主要有白色和黑色两种。黑色瑕疵有的呈点状分布，也有呈丝和带状分布，主要是黑色的矿物，例如角闪石等。白色的瑕疵主要以块状、粒状分布，一般称石花、水泡等，主要是白色的硬玉矿物和长石矿物。

在评价翡翠时要研究瑕疵的大小、分布特征，瑕疵是否可以剔除，是否对翡翠的质量产生重大影响，影响的程度如何等因素，经综合分析后才能确定其对翡翠价值的影响程度。

（5）裂纹。如果一块翡翠料上有大的裂纹，这将大大影响其价值。影响程度要依裂纹的大小、深浅、位置等因素来判断。

在评价翡翠原料时，上述五点要综合起来分析研究。首先要确定翡翠料是适宜作首饰料还是玉雕料，因为两种料的评价方法是不同的。评价首饰料直接、具体；而评价玉雕料就较复杂、抽象，不仅要考虑料的好坏和颜色的分布特点，还要看能做什么，怎样做，效果会怎样。例如一块有黑有绿有白的料，如果将三种颜色充分利用起来，设计成一件绝佳的艺术品，其价值将会成倍增长，如果设计不好，将大大影响其价值。

影响翡翠价值的因素很多，每一种因素都是动态的和不确定的，这即是翡翠的价值规律很难把握的原因。

2. 透闪石玉（软玉）

透闪石玉又叫软玉，是由透闪石矿物组成的。我们经常碰到的透闪石玉主要有4个来源：一是新疆料，二是青海料，三是辽宁岫岩河磨料，四是俄罗斯料。对玉雕专家来说，四种软玉一眼就可以分别出来，这主要是因为四个产地透闪石玉的质地、颜色、油性有差别。

从透闪石玉的产出情况来看又可分为山料、籽料和山流水。山料是指产于山上的原生矿，块度大小不一，呈棱角状，质量不如籽料。而籽料是产于河床里的玉料，经过长期的搬运作用，磨圆很好，多数有浸染皮。山流水是指原生矿经风化崩落，并由山洪搬运至半山腰、山脚或河床的上游，距原生矿较近，有一定的磨圆，表面光滑。

在评价山料时，首先要看料的块度大小，越大块的越难得，价值越高。再要看玉的白度是否好，越白越好。然后要看玉的细腻、均匀程度，是否有油性、是否温润，瑕疵的多少及分布情况等因素。

有的山料例如青海料，有时带有团状绿色，这对白玉的价值是有贡献的，团状的绿越正越好。有些山料有糖皮，例如青海、新疆且末、俄罗斯料有一层几毫米甚至几厘米的糖皮，如果糖皮颜色很漂亮，会对玉的价值有正面影响。有的山料中有玉夹石的情况，这将大大影响玉的价值。

籽料的质量多好于山料和山流水，如果籽料有很漂亮的红皮，将对其价值有重要贡献，原因是可利用红皮制作成俏色绝品，还可证明这是纯正的新疆籽料，使价值倍增。

人们通常将透闪石玉分为如下几个级别。

（1）羊脂白玉。羊脂白玉因似羊脂而得名。羊脂玉质地细腻，特别温润，油性特佳，给人一种刚中见柔的感觉，这是白玉中的极品，仅产于新疆，十分稀少。现在市场上质量超过1kg的羊脂白玉籽料价格约100万元左右，十几千克的已属罕见，价值更高；超过100g的羊脂白玉籽料价格在每千克50万至100万元之间，几十克的一块羊脂白玉籽料每克也要1000元至1500元。在新疆和田某一玉器店里，一块手拇指般大小重18.5g的带红皮的和田玉籽料竟然要价12万元人民币，是黄金价格的40倍。从2007年11月起，和田玉籽料的价格出现了史无前例的提速上扬，到2008年3月短短4个月中，和田玉籽料累计升价3倍以上，普通籽料价格已经升到了每千克18万元，羊脂白玉料价格已经升到每千克200万元以上，可见新疆和田玉价值飙升速度是如此令人惊心动魄（当然其中不排除人为炒作的因素）。

（2）青白玉。青白玉是指以白色为基调，在白玉中隐隐闪绿、闪青、闪灰等，常见有葱白、粉青、灰白等，属白玉与青玉过渡品种，现在市场上多将好的青白玉归为白玉类，价格3000～10000元/千克不等。

（3）黄玉。黄玉由淡黄到深黄色，有栗黄、秋葵黄、黄花黄、鸡蛋黄、虎皮黄等色。黄玉的产出非常稀少，价值极高，上等黄玉价格在5万元/千克以上，中等的也要每千克两万元左右。

（4）青玉。青玉由淡青色到深青色，颜色的种类很多，好的青玉呈淡绿色，色嫩，质细腻，也是较好的品种。由于划到青玉品种的软玉范围略大，所以价格差别也非常大，每千克1500～8000元不等，上佳青玉有时价格也高达每千克1万多元。

（5）墨玉。墨玉为墨色至黑色，抛光后油黑发亮，该品种不多见。这个品种将是今后收藏的热点，上佳墨玉价格将会大幅度上涨。

（6）碧玉。碧玉有绿、深绿、暗绿色，绿不鲜，质地不如其他玉种均匀洁净，黑斑和玉筋明显。

评价透闪石玉料时，首先要看是哪个品种和级别的料，待大类分开后，再看料的形状，看有无绺裂、有无杂质、细腻滋润程度、颜色是否白、有无俏色可利用等，然后进行综合分析。

评价透闪石玉（软玉）最关键的是白度和是否细腻温润、有油性。绺裂和瑕疵的影响要视其所处的位置、大小、分布情况而定，如果可以剔除，则影响不大，如果直接影响到设计方案又无法剔除，则严重影响其价值。

目前，还有一种评价软玉的标准，叫做三好加一度，是中国工艺美术界和珠宝行业对软玉的工艺要求和经济评价依据做出的概括。即质地好、颜色好、光泽好和有一定块度。质地好：要求软玉原料达到质地坚韧、细腻和无瑕疵；颜色好：要求其达到颜色纯正、无杂色；光泽好：要求其达到光泽明亮无瓷性；度是要求其有一定块度或一定重量。

3. 玛瑙

玛瑙的品种很多，有"千样玛瑙"的说法。玛瑙是二氧化硅的隐晶质玉石。我们常见到的玛瑙有红玛瑙、蓝玛瑙、绿玛瑙、缠丝玛瑙、紫玛瑙、藻草玛瑙、白玛瑙、水胆玛瑙等。现在国内市场上产于巴西的玛瑙，价格每千克90～180元，国产的玛瑙主要出自辽宁、云南等地，价值略高于巴西料。由于玛瑙的人工处理工艺很完善，市场上见到的玛瑙产品多数是经热处理改色的，天然产出的多数颜色不够理想。

在评价玛瑙原料及其制品时，关键在于颜色是否正，俏色利用是否有意义。在颜色中以红、缠丝红、大红、桔红为上品，暗红、紫红为下色，有的料块体中呈暗红色，但做出产品是鲜红色，要认真识别。绿玛瑙中的葱芯绿、艳绿为上品，暗绿为次之。蓝玛瑙中的宝石蓝、紫罗蓝为上品，普蓝为下品。

在玛瑙中有两种以上的颜色为上等料，有的玛瑙有5种以上的颜色或几种不同的色调，这都是可做俏色设计的好料。俏色作品要分色清楚，用色忌混。玛瑙上的颜色分布是千变万化的，色与色之间有对比关系，用色要注意对比强烈。绝妙的俏色作品，不仅要分清颜色、对比强烈，更重要的是要在依料赋形的基础上，依色赋形，使作品形色相依，与自然形态绝妙吻合。这样的作品才富有情趣，才是绝妙作品。

玛瑙的绝妙俏色作品很多，例如玛瑙《五鹅》（彩图4-2）、玛瑙《雏鸡》（彩图4-5）、玛瑙《虾盘》（彩图5-5）、玛瑙《双蟹》（彩图5-6）、玛瑙《龙盘》（彩图4-7）、玛瑙《枫桥夜泊》（彩图4-3）、玛瑙《长生殿》等，都是玛瑙俏色中的极品。

在评价玛瑙作品时，要分清是一般作品、较好的艺术品，还是佳作和珍品，这之间虽然没有严格的界限，但价值差别是非常大的。例如，我们可以用500元购买一件俏色玛瑙虾盘，但真正好的俏色玛瑙虾盘5000元甚至50000元也买不来。因此，在评价玛瑙作品时，除颜色、俏色利用外，工艺、设计也占有很大的比重。好的作品，设计构思巧妙，工艺精湛，抛光好。由于玛瑙的原料并不贵，料与料之间的价格差也很小，最关键的在于设计构思和制作工艺。

4. 松石

松石是一种铜和铝的磷酸盐矿物，质地细腻，光泽柔美，颜色为海蓝色到绿色。

不同产地的松石质量、颜色是有区别的，我国松石主要产于湖北郧县、竹山县和陕西的白河县。湖北产的松石一般来讲质量好于陕西白河的。伊朗、美国的松石产量较多，质量很好。

评价松石主要是看块度、颜色、致密程度等。松石多为核状、瘤状、豆块状和块状，一般50g以下，大块多为100~4000g，质量在5kg以上的大块松石就少见了。块度越大越好，同样大小的松石要看形状是否好、有无杂质。颜色是评价松石的很重要因素，颜色要纯正。色蓝好于色绿，最好的松石是天蓝色，其次是绿色松石，松石最忌灰、黄色。松石的质量级别划分以质硬、色蓝、块大为特级料，剖面或断面有蜡状光泽者最佳；块大以及中小块色好的硬松石为一级料；色由蓝到亚绿的大块也是一级料，中小块是二级料。色不好、块小者为三级料。

5. 其他种类玉料

水晶又分紫晶、烟晶、茶晶、黄晶、发晶等等。块大、干净的质量好，块大不干净的质量次之。有颜色的水晶也要看颜色是否纯正等。

独山玉要看质好坏、有无俏色可利用，上好的独山玉有很漂亮的绿色。

岫玉要看颜色是否均匀，质地是否细腻，有无夹石和杂质，上佳的岫玉也是很好的玉石品种。

青金石要求颜色纯正，所含黄铁矿分布有特点，方解石含量少，块度大者为好。

五、翡翠的综合价值评述

（一）翡翠——东方瑰宝

奥岩的《翡翠鉴赏》认为：翡翠是一种优质的玉石品种，它的大规模开发利用仅仅几百年，但现在已成为世界宝玉石中一个举足轻重的品种，喜爱翡翠的人群也已从华人扩展到其他非华裔民族之中。翡翠由于其价格及品质富于变化，具有极大的跨越性，加之其高额的利润和神秘的赌性，使得不同阶层的人士趋之若鹜。翡翠既可以雕琢成大型摆件，又可做成玲珑精巧的首饰，这是其他任何一个宝石品种不可相比的。

缅甸是世界上唯一产出高档翡翠的国家，在1885年英国侵占缅甸之前，盛产玉石的缅北翡翠产地勐拱是"滇省藩篱"封赠的土司地，属中国的版图，由腾冲的越州管辖。二战时期这里处于滇缅未定界。直到1958年，才被正式划入缅甸的版图，玉石场沿着缅甸北部密支那省与乾单省交界处的原始森林、野人山区沿雾露河两岸分布，主要玉石场从北西向东南分别为雷打、后江、龙肯、帕敢、香洞、会卡、达木坎和南其场地区，玉石场的中心集镇帕敢是100多年前才从原始森林中开辟出来的。当地居民有摆夷（傣族）、景颇族、红摆夷、傣族和华人，最初从事玉石开采投资和买卖的都是华人。

翡翠的产地有缅甸、日本、危地马拉、俄罗斯等地，但真正达到宝石级且大规模开采的只有缅甸北部一地。缅甸北部是一个经济落后、战事不断的地区，所以缅甸翡翠的勘探、开采以及交易一直以民间力量为主，缺少一个完善的管理体系，使得翡翠的开采贸易处于一种自由化的状态之中。缅北的翡翠矿山距中国边境很近，历史上又属中国版图，由腾冲越州管辖，所以历史上翡翠的开采、运输及加工制作多为华人所为，华人不仅开发使用了这一玉石品种，为人类社会制造了成千上万美妙绝伦的翡翠艺术品，同时也培养了中华民族对翡翠的深厚情感，可以说翡翠是中国人最为喜爱的宝玉石品种之一。

翡翠被称为"玉中之王"，是最为名贵的玉石品种，翡翠具有其他宝石无法比拟的品质：比其他任何宝石的颜色更加多姿多彩，是颜色最为丰富的宝石；品种多样，每一件翡翠都独一无二；翡翠的硬度较大，化学性质稳定，承压性大于钻石，坚韧耐久，可作为传家宝代代相传；珍贵稀少，全世界商业级翡翠只产于缅甸的伊洛瓦底江流域。

由于翡翠的独特魅力，几百年来一直为东方人所钟爱，是东方人最为喜欢的宝石，近几年也在不断地被越来越多的西方人士所接受和喜爱。这是由翡翠自身所具有的经济价值决定的。

装饰价值：在所有绿色宝石中，翡翠的绿色是最美、最富于变化的，用它做成的首饰具有非常好的装饰效果。

收藏价值：翡翠品种多样，因经济条件和喜好的不同，不同的人喜欢收藏不同的翡翠。

保值增值价值：翡翠，特别是高档翡翠在开采总量中所占比例较少，而市场需求却越来越大，因此价值越来越高，导致翡翠在拍卖会上的价格居高不下。近十年间高档翡翠有十几倍、甚至上百倍的升值，是投资的较佳选择之一。上海某拍卖行曾举行过一次翡翠精品无底价拍卖会，80多件翡翠精品一下子全部被人买走，而且80%以上为工薪阶层。这充分说明翡翠潜在的保值增值价值越来越被有前瞻性眼光的人所看好。

艺术价值：翡翠在雕刻上比其他玉石要复杂、困难，高档翡翠的雕琢融入了玉雕大师的创作灵魂和心血，具有较高的艺术价值。

纪念价值：中国有着灿烂的翡翠文化历史，不同的翡翠饰品因雕刻题材不同而具不同的寓意，可以表达不同的感情，具有很好的纪念价值。

杨德立先生认为，翡翠成品的优点可以概括为五个字：种、水、色、工、重；缺点也可以概括为五个字：裂、癣、棉、脏、缺，称为"十字要诀"。

1. 优点评析原则

优点越多越好，优点越多，品质越高，价值越高。

（1）种。行话中的"种"主要是指翡翠的质地，即结晶的粗细和结构的致密程度。晶粒细，结构致密的质地好，反之就差。最好的是玻璃种，其次是冰种，再次是蛋清种，以下还有糯化种、藕种、稀饭种……最差的是石灰种、狗屎种。对"种"的称呼全是日常生活中常见物品的比喻性描述。

（2）水。行话中的"水"是指翡翠的透明程度，简称透度，透度越高越好。透度好的叫水长、水头足、水好、水汪汪、水灵灵；反之，叫水短、水头干、木、无水、干巴巴。水和种密切相关，一般是，种好则水好，种差则水差。究其原因，是晶粒越细、结构越紧密、杂质越少者，透明度越好。但是，也有少量种粗却水好者，难以一概而论。

（3）色。翡翠的颜色十分丰富，在行话中，称红为翡，绿为翠，紫为春，蓝为蓝水。其他色是这四种颜色的过渡色。一块翡翠上如果这四色都有，就叫"福禄寿喜"，价值就高，如果再有黄色，就叫五彩玉，是十分难得的美玉，价值更高。所有色中，绿色为贵，价在绿色，而且，翡翠的绿色表现得十分丰富，有人细分为数十种，一般也应该依次分出六种：正绿（又叫翠绿）、苹果绿、黄秧绿、瓜皮绿、蓝水绿、油青。绿色越正、越阳、越满，价格越高。倘若绿色不正，则带黄色调的绿色比带蓝色调的绿色价格要高。除此之外，绿色的多少和分布也很重要。绿色很多甚至满绿，最贵；绿色少，分布均匀或巧妙为贵。

（4）工。即做工、雕工，尤其是挂件摆件，形象要栩栩如生，设计要巧妙独到，雕工要精细潇洒，抛光要光滑明亮。戒面虽无雕凿，但型要规整，面要饱满。手镯则要求粗细均匀。做工差，浪费天赐宝物，本来可以升值的反而跌价。做工好，则可以使翡翠增值不少。

（5）重。成品的总重量，特别是高档的挂件和戒面，品质相近时，大而重者为贵。

2. 缺点评析原则

缺点越多越劣，缺点越多，品质越差，价值越低。

（1）裂。成品中的裂纹、裂绺。明显者随眼而见，隐蔽者对光可见。裂是成品中之大忌，再不懂行的顾客也会看裂，有裂者价值猛跌。

（2）癣。翡翠中的黑色，行话叫癣，有癣者不受人喜欢，当然，还要看癣的多少、癣在成品上的位置等方可论价。

（3）棉。翡翠中的白色如棉絮般的杂质叫棉。影响比癣小一些，也要看棉的多少、所在位置是否显眼等而论价。

（4）脏。有些灰暗的褐色、褐黑、褐黄，看上去很脏，多少会使翡翠掉价。

（5）缺。其他不典型的但也会影响美观的缺点。

3. 综合评价

完美的翡翠极为难得。一块翡翠成品，无论是戒面、手镯，还是挂件，总是优点与缺点并存，互相影响、互相制约，所以需要综合评价。一般规律是，先以优点确定其大概的价值，再以缺点往下论价，从而可得到一个大致的档次和价格范围，以下试举几例。

（1）种和水对绿色的影响。翡翠以翠为贵，绿的多少与均匀程度的价值依次是：满绿、带子绿、丝丝绿、点子绿。但是，不管什么绿，如果配在水短底干挂件或手镯上，只会显得呆滞，价上不去。如果配在种好水足的戒面、挂件或手镯上，即使一丝丝绿、一点绿，也会映绿整个戒面、整个挂件，或者映绿一段手镯，就可以有好价。

（2）对一只手镯或一块挂件来说，种、水好，有翡、有翠或是有春，行话叫"飘翠"、"飘春"、"飘蓝花"、"春带彩"，这些颜色"飘"的位置又好，整体美观，价应上扬。

（3）一个戒面，种、水、色俱佳，可惜正曲面上有一两点癣，本来可以卖10万的，只可卖5万了。如果夹少许棉，也掉价。但如果癣或者棉是在戒面的背后，镶嵌后可以掩去，则不会掉太多价或不掉价。

（4）种、水差，无翡、翠春、蓝等好色，反而有癣有脏色的翡翠，是劣质翡翠，行话称为"粪草货"，价极低。

以上四例挂一漏万。"十字要诀"虽然提供了极具应变性的评价方法，但翡翠成品的千变万化和千姿百态是任何一本书都难以全面评述的，我们只有在实践中用心体会，才能领悟其奥妙。

（二）近年来的翡翠消费特点

翡翠极品较为畅销，在拍卖市场异常火爆。

高档翡翠深受港台同胞的喜爱，香港和台湾的居民对翡翠普遍有较高的认识，他们的消费能力很高，是 10 万元以上翡翠的主要消费者。

国内沿海发达城市、大城市是中高档翡翠消费的主要市场。2～10 万元的翡翠饰品主要为国内企业业主所购买收藏。由于翡翠具有很高的观赏价值、收藏价值和保值价值等特点，同时又可体现身份、地位和气质，因此中高档翡翠逐渐成为高收入的成功企业业主青睐的收藏品。

5000～20000 元的中高档翡翠逐渐成为收入较高的企业高级职员的收藏品。

5000 元以下的翡翠首饰在市场上最为畅销，面对的消费层次最为广泛，工薪阶层是其主要的消费群体。

"假日经济"极大地促进了翡翠的销售，全国的各大珠宝店每逢节假日，翡翠销售额是平时的几倍。

目前，翡翠的消费正在由南方向北方，由东部向西部转化。南方和沿海一带对翡翠的认识较多，经济也较发达，对翡翠的消费量较大，近几年来，翡翠消费逐渐向北方和西部城市扩张。全国的翡翠市场从总体来看处于成长初期阶段。

翡翠在国外的消费对象以前仅局限于东南亚地区，近几年来开始被一些欧美人士所接受，消费领域在逐渐扩大。

（三）当今翡翠市场供求现状

东方人对翡翠的情有独钟，源于其蕴含着东方人品格中的坚韧、含蓄秉性。20 世纪 90 年代曾出现了第一次高档翡翠销售高潮，在新世纪开始的几年中，我们有理由相信，高档翡翠的第二次销售高潮将要到来。

翡翠销售市场由无序形成一个较完善的市场体系，为消费者购买翡翠提供了一个正规的渠道。20 世纪 80 年代以前，翡翠的买卖还滞留在"民间收购"、"地下流通"状态，人们对其认知程度低，价格上没有一个合理的市场定位。随着改革开放和相关知识的普及，特别是以亚洲的日本及我国台湾、香港为首的国家和地区经济的繁荣，带动了翡翠饰品盛行，20 世纪 90 年代出现了一股强劲的翡翠收购热，翡翠身价直线攀升。在十年间，高档翡翠首饰有十几倍、甚至百倍的升值，形成了一个翡翠销售的巅峰。与此同时，翡翠销售也从地下移至地上，被认为是一个容易经营与获利的行业，一窝蜂地投入此行业，从业人员从几万跃升到上百万，一度造成市场饱和，伴随而来的翡翠 B 货、C 货及赝品充斥其中，使刚开始购买翡翠的人们，初尝此道之苦，任人宰割，乱象层出。因此翡翠饰品的销售一方面中、低档品"供过于求"，另一方面高档精品又"求无所供"，加之 20 世纪 90 年代中后期亚洲金融危机的影响，也使翡翠市场受到一定冲击，致使大量中、低档翡翠价格下跌。但令人欣慰的是，其间高档翡翠一直被一些投资者购买，而没有更多地受到外界的影响。现在由于经济好转，又有一批独具慧眼且有实力的成功人士逐渐加入到高档翡翠收藏的行列中。他们开始认识到投资高档翡翠会较其他方面的投资更安全，且更有升值空间。由于不断地宣传，特别是受到东方人的影响，在高档翡翠拍卖收藏的行列里，我们已见到了西方人的踪影，而业内人士已将翡翠饰品经过"包装"推向西方，使翡翠消费市场不断扩大，让世界分享东方瑰宝的美丽。

随着翡翠科学研究的深入，学术界和消费者的相互促进，从而促成了近年来翡翠研究和收藏市场的双重热点以及科研与商业宣传的良好互动。

1. 翡翠地位的确立

在以前的世界珠宝研究领域里，对翡翠的研究是一片空白。经过一代学者和商家的不懈努力，翡翠在世界珠宝舞台上已占有一席之地，也正是这些学者的研究和探索、著书立说，使翡翠研究的学术地位不断提高，进而发扬光大，走向了世界。

2. 翡翠检测机构的建立

检测设备和人员的完善，为消费者购买提供了保障，增强了人们的信心。尽管有翡翠B货、C货及仿制品的出现，但随着现代检测水平的进一步提高，已完全能够进行准确地判断。从业人员也从原来的传统经验型向知识型与经济型相结合的综合型转化。

3. 有实力有信誉的大公司、拍卖公司的介入

一些以前以钻石及有色宝石为主要经营对象的珠宝公司，现已将翡翠列入重点发展方向，大量投入资金与人力。翡翠因其价格受多方面因素的制约，故在世界珠宝市场上没有一个量化的统一报价标准，这些大公司可为消费者购买翡翠时在价格上提供一个参数。

4. "黄金有价，玉无价"

翡翠行业被人们认为是利润相对较高的行业，但是从事这一行业的业者亦承担着高投入、高成本、高风险及高难度的销售等方面的压力。

（1）产地的唯一性。世界上有20多个国家产钻石，其他宝石也多有其他产地，而作为宝石级的翡翠仅产于缅甸。由于新发现的矿区有限，且已经历一两百年的挖掘，新的场口已极少发现，而富产高档翡翠原料的缅北乌龙河沿岸，著名的帕敢等老场口高档翡翠原料已逐渐枯竭。自以欧元结算的翡翠矿石近一年多以来涨价30%后，优质翡翠便成了理财投资的绝好对象。作为玉石材质基地的缅甸近十年来开采的玉石资源超过了过去300年的开采总量，集中全球95%以上的翡翠原料的缅甸帕敢山区，好的原料越来越少，现在的市场行情，正在巨大的供求矛盾下探底回升。

（2）产量多，但高档货少。近年来，缅甸政府开放相关政策，翡翠的开采权和出售权都由政府和私人老板共同掌握，同时修建道路，改善开采条件，从原来的人工挖掘，发展到现在的机械化开采。一些场口可以看到上百架挖掘机在日夜工作，上千架载重车来回运输的情景；可以看到绿郁郁的一支一支山脉被铲掉，变成光山秃岭。以前认为是低档的砖头料、花牌料等没人要的，矿主嫌运输成本高的原料，也开始被利用。再加上机械化开采效益高，所以有大量玉石产出。同时在加工环节上随着现代玉石加工工艺的机械化，效率成倍提高，故有大量的普通翡翠饰品在市面上出现。这也就是行内人称的"旅游庄"货（即卖给旅游者的低廉品），因东西多了，普通翡翠的价值未升反降。另一方面，虽经大规模的反复挖掘，高档翡翠却如凤毛麟角，故高档货奇高。如在素以出产高质量翡翠闻名的帕敢老场口某矿场2001年全年共产翡翠玉石84t，但真正好的翡翠不多，只有一块，重7.5kg，在仰光以2400万美金售出。

（3）开采成本高，原石赌性大。开采费用支出增加主要有两部分，其一是由于缅甸政府近年来对翡翠场区的开采权按一定的单位面积进行招标式拍卖（称"公盘"），开采期多为

五年,一般为三年。这样一些曾出过高档翡翠的老场,竞标相当激烈,价格高达上亿缅币(几百万元人民币),无形中加大了成本。其二,由于受开采期限的影响,要在规定时间开采完成,否则到期将重新拍卖,所以矿主就不惜代价,投入大量资金,采用大型机械设备,昼夜作业,加大了成本。高成本带动高档翡翠原料的价格不断攀升,20 世纪 90 年代初 1kg 无色玻璃种原料大概为三四千元,而现在几万元、几十万元也不一定能买到。

翡翠原石赌性大,有道是"神仙难断寸玉"。翡翠开采本身废石量相当大,常以数百万吨计算,在玉石场,从没有人计算过,到底搬运多少吨废土废石可以得到几千克玉石?即便计算出来了,这几千克玉石又可能有好有坏,好的也许可以买下几座矿山,差的也许分文不值。如果运气不好,挖不出高档翡翠,最后就可能倾家荡产,血本无归。不久前听说,国内南方几个玉石商人在缅甸合买了一块价值 1300 多万元的翡翠原料,切开赌石最后仅卖了 38 万元。像这样鲜为人知的真实"故事"还很多,也许每天都在我们身边发生着,我们从这里也可找到高档翡翠为什么价格直线上升的答案(即便是同一块原料,出自名家巧匠的作品与普通雕件相比价格相差数倍是正常的)。

(四)翡翠 A、B、C 货及赝品的鉴别方法

1. 翡翠的主要鉴定特征

崔文元教授的《翡翠的识别与评价》一文中认为:翡翠的主要特征可分为以下几种。

(1)变斑晶交织结构。不论翡翠原料或成品,只要在抛光面上仔细观察,均可见到变斑晶交织结构,像花斑一样。也就是说,在一块翡翠上可以见到两种形态和排列方式不同的硬玉晶体,往往同一块翡翠的斑晶颗粒大小均一。斑晶两端稍尖,像眼球状。斑晶的长轴和纤维状小晶体的延长方向一致,有明显定向排列的迹象。

(2)石花。翡翠中均有由细小团块状、透明度较差的白色纤维状晶体交织在一起的石花。这种石花和斑晶的区别是斑晶透明,石花微透明至不透明。

(3)颜色不均。翡翠的颜色不均,在白色、藕粉色、油青色的底子上伴有浓淡不同的绿色或黑色。就是在绿色斑块的内部也有浓淡变化。

(4)玻璃—珍珠光泽。翡翠光泽明亮,抛光度好,呈玻璃或珍珠光泽。与蛇纹石质玉、葡萄石、石英质玉的区别除了上述几点外,翡翠密度大,折光率高也是特点。翡翠在三溴甲烷中迅速下沉,而软玉、蛇纹石质玉、石英质玉均在其上悬浮或漂浮。点测法翡翠折光率为 1.66 左右,而其他相似的玉石均低于 1.66。

(5)如果有条件的话,用电子探针分析确定翡翠主要组成矿物硬玉成分或测定 X 射线粉晶数据,可迅速准确地鉴定其真伪。硬玉最强的 X 射线衍射数据为 2.919(7)—2.835(10)—2.533(4)—2.195(3)—2.416(3)—1.966(4)。

2. 翡翠 B 货

目前珠宝界把未经人工化学处理的天然翡翠货品称为 A 货,也就是说其玉质、颜色和结构均是天然的。经过强酸处理再用环氧树脂或玻璃固结的翡翠货品称为 B 货。翡翠 B 货玉质、颜色是真的,但结构遭受了破坏,加入了胶或铅玻璃。

制作 B 货首先要选好适于作 B 货的品种样品,然后用强酸对其进行浸泡 2～3 周。再把表面已变成松散蜂巢状结构的翡翠入胶和加热固结,最后用刀切去表面凸出的环氧树脂部分,就完成了整个制作过程。

为了促进珠宝市场的健康发展,保护消费者权益,正确识别翡翠 B 货具有重要意义。

一些行家和学者已总结出一套综合鉴定翡翠 B 货的方法，概述如下。

（1）物理性质。处理过的翡翠，由于铁质次生颜色被漂离，绿色常常过于鲜艳，不太自然，有时绿中偏黄，若绿色和白色同时存在时，两者分布过于截然。未经处理的翡翠为玻璃光泽；经化学处理入了胶的翡翠，往往呈蜡状光泽或树脂光泽。因为 B 货漂去了铁质，加入了胶，理论上 B 货的密度一定比 A 货小，但小多少不是绝对的，随翡翠被浸泡时间长短、结构破坏程度和入胶多少而不同。未经处理的翡翠密度为 $3.328g/cm^3$，经化学处理入胶的翡翠为 $3.25g/cm^3$ 左右。

（2）B 货的表面结构。虽然翡翠主要是由硬玉单矿物集合体组成，但也往往含一定比例的长石、角闪石、褐铁矿和赤铁矿等共生和伴生矿物。由于这些矿物结构和成分的不同，被酸溶解的速度也不同，一般金属氧化物在酸中溶解度比硬玉快，而层状、架状、双链状硅酸盐较单链状硅酸盐溶解速度快。因此，经酸处理后的成品表面自然会出现许多不同形态的表面结构特征。有胶 B 货表面常见有充填结构和鳞片状结构，无胶 B 货表面有"水渠网"状结构和龟裂结构。

充填结构：指翡翠表面保留了片状或线状分布的充填物，充填物厚度亦较大。充填物部分为蜡状光泽，非充填部分为玻璃光泽，两者反光亮度相差很大，很易观察。用细针刻划充填物可留下凹坑。

鳞片状结构：指充填物较均匀地分布于样品表面，其特点是表面密布浅凹坑，为蜡状光泽。突起的翡翠颗粒呈玻璃光泽，似鳞片状"漂浮"于表面。特别在翡翠弧面近腰部，这种结构十分发育。

水渠网状结构：指翡翠矿物颗粒边缘和切过矿物颗粒的裂隙都宽而深，似水渠呈网状分布，且每个矿物颗粒之间都存在这样的裂隙。而翡翠 A 货若存在这种裂隙则细而浅，而且并不是每个矿物粒间都存在裂隙。

龟裂结构：由于裂隙沿着矿物颗粒的边缘发育，一些颗粒边缘微向上卷起，似软泥晒干后的龟裂纹。

（3）B 货的内部结构。翡翠 A 货的主要结构为粒状变晶结构、变斑晶纤维交织结构、纤维放射结构和交代结构等，总的来看翡翠的结构是镶嵌、定向连接的结构。由于翡翠具有特殊的镶嵌结构，所以它具有高承压性、韧性。而经化学处理的翡翠被破坏了这种结构，表现出各种变化：结构松散，长柱状晶体的错开、折断，晶体定向排列的破坏，定向排列的晶体变成杂乱无章的结构，晶体颗粒边界沿解理、裂隙非晶质化，变成模糊不清等。

（4）荧光性分析。翡翠 A 货理论上在紫外灯照射下是没有荧光的，然而有的翡翠有荧光，这是由于含一些杂质引起的。一般来说，翡翠 B 货由于其裂隙内浸入树脂，在紫外灯照射下有较强的白色荧光，这可以作为识别化学处理翡翠的标志之一。但在观察翡翠的荧光性时必须注意荧光的颜色、分布情况和强弱特点。由树脂引起的荧光是奶白色的，由椰子油引起的荧光是橙色至黄色的，由矿物杂质引起的荧光是局部分布的。有些较深绿色的翡翠，经过化学处理也没有荧光，这多因含有铁离子抵消了树脂的荧光性。

（5）红外线光谱分析。翡翠是硬玉矿物集合体，不含有机物质，若在翡翠红外光谱曲线中 2700～3200nm 的波数范围，内有树脂的吸收谱线，可以证明含有树脂。可以说利用红外光谱仪鉴别 B 货，是一种比较客观的方法，许多国家都已采用，具有较好的效果。但这种方法只能证明有无树脂的存在，不能显示内部结构是否受到破坏。入胶可以用不同物质取代，翡翠内部破坏程度才是评价 B 货的标准。

（6）加温测验方法。天然翡翠理论成分为 NaAl$[Si_2O_6]$，颜色深绿色的为 Na（Al，Fe，Cr）$[Si_2O_6]$。加热至 900～1000℃时才开始熔融，变成玻璃状，化学成分不变，绝对不会燃烧成碳。经试验，翡翠 B 货加热至 400℃后，会碳化变色，含胶越多变得越厉害。这样测验可以分出 A、B 货，不过这是一种破坏性的方法。

（7）溶剂方法。即用一种溶胶的溶剂去试验，A 货不会被溶解，B 货的胶则会被溶解，表面会露出松散的结构，色泽完全不同。这也是一种破坏性方法。

3. 翡翠 C 货

珠宝界把经人工染色的翡翠称为 C 货，或称人工染色翡翠。翡翠 C 货玉质是真的，颜色是人工加色的。翡翠的价值主要看它的颜色而定，多数翡翠很少有绿色，影响其售价。人们常常采用化学处理方法，使无色翡翠染成绿色或紫色。

制作 C 货首先要选择好适当的翡翠样品，洗净其上的油污，放在炉上烘干，使翡翠稍微热胀。然后放入化学染料溶液中（如氧化铬盐溶液）稍微加热，加快染液浸入翡翠孔隙中，浸泡时间视翡翠种质而定。制作 C 货就是使染色剂渗入翡翠的颗粒间隙之中及解理微裂隙内，使其呈色。

区别的办法：首先是观察绿色的展布情况。染翡翠的绿色，均分布在斑晶周围的纤维状细小颗粒之间，绿色均呈线状；见不到绿色矿物斑点或者稍粗的绿色"丁"字形矿物纤维；裂隙处的绿色较其他地方浓或淡（浓是因为裂隙较其他地方空隙大使沉淀的颜料多，淡是伪造者怕发现破绽又进行了褪色处理），为此要注意观察裂隙两边绿色的延续情况。其次，是用查尔斯滤色镜观察。染色翡翠所用染料一般含有铬盐，当其浓度很高时会发出红光，在滤色镜下就呈现红色了；但若铬盐浓度不高，滤色镜下呈微红，不易观察。有时天然的绿色翡翠也会含有少量发红光物质。用滤色镜时要细心分析，综合考虑。为了慎重一些，可用分光仪对翡翠的颜色作进一步识别。在分光仪下观察含铬和铁的天然翡翠时，含铬会在红色区域中有吸收线，浓度越高，它的吸收线越粗，成为吸收带；含有铁离子，就会在蓝色紫色区域中有吸收线。经染色的绿色翡翠，由于含有大量氧化铬染色剂，所以它会在红色区域中显出吸收带。用吸收带特征可识别颜色的真假。

紫色染色剂多用锰盐，锰在查尔斯滤色镜下无反应，只能小心观察紫色的分布特征，颜色与晶体间、晶粒间的关系，作出初步判断。进一步可用紫外光灯进行识别，天然紫色翡翠在紫外光灯下无荧光或有较弱的荧光反应，但染色紫色翡翠在紫外灯光下会有强荧光反应。

自然色翡翠长期保存其颜色不会消失，因晶格内含有色素离子。染色翡翠只是将染色剂浸入在翡翠微细孔隙中，经长期日晒，就会变化褪色。

既经化学处理又经过染色的翡翠品种就是 B+C 货了，它应具有 C 货和 B 货的综合特征。

4. 赝品（仿翡翠）

（1）脱玻化玻璃（马来玉）：与天然翡翠十分相似。目前市场上可见到玻璃地艳绿色和玻璃地老艳绿色两种。它的颜色不均一，绿色纤维呈变斑晶交织结构围绕于斑晶周围，纤维丝絮呈定向延伸。用肉眼观察时，与天然优质翡翠的最大区别是透明度好，没有团块状微透明的白色石花。折光率为 1.54，密度 2.64g/cm³，硬度为 5.5～6，表面有浇铸冷却的光滑收缩凹面。

（2）仿翡翠玻璃（烧料）：密度小，硬度低，折光率为1.54以下，绿色呈条带状或斑点状。放大镜观察可见球形气泡和旋涡状波纹。

（五）中国玉器的意境之美

李国忠等认为：意境是我国美学思想中的一个重要范畴，它体现了艺术美。在艺术创造、欣赏和批评中常常用意境来作用衡量艺术美的一个标准。

意境是在情景交融的基础上形成的一种艺术境界、美的境界。它以意蕴、情趣取胜。在意境中写景是为了抒情，是化景物为情思，也是化情思为景物。意境不是机械地模仿自然，而是艺术家创造的一种新境，它能在有限中展示无限，即所谓"言有尽而意无穷"，把握意境的审美特征不仅要考察艺术家创造的作品，还应研究欣赏者的再创造。意境产生于艺术家的创造，完成于欣赏者的想象。刘禹锡所说的"境生于象外"，这里的"境"，既指艺术家所创造的意境，也指欣赏者通过想象所把握的意境。意境能对欣赏者产生深刻持久的影响力。

意境是客观（生活、景物）与主观（思想、感情）相熔铸的产物，是情与景的结晶。凭借艺术家的技巧所创造出来的情景交融的艺术境界，是诗与画的境界，是天人合一的境界，这种艺术境界能调动欣赏者丰富的想象力，使人受到强烈的感染和震撼。

如果说欣赏宝石、欣赏首饰主要在于欣赏其造型与色彩的话，那么中国玉雕作品给人带来的却主要是意境之美。中国玉雕是具有民族特色的艺术产品，是世界雕塑苑中的一朵耀眼的奇葩，其中蕴含着中华民族的智慧、宗教观念、美学思想等丰富的内容。

意境是我国美学思想中的一个重要范畴，它体现了艺术的内在美。由于我国古代的艺术以诗、书、画为上，故讨论意境的材料多半由诗、书、画而生发。意境指的是诗词、书画、戏曲、园林等门类艺术中借助于匠心独运的艺术手法熔铸所成的情景交融、虚实统一，能深刻表现宇宙生机或人生真谛，从而使审美主体之身心超越感性具体，而进入无比广阔的艺术意境。意境这一美学思想的形成是中国哲学在艺术领域的体现。老子曰："道可道，非常道；名可名，非常名。无名天地之始，有名万物之母。常有欲以观其微。此两者，同出而异名，同谓之玄，玄之以玄，众妙之门。"因此，艺术之妙、之美、之最高境界就在于以可道之言、可名之物、可象之形来表达自然界中的不可道、不可名、不可形的"道"。

玉雕艺术尽管也属于艺术的范畴，但由于它的创作方式独特，为我国古代的文人美学家们所不为。因为不曾有艺术创作的实践过程，也就对艺术大师们如何进行美的创造很少言及，或避而不谈了。所谓玉雕艺术就是利用玉这种特殊的雕刻材料，通过琢、磨等艺术手段，使其呈现出具有特定形态、动作的人或物的形象，借以表达创作者对世界、对人生的感悟。玉雕作品的制作过程大致是按照这样的顺序进行的：审玉—设形—治形—传神，即将景与情逐渐融合在一起创造意境的过程。

审玉是一个触境的过程，每一块玉都是它自己，都有它自己特有的定性，有自己的大小、形状、颜色、透明度、绺裂特征，这些特征就是一幅未经人工雕琢的自然景物。当我们的眼睛接触到这一自然风景时，一项重要的工作就是发现其中的美点，通过心灵的加工，即联想和想象等心理过程，对景物进行取舍而组成一幅新的图画。明代画家董其昌论作画时说："每朝起看云气变幻，绝近画中山。山行时见奇树，须四面取之，树有左看不入画，而右看入画者。前后亦尔。"审玉也是如此，须从不同角度、方向反复进行审视才能发现美点。

设形是审玉的继续，通过审玉，创作者形成了一幅朦胧的图画，确定了大致要表现的主题，如人物题材、花鸟题材、香炉器皿等。设形就要将这种朦胧未现的图画用画笔绘在料上或图纸上，使其由隐到显，这是玉雕作品创作的关键所在，是一个生"意"的过程。这一过程往往要经过很长时间才能确定，因为雕刻艺术是破坏性的，只能去料，不能填料，所以必须慎之又慎，在没有形成一幅有意境的图画之时，是不能轻易开琢的。

治形是玉雕制作的实质性阶段，即通过铡、錾、摽、扣、划、冲、轧、钻等技术手段使玉料逐步变成一幅理想的立体雕塑形态。

传神在玉雕工艺中称为精细修饰，是使作品增添神采的过程。这一步需要对人物的面部表情、眼皮、服饰花纹、兽鸟的眼睛、毛发、爪尖、嘴角等最能传神的部位进行逼真的刻画。要使作品传神、有意境，不是任何人都能做得到的。可以说每一块玉料都有其本身之意，本身之境，只有天才的艺术家才能根据自己长期的艺术实践，将自己主体内部的意与境与玉石本身的意与境相和谐，从而用自己的艺术技巧将这种结合变成具体的可以供人欣赏的艺术形象。

要欣赏一件玉雕作品，看其是否有意境，就要从玉雕作品的玉质、色彩、题材、造型以及它所表现的精神风貌上来把握。

如我国清朝乾隆年间的大型白玉雕塑《大禹治水图》山子（彩图2-1），它的美就在于它的"大"，即一种壮美、崇高的美。首先，这块玉可以说是白玉之王，它高224cm，重5300多千克，形体高大，无与伦比，就此一点已构成一种质朴之美，令人惊叹了。这样的大玉不雕琢，还只能是一种自然形态的美，原始的美，为了使它的美更加丰富，最好是雕成一幅壮美的图画。那么，什么样的图画才堪与之相称呢？琢玉大师们将它琢成了圣王夏禹治水这样一幅表现人与自然灾害相斗争的场景。我们知道，大禹治水是一种英雄的创举，是中华民族精神的体现，它反映了大禹的善、大禹的勇、大禹的智，同时大禹治水足迹遍九州，人民群众广泛参与，是一场具有广阔空间的社会实践活动，也具有"大"这一壮美的特征。山子精细刻画了人民群众劈山开石、战天斗地的大无畏精神，因此说这幅玉雕是一件有意境的作品。它本身体质的大，它所反映的场景的大，它表现的人的力量的伟大有机地结合在一起。

总之，一件玉雕作品就是一件艺术品，它的美，或在于形态，或在于色彩，或在于意境，也可能兼而有之，而意境之有无是我们对玉雕作品整体评价的一个重要方面。

六、玉器的审美标准

一般来说可将一件玉器分为6个侧面进行审美分析和研究，这样才可能有益于解决问题。

（1）材料审美（即玉料美）要放在首位。优质玉材在一件玉器审美中应占据较高的比重，如玉质、玉色、玉泽、致密度、绺裂、玷污等都是玉材等级的重要着眼点，不应忽视。这一点与宝石、珍珠是一致的，与画、塑等艺术品是根本不同的。

（2）造型是玉器审美的构架，是由玉坯的形状决定的，其比例要适当、匀称而不呆板。均衡而又稳定的是美的作品，如果比例失调必然给人们的视觉带来不适，也就是不美的作品。

（3）纹饰是玉器的装饰，它的美丑容易为人们觉察、感受，一般说它服从于器型的需要。装饰要看结构、章法、繁简、疏密等处理，凡结构章法有条不紊、统一和谐就是美的，繁简精练要恰如其分也是美的或较美的，反之，画蛇添足、添枝加叶都是不可取的，也都是丑的或比较丑的。

（4）工艺是由料变为器的技术条件，它的美丑比较隐晦，不易被人真正认识，是审美上的一个难题，或者说是一个误区。凡砣工利落流畅、娴熟精工必然是美的或比较美的，反之，板滞纤弱、拖泥带水则是丑的或不美的。

（5）艺术是玉器所追求的至高境界，也是最难做到的。目前的困难是工与艺混淆，以技巧充作艺术的现象在各种工艺美术品中相当普遍，玉器也未能免俗。凡气韵生动、形神兼备的都是艺术美的表现，反之，图具形骸、一味仿照、临摹古者都是违反艺术美的。

（6）创新与仿古的审美，是中国绘画、雕塑以及工艺美术普遍存在的现象，玉器也是如此。总的来说我们应当提倡创新，鼓励磨制有新意的玉器。受现代艺术思潮影响的玉器的审美要慎重对待，根据百花齐放的精神允许探索，支持玉坛新流派的出现和成长。对仿古玉器审美上既不能一概持否定态度，也不能不加区别地无保留的支持，应视具体情况而论。在创新的或仿古的玉器中都有美的或丑的两个方面，过去是，今后仍是，不能偏废其一。商品玉审美是一个由浅至深、由表及里的认识过程，其本身已非常复杂，再牵涉经济（即价格），搅得更加复杂难辨，当前最关键的措施是从教育入手，多做美学、艺术的普及工作，提高玉工、经纪人、客户的审美能力。

第八章 中国玉器的投资收藏与市场概况

第一节 中国玉器的投资与收藏

一、中国玉器的保值与增值

赵瑞华在《保值增值话玉器》中写道:"也许你不会相信,40年前在香港用100港币购买的上佳翡翠戒面,现在已升值到十万甚至几十万港币。高档、优质的翡翠价格一涨再涨,从20世纪80年代以来,优良的翡翠价格已涨了几百倍。1000克以上的羊脂白玉原料,每千克已由几年前的万余元,上涨到现在的10万元、几十万元甚至百万元以上。"

无数事实说明,玉器既保值又增值,长期投资会给您带来意想不到的收获和惊喜。事实是否如笔者所言,以下分析仅供参考。

1. 市场前景

1999年5月,美国《投资与市场展望》杂志就今后的投资趋势作了一次认真的市场调查,并依次排出了七大热门投资项目,分别是:古玩字画、珠宝玉器、集邮、房地产、期货、黄玉、股票。

上述排序珠宝玉器高居第二位,而笔者的看法是珠宝玉器较之古玩字画更具有无法取代的三大优势。

(1) 它占用空间小,便于收藏存放。它不像陶瓷那样需占用很大的空间存放且易于破碎,也不像字画那样容易霉变、虫蛀甚至剥蚀、开裂。

(2) 它既是收藏品,也是佩戴饰品,在随身携带、把玩的同时,能增进人体的仪表美。如戴枚高档的玉镯、翠戒或上佳的玉石吊坠,会使你的风采更加亮丽,能充分体现事业成功、家庭和谐、美满,增添成就感。

(3) 不受经济收入和投资规模的限制。普通与高档都行,可上可下;一件数件都好,可多可少。由此看来,投资玉器真可谓是无风险的理想选择明智之举。

2. 增值因素

就玉器本身而言,具有以下三个方面的增值因素。

(1) 玉料越来越少。玉器制作是一次性利用资源,具有不可再生性,好的玉料日渐稀少,拥有者奇货可居。如2000年春季的缅甸瓦城拍卖会上,一块约250kg的翡翠原石,港商出价988888美元,而缅商以999999美元竞买回去,缅商说:"我们不是为了赚钱,我们是为了发财。"

(2) 加工费用越来越高。玉器加工是一项繁复的人力工程,从设计到打磨加工都必须靠人力手工完成,因此,每件玉器成品都凝聚着加工者的心血和汗水,同时也造就了玉器成品的特定唯一性。随着社会进步,劳动力价值的提高,水、电和加工材料费的上涨等诸多因素，玉器加工总成本会越来越高，玉器成品价格增长势在必然。

（3）社会需求越来越大。中国是一个爱玉崇玉历史最悠久的文明古国，玉文化在中国人的生活中占有重要位置，上至帝王将相下至黎民百姓。"君子无故，玉不去身"。玉能护身、洁志、保平安已成为共识。随着人们物质生活水平和知识水平的提高，代表精神文明的玉器制品将逐步上升到重要位置。崇玉、爱玉、玩玉、赏玉、赠玉的人群会越来越大。以占有为荣，以获得为满足，以稀有、独特为自豪的群体会越来越大，而有限的资源将很难满足无限的需求。

笔者相信，在不久的将来人们的思想观念会有一个质的飞跃。一是直接消费观念的转变，即由吃、喝、玩（牌）、吸（烟）、洗（桑拿等）低品位消费转变为收藏、观赏、研究、交流探讨式的高品位文化消费。二是礼仪消费观念的转变，将由以往的送烟、送酒、送物、送币、请吃喝等转变为新、奇、特的玉器收藏品。在婚嫁礼仪中，白璧一双、玉佩一对，以示婚姻美满，"珠连璧合"，从而恢复、弘扬中国几千年的爱玉传统。

二、玉器收藏已成投资新热点

据华夏经纬网资料显示：珠宝玉器在国际贸易中属大宗商品，全球贸易额每年达2500亿美元。改革开放以来，中国珠宝玉器市场日渐繁荣，珠宝产业目前已成为"朝阳产业"。2003年，我国珠宝玉器首饰贸易额达到1000多亿元。

我国珠宝玉器市场的繁荣，与社会经济的发展、人民物质生活水平的提高密切相关。珠宝玉器兼具装饰美化与保值升值的特点。一方面，人们用它来美化生活，提高生活质量；另一方面，人们收藏它们，将之作为一种投资方式。20世纪90年代以来，珠宝玉器价格一路飙升，尤其是钻石、红宝石、蓝宝石、祖母绿、猫眼石及东方人钟爱的翡翠、新疆和田羊脂玉等高档珠宝，价格更是节节攀高。在我国目前股票、证券市场低迷的情况下，收藏珠宝是盈利高、风险小的投资方式，受到人们的高度重视。

100多年来，钻石价格总保持稳定上扬，从未跌落。翡翠精品更是如此，如一些极品翡翠项链，由几十万元升至几千万元。在2003年7月香港的一场珠宝拍卖会上，一条由57颗翡翠珠子组成的翡翠链以1103.97万港币成功拍出。

珠宝玉器珍贵的主要原因在于其自身美丽和稀有的特性。与书画、陶瓷、青铜器等藏品相比，目前珠宝玉器原料的价格越来越高。正是由于珠宝玉器显著的保值升值特点，才使之成为收藏投资的热点。

1. 收藏队伍日益壮大　收藏渠道越来越多

据中国书画前沿网资料显示：最近几年，全国各地各种规模的珠宝玉器展此起彼伏，尤其是北京、上海、深圳、香港等地举办的大型珠宝玉器展，人气鼎盛。琳琅满目、色彩斑斓的珠宝玉器，除满足不同阶层人士的佩戴装饰需求外，还有许多珍品可供收藏。这些展览不仅展出许多大颗粒钻石，包括一些大颗粒彩色钻石，还经常出现价值几千万元和几百万元、几十万元的高档和田玉料和翡翠珍品。2002年北京珠宝展上展出的一块重达100多千克的和田玉籽料，比眼下在北京古玩城展出的一块33kg、标价3000万元的和田玉籽料重3倍。

据了解，瓷器、玉器收藏者，是目前中国书画收藏圈之外的最大收藏群体。如北京的贾仕和先生收藏了6颗大型翡翠白菜玉雕，其中最大的一颗重达380kg。而另一位李佳庆先生，不仅收藏了许多古代玉器，还收藏了8颗珍贵的夜明珠，除6颗较大的水晶和萤石夜明珠外，还有1颗115克拉有猫眼效应能发红光的碧玺夜明珠、1颗86.8克拉的蓝色钻石夜明珠。此外，他还收藏了1颗4.07克拉的红色钻石，真是让人大开眼界！

人们都知道辽宁岫岩出产岫玉，但这里产出的透闪石玉一直鲜为人知。实际上，早在新石器红山文化时期，这里的透闪石玉已被古人利用。出土的红山文化玉器，许多是透闪石玉。透闪石玉又称老玉或河磨玉，有别于由蛇纹石矿物组成的岫玉，其历史地位和玉质可以同新疆和田玉相媲美。但这种透闪石玉在产地岫岩的资源日渐枯竭，可谁能想到辽宁本溪市的邱晓辉先生却藏有2000多吨这种玉料。邱先生十几年前就对这种透闪石玉情有独钟，把开金矿赚来的钱全部投资收藏玉料，现在单算购买这些玉料的资金就超过亿元。与邱晓辉同为辽宁人的红山文化研究者黄康泰先生，积20多年的收藏研究，斥资2000多万元，历尽千辛万苦收藏了1500多件珍贵的红山文化玉器，不仅在国内举办红山文化玉器展览，还在红山文化研究上做出了贡献。

目前，收藏珠宝玉器的渠道也越来越多。不仅各地展览和古玩市场上常有珍品现身，一些品牌专卖店也常有高档珠宝亮相。2002年6月，世界著名珠宝品牌——卡地亚在北京王府井饭店展出了一条价值6700万元的蛇形项链。这条项链镶有两颗分别重达200多克拉的巨型水滴形祖母绿，令参观者惊叹不已。此外，全国各地的大小艺术品拍卖会上，珠宝玉器竞买更是一条宽广大道。

2. 玉器拍卖日渐红火，清代玉器备受追捧

1995年北京翰海艺术品拍卖公司在国内率先推出玉器专场拍卖会，让玉器走出珠宝珍玩杂项，与书画、瓷器一样形成按艺术门类专场拍卖的态势。

近年来，玉器收藏呈现了勃勃生机，玉器拍卖成交率和拍卖价格不断创新高，不仅说明拍品的珍贵和精美，同时也说明了竞买者、收藏者的鉴赏水平和玉器保值升值功能在不断提高。

在前几年的拍卖会上，备受收藏者关注的是红山文化玉器。2000年北京翰海秋季拍卖会上，一款红山文化兽形玉，以264万元价格成功拍卖，创下国内玉器拍卖的最高记录。红山文化玉器出土于辽宁、内蒙古、河北交界地区，器形多为鸟兽、动物等。从出土的玉器可以看出，当时的玉器雕琢、钻孔、打磨、抛光等工艺已经成熟，形成了质朴豪放的独特风格和鲜明特点。由于红山文化玉器在历代玉器中占有非常重要的地位，其颇高的历史文化价值和典型的艺术风格决定了它昂贵的价格，更为收藏家们所宠爱，不惜重金购藏。

清代制玉是中国玉雕史上最后一个高峰，玉雕艺术取得了无与伦比的成就。在近两年的拍卖市场上，清代玉器占有较重的份额。中国嘉德、北京翰海、上海敬华、中贸圣佳、太平洋国际、天津文物以及香港佳士得、苏富比等老牌拍卖公司的清代玉器拍卖都取得了骄人的成绩。2001年北京翰海秋拍会上，一件海外回流品——清代狮钮鼎式长方白玉炉，以247.5万元被国内藏家竞得，创造了目前清代玉器拍品价格之最。2002年翰海春拍会上，一件紫檀嵌玉插屏，引发了一场国内收藏家与海外古董商的火爆拼争。这件插屏内嵌战国玉雕谷纹璧，璧的外缘标有乾隆御题诗，紫檀屏架雕有龙和御题诗，估价8万元。开槌后，在仅5分钟的竞价中，有十多位藏家出手，最终在全场掌声中，以132万元落槌。

玉器拍卖一直是翰海的强项之一。在2003年春季翰海春拍成交价前20位拍品中，玉器占4位，其中红山文化猪首龙形玉（成交价154万元）排第三位，清代白玉雕双龙簋（成交价80万元）排第十位。2003年北京华辰春拍中，成交价排在第一位的是清代康熙龙钮碧玉

玺（660万元），排在第十位的是清乾隆青白玉雕佛像（52.8万元）。2003年上海敬华春拍中，成交价排在第二位的是清代中期田黄兽钮方章（264万元）。

前不久，用新疆和田玉制作的奥运徽宝——中国印以及奥运金镶玉奖牌推出后，全国掀起了新一轮"藏玉热"。随着中国珠宝产业的不断发展和珠宝文化知识的深入普及，珠宝收藏和消费将为拉动国民经济发展和提高人们生活质量做出更大贡献。

盛世收藏——目前收藏已成为老百姓的一条主要投资渠道，而收藏玉器不失为最佳选择。

（1）玉器是中国文化连续不断的象征物。各类收藏品都有自己的特点和自身的发展演变史，而玉器是其中历史最久、内涵最丰富的，已有8000多年的历史，并且在政治、礼仪、宗教、装饰文化等方面都有广泛用途，其内在的历史文化价值是无法估量的。

（2）玉料越来越少，价格越来越高，升值希望也越来越大。中国玉料向来以新疆和田玉最为珍贵，但从殷商至今已连续开采4000多年，产量已越来越低，籽料更是逐年稀少，价格扶摇直上，据报载，新疆和田玉籽料已近枯竭，届时的价格实在难以想象。

（3）玉器小巧玲珑，既便于收藏又便于把玩，它既有别于陶瓷、书画作品，也不像邮品、磁卡只能藏、只能看而不能摸、不能玩。同时，它还作为一种辟邪器物，真可谓收藏中的"宠儿"。

对于投资玉器的初学者来说，千万不要见到贵的玉就买，也不要整天妄想着以低廉的价格买些高档的玉器，俗称"捡漏"。开始时，可买些几百、千元一件的玉器，等有了经验再玩大的，在购买时要多比较、多观察，同时，要认准一些有信誉的卖家，找一些物有所值的东西，千万不要随处见到就买，以免上当受骗。

三、中国古玉器的投资与收藏

从市场来看，玉器拍卖"红火"并不逊于书画。香港、北京翰海这样大的拍卖行设有玉器专场，2008年春的南京十竹斋春拍上，玉器成交也很火爆。许多新加入的拍卖公司把玉器作为突破点。玉器市场整体呈上升趋势，玉器单价攀升。可以说目前国内玉器市场已经一扫前几年的低迷，上升的通道已经打开。央视热播剧《玉碎》，使更多人对玉器收藏产生了浓厚的兴趣。玩玉在国人心目中是一种具有稳定心态的收藏活动，过去有"君子比德于玉"、"君子无故，玉不去身"的说法。随着数千年来的开采挖掘，这种矿物资源也日益枯竭，像和田玉、岫岩玉等品种的原料和成品涨幅近来都很大，尤其是精品成为许多新贵投资收藏的首选，一些工艺精美、寓意吉祥、玉质无瑕（籽料玉讲究有色皮）的挂坠饰件特别走俏，而且保值增值功能日益显现。在2008年的北京匡时春拍上，清乾隆白玉雕《苏武牧羊》以451万元成交。明清玉器从近年玉器拍卖成交情况来看，明清玉器成交率普遍较高，目前已成为玉器拍卖市场上的热点，日益受到藏家的青睐。业内人士认为：首先，明清时期是中国玉器的鼎盛时期，其玉质之美、琢工之精、器型之丰、作品之多、使用之广都是前所未有的。明清玉器借鉴历代绘画、雕塑等多种表现手法，将各种传统工艺融会贯通，其作品已达到了炉火纯青的地步。特别是乾隆朝制玉独树一帜，玉料优质，雕工精美，令人叹为观止。如北京翰海推出的清乾隆白玉坐佛，以495万元成交，香港推出的清乾隆《寒山听阁》碧玉山子以835.04万港币成交。其次，明清玉器年代较近，大多传承有序，不像高古玉（人们一般将汉代以前的玉称为高古玉）那样年代久远，令人真伪难辨，投资风险大。再则从总体上看，近年来明清玉器的价格涨幅每年都为 12%～18%，升值潜力大。明清玉器同高古玉相比价格较低，不少藏家出于既能保值升值，又能降低风险的目的来考虑，也倾向于选择明清玉器，从而导致了明清玉器的日益走俏。高古玉是中国玉文化的源头，凡是年代可靠的高古玉只要一露拍场，动辄都在百万元以上，也是有实力的藏家的首选。高古玉属稀缺资源，历史文化信息含量丰富，具有较高的历史价值和文物价值，中国内地拍卖高古玉市场还没有完全放开。

2004 年以来，高古玉市场已逐渐复苏，一些年代可靠、文化特征明显的高古玉颇受市场欢迎。2004 年，在纽约苏富比"中国陶瓷工艺品"专场拍卖中，一件新石器时代晚期至商时的玉刀，以 23.2 万美元成交。2004 年的北京翰海秋拍中，一件战国时期的双龙玉璜以 209 万元成交。高古玉器可谓是玉器市场的常青树，不论市场风云如何变幻，它以其悠远的文化含量、极高的艺术品位笑傲玉器拍场。但由于传承有序、年代可靠的古玉实在太少，赝品泛滥，藏家投资谨慎，市场难以形成较热的局面。

近年，随着藏家收藏观念的变化，玉器市场也呈现出收藏对象多元化的趋势，玉器的年代不再是人们关注的唯一条件。收藏者不仅热衷于商周汉魏的高古玉，倾心于明清的迷人白玉，也对制作精美的现代玉表现出了浓厚的兴趣。像玉牌、玉佩这类小件，就颇受收藏爱好者和圈外人士的青睐。不少业余买家认为，小件玉器虽小，不太起眼，但置于掌中欣赏把玩却也其乐无穷，而且价格不高，人们更容易接受。

投资现代玉的优势很明显，第一，价格适中，容易收藏。新玉价格一般仅为明清玉件售价的 1/10，藏家正好可低价入市。第二，现代玉的鉴定主要在于鉴别玉料的好坏，不需特别考虑年代及人工做伪的痕迹，易于收藏。第三，升值潜力不可限量。

目前，随着新玉收藏热逐渐升温，在拍卖市场上现代玉也令人瞩目。中国嘉德在 2005 年春拍中推出的一条双串翡翠珠子项链，便以 198 万元的高价成交。中鸿信拍卖公司在 2005 年春拍中推出的一件现代玉雕大师的作品《吉祥如意》更是拍出了 880 万元的天价。从各拍卖行玉器的拍卖来看，现代玉中凡是玉料上乘、名家大师的作品，都会受到藏家追捧。例如玉雕大师刘忠荣雕刻的白玉籽料方牌，前两年的售价仅为 4～5 万元，现在已涨至 20 万元。随着时间的推移，无论是翡翠原料还是和田籽料，都将日渐枯竭，物以稀为贵，新玉价格必然上扬。

四、中国和田玉（软玉）的投资与收藏

和田玉算是软玉里最好的玉，也是比较稀有的，从投资与收藏的角度来看要关注以下几方面。

（一）看玉器的材质

材料是玉器收藏的首要前提，优质玉材对于一件玉器至关重要。目前通常的价格，同等级别的子玉是山料的 6～8 倍。在市场或网上，更常见以无皮之山料或俄料充和田籽料出售。俄料亦属山料，且物质成分一样，因出矿地在俄国境内而称俄料，其价更低，特性色白但玉质太水，即透明感过重，密度和油质感均比不上正宗和田子玉料好！若以俄料充和田籽料件出售，经验少者难以辨之，目前在市场或网上为数不少。

真正的羊脂玉，目前国家没有标准，它产于冰雪覆盖的冰河中。羊脂玉白如羊脂，不但白且绝不反青，其油脂度特高，不是一般色度达到羊脂级的山料或子玉可匹敌的。有些老玩

家玩玉几十年也难得一求。羊脂玉取得难度之高加上其稀有度，所以爱玉者常有寻羊脂玉难，难于上青天之感。可以这样说，现在就是有钱，也不一定能买到精绝之品羊脂玉。

现今自称羊脂玉的，其实大多数是高白色的山玉或子玉，如不带皮的高白玉一般多是山料。玉工都知道子玉价俗高之山料数倍，在做工时一定想尽办法地留皮。有些为了冒充子玉而想方设法做烧染假皮子的，也常可见之。无皮的玉是不是子玉，就要靠鉴定者的经验和眼力来确定了，因此往往存在着争议性。

按照和田玉的等级来说，籽料最为贵重，山流水次之，山料又次之。

（二）辨认造型纹饰

造型是玉器审美的构架，也是决定玉器收藏价值的一个重要因素。造型是由功能及玉坯形状决定的，其比例权衡要适当。匀称而不呆板，均衡而又稳定的是美的作品。

纹饰是玉器的装饰，它的美丑容易为人们觉察、感受。一般来说它服从于器型的需要，或者它们两者都取决于社会功能的需要。装饰要看结构、章法、繁简、疏密等处理，凡结构章法有条不紊、统一和谐的就具鉴赏价值。

（三）分析工艺细品艺术

玉器工艺是由料变为器的技术条件，它的性质比较稳定，不易被人真正认识，是鉴赏上的一个难题。凡砣工利落流畅、娴熟精工必然是美的或比较美的，反之，板滞纤弱，拖泥带水，则是收藏价值锐减的标志，不可贸然集之。艺术是每件玉器所追求的最高境界，也是最难做到的。凡气韵生动、形神兼备的都是艺术美的表现，反映了丰富的收藏价值。反之工艺差，艺术低劣，一味摩古者违反艺术美的作品，鉴赏价值就逊色得多了。所以对玉的收藏除重视玉的材质外，还要注重玉的工艺水平，关注玉的艺术性。原因很简单，玉的材质越好，在大自然中的存量越稀少，其加工难度也越大，制造一件良玉就越难成功，价值就越高。

（四）尽量选购皮色子玉

和田子玉外表分布着一层褐红色或褐黄色玉皮，因此习惯上称为皮色子玉。有秋梨、芦花、枣红、黑等颜色，琢玉艺人以各种皮色冠以玉名，如秋梨皮子、虎皮子、枣皮红、洒金黄、黑皮子等。世界上不少玉石都带有此色，但不如和田玉皮色美丽。利用皮色可以制作俏色玉器，自然成趣，称为得宝。

和田子玉色皮的形态各种各样，有的呈云朵状，有的为脉状，有的呈散点状。色皮的形成是次生的，自古以来，同等的带皮色的籽料价格要比不带皮色的籽料贵得多。自然灿烂的皮色，是和田玉籽料特有的特征，也是真货的标志。但假沁色的带皮籽料近年非常多见，沁色多附着于表面，外表没有油分，比较干涩，没有水头，需要注意区分。选购皮色子玉有以下优势：

(1) 带有钢印（国家鉴定证书）的子玉，无争议，能确定其保值增值性。

(2) 行内有句话："籽料去了皮神仙认不得"，主要指有些优质的山料（甚至俄料）几可与籽料相比，而被无良商人充数高价出售，但进价上却相差数倍之远。因此没带皮色的裸体子玉较易有争议而难定其保值性。因此有人说：裸体玉有争议，不能确定保值。裸体子玉是黑白照，而皮色子玉是彩照，它给艺术家充分的创作空间，也给了人们五彩斑斓的艺术享受。

（五）选购子玉的特别之处

子玉99%带有轻重不同的料裂或少许的杂质，故玉器行内称裂为隔或绺。一般大隔或较明显的杂点处都会在做工时加以修饰，而存在的小隔，只要不影响玉器的美观和它的牢固度，均属于正常范围。如同珠宝级钻石在高倍放大镜下大多均有小裂、杂质等，全美的少有，与此同理。选购皮色子玉时：①重皮色；②重玉质；③重工艺；④重料形。

和田美玉虽产于号称"万山之祖"的昆仑山中，但闻名古今中外。随着人民生活水平的日益提高，昔日王公贵族把玩的高档玉器逐渐走入寻常百姓家。购藏玉器，不失为投资保值的一种理想选择。随着玩玉队伍的扩大，人们对玉器的青睐导致价格的上扬，也为玉器收藏者在时间和空间上提供了投资机会。

1. 和田玉古玉的肉眼鉴别法

和田玉在古玉器中占有十分重要的地位，鉴定古玉的方法很多，主要有肉眼鉴定法、矿物鉴定法、化学鉴定法等。

中国是世界古老的文明古国之一，文物遗存很多，在这类文物中，古玉器是一个宝库。中国出土和传世的玉器，数以万计，这是光辉的中国历史文化的见证，是价值难以估计的珍宝。研究这些古玉器有着深远的意义，在古玉器研究中经常遇到一个问题，就是玉质问题。也就是说玉器是由什么玉石材料制作的，玉石产在什么地方。

对一件古玉器的玉质进行肉眼鉴定，可以对它的物理性质，如质地、颜色、光泽、透明度等进行观察，初步判断玉质种类。肉眼鉴定，对各特征要综合考虑，不能只看一点。

(1) 颜色。和田玉颜色以白色和青色为基调，色调比较均匀。白色的白玉，特别是羊脂玉为和田玉所特有。岫玉和南阳玉也有白色的，但没有和田玉正，有的还带有绿色等杂色。青色的青玉，有时与绿色的碧玉和岫玉等容易混淆，要掌握青色的特点，它介于蓝与绿之间。和田玉子玉有的有皮色，皮色色调多为褐色，限于局部。古玉有的浸色后表面也呈褐红色，但浸色的常不均匀，色泽较深。

(2) 质地。和田玉质地致密细腻，滋润柔和，具油脂光泽，给人以柔中见刚之感，白玉尤为明显。其他玉石也有质地细腻的，但是滋润和油脂光泽不及和田玉。清代陈胜《玉记》所载：和田玉"玉体如凝脂，精光内蕴，质厚温润，脉理坚密，声音洪亮"。这些都是和田玉典型特征的表现。

(3) 杂质。和田玉质纯，杂质极少。杂质常见为铁质和石墨。铁质多分布于裂纹处，呈褐色或褐黑色，肉眼可辨。石墨呈黑色，分布于墨玉中，或呈星点状、集合体状，在白玉中呈黑色星点或云雾状、条带状黑纹等，其他玉石一般没有此情况。大理岩可见类似情况，但大理岩非玉石，粒度也很粗，易于区别。

(4) 硬度。和田玉摩氏硬度为 6.5~6.9，用钢刀刻不动，与其他玉石硬度相近的玉石有翡翠、南阳玉、玉髓等。

2. 投资和田玉以"精"为重

投资和田玉要尽量选择精品，所谓"精品"包括两个方面的含义：一是玉石料本身的价值。同为和田玉，因玉石料分为山料、半山料和籽料而价格大不相同。二是工艺价值。玉石的制作工艺属传统的民族工艺，要靠艺术家手工雕琢而成，有些精品需要艺术家呕心沥血几年、甚至十几年才能完成，其独特的艺术价值不言而喻。

同样的一块玉石料，由不同的人雕琢也会呈现出不同的价值，只有选择了精品，才会有较大的投资升值空间。而那些原材料和艺术价值一般的作品，虽然也会升值，但升值空间十分有限。一般来说，一件作品的投资额在几万元以上，才可能获得较为可观的投资收益。一般认为,上品美玉讲究以下 5 个到位。

(1) 色泽。羊脂白玉为纯白色或白色,微青微黄者次之,偏红为下品;青白玉、青玉色泽宜清宜淡,黄玉、碧玉、墨玉以色泽纯正为佳。

(2) 亮度。以有流动感水光为佳,油光次之,蜡光又次之,亚光为最差。

(3) 匀度。上好美玉应呈半透明状,内有薄雾絮状物,玉质均匀,无明显杂质。藕粉状、烟雾状质地次之,颗粒状质地及伴有较多"玉花"的又次之,石性较重、透明度极差的为下品。

(4) 密度。质地细腻的美玉密度较大,有明显的沉手感,手感略"飘"的次之。

(5) 硬度。上等和田玉的硬度稍低于紫砂壶,用玉边角部在细砂紫砂壶上刻划,以不留白痕或仅留极淡的细痕为佳。

五、缅甸翡翠玉(硬玉)的投资与收藏

据东盟翡翠玉器网资料显示:东方人爱翡翠,尤其是华人对其从古至今都很钟爱,连欧美等西方人也较以往更懂欣赏翡翠之美,因此上乘精美的翡翠欲抢钻石风头。

近 30 年来,国际市场的翡翠价格上涨了数百倍,甚至上千倍,越是高档的翡翠,涨幅越大,真可谓"千金易得,美玉难求"。

地球上钻石的产地有南非、纳米比亚、澳大利亚、俄罗斯等,但上等翡翠的产地只有缅甸。在缅北的高山峻岭之中,采玉人的艰辛常人往往难以想象,在酷暑的炎热天,整个玉石场区终日云缠雾绕,淫雨绵绵,蚊虫肆虐,瘴疠横行,谈蚊色变,而采玉的洞深数百米,高四尺左右,洞中空气稀薄,闷热难耐,又无支架防护,随时都有倒塌陷落的危险,极像传说中的地狱。

经过长年不断的开采,翡翠产量越来越少,这种不可再生的资源已经出现枯竭,矿主奇货可居,把高档原料囤积和以超高价拍卖,再加上社会需求突飞猛进地增长,玉料市场的供不应求,便出现了"面粉比面包贵"。因此,翡翠的投资价值一下凸显,越来越多的普通投资者加入到收藏大军中来,并乐此不疲。

其次,翡翠富含金、银、锌、硅、铁、硒、锰、镁等元素,是蓄"气"最充沛的物质,经常佩戴,这些微量元素通过皮肤吸入体内,平衡阴阳气血失调,祛病益寿,增强人体免疫力、抗病力,达到防癌、抗衰的作用。它还会在人体中产生电磁场即"生物信息场",这种光电效应能使人体血液循环,新陈代谢,活化细胞,调经络气血,过去常有中医师劝病人带玉就是这个道理。

总之翡翠的独特性使其市场价格稳步攀升,投资势态大好,一般预计投资回报在一年左右,大约 21%。翡翠的色彩、种类异常丰富,较之其他珠宝,更加契合中国人的审美情趣和文化心理,为收藏翡翠的人士提供了很大的选择空间,成为几百年来不衰的收藏趋向。

1. 文化独具魅力

据西祠胡同网资料:中国人爱玉,自古皆有口碑。到了 18 世纪晚期,中国玉文化中的主角才逐渐由白玉变成翡翠。但鲜为人知的是,世界上产翡翠的地方有 5 处,而能达到宝石级的只有缅甸一处。地质学家分析,几亿年前,欧亚板块和印度板块在当地碰撞产生了一个大断裂,地下很深的岩浆就顺着这个断裂往上运动,最后结晶形成硬玉岩,这种硬玉岩是组成翡翠的主要矿物。

明末清初时期，翡翠原石由在中缅边境丛林行走的马帮带回中国境内制成首饰，受到人们喜爱。史料记载，翡翠取代白玉成为"玉石之王"，与清代皇室的喜爱有很大关系。从乾隆皇帝到慈禧太后，各朝帝皇都对翡翠情有独钟，直接影响了后世人们对翡翠的喜爱和收藏。

虽然翡翠产于缅甸，但其发现、开采、雕刻、佩戴及鉴赏和收藏都和中国文化密不可分。翡翠之美在于其细腻、温润和含蓄优雅，是典型的东方古典美。从传统民族文化及性格来说，翡翠更适合东方人的气质秉性。如翡翠中绿翠、红翡、紫罗兰、青色四彩，被称为"福禄寿喜"，因而更受到东方民族的偏爱。

2. 收藏靠认识和眼力

随着翡翠的频繁开采，其资源濒临枯竭，高档老坑种已很难开采出来，好翡翠越来越少，由此造成翡翠价格在近十来年中就上涨了几倍，甚至几十倍，导致高档翡翠的收藏价值要高于其他贵重珠宝。

更为奇特的是，翡翠市场至今还在延续一种古老的交易方式——赌石。原来，在翡翠矿石表面有一层厚薄不等的外皮，使翡翠矿石看起来跟河卵石没有什么区别，所以人们只能靠打赌来判断它内部的好坏。即便在科技发达的今天，也没有一种仪器能穿透皮壳，看清里面翡翠的优劣。所以翡翠成色如何，只有切割开后才能见分晓，但赌石的结果常常出人意料。据说，缅甸政府每年都举行两次翡翠的公盘（即拍卖）活动，把很多翡翠原石集中起来，吸引全世界的翡翠商人前去估价、竞拍。

据海南省收藏家协会秘书长何翔介绍，翡翠不但色泽多彩，而且种质变幻无穷，有玻璃种、冰种、蛋清种、糯种、荔枝种、豆种、干青种等几十种之多，要找到完全相同的翡翠是十分困难的。此外，翡翠有它独特的物理性质，它的承压力、韧性、耐热性都极佳，不易受损。因而，翡翠收藏没有一个统一报价，这就要靠人们对翡翠的认识与眼力了，从而造成了翡翠更具有收藏与投资的刺激性。

翡翠被誉为"玉中之王"，自清末便一直为收藏界所追捧，近几年，与其他珠宝一样，翡翠一直呈上涨的势头。2008年翡翠价格更是出现了井喷，据广东省珠宝协会副会长郭清宏介绍，他在2007年年底和2008年年中到各翡翠交易所和原料市场调研发现，无论是翡翠的成品还是原料，仅半年时间就涨了近50%，在众多珠宝中涨幅最为惊人。郭清宏认为，翡翠等珠宝价格之所以能一路走高，主要跟中国这十几年来经济高速发展有关，当人们手头的钱富裕到一定程度的时候，便会追求高品位的生活，近几年奢侈品市场非常红火，翡翠作为奢侈品的一种，价格自然也就水涨船高了。但与其他奢侈品不同的是，翡翠作为再生性极为缓慢的稀缺资源，是用一点就少一点，资源面临越来越匮乏的境地。而中国人对翡翠有特别的偏爱，市场对翡翠的需求暴增，更凸显了翡翠的价值。

2008年翡翠价格出现的暴涨还与黄金市场有关。翡翠等珠宝作为黄金的相关产品，随着黄金上涨，逐渐被人关注，并一路飙升，其中钻石价格上涨了30%，而翡翠50%的涨势超过了黄金。近期，黄金价格开始出现回调的趋势，不少原先流入黄金的资金开始流向了与黄金相关的翡翠，因此，翡翠价格并没有跟着黄金的价格下跌，而是借着黄金的资金持续上涨。据对投资有多年经验的专家认为，虽然目前黄金价格出现回调，但从长期看，还是上涨的趋势，当黄金结束这一轮跌势，开始上涨后，翡翠将会迎来新一轮的"井喷"。

3. 市场鱼目混珠

通常，翡翠有 A、B、C 货之分。A 货指的是除了雕刻以外，没有进行其他人为处理的天然翡翠，佩戴越久质地越润泽、颜色越鲜艳，民间把 A 货翡翠称为活翠。B 货也是以天然翡翠为原料的，但通常颜色不好或含杂质。为了让翡翠好看，需要用浓酸泡解溶出杂质，然后往里面注胶，经过此种处理的 B 货翡翠在民间称为死翠，不具备天然翡翠的灵性。C 货翡翠就是用一些没有颜色、品质很差的翡翠，染上颜色，这种颜色通常是不自然的。D 货根本不是翡翠，是仿翡翠的东西。

目前市场销售的多是 B 类或 B 类以下的翡翠，属于旅游商品而非藏品。近年来，国内收藏与投资翡翠也渐成趋势，但由于翡翠市场的培育不足与资金问题，还很难形成较大气候。另外，各地的珠宝鉴定机构、珠宝院校、收藏家协会可开展不同形式的翡翠知识讲座，邀请名家对翡翠藏品进行鉴别，大力推广与传播翡翠文化。

4. 价值判断讲究"品种观色"

与其他收藏品不同，翡翠的收藏在价值判断上会有所区别。大多收藏品，年代的长久是收藏价值的重要判断依据。

但翡翠因本身就具有很强的实用性，藏品的年限不是其价值判断的依据。判断翡翠的收藏价值，主要还是依据翡翠本身的品质。从直观上，要看翡翠的颜色。翡翠的颜色讲究一个"正"，颜色越正越好。此外，翡翠还有不同的色彩，比较常见的有绿、紫、黄红、黄黑、蓝色等，各种色彩的翡翠价格又会有所不同。一般而言，颜色以绿色为最佳，饱和度越高，绿色越浓，越珍贵。饱和度低，缺色不透，绿色浅淡，价值不高，不具有收藏价值。除了绿色以外，紫色翡翠也具有一定的收藏价值，黄红、黄黑、蓝色等颜色则次之。

翡翠收藏业内流行着一句话："外行看色，内行看种"。在颜色、块头等其他条件相等的情况下，相邻的两个种之间，价格相差有一倍左右。由此可见，翡翠的种极大程度地决定了翡翠的价值。所谓的"种"，也就是翡翠的透明程度。翡翠越透明，种份就越好；反之，翡翠越不透明，种份越差。翡翠从好到差依次分为玻璃种、冰种、油种、豆种、干青种，种份越好收藏价值越高，玻璃种、冰种即使没有绿色，也值得收藏，而豆种、干青种的翡翠如果颜色不够浓艳，绿色的面积不多，则没有什么收藏价值。

此外，翡翠中的 A 货、B 货、C 货和 D 货之间的价格有天壤之别，这也需要投资者仔细辨认。所谓 A 货，是指未经过任何人工处理的天然 A 货翡翠，只有 A 货翡翠才具有稀有性和恒久性的升值条件。B 货翡翠则是强酸浸泡过的翡翠，强酸泡去了杂质，又经过充胶处理，让 B 货翡翠看上去颜色都很漂亮，质地也很通透，但它的价格却很低，一般是同等外观 A 货翡翠的 1/10 左右。不少人会被 B 货艳丽的外表所蒙骗，认为 B 货看起来又好又便宜。但是 B 货翡翠经不住时间的考验，一般几年之后硅胶氧化，翡翠会变得面目全非。C 货是指翡翠经过人工染色，在原本没有颜色的翡翠上人为地加上颜色，C 货的颜色是假的，也可将其归类为假货。D 货翡翠则是彻头彻尾的仿冒品，其化学成分和矿物组成与翡翠完全不同。

5. 实用性高适合大众投资者

"翡翠有极高的欣赏价值，同时也很实用，这是收藏翡翠很重要的原因。"专业收藏家郭昭阳在书画收藏方面在业内就颇有心得，而翡翠收藏以前还只是他的个人爱好，并没有应用到投资上。

第八章 中国玉器的投资收藏与市场概况

但在长期接触中,郭昭阳发现翡翠具有极高的实用性,不仅可以做装饰,还是馈赠的好礼,尤其翡翠价格一直在往上涨,如果适时将一部分翡翠卖出,其中获益不小。

在选购翡翠时,专家认为,单件翡翠块头要大,精美的雕工虽然可以使翡翠更具收藏价值,但如果是戴在身上的翡翠配件,没有经过任何加工反而更好,譬如说翡翠镯、平安扣等,都不需要进行任何雕刻,未经过雕琢的翡翠,在价格上更能直接体现翡翠本身的价值。

针对翡翠收藏的价格,有关专家认为:目前市面上的翡翠种类繁多,价位从几百到上百万的都有,但翡翠的收藏价值在于其稀缺性,千元以下的翡翠在市场上雷同的品种极多,根本不具备收藏价值。翡翠要有独特性的,一般都要5000元以上,一般应选择价位在1万元左右的翡翠做收藏,这个价位也非常适合资金不是很充裕的普通收藏者。而翡翠具有极高的实用性,投资者既可以收藏在家里细细把玩,也可以戴在身上,以提升个人品位。

翡翠收藏与其他艺术品、古董相比,每一品种的价位,在市场上都有非常规范的价格指标,对于外行投资者而言,收藏风险较小。作为刚入行的投资者,在商场购买翡翠是最安全的,但如果从投资角度去购买翡翠,商场的价格则比批发点贵好多,很不划算。投资者可以选择在一些珠宝玉石批发市场购买翡翠,同一块翡翠,在这些地方购买,能比商场的便宜几倍。一般批发市场附近会配备珠宝鉴定机构,投资者在不确定翡翠品种的情况下,可以花些钱让这些机构帮忙鉴定。

如果收藏者要长期从事翡翠投资,专门学习专业的珠宝鉴定还是很有必要的。一般而言,要达到比较专业的珠宝鉴定至少需要经过两三年的培训,不过一些地方质检局等政府权威部门,会开办一些短期的珠宝鉴定培训班,一般学时为一周,学费在2000元左右。虽然外行人士经过短期培训,水平不能和一个专业的鉴定师相媲美,但对各类翡翠的价位判断和应付赝品还是绰绰有余了。

6. 投资前景巨大

翡翠由于其产地的唯一性、成矿的复杂性、产量的不确定性,较之其他珠宝更具收藏价值。世界著名经济学家凯恩斯曾经说过:"翡翠是东方文化的重要载体,也是全球存在量不确定和不可再生的隐形资产,更属于浓缩和转移资产。"据介绍,国内开展翡翠玉石的专场拍卖不过五六年的时间,但有关拍卖数据统计显示,市场价格正处在初期的攀升阶段,参与的客户群体也呈稳步增长态势,投资回报率大致为16%~21%。

海南一家专营翡翠藏品公司的辜先生说,翡翠的质量判别、真伪鉴定需要长期实践经验的积累和对翡翠料石实物的触摸、感觉才能胜任,一般人还是应以翡翠成品收藏为主,真正意义上成规模的翡翠投资则应采取慎重态度。辜先生认为,涉足翡翠收藏与投资,必须对翡翠文化有一定的了解。通常,翡翠鉴别除看种质外,还讲究"水、地、色、工艺"四特性。翡翠雕刻分南派、北派与海派,南派讲究雕工精细、品相秀气;北派重风格粗犷豪放,以品相大气为主;海派注重人物雕刻与线条流畅。在鉴别时,"水、地、色、工艺"俱佳的翡翠值得大胆投资与收藏。

专家建议,翡翠的收藏与投资应以中、高档品种和中长期操作为主,低端产品的投资回报率受不确定因素影响较大。

高档翡翠为稀世之宝,是目前珠宝市场上人们争相追逐的宠物。不少人购买翡翠饰品,首要目的并非为了佩戴,更重要的是为了进行投资。在近年的中国香港翡翠珠宝拍卖场上,来自港、澳、台、东南亚以及欧美的华人富商阔太一掷千金,激烈竞逐翡翠精品,气势颇为壮观。

在 1997 年秋季佳士得翡翠首饰拍卖中，出现了一串举世注目的翡翠珠链，它由 27 颗纯翠绿珠子组成，每颗珠子直径 15.2~15.9mm，珠链上配了一颗重 10 克拉的钻石链扣，其亮丽和华美堪称世间独一无二，估价在 4000 万港元以上，最后竟以 7262 万港元成交，在珠宝界引起了不小的轰动。据佳士得拍卖公司介绍，这串珠链取自一块重约 50kg 的翡翠原石。30 多年前，一位缅甸珠宝商得到这块璞玉时，并未觉得它的珍贵，打算将它出售却无人问津。后来，珠宝商将玉石从中间剖开，切割时天空两度出现彩虹，玉石中央是一块重约 1kg 的高绿翡翠。于是，珠宝商将翡翠制成一条独一无二的珠链，命名为"双彩"珠链。当时，首饰拍卖在万豪酒店举行。许多著名收藏家和大款到场，还有一些富豪则接通了现场拍卖电话专线。多位买家激烈竞逐，叫价很快就超越最高估价。最终，一位并未到场的电话买家，以 7262 万港元的天价，将"双彩"珠链据为己有，从而使这串珠链成为亚洲拍卖中最贵的一件拍卖品。

翡翠专家奥岩在其《翡翠鉴赏》一书中介绍，从近几年的大型珠宝拍卖会上看，翡翠拍品正从一般品质的旧货逐渐向制作精美的新品方向发展。他认为这与翡翠的发展史有着密切关系，因为翡翠的大规模开采使用只有 250 多年的历史，清朝中早期由于加工工具简陋，致使具有历史价值又品质优良、工艺精美的翡翠作品非常少见。现代由于加工手段的进步，工艺日益精湛，加之润透的种份、娇艳的颜色，使得翡翠新品备受青睐，所以现今衡量翡翠标的质量的主要因素是品质及工艺，而制作的历史年代则次之。这一点，从不断创新记录的翡翠拍卖标的就可证实。当然，如果二者兼而有之，更是锦上添花。

六、当代翡翠艺术投资市场

新浪财经网显示：200 多年前，翡翠就成为中国达官贵族争相收藏的奢侈品，其投资主流意识始终沿袭中国传统玉器的收藏模式，即以原料贵贱为投资基础。自中国改革开放以来，随着社会文明高度的发展和艺术思想的开放，中国艺术创作环境得到了前所未有的广阔空间。翡翠艺术创作也是一种全新概念，它传承中华文明，吸收当代思想，以翡翠这种独一无二的载体传达着艺术家对世界的理解和感受，并带给世人无穷的视觉享受及精神财富。早在十多年前，翡翠艺术就开始显示了市场生命力，一些翡翠投资专家和收藏家率先在稀少的翡翠艺术作品上进行大胆投资，成为以当代翡翠艺术为投资主导理念的先行者，这也是中国当代翡翠艺术投资现象的雏形。艺术投资对市场的影响是深远的，谁最先看懂，谁最先获利。近十多年来的很多事实证明，一件优秀的翡翠艺术品，在很短时间内就可以为投资者们带来极为丰厚的利润回报。预计在未来十年内，翡翠艺术必然成为中国翡翠投资市场的最大亮点，再次掀起中国翡翠投资新浪潮。2004 年，荣获中国玉雕艺术"天工奖"金奖的《翡翠三彩仙螺王》可称得上是当代翡翠艺术品中最具代表性的例子。一块貌似中低档的翡翠，经过创作者一番鬼斧神工般的雕琢之后，被众多专家裁判一致推崇为"是一件无懈可击的完美杰作"。创作者将原本价值不高、占作品体积 2/3 的"红皮"部分，大胆采用超写实主义的表现手法，运用微雕技术，使螺壳部分层叠的纹路犹如树之年轮，体现出生命随岁月增长所沉淀的沧桑之感；而原料的"绿带"和"白棉"部分则巧妙地将"仙螺王"的肉身和白牙栩栩如生地表现出来，再配以层次交替的"黄皮"龙须，使作品完整一体，四色合一，流露出强烈的浪漫主义色彩。作品的内涵反映了艺术家及追求理想的人们，背负重压，努力前行，虽知过程缓慢，但必以不凡的面貌迎接挑战！

2005年6月香港佳士得拍卖公司在香港首次以介绍艺术家的形式进行翡翠个人作品拍卖，出人意料的是，当天叫拍的翡翠艺术品全部以高于行市的数十倍价格拍出，反响强烈。其中最引人注目的是一件名为《五福印章》的作品，创作者大胆运用了传统创作中经常被弃用的颜色——白色，以多层造型展现了流动的白云气势，而五只形态各异的白色蝙蝠则各守一处，分别象征着"福"和"运"，作品的青色与白色部分交错相映，体现了"平步青云"的美好意境。此件作品在拍卖会场经过激烈竞价，最终以远远超出市价数十倍的高价拍出。翡翠艺术品在市场的精彩表现，预示着中国翡翠投资市场开始由以原料定贵贱的传统投资方式，逐渐向艺术附加值的投资方向发展。

艺术虽然是抽象的，但却可以引起人类情感的强烈共鸣。当代翡翠艺术家们以其杰出的原创精神和人文思想，创作出了极具艺术价值的当代翡翠作品，加上每块翡翠都被大自然赋予了独一无二的天然特质。因此，翡翠艺术被冠以"不可复制的艺术品"，这也正是其他艺术作品最不可比拟之处。在翡翠投资渐热的今天，当代翡翠艺术对投资市场是有积极回报的，未来的巨大市场潜力更加值得期待。在未来十年内，她极有可能成为翡翠投资热的新亮点。鉴于目前翡翠投资市场状况，专家建议翡翠艺术投资者可以采取以下三种投资方式进行尝试，它基本上遵循了传统翡翠投资市场约定俗成的方式，在保障投资者利益的前提下，再进一步考虑翡翠艺术投资。

（1）首选水、种、色俱佳的原料，这要求投资者必须具备雄厚的资金实力，还要有足够好的运气才可以得到如此完美的翡翠。一块绝世好料，再配以新颖巧妙的艺术创新，即可成为一件无法估量的绝世珍品。此类作品通常可遇不可求，升值潜力自然不言而喻。

（2）可以选择中上等翡翠原料，此类翡翠水、种、色可能不如第一种投资的原料饱满，有暗痕或白绵等"天生不足"，但可凭借高超的艺术创作手法，既巧妙弥补原料的不足，又大大提高艺术欣赏价值。此类作品通常在市面上都能获得意想不到的价值回报。这种投资方式，专家认为是目前翡翠艺术投资的最佳选择，因为绝世好料毕竟越来越少，且价格不菲，因此，未来大量中上等翡翠原料将进入投资人的视野，而一个真正能够读懂翡翠的艺术家，可以取其精华，去其糟粕，将翡翠最完美的一面充分体现出来，翡翠升值空间自然大大提升。

（3）原料本身市场升值潜力并不太大，但创作者充分利用其色彩、造型等一切可利用的优势，进行大胆艺术创新，令作品艺术精神气质得到极大的升华，此类作品需要创作者有极高的艺术造诣，还需要投资者有良好的艺术鉴赏力和投资勇气。一旦获得市场认可，就极有可能产生市场"聚核效应"，投资者将有可能获得数十倍甚至百倍投资回报。前面提到过的《翡翠三彩仙螺王》和《五福印章》就是两个非常典型的例子。

中国玉文化的艺术创作思想，自古以来一直被社会统治阶级所束缚，长久以来只见传承不见发扬。时至今日，当代社会的文明与进步终于为玉文化创新提供了前所未有的广阔发展空间，并已被有远见的投资者和收藏家所认识。随着高档翡翠原料日益稀少，传统的翡翠投资方式越来越不能满足投资与收藏市场的需求。有数据表明，2007—2010年，中国市场对中、高档翡翠的需求将增加10倍，并且随着国内艺术品投资热的持续升温，具有纯粹艺术思想的翡翠作品的投资与收藏空间将会有极大发展。

事实上，当代翡翠艺术品的升值潜力早已在市场上得到验证，并且屡试不爽。只是传播的声音还不够大，多数投资人仍固守原料的本身价值，忽略了艺术创作带来的潜在利益，而这恰恰是当代翡翠艺术品最值得投资的魅力所在。全球艺术品投资收藏热潮，势必推动翡翠艺术品逐步走上艺术圣坛，而翡翠艺术品在市场上的优异表现，也会为翡翠艺术投资理论提供最有说服力的实例和数据支持。

翡翠作为中国玉文化中最不可忽略的一个重要组成部分，在艺术创作上的传承与发扬应该同时进行。只强调传承却忽略了现代审美倾向，或只强调发扬现代主义而摒弃传统都是一种缺陷。因此，于传统中发扬现代，于现代中保留传统，才能使翡翠艺术和谐发展、进步，翡翠艺术创作才可能因市场回报活跃起来，从而增强投资者的信心，令翡翠艺术市场走向繁荣。中国玉文化也将因此冲破数千年的传统束缚，在现代社会高速发展的今天，快速走向发展与成熟，为世界文明艺术史增添一朵奇葩——翡翠艺术。

以上提到的是中国玉器中极具投资收藏价值的古玉器、和田玉玉器和翡翠玉器，这些玉器都极具投资收藏价值，都可能为投资者在中长期甚至在短期内带来极为丰厚的回报。但是笔者认为：只要是质地好、设计独到、做工精美的其他玉种的玉器，如绿松石、独山玉、岫岩玉、玛瑙等，都值得投资与收藏，许多出自大师级名家之手的作品已被国家永久收藏。这些珍品的质料中还有为数不少的绿松石、独山玉、玛瑙雕件，其中不少国宝级的俏色珍品大多为玛瑙制品。因此投资收藏以上玉种的精品，都会有较大的投资升值空间，同样可以为投资者带来极为可观的回报。

第二节　中国玉器市场概况

一、国内玉器市场概况

本节所论述的玉器市场主要为翡翠与软玉市场。

自1978年改革开放以来，我国由计划经济逐步转向社会主义市场经济。随着经济的发展，人民生活水平的提高，人们对玉器的需求也逐渐增加，原来单一的玉器外销市场逐渐转变为外销与内销市场共同发展。据有关部门统计，仅2003年，我国珠宝玉器首饰贸易额达到1000多亿元。

近些年来，珠宝玉器市场日渐繁荣，各地玉器市场如雨后春笋般地不断涌现，为活跃艺术品市场和满足人们的文化需求起到了一定的作用。然而市场上也出现了许多不尽人意的地方，大量的次品、假货、赝品充斥市场，使不少玉器爱好者束手无策，望而却步。

据调查，玉器饰品能适应多层次的不同追求，其价位因种类与品级之异从十几元至数百元不等。在很多旅游景点的小店铺里都可看到，售货台上堆着成百上千件玉器，如玉镯、玉坠、玉锤、玉枕、玉垫等（这些玉器主要为岫玉制品），几乎像青菜萝卜一样撮堆儿卖。在一些小店里，还能看到这样的告示："玉石手镯假一赔十，一律10元"，售货小姐很自信地说："我们有质量保证书，甭管上哪儿检验，绝对是真货！"中国宝玉石协会质量鉴定中心有关负责人表示：10元玉器大多是真货，但质量较次。他解释说，判断玉石优劣的主要依据是透明度和色泽，优质美玉价格惊人，但劣质玉料一两百块钱就能买1kg，一块料能做几十只吊坠儿。目前市场上的10元玉器大多出自河南省南阳市镇平县一带，这里玉料丰富，而且玉器都是农民在作坊里雕琢而成，价格自然很便宜。此外，缅甸和我国新疆和田等地有些厂商也将边角料和废料回收加工成玉坠和玉镯销售。中国宝玉石协会负责人介绍说，10元玉器在近两三年大量上市，除10元一件的玉镯、玉坠外，还有一两百元一只的玉花瓶、玉白菜等摆件。廉价玉镯、玉坠薄利多销，消费者不会太吃亏，然而这类玉器在选材、加工等方面都粗制滥造，没有收藏的价值及升值的空间。

由于玉器兼备了装饰养身和保值升值这两大特点，加入到玉器收藏行列的人越来越多，玉器收藏者已成为中国书画和瓷器收藏圈之外最大的收藏群体。投资者目光开始聚集到玉器上的原因主要有两方面。一方面，玉在中国人的心目中有着特殊的地位，有"古之君子必佩玉"的说法。除了玉的象征意义之外，玉也具有非常多的实际用途。民间有"人养玉，玉养人"及"人养玉三年，玉养人一生"的说法，人们也因此大量制作玉枕、玉坠、玉锁、玉烟嘴，以此健体防病。另一方面，由于玉属于不可再生的资源，玉石会随着不断地开采而越来越少。作为玉中上品的和田玉，近几年由于大量开采，昆仑山冰川以下的玉矿已开采告罄，除了档次较低的"山料"之外，"籽玉"和"山流水"这类的上品已基本采不到。

二、翡翠市场

翡翠虽产自缅甸，但主要市场却在中国。从数量上看，90%的翡翠原料被中国内地买家买走，80%的原材料在中国内地加工销售；从质量上看，中国正逐渐成为全球主要的高档翡翠消费市场，云南仍然是中国最大的翡翠原石和制成品的集散地。目前，国内翡翠市场已形成了产、供、销三级比较完善的市场，先后出现了一批成熟的、有特色的翡翠加工基地与交易市场，其中具代表性的有广东的广州、揭阳、四会、平州以及云南的瑞丽、腾冲、大理，广州番禺已成为全球最大的翡翠加工基地，另外苏州、扬州、上海、北京这些传统的玉器加工基地也正在复兴。零售市场上基本形成了一个以品牌翡翠为主，以大中型综合商场、专卖店为主要销售渠道的市场雏形。

由于玉器属于古董一类的艺术品，其价值和价格很难确切地通过鉴定得出，受个人喜好程度和市场环境的影响较大，投资者应避免盲目跟风，警惕炒作。2008年初玉价的异动，不少业内人士认为是某些人恶意炒作的结果。所以虽然玉器投资前景乐观，但投资者仍要保持冷静，谨慎行事。

据熟知市场行情的人士讲，近30年来，翡翠价格上涨已达数百倍甚至千倍，越是高档翡翠，上涨幅度越大。缅甸翡翠原料的价格也在年年翻番。40多年前100多元港币可买一块上佳"老坑玻璃种"翡翠，现在动辄数万元，对于特级翡翠，其价格更是惊人。在1999年香港佳士德秋季拍卖会上，一枚规格为33.08mm×18.78mm×14.83mm的椭圆形蛋面翡翠戒指以1850万港元成交，刷新了蛋面戒指拍卖的世界纪录。据《全国宝玉石报》1996年12月13日第二版头条报到："在1995年秋季举办的香港克里斯蒂拍卖会上，一只翡翠手镯以1200万港元成交，而同样质地的手镯，1983年在云南德宏地区只要花4000~5000元就能买到。"这说明高档翡翠精品价格十年上涨了3000倍。可以肯定地说，上述报道中所说虽然是属于极其突出的个别例子，但它却是千真万确的事实，而绝非天方夜谭。

经过上百年的开采，真正的A货翡翠已经越来越稀少了，现在玻璃种的翡翠首饰收购价很难低于3000元，如果玻璃种翡翠首饰上局部出现高绿，其价格可达五六十万元，如果是满绿的翡翠饰品，只要雕工精细、造型美观，其价格完全可能在1000万元以上。这些惊人消息至少说明了两个问题：

（1）由翡翠本身价值所决定，因为优质翡翠是在亿万年前的非常复杂的地质条件下形成的，因而使它具有非常良好的特性，成了公认的"玉石之王"，并成为有地位有经济实力的人士追求的热门对象。

（2）优质翡翠仅仅产于缅甸，它的地质储量少之又少，而且世界上喜爱它的人又越来越多，它的增值功能远远胜过黄金。所以近十多年来形成了劣质翡翠不断降价，几乎无人问津，而优质翡翠则价格猛涨，这已是不可抗拒的事实。

三、软玉市场

收藏玉器以选购新疆和田玉为好，和田玉里最好的是羊脂白玉，其雕工精美，价值高达上千上万元。一般男士可选为腰间玉挂件，如玉品兽型皮带扣饰物、玉牌子、玉生肖等饰品。新疆和田青白玉普通件的价格为200～400元。女士的佩玉多为挂在脖子上的玉饰品，纹饰有生肖花卉图案等，品物不宜过大，否则太重。小孩所带的玉饰品也多为脖子上挂的玉牌子，纹饰也以动物、花卉为主，也可选些"玉阿福"挂件，寓意平安有福，价格一般50～100元。买玉饰品除新疆和田玉外，还有河南玉、青海玉、俄罗斯玉等，相对价值低一半以上。

目前在各种美玉中，和田玉的价格正在成倍增长，去年100多万1kg的顶级高档和田玉，今年1kg 200多万元都难以买到，上好的羊脂白玉更是难觅其踪；缅甸的翡翠硬玉的价格也同比上涨了1/3。但是，品质一般或较差的玉，价格甚至有下降的趋势。市场上用廉价的俄罗斯玉冒充极品和田玉的现象比较普遍，因为二者在外观上非常接近。而一件玉器的真伪，价格可能会有天壤之别，即便是同一种玉石，一些不易察觉的细小瑕疵也能导致其价格大相径庭。

四、和田玉山料、籽料近年来的价格趋势

随着我国人民生活水平的日益提高，人们越来越重视投资理财，投资理财的方向也逐渐转向收藏品。玉器在琳琅满目的收藏品中以其优越的特性，越来越被广大收藏爱好者喜爱、认可。随着对玉器需求量的增加，市场也在不断地扩大。但是市场发展的速度、需求量的增长与原材料供应量不成正比，造成需大于供。特别是高档和田玉更是奇缺难寻，致使近几年来和田玉价格跳跃式增长。我国在计划经济时，和田玉价格由国家指定，进入市场经济后，和田玉的价格由市场决定。市场是检验商品的最佳标准，也是决定商品价格的权威，25年来和田玉原料价格的变化足以证明。

1980年一级和田白玉山料80元/kg，一级和田白玉籽料100元/kg，以上是计划经济时国家指定价。

1990年一级和田白玉山料300～350元/kg，一级和田白玉籽料1500～2000元/kg。

1995年一级和田白玉山料800～1000元/kg，一级和田白玉籽料6000元/kg。

2000年一级和田白玉山料2000元/kg，一级和田白玉籽料10000～12000元/kg。

2003年一级和田白玉山料4000～6000元/kg，一级和田白玉籽料30000～35000元/kg。

2004年一级和田白玉山料8000～10000元/kg，一级和田白玉籽料60000～80000元/kg。

2005年一级和田白玉籽料100000元/kg以上。

2007年一级和田白玉籽料600000元/kg以上。

从以上数据来看，和田玉原料的价格一路上升，特别是和田籽玉原料价值增长速度之快，更是令人惊心动魄，短短二十几年，价格增长近千倍。没有一种商品的价值增长速度可与和田玉籽料相比，无论是投资、保值、收藏和田玉都会得到丰厚的回报。

和田玉"聚天地之精华，凝山川之灵气"，它是国之瑰宝、华夏民族文化之精神。

众多的玉器商都认为，市场紧缺，供需关系紧张，必然导致玉石收藏价值越来越高。目前市场上现有的玉器无形中已成了"无价之宝"。而且，新疆和田玉又被制成奥运徽印——中国印及奥运奖牌，再一次确立了和田玉是玉中极品的地位，和田美玉的价格有继续升高的潜力。

五、分析解决存在的问题

1. 玉石资源匮乏的问题

玉石市场，特别是翡翠市场，其价格出现惊人的上涨，究其原因有人为的炒作也有玉石资源的匮乏，最主要的还是后者。由于长期以来对玉石资源的乱开滥采及不合理的开发利用，我国的玉石市场正面临资源严重匮乏的窘迫境况，普遍存在玉石产量锐减的情况，其中一些优质玉石资源更是凤毛麟角。

目前我国对文化资源的开发利用和管理还存在许多问题，如宝石、玉石的加工生产，许多地方简直到了混乱失控的地步。玉雕是中国文化艺术的一部分，早在殷商时代就已形成专业制造，并掌握了较成熟的技术。后来，古老的彩陶文化、青铜文化都随着历史的演进而退位，但玉雕却能绵延至今。尤其是近20多年来，玉雕进入快速发展期，各地利用当地的资源优势，陆续形成一批珠宝玉石开发、加工基地，如番禺、东莞、梧州、昌乐、镇平、青田、岫岩、东海等。中国玉雕之乡河南镇平有玉雕加工企业10000多家，从业人员近12万人，已成为该县经济的一大支柱产业。目前全国大型企业已达数百家，中小型工厂、作坊多不胜数。

玉雕行业的兴旺，为各地的经济建设作出了贡献。但是这种"人民战争"式的经营方式也带来了巨大的负面效应。近几年来，玉雕企业裂变似的剧增，以至造成市场的无序竞争。有些地方因滥采而破坏玉石资源，其中最为严重的是产品质量低下，资源浪费惊人。玉雕行业产量之大、价格之廉令人瞠目。在一些旅游点和工艺品市场，低劣的玉器随处可见，如石筷子、腰带、枕头、串珠、纽扣、擀面杖……有的价格低得还不如塑料制品。这种低价竞销，使多年来在国际市场中走俏的玉器，身价一跌再跌，由珍宝品位降为以中低档为主流的手工产品品位。

俗话说"黄金有价玉无价"。黄金之所以有标准价格，是因为它不仅易于人工提纯，而且在熔炼燃烧时不会损耗，正所谓真金不怕火炼。但玉石不仅稀有，而且质量差异极大，且不能人为改变，尤其是决定其价格的因素更在于其加工的艺术性。一旦定型后就不能还原。玉石由不同的人加工，其艺术价值迥异，有可能价值连城，也有可能成为废品。所以，玉石这种稀有的一次性资源，不允许粗制滥造，对于玉石矿更不能狂采乱挖。

长期以来，由于大量的粗制滥造，严重地浪费了国家的玉石资源。昔日闻名遐迩的岫玉矿仅短短20年，就从世界首位高矿变成了贫瘠矿；昆仑白玉基本绝产；河南独山玉的黄金时代也昙花一现；湖北的松石已难见到深蓝色上品；为开采玛瑙，已不得不破坏农田和牧场。因此国内一些大型的玉器厂都原料紧缺。中国本是个产玉大国，近年却不得不大量进口玉石原料。

如何改变资源匮乏这一现状，是业内人士普遍关注的问题。总的来说可以总结为两点：一方面是在加强对现有资源合理利用，同时勘查新的矿床；另一方面是对新品种玉石的开发和利用。

金星翠玉就是新近开发的玉石品种。含自然铜葡萄石脉产于玄武岩、辉绿岩的裂隙中与围岩接触的边缘处，属热液自然铜矿脉，伴生的还有赤铜矿、蓝铜矿、孔雀石、绿帘石、绿泥石。岩石颜色翠绿、绿、黄绿、浅绿，自然铜紫红色，星点分布（局部富集可达50余千克），结晶致密细腻，切开面呈翠绿色。金星翠玉玉石原料深藏在云、贵、川三省交界处的高山峡谷之中，在河谷的砾石滩中常可寻觅。金星翠玉可加工性及抛光性很好，如手镯及各种玉佩。

2. 人才匮乏

我国的玉雕艺术已有数千年的历史了，是中国最古老的雕刻品种之一，中国文化发展的各个历史时期，玉雕艺术都被誉为"无穷魅力之物"。在漫长的悠悠岁月中、在历史演化的兴衰进程中，它铸造和孕育了中华民族的独特人文个性，凝聚为东方艺术的民族风格。中华的先祖们，用自己无比灵巧的双手和无比智慧的巧妙构思，制作出了一件件、一种种精美绝伦的玉器雕刻工艺品，丰富着全人类的物质、文化和精神世界。中国的玉器雕刻艺术已成为中华民族无穷的精神财富、物质财富和文化财富。其作品在世界上享有很高的声誉，西方一些国家赞誉中国是世界"东方宝玉石之乡"，又称中国的玉雕精湛艺术是西方国家难以媲美的"东方艺术"。

然而目前的玉器行业却暗藏危机。业内人士认为，除了资源匮乏，人才的匮乏也是制约传统工艺美术行业发展的致命因素。据北京工艺美术行业协会统计，目前北京工艺美术界现在真正具有传统工艺美术技艺创作能力的骨干不足千人，还在维持生产的品种只剩下11个，已经失传或者面临失传的品种已达到43个，其中包括我国在世界上久负盛名的玉器、象牙雕刻、景泰蓝、雕漆等等。工艺美术大师大多都60岁上下，年轻的工艺美术大师很少，只有两三位在40岁以上50岁以下。北京工艺美术第一线的生产人员，30岁以下的青年职工很少，大概不足10%。

通过旅游工艺品所保存下来的传统手艺已徒剩躯壳。在几十万雕玉大军当中，有多少人真正把它作为一种事业、作为一种艺术创作的高度来看待它？更多的年青人说到艺术创作时只是玩点概念性的东西，总觉得轻而易举就能成功，就能进入艺术家的行列，实则太过于躁动了，没能理解艺术的真谛。其实每一件艺术作品的背后，都饱含了创作者的艰辛，是艺术家经过漫长的艺术积累和文化积淀创造出来的。玉雕从业人员众多只是表面的繁荣，大多数人只追求短期效益，大量粗制滥造的玉器盛行市场，使得玉器这一具有美学价值的民族文化精品沦落到了在街边小店随处售卖的地步，实在令人惋惜，而真正的玉雕技艺却无人传承。

传统工艺美术不仅仅是供人玩赏的手工艺品，它还是历史的载体，它用自己独特的方式记录着历史。北京工艺美术行业协会的会长李进华形象地把传统工艺美术比作"历史名片"。一件传统工艺品经专家鉴定可以得知其是哪朝哪代的，这件工艺品即反映了当时那个朝代的某种工艺美术。每个历史时期都有其独特的艺术风格和工艺技巧，它是历史文化的见证。从这个意义上来说，保护传统工艺美术，就是保护历史，保护文化。

历史上传统手工艺的几度繁荣都与国家的支持密切相关。为了使传统工艺美术能得到更好地保护，早在几年前我国一些政府部门就对保护传统手工艺给予了充分的肯定，并制定了一系列的保护条例。1997年，国务院颁布了《传统工艺美术保护条例》，随后，北京市政府也在2002年的9月正式实施了《北京市传统工艺美术保护办法》。这些保护办法就政府对挽救濒临灭绝的传统工艺美术作出了很多规定，采取了很多行之有效的措施，比方说保护办法里就提出要评定珍品，调动创作者的积极性，给带徒的大师们补贴等等。这就能看出政府在这方面所给予的扶植，只要工艺美术企业自身再做一番努力，行业协会在其中再给一些帮助，这三元结合一定能摸索出能很好传承传统工艺美术的方式。

对于现在来说，文物是过去的大师的作品，对于将来而言现在大师的作品是历史的文物，表现的是现在的艺术风格和工艺技巧。然而当代大师们受传统思想束缚，陈旧观念限制了其作品的创新，认为玉石只能做成"马上封侯"、"大吉大利"、"福禄寿"这些东西，只知一味地仿古，很少去琢磨能反映我们这个社会主流文化的产品。然而随着全球化经济的发展，不同文化的传入，人们的审美意识的改变和提高，传统的玉雕造型已无法满足广大消费者的需求，所以他们这种观念限制了这个行业的发展。

就艺术风格的突破而言，需要当代大师解放思想，接受新的文化，破除传统的束缚，更需要年轻一代在虚心踏实地学习前辈们留下的传统技艺的同时，为这个古老的行业加入新的血液，注入新的活力，带入新的艺术理念，使这门传统工艺能继续传承下去并焕发出新的魅力，让更多的人接受并喜爱上它。

3. 其他

由于我国玉石资源分布较广，且较为丰富，市场对玉器需求增加，近几年来，一些不具备生产条件的小企业的进入，工艺美术没有商标，不受保护，鱼目混珠，谁都可以卖，直接打破了工艺美术市场的平静，数量庞大、质量低劣的手工艺品一时充斥了整个市场，同时也打击了创作者的积极性。随着知识产权意识的逐渐形成，业内人士建议凡是上市的工艺美术产品都应该有自己的标识。

玉雕等许多传统工艺美术要求对原料进行观察分析，针对其特点加工，而非现在一些企业那样，一味追求效益，不加思索地对原料进行加工，因为其技术含量低，原料差，价格低廉，这对资源是一种极大的浪费，也影响了消费者心中玉石难求的形象，对市场也是一种冲击。

"从民间来的，再回到民间去"，是业内专家多年来的体会，也是打破目前传统工艺美术发展困境的有效手段。玉雕行业本来就是从民间来的，让它回到民间去，让它形成一种在崭新的社会背景下的、一个一个的作坊、工作室。号称"传统工艺活博物馆"的"京城百工坊"位于北京崇文区光明路乙12号，是一座建筑面积达 $4\times10^4 m^2$ 的大型仿古建筑，建筑内部仿制老北京街巷，每一扇门旁边都挂着中、英文两种语言的标志牌，牌上是对工作室主人和其技艺的详细介绍。从标志牌的号码来看，这里已经集中了100多位工艺美术大师，设置了30多间大师工作室。其实"保护"并不是百工坊的唯一任务，这一间间小小的作坊将"人"聚集到了一起，同时还肩负着一个更重要的使命，那就是探索"传统手工艺如何在市场上生存"的问题。

我们必须看到，在市场经济条件下，市场竞争将会更加激烈。优胜劣汰，此起彼伏，这是市场竞争的规律，是历史发展的必然。

中国玉雕，这个被世人赞誉的"东方艺术"，永远也不会在市场经济的大潮中被淹没。尽管道路曲折，但总体还是在往前走。它必将日益丰富多彩，永远与人类文明同在，与日月同辉。

第九章 玉雕常用原料的主要品种

第一节 我国玉石、彩石的主要产地

玉石,为玉器原料的总概念,它存在着三种本质美感,即质美(质地致密、坚实)、色美(色彩晶莹、光亮)、触美(触之温润)。

《深圳新闻网》对我国玉石资源分布情况的调查表明,我国已发现各种玉石共有121种,其中软玉、硬玉和蛋白石9种,独山玉及其他玉39种,印章石17种,石英岩质玉15种,蛇纹石质玉18种,彩石23种。宝石的摩氏硬度多大于7。玉石的硬度大都在4度以上,集中在5~7度之间。坚硬而质细的玉才能有较强的光泽,硬度小就不能磨得很光亮,反映不出玉器的晶莹质地。彩石的硬度多在2~4度之间。

天然宝石是自然界形成的,具有美观、耐久、稀有和工艺价值的矿物单晶体(含双晶体);天然玉石是由自然界形成的,具有美观、耐久、稀有和工艺价值的矿物集合体(少数为非晶质体,如天然玻璃);天然彩石本包含在天然玉石内,但因其硬度多较低,因而使用的工具、设备、加工方法与玉石不尽相同,又因其彩色多较丰富,定名为彩石。现分述如下。

软玉:和田玉是产于新疆的软玉,为中国的名贵玉种,驰名中外,其雕刻品在国内外市场上深受欢迎,是新疆目前开发的主要品种。在四川、辽宁与江苏均发现了软玉矿床,具有较好的开发前景。台湾软玉也很有名,但由于逐年开采,产量减少,现已近于停采。

翡翠硬玉:在我国基本上没有发现过。

蛋白石:主要指欧泊,因欧泊主要成分为蛋白石。具有变彩效应的优质蛋白石,用于首饰原料,目前国内还未发现。云南、陕西、江苏等省(区)产的都是普通蛋白石,属低档玉料。云南产的普通蛋白石,加工效果不好,易碎,只能加工一些首饰和小件工艺品。

独山玉:产于河南南阳独山而得名,黝帘石化斜长石质玉。质地细腻,色彩鲜艳。有时可采得1000kg以上的多彩大玉料,为制作巨型雕件创造了条件。但是近年来其开采已临近告罄。

梅花玉:产于河南,用于制作玉镯、花鸟、器皿等工艺品。

五彩玉(九龙碧):产于福建,早在明清时代就已闻名,玉石具有五彩缤纷、争奇斗艳之特点,资源丰富,开采条件好。

蔷薇辉石(桃花玉、京粉翠):主要产于湖南、四川、青海、北京、江苏等地,是较好的玉雕原料。湖南生产的石狮子、大象以及花、鸟、鱼、虫,栩栩如生。四川用其雕琢的兽类,特别用其雕琢的门狮,曾是国内外人士抢购的热门货。北京由于储量逐年减少,目前处于零星开采。青海尚未专门开采,仅在开采锰矿时,顺便少量采出。江苏至今尚未开发利用。

绿松石：主要产于湖北、陕西、安徽、青海、新疆，在江苏、河北、云南、四川、甘肃、河南等均有少量产出。

孔雀石：主要产于湖北、广东、云南、新疆，在河南、江苏、四川也有产出。湖北孔雀石色带清晰，质量上乘，但现已少见。

萤石：主要产于内蒙、浙江、辽宁等约16个省（区），内蒙萤石资源丰富，居全国前列，有绿、紫黄、无色等。萤石主要用于雕刻装饰品、陈列品，多用作其他玉石代用品，更多用作观赏石和矿物标本。

鸡血石：主要为产于内蒙巴林的巴林鸡血石和浙江昌化的昌化鸡血石。

叶蜡石：主要为产于浙江青田的青田石、福建寿山的寿山石和江苏的溧阳石。

巴林石、昌化石、青田石、寿山石和长白玉（高岭石）是中国"五大印章石"。此外，广绿玉（绢云母）、溧阳石、商洛翠玉（白云母）、平塘花石、黄陵玉、东兴石、紫袍玉带石等都是雕刻印章的理想材料。

第二节　翡翠（硬玉）

一、概述

翡翠本来指的是鸟，"翡"是一种红色羽毛的小鸟，"翠"是一种绿色羽毛的小鸟。《说文》"翡，赤色雀也。翠，青羽雀也。"唐代陈子昂诗"翡翠巢南海，雌雄珠树林"所指的也是鸟。但翡翠指鸟，在《石雅》中已有异议，其文引汉班固《西都赋》"翡翠大齐，含耀流英"；引汉张衡《西京赋》"翡翠大齐，络以美玉"。考证大齐为宝石珠，翡翠与大齐并提，有可能指玉石。据出土文物报道，汉有翡翠出土。又梁代《玉台新咏》"琉璃砚匣，终日随身，翡翠笔床，无时离手。"提到翡翠笔床，笔床即笔架，魏晋南北朝时期，文房用具用玉石制作已多见，如玉臂搁、玉砚滴、镇纸等。

大约在宋代翡翠指玉石已确切，宋代欧阳修《归田录》"余家有一玉罂（瓮）形制甚古而精巧，始得之，梅圣愈以为碧玉。在颍州时，尝以示僚属，坐有兵马辖邓保吉者，真宗朝老内臣。视之曰：此宝器也，谓之翡翠，云禁中宝物，皆藏宜圣库。库中有翡翠簪一只，所以识也。"《武林旧事》也说："太上宜索翡翠鹦鹉杯……此是宣和间外国进贡，可以屑金。"可见宋代确已出现玉石翡翠，但传闻不广。据此《艺文类聚》："日南运至翡翠，充备宝玩。"所指是鸟的羽毛，还是玉石翡翠，有两种可能。

明代翡翠未见传世器物，明代的墓葬出土随葬品中也几乎不见翡翠制品。清代中后期才渐渐和玉齐名，特别是乾隆年间，翡翠以其清澈晶莹、浓而不艳，以及隐隐约约的水晶感、朦朦胧胧的玻璃质而备受欢迎，尤其是受到皇帝的喜爱。现在传世的宫廷翡翠制品，多是此时期的产物。据史书记载，慈禧太后生前对翡翠情有独钟，她把翡翠当作皇家玉并大量收藏，死后用于陪葬且用量极其惊人。据《爱月轩笔记》披露，在慈禧墓中，她的脚旁有翡翠西瓜两只，青皮红瓤，煞是可爱，估价为500万两银子；翡翠甜瓜4只，其中两只为白皮红子粉瓤，两只为青皮白子黄瓤，估价为600万两银子。头顶有一翡翠荷叶，如天然一般，重22两5钱4分，制价为285万两银子，另外有27尊翡翠佛，10个天然翡翠桃子，两棵翡翠白菜，此白菜绿叶白心，菜叶上还雕有两只满绿的蝈蝈，价值1000万两白银。

第九章　玉雕常用原料的主要品种

翡翠那冰莹含蓄的光辉不浮华、不轻狂,成语中的冰清玉洁、美玉无瑕用来比喻翡翠最恰当不过。色泽美是翡翠美感的首要因素,翡翠的色泽有映照人体肤色的特异功能,绿色翡翠特别是高绿高翠戒面,只需小指甲般一粒,投入清水中,立即将整盘清水映绿。女士一旦佩戴上它,顿时倍增光彩,容光焕发,楚楚动人。人们把这种绿色情结转化到珠宝玉石上,而独钟于翡翠的美丽绿色也就不奇怪了。由于翡翠中的绿色最为艳美,且比其他颜色的翡翠贵重得多,所以翡翠一词就几乎成了绿色的同义词。在其他绿色玉石中还有东陵玉、南阳玉、绿玛瑙、绿玉髓、密玉等,但比起坚硬、柔美、温润的翡翠就逊色多了,所以翡翠又号称"玉石之王"。世人以得到一粒高档绿色翡翠而引以为荣。

翡翠的绿色在光谱中波长居中(530～490nm)。它对人的眼睛没有刺激感,具有安稳、平静的作用。所以绿色能解除疲劳、稳定情绪,它是安全、和平的象征。深绿色是大自然中森林的颜色,显得深沉而神秘,令人心情舒畅,精神振奋,绿色常常使人想起幽静的树林,绿茵茵的草地,平静的湖水。绿色是希望的象征,给人以宁静之感,绿色景物可以降低眼内压力,减轻视觉神经疲劳,使人安定,呼吸变缓,让人心肺负担减轻。充满生命活力的绿色给人以清新、舒适、幽静、旷远的感觉。

翡翠的绿色除了高档的祖母绿之外,没有一种宝石的绿色可以和她相比,鲜艳的绿色最符合中国人的审美情趣和文化心理。翡翠是东方人特别是中国人自古喜爱崇拜的玉石。翡翠以绿为名贵,色泽深邃如云似苔,空而不泛,就如行云流水,凡如活的生命形式,碧绿清澄,生机盎然,它意味着中国古代人向往青翠欲滴的林泉,投入大自然的灵性。

翡翠的结构为隐晶质纤维状致密集合体,非常坚韧,受重击后不易破碎,其颜色因所含不同金属元素多少所致,翡翠的颜色基本为不同浓淡的绿、红、黄、白、灰、紫、黑等。其中翠绿最为名贵和最具经济价值和收藏价值。翡翠有它独特的物理性质,承压力比化石大得多,有更好的任性和很高的耐热性,这就使得翡翠首饰的佩戴不易受损,所以说,无论从哪方面来说,翡翠都占尽了优势,难怪中国人对翡翠情有独钟。

翡翠的矿物名为硬玉(Jadeite),由辉石族矿物组成,主要成分是钠铝硅酸盐。其化学成分理论值为 SiO_2 59.45%、Al_2O_3 25.21%、Na_2O 15.34%。

翡翠属于单斜晶系,以微晶集结成集合体。有的晶粒很大,人眼可见。有的晶粒很小,质地细腻。晶粒呈粒状、纤维状、半纤维状,柱面解理清楚。韧性大,仅次于软玉。

翡翠的透明度由微透明变化到半透明,摩氏硬度 6.5～7.1。

翡翠有一般的玻璃光泽,抛光面反光强烈。

翡翠的颜色分为地子色和其他色。地子色主要是白色和油青两种,但变化较大,其他色重要的是绿、红、藕粉,黑是脏色。

翡翠主产缅甸,呈大块状产出,有的一块就在吨位以上,多呈卵状产出。卵状翡翠有皮,皮分粗细两种,也有无外皮的。有粗糙外皮的称为新坑、土子,这种料透明度低、硬度低。有细皮的称为老坑、水子,这种料透明度高。介于新、老坑之间的称为新老坑,透明度和硬度也介于期间。我国靠近缅甸,来往交通便利。玉器行业专营翡翠已成为一门行业,东南亚、日本对翡翠也非常喜爱,世界各国也先后对翡翠发生了兴趣。由于世界市场翡翠的需求量不断扩大,产出供不应求,它的身价也就相应地抬高起来。高级翡翠目前只产于缅甸,缅甸已把翡翠作为国宝,一级品禁止出口,在交易会上出现的多是二、三级品。翡翠是玉石中的上品,其中的翠绿又是翡翠中的上品,中国把它列为宝石四大品类,即珠、宝、翠、钻中的一种。

二、翡翠原石的特征

翡翠原石分为原生矿和次生矿两种。其中原生矿又称为新坑无皮石；次生矿是指翡翠成矿后经过长时间风化作用，因各种外界应力作用而形成的形状各异且带皮的翡翠原料。

翡翠原石带有一层风化壳。由于风化壳的存在，以致无法观察到翡翠内部。而对翡翠原石的鉴定则主要是通过观察风化壳表面出现的各种现象，推断该翡翠原石内部质量的优劣。在翡翠原石表面常出现以下现象。

1. 皮壳

翡翠原石在地质搬运过程中经风化作用形成的产物，称为"皮壳"。如果皮壳比较粗糙，有砂粒感的翡翠原石，称为砂皮石。根据砂皮的颜色可分为白砂皮、黄砂皮、铁砂皮、黑乌砂皮等。其中白砂皮翡翠内部往往没有颜色，如果有也是淡淡的绿色或紫色，但一般透明度较好；黄砂皮的翡翠原石内部可能有较多绿色，但多数颜色不均匀，有时也可能有较浓艳的色根；一般认为铁砂皮的皮壳很薄，内部品质较好，可出现高档料；黑乌砂皮为颜色较深的黑色、绿色，一般认为内部会有较深的绿色部分，甚至可出现满绿的翡翠，但是黑乌砂皮翡翠原石变化非常大，有的里面的绿带黑点。有的里面是很干的绿、有的里面的绿很脏；石灰皮呈灰白色，皮较软，可用铁刷子刷掉石灰皮层，多数是高岭土化所致，内部一般种质较好。此外，还有经过水的冲刷，外皮光滑，手摸上去没有砂的感觉，很细腻的水石皮。这种皮很薄，颜色也有多种，有褐色、青色、淡黄色等。由于水石皮的皮很薄，强光可以透过，较容易判断里面的情况。水皮石的翡翠一般都经过较长距离的搬运，较致密、细腻的部分保留下来了，所以一般品质较好。

总之，可根据翡翠皮壳的颜色、致密程度、光润程度、厚薄等，推断翡翠的内部颜色、透明度、净度、结构等优劣程度。

2. 松花

松花是指翡翠皮壳上绿色的表现，也就是翡翠内部或浅层绿色在皮壳表面的一种表现。由于致色离子的种类、浓度和空间分布在一定的成矿时间和空间是相对稳定的，所以根据松花颜色的浓淡、数量的多少、形态的变化，可以推断翡翠内部颜色的变化和分布。如果松花的颜色浓而鲜艳，价值就会高；如果翡翠皮壳上没有松花，内部可能很少会有色；而皮壳上有多处松花，则内部可能存在颜色或者仅仅存在于表层。另外，松花是否渗入翡翠内部，渗透的深度等，也是推断颜色好坏的依据之一。

3. 蟒

蟒是描述翡翠原料的术语，是指翡翠中的绿色条带在风化壳的表现形态，一般呈凸起的曲折细脉状分布在风化壳表面，犹如一条蟒蛇盘卷，是判断有无颜色及颜色分布状态的一般依据。翡翠的成岩成矿有着不同的世代，形成了结构、成分上的差异，这就导致了硬度不同，在风化过程中产生差异风化。一般细粒致密结构比粗粒疏松结构抗风化能力强，绿色部分比无色部分抗风化能力强，所以与无色、浅色粗粒疏松结构的基底相比时细粒结构的绿色部分凸出来，形成蟒带。翡翠的绿色条带多是成岩期后改造的结果，成岩期后改造首先是在应力作用下硬玉岩变形、破裂，而后含致色离子的热液侵入，进行离子交代，形成绿色条带。所以说有色带是变形破裂带，而这一破裂带又继续在应力和热液作用下发生了揉皱和重结晶，形成了一条结构致密的弯曲翡翠色带，反映在风化壳上。蟒带的形态、颜色、走向、倾向是判断翡翠绿色变化的重要标志。

4. 癣

癣是指在翡翠原料皮壳表面上出现大小不同、形状各异呈黑色、深绿色或灰色的印记，是一种与翡翠绿色有关联的表现特征，是铬离子的提供者，俗称"癣吃绿"或"绿随黑走"。癣的主要矿物成分是碱性角闪石，通常呈柱状、纤维状集合体，呈靛蓝色、蓝黑色，往往围绕辉石、尤其对硬玉呈边缘交代或完全交代，与皮壳周围的物质有明显的颜色变化。如果在两个面上出现有大量的片状癣，而另一个面上有大量的点状癣，那么内部可能含有太多的阳起石等产生癣的矿物；如果有一些癣仅仅在一个面上有表现，而且都是片状癣就有可能仅仅在表面有一点"脏"，不会产生很大影响；如果在两个面甚至三个面上有癣，有可能内部很脏。

5. 雾

雾是指存在于外层风化壳与内部翡翠之间的一层雾状不透明物质，实际上是一种硬玉矿物退化变质作用的结果。由于温度的降低及压力的增加，原生矿物硬玉发生退化变质，形成新的次生矿物层，最外层是风化壳。这些次生矿物主要是钠长石和霞石。雾有厚有薄，颜色有白雾、黄雾、黑雾和红雾，雾的有无及雾的颜色反映的是原岩的信息，雾的出现是有翠色的一种预兆，不同颜色的雾具有不同的指示作用，一般红雾和黄雾是由于含铁量高而引起的，而高铁使翡翠绿色发暗；白雾表明含铁不高，是较纯的硬玉岩，可能出正绿色高翠。

三、翡翠的形态和质地

优质翡翠多产于籽料中，人们通过仔细观察原石外皮，推测内里质量已有了较为丰富的经验，因此，皮的形态对翡翠来说是非常重要的。

籽料的外皮形态可分为以下几种。

1. 粗皮子

皮呈黄色、土黄、米黄、暗黄、棕黄、黄白等色。皮质较粗，石性，砾粒性，外表可见结晶颗粒。皮层厚，如土石状，此种料质地较粗，有盐粒子性，透明度低，硬度低。

2. 细皮子

皮呈红、褐、黑或红黑混染状，有的如烟袋油，有的如粟皮，有的如枣红，有的如树皮，也有浅色的，但深色多见。皮表面光滑如卵石，皮薄坚实，干石性。靠近皮层内有一红线，里面是质地细腻半透明状的翡翠，因其坚实、细腻、透明，被称为水坑、老坑。

3. 砂皮子和新老坑

细皮砂粒性的外皮称砂皮子，皮的表现介于新、老坑之间，其中翡翠的质量变化大，也称为新老坑。

从外皮看绿：翡翠中的绿色可能反映在表皮上。表皮绿有明显的，如瓜皮的称为瓜皮绿，表现在表皮；还有浅绿、绿为一条线状，线绿可深入内部，行业中称"宁买一线，不买一片"。表皮绿在鼓包处的是好绿，在凹进部位的不是好绿，行业中称"宁买一鼓，不买十癣"。

从外皮看绺：翡翠的绺，尤其是恶性绺，在外皮上有反映，要仔细观察绺的形状、大小、走向、多少，以估计其深入内部的情况。翡翠的绺受皮的质地、颜色、光滑度和杂物的影响，有隐蔽的可能，尤其要注意凹处的绺。

四、开门子

为了显示翡翠的质地和颜色，将翡翠外皮切出一局部，抛光后称为开门子。选择开门子的部位很重要，门子一般开在地子好、绿旺的部位，以提高其身价。

对一般的情况来说，门子反映翡翠的内里质量是可靠的，但估计不可过高。有的门子质地很好，但里面出现石花和绺，甚至质地粗糙，但这些变化不是普遍的。

查看门子，主要看其质地，对绿的估计要慎重，要看门子周围的情况和全部外表有多少绿线。

市场上为了提升翡翠原石的价值，有些人伪造门子，将好翡翠片贴嵌在门子上，应注意谨防上当。大块翡翠常切片销售。片的厚度依料的形状、大小、质量和使用而定，有的一剖两开，有的一剖几开，剖面抛光。

五、翡翠的性

翡翠质地不如玉质地均匀，这是翡翠和玉的明显区别之一。翡翠有翠性和盐粒子性。

翠性：翡翠微晶呈柱状、尖状，在剖面上有结晶的闪光，称为翠性。新坑、新老坑这种现象明显，老坑细观察也有，但特点不突出。翠性不影响翡翠的质地本质。

盐粒子性：微晶晶粒粗大，能明显用肉眼分辨出，称盐粒子性。此种质地粗糙，翠性明显。

衡量玻璃地称水头，即用肉眼看翡翠的透明深度。地子的透明度是翡翠非常重要的性质，要特别细心地观察、鉴别，有微弱的差别，可能质量级别就差很多。

如果在玻璃地和冰地翡翠中出现的地子明显不均，就是出现了杂质。杂质一般表现为不透明白色的点或絮状，大小不均，被称为石花、石脑、芦花、棉花性。粗粒晶面对质地也有一定影响，但不如石花、石脑、芦花、棉花性在冰地翡翠中反映突出。

翡翠中最重要、最多、变化最大的是绿和黑，绿是翡翠中的宝，黑则是翡翠中的污点，是翡翠最忌的杂质。新坑翡翠黑，多呈斑块状，界限还较清楚。冰地和玻璃地的黑多呈点状、丝丝状或呈界限不清的团块状。冰地以上出现黑绝对不能保留使用，干地黑被称为狗屎地，利用价值很小。黑有点状、斑状、带状、丝状。黑点常出在冰地以上的翡翠中，由于这种翡翠透明度大，黑点对质量的影响也就愈大。斑状、带状的黑点出现在干地翡翠中，也出现于半干地翡翠中，这种翡翠本身质量就次。

经验证明：翡翠的绿与黑有一定的关系，有绿时不一定有黑，但黑很可能有绿，绿随黑走，绿靠黑长。黑与绿的界限有的不清楚，成为黑变绿的过渡。

六、绺裂

（一）绺裂的形态

绺裂按形态可分为3种。

1. 大绺

大绺即明显的裂纹。有的通天地，称为通天绺，即绺将料一分为二；有的是半截绺，严重的称恶绺、大绺。这样绺有直线、曲线、十字交叉、平行、分散等不同表现。大绺易于发现，也较好处理。

2. 碎绺

碎绺是自然形的小裂纹，如果表现为嵌皮或蹦茬，可在加工时剔除，则影响不大。这种绺出现在高绿上，会贬低高绿的价值，影响大。

3. 水线

一般情况下，水线常不被注意；当单薄时，光下出现水纹，这种现象称为水线。在高级翡翠戒面中和活件的单细部位影响较大。

（二）翡翠的"地"、"种"、"色"

翡翠的质地主要是指翡翠玉料的结构粗细和透明度，行话也称之为"种"。透明度又被行内称作"水头"，透明度好坏常以"水头长"、"水头短"或"水头好"、"水头差"来描述。透明度的估计，用一分水、二分水区分，一分指市尺的一分，约3mm。翡翠一般达到二分水就是很好的玻璃地了。使用这个概念时，不是真的切出3mm、6mm的片来验证，而是用比较的方法得出。如果把最好的翡翠切6mm的片，它仍是半透明体。翡翠常见的质地有玻璃地、蛋清地、芙蓉地、马牙地、干地等。玻璃地是指结构细腻、半透明至透明以上的翡翠质地，也是最好的质地；蛋清地是透明度较玻璃地稍差、略显浑浊的细腻质地；芙蓉地是指一种透明度较好，有颗粒感又不易见颗粒边界的质地；马牙地则为结构细腻但不透明的质地；干地是指结构粗糙、有明显颗粒感且不透明的质地，这种质地的翡翠价极低。当然，还存在许多中间质地的品种，因而有各种各样的名称。

业内人士通常按照行业习惯以及翡翠的颜色、分布形态、质地粗细和透明度等的差异，将翡翠分为老坑玻璃种、白底青种、花青种、油青种、金丝种、紫罗兰种、干青种等许多品种。老坑玻璃种通常是指绿色纯正、鲜艳且均匀，质地细腻，透明度高的品种。白底青种翡翠是指在白色底色上有团块状绿色分布的品种，通常质地较细，绿色较鲜艳，但通常透明度较差，是较常见的翡翠品种。花青种翡翠主要是指绿色呈斑点或细脉状无规律分布在玉料中的品种，其底色可以是淡绿色或其他色，质地也有粗有细，通常颜色的鲜艳度、质地的好坏变化，使其价格可以相差很大。油青种是一种质地细腻透明度较好，但颜色为较暗的灰绿色或油绿色的品种，通常价格较低。金丝种则是指翡翠的绿色呈细丝状或条带状沿某一方向近平行断续排列的品种，艳绿色且质地好的金丝种也是名贵品种。紫罗兰种则是指紫色的翡翠，虽然都是紫色调，但也有蓝紫、粉紫、紫青之别。干青种是一种深绿色且色不均匀的不透明至微透明玉石品种，它的主要矿物成分不是硬玉而是钠铬辉石，因而属钠长硬玉品种。

除上述品种外，还有几种颜色同时存在的品种，如"福禄寿"是指白、绿、紫三色翡翠，"福禄寿喜"则是指白、绿、紫、红四色翡翠，若色彩鲜艳且搭配和谐，都是难得的珍品。

颜色的种类划分根据翡翠有地子色和其他色之分。地子色是翡翠的一般色，主要有白、油青、藕粉、淡绿、花绿等色。

白地子色称为"白杆翡翠"，冰地白杆和干地白杆常见，并大面积存在，多出现在新坑、新老坑翡翠中。

油青地呈青绿色，是老坑翡翠的主要地子色。有的色浅如蛋青、鼻涕青、水青；有的色深如油青、豆青、灰暗青、蓝绿青等。

藕粉地：在翡翠中出现大面积的紫罗兰色称为藕粉地，有淡藕粉和浓藕粉。

淡绿和花绿地种类很多，有浅水绿、江水绿、散绿、黑和绿相间、白和绿相混以及丝丝绿等。

除以上主要地子色外，还有灰地、灰黑地、紫灰地、油青灰等，但这些地子色都不是好地子色。

其他色：在地子色上其他主要是绿和黑两种。红和黄发生在皮层或靠近皮层的地方，在内部很少出现。翡翠中的红黄都不特别纯正和鲜艳，没有大红、甘黄的正色，所反映的色全介于红和黄之间。新坑、新老坑红和黄较多，老坑只有皮层红线，没有皮层红带。翡翠中的红或黄红被称为"翡"，它是翡翠的主要表现之一。

藕粉色多出现在新坑和新老坑翡翠中，既是地子色又是其他色。它的出现很不规律，与地子色相互浸染，浓淡相间，变化无界限。有的藕粉色占的面积很大，色很浓，是少见的藕粉地翡翠，属高档品种，它的价值与红翡旗鼓相当。

绿表现的形式最多，有色级、色调、色形的变化。色级指浓淡；色调指蓝、绿、黄等调子的变化，如灰绿、纯绿、蓝绿、黑绿等；色形指色的形状。绿色的每一微小的变差，都关系到翡翠的质量，翡翠绿所表现出来的形状，一块一个样，一个局部一个样，几乎全不雷同，因此绿的名称也多。

以色标正绿为标准，浓色正绿为最好。靠近正绿向蓝略微有一点偏差的不如正绿，但也属高档绿，向黄有偏差，主要是绿色浓，都是相当好的。在绿中最忌的是灰，只要有灰的色调都不是好绿。黑绿如菠菜，有黑的色调也不是好绿。从上面的情况看，色浓色正是很重要的，也就是色级、色调非常重要。

色的形状以团块状最好，称为疙瘩绿。也有条带状的、丝状的、点状的、花絮状的、网状的和均匀状的。

翡翠的绿虽然好，但一定要和质地结合。干地绿称"干疤绿"，玻璃地绿称"宝石绿"。干疤绿在表面反映，有多大就是多大，玻璃地绿在内里反映，可映照的体积很大。

七、绿的名称和特点

1. 玻璃地中的绿色品种

艳绿：绿色最正、最浓称为艳绿；色偏深一点称老艳绿。

宝石绿：绿色如祖母绿宝石为宝石绿，和艳绿相近。

白雅堂：绿艳而鲜，如一汪绿水，色正而嫩，又叫阳俏绿。

黄阳绿：绿以鲜为主，绿中略有黄的感觉，但黄的色调不明显。白雅堂和黄阳绿相近。

葱芯绿：绿以嫩为主，有的如鹦哥毛称鹦哥毛绿。与黄阳绿比较中黄色偏大。

2. 灵地中的宝石绿色品种

金丝绿：绿如丝絮，浓而艳，可将周围映照为全绿色。有的绿呈散点状，也可将周围映照为全绿色。

灵地绿：该品种中以团块绿为最好，取出后可作宝石，但绿必须浓正，够上色级，如阳俏绿、葱芯绿、鹦哥毛绿、黄阳绿、艳绿都可能出现。灵地绿中易出现白花、菜绿等中不同的点和线，影响绿的反映。

3. 灵地中的较好绿色品种

灵地中的丝丝绿和丝絮绿，虽是硬绿，但取不出团块宝石绿，它是仅次于宝石绿的品种。

绿色均匀如水的称绿水地，色正而艳，但绿色浅淡，够不上硬绿。

油青地中有的油青很浓艳，其深青绿色为玻璃地中的优秀品种，凡黑、灰、浅或色不正者都不是好油青。油青丝不是宝石绿。

4. 微透明至不透明中的绿色

微透明至不透明中的翡翠色变化很大，常见到的有白地俏、干疤绿、花绿、瓜皮绿等。

白地俏：绿色好，散而多，呈点状、丝状、片絮状、网状、浸染分布，如无白石花也是很好的翡翠。

瓜皮绿：如瓜皮的青绿、绿、黑绿色，选择其绿色旺处使用。

以上列举的翡翠绿只是常见的绿色，翡翠绿变化万千，认识翡翠，重点应放在认识翠绿上。要识透翠绿并非易事，它要求见多识广，正确地分析对比；稍有偏差，则影响很大。因为翠绿色调、色级、色形变化大，地子的透明度变化大，所以，翡翠绿的每一差别，都可能引起价值的天壤之别。翠绿最高级别的称为翠绿宝石，价值与钻石、祖母绿、红宝石、蓝宝石、变石、黑欧泊相当，所以不能等闲视之。

最好的翠绿称翡翠绿宝石，或称为高绿、高翠。翡翠地子细腻纯净，透明度高的料很多，但上面有翠绿的不多，有宝石级艳绿的更不好，所以宝石绿是非常稀少的。翡翠绿并不一定都是宝石绿，但绿是翡翠中的优质品，哪怕是浅淡的匀平绿和绿色稍有色调的差别，色形的变化，都要重视使用。绿色翡翠大量用于首饰石和花饰，价值很高。

由于翡翠透明度对绿的烘托，使地子和绿有一定的关系，这种关系称为映照。地子如同放大镜，把绿映照变大了，这是绿的扩大。能够映照翡翠中的绿使绿色变大，除绿硬和鲜艳外地子质细均匀和有适当的透明度是分不开的。即地子透明，但不过火，在强光透射下，能见到绿的形状，在一般光下，地子的水头只反映绿的均匀，所以看到地子和绿融为一体。如果翡翠的灵地不能烘托绿，如有的绿色过于浓，绿的形态通过透地反映出来，绿是绿，地子是地子，界限太明显，也就不能使绿扩大范围。还有的虽然绿和地子能融合，但地子有石花、黑点，石花、黑点在绿的天地里太显眼，影响了绿的反映。透明度较差的翡翠没有绿的扩大现象。

了解了绿和地子这个关系，就可以在运用中有意扩大地子，增大绿的体积。如果地子不能扩大绿，要注意绿的洁净，不要因地子伤害绿的反映。

虽然绿出现在地子上，但有的绿的质地和地子的质地不同。绿的质地较好，地子的质地较差，如狗屎地子出高翠。也有绿的质地不如地子的质地的，但这种情况很少。一般说来，绿和地子的质地相同的多，如绿呈分散状的翡翠。有疙瘩绿的翡翠，一般绿地较好，至少等于地子的质地，这种料多出在新坑或者新老坑。

很多翡翠绿和黑是孪生姐妹，黑是绿引，黑中有绿，并过渡到绿。黑和绿相混生者也较多。黑中的绿常见是浓绿，有黑和绿的大块料，很难准确判断。

八、绿的形状

(1) 带子绿：绿色如带的称带子绿，条带可宽可窄，可薄可厚，可浓可淡。浓带子绿称硬带子，淡带子绿称软带子。绿带与地子之间界限不明显，呈相间浸染称花带子。绿带子呈几条平行线走向，或隐或现，如飘散的云烟，称散带子。带子绿虽然表现形式不同，有进有出，但方向明确，易于辨认。

（2）团块绿：又称疙瘩绿，块状分布，有的很小如点，称点子绿；有的很大，称疙瘩绿。疙瘩绿有突然性，它的浓和淡，被称为软硬绿，如疙瘩硬绿、疙瘩软绿。

（3）丝絮绿：如丝絮，有丝状、丝片状、丝块状。按绿的软硬分硬丝绿和软丝绿。有的丝绿、浓艳，密度又大，有团块的效果，是优等绿。丝絮绿和条带绿一样，在翡翠中易于出现，也容易辨认。

（4）均匀绿：绿色均匀分布的为均匀绿。这种绿多是地子绿，较浅淡，也有绿硬者，但很少见。

（5）靠皮绿：绿在外皮部位。开门子常找靠皮绿的地方。

绿色的起活：把绿从翡翠中取出来，是检验对绿认识的结果，也是最重要的工艺技术。

把绿从翡翠中突出出来（无论是切割下来，还是不切割下来），都改变了绿的位置和环境，发生了条件的变化。人们都希望绿色浓艳，有的取出来色淡了，有的色艳了。为了使绿往好的方向转变，要将绿和周围的地子作比较，运用留地子和不留地子，估计切割薄厚等手法来处理，使绿至少保持在处理前的浓艳水平上。

翡翠绿的处理：地子色质不好，绿好的，要把绿取出来，用绿作产品，一般用于首饰石、花饰；地子色质好，绿好，绿够宝石级明显优于地子的，也要把绿取下来；不够宝石级的，要在做产品中把绿突出出来；绿上有白花、黑点的要把白花和黑点去掉；丝絮状和均匀绿可做各种产品，但要注意绿硬的地方，应依绿的形状、分布、浓淡来设计适宜的产品；用绿要团不散，绿要外露、显眼、突出，不要把绿埋在产品里边或底部。

九、翡翠的产地简介

翡翠的主要产地有缅甸北部克钦邦的帕敢—道茂一带、危地马拉的 Motagua 谷地的中央、日本、俄罗斯 Borus 山和 Sayan 西部、哈萨克斯坦靠近巴尔喀什湖 Itmurunby 山等地。

世界上有 95% 以上的商业翡翠产于缅甸。缅甸翡翠的成因现今仍在争议，有区域变质成因说、岩浆成因说和交代成因等学说。

大约 3.5Ma 年前，印度板块沿东北向与欧亚板块相撞，并俯冲于欧亚板块之下。这一碰撞不但使缅北及滇西地区更加向北东东向挤压，而且还使青藏高原及云贵高原逐渐抬升，从阿帕龙到密支那形成一条弧形 90° 转弯曲折的雅鲁藏布江缝合线，并造成滇西地区横断山脉的形成，同时侵入了大量碱性玄武岩和超基性岩。

缅甸翡翠矿床位于缅北抹谷西北的雾露河中上游地区。主要分 3 个矿区：后江矿区、帕敢—道茂矿区、抹岗矿区，其中帕敢—道茂矿区是最大、最著名的矿区，也是最古老的矿区。

翡翠矿床类型分为两大类：原生翡翠矿床、次生翡翠矿床。次生翡翠矿床又可分为第四纪砾岩层翡翠矿床、残坡积翡翠矿床、现代河床沉积型翡翠矿床。

（一）原生翡翠矿床

原生翡翠矿床产出于道茂岩体的蛇纹石化橄榄岩之中。道茂原生矿床包括了 4 条矿脉，矿脉由硬玉和钠长石矿物组成的硬玉岩、钠长石硬玉岩和钠长石岩，呈脉状在蛇纹石化橄榄岩内产出。另外原生矿脉还见于格地莫、散卡、隆肯等地，这些矿脉被称为新场区，新场区的翡翠多为中低档次。

(二）次生翡翠矿床

次生翡翠矿床主要分布于钦敦江支流雾露河的冲积层，雾露河上游有两条东西流向的支流发源于翡翠原生矿分布地区，道茂矿山即为南支流的源头。这两条支流会合于隆肯北边，并折向南流，河流冲积层发育，形成不同类型的次生翡翠矿床。

1. 第四纪砾岩层翡翠矿床

此类矿床属于次生矿床，是原生翡翠矿床经构造运动、风化剥蚀、搬运分选沉积而成。雾露河流域第四纪巨厚砾岩层是主要的翡翠矿床富集层，分布在帕敢—道茂矿区的中南部，矿体呈长条状分布，长达几十千米，北北东走向，最宽处在麻蒙一带，宽 6km，砾岩层的厚度可达 300m，组成雾露河高层阶地。含硬玉岩的砾岩层为最底层，厚约 15m。第四纪砾岩层的翡翠以砾石体积巨大为特点，是玉雕用翡翠的主要来源，底层砾岩中也含有优质翡翠。第四纪砾岩层翡翠矿床的主要产地，有次通卡、大谷地、灰卡、香拱等老场区。在挽近纪砂岩、砾岩的沉积层也发现有硬玉的漂砾，只是这些矿床的规模较小，如仙洞场区。

2. 现代河流沉积型翡翠矿床

现代河流沉积型矿床是最有价值的翡翠矿床，它是由流经第四纪含翡翠砾岩层的雾露河及其支流搬运分选而成，与第四纪砾岩层翡翠矿床同属次生矿床，并且在成因上具有连带性。矿床主要分布于雾露河及其支流的河谷中，集中在散卡村到蒙麻地区雾露河下游 30km 长的河床中，优秀翡翠矿床更是集中在帕敢和蒙麻一带。现代河流沉积型翡翠矿床所产翡翠具有密度大、硬度高、质地均匀、结构紧密、裂隙少等特点，多为高档首饰级翡翠，是老场区集中开采的矿床类型。

3. 残坡积翡翠矿床

残坡积翡翠矿床主要产出在山坡上，也属次生矿床，一般是原生矿床剥离后，经洪水或重力搬运作用而成的，砾石有了一定的分选性和磨圆度，但保有更多的原生矿床翡翠的特点。雾露矿区以龙塘矿床为代表，属新老厂，翡翠的质量介于原生矿与砂砾矿之间，产量少。

另外，后江矿区、抹岗矿区与帕敢—朵莫矿区具有相同或相似的地质产出条件，也是两个非常重要的矿区。

后江矿区位于帕敢矿区的西北部，包括后江和雷打场两个采区。后江采区翡翠矿床沿后江分布，长约 3km，宽 100～200m，属现代河床沉积矿床，此采区出产的翡翠具有产量高、品种多、质量好等特点，属老场区。雷打场采区位于后江上游的一山坡上，为残坡积型矿床。翡翠矿床赋存于第四纪砂土层中，翡翠具有种干、硬度低、裂绺多、难以取料等特点，因其裂绺呈树枝状分布，像天空打雷时闪电的形状，故称之为雷打石，属新老厂，多为中低档翡翠。抹岗矿区位于帕敢矿区南部，北邻恩多湖，属砾岩层沉积型翡翠矿床，有较悠久的开采历史，1910 年王正坤所购正坤玉就产在其矿区。

十、翡翠的应用与制作

（一）翡翠的应用

翡翠的应用很广泛，可用于各种品种。

1. 首饰石

首饰石用翡翠的色，无论色的浓淡、色调、色形怎样变化，只要明快鲜艳都可利用，最重要的是绿色，其次是红色和藕粉。

（1）戒面石：绿、藕粉全可做戒面石，以绿色最好，最高级。

（2）手镯：绿、红、藕粉全可做手镯，地子要干净、无绺。

（3）素坠、戒箍、马蹬：用各色优质料。

（4）珠：用料较上述者次，多用地子色。

（5）花饰：用绿的，有绺的、有脏的可做花饰；用花托绿去绺、避绺、去脏。

（6）杂饰、玩物：用料较杂。

翡翠首饰石分为高、中、低档，高中档用料好，切割琢磨要求技术条件高。对高绿不可任意切割琢磨。低档可按一般首饰石生产。戒面石中的冰种翡翠，多取腰圆两面鼓造型，其他翡翠可取一面鼓造型。花饰要占绿、突出绿、不伤绿。

2. 玉件

玉件人物最喜用的是白地俏翡翠，人身白色，陪衬用色作俏，料以干净为主；玉件鸟和花卉喜用白色俏和花地料，可用绿和红找俏，通过推凿透眼把脏绺去掉；器皿喜用子、质、色均匀的料，油青经做器皿掏膛，可减掉灰暗色调，使颜色明快，质、色均匀的料偏于设计造型；玉件兽用料较杂，各种料都能使用。

用翡翠做玉件要注意如下几点。

（1）料种是新坑、新老坑、老坑。

（2）料的地子色、其他色、色的比重、分布和特点。

（3）绺的多少、性质，有无方法处理。

（4）脏的特点，有无方法去除。

（5）绿如何处理，绿的处理是否得当。

在制作中，首先要把绿搞清楚。如果出现的绿与设计的造型相吻合，可以继续作下去；如果绿色深入，造型妨碍绿的托现，要重新改动造型，以把绿托出来。在制作中因绿的变化而变化造型是常见的，中途出现了绿，能改动的一定要改动；实在不好改动的，可把绿的价值和产品的价值进行对比，权衡得失进行处理。

玉件上的绿不能做散，用于花卉中的多使用在昆虫上，如做甲虫、蝈蝈等。遇到散点绿，把绿提到第一层，把地子推到第二层。油青绿要用薄厚烘托，做薄能显示油青绿的可做薄。翡翠料除盐料性严重的，一般韧性很大，可细工。

3. 广片

云南翡翠色调单一浓重，必须把它切成薄片作产品，这种薄片就是"广片"。用广片制作花片、插牌艺术品，在透光下，绿油油的也很美观，也是一种高档原材料。

（二）翡翠的鉴别

翡翠鉴别真假容易，判断价值困难。原料鉴别以皮、质地、颜色、硬度为准。质量等级以质地、透明度、颜色来区别。产品鉴别除分真假外，还要看是否有炝色现象。

几乎没有与翡翠质地相同的玉石，有的虽然十分相似，但仔细观察，就会发现它总是缺少翡翠的某一特点，例如绿玛瑙、澳洲玉似翡翠的绿色，却没有翠绿，抛光面的光泽与翡翠也有很大区别。其他石英岩玉石、岫岩玉等都各有特点，与翡翠区别很大，不难区分。

人工仿制的假翡翠有玻璃的，有用低档玉石着色的，也有用低档翡翠着色的。其中用低档翡翠着色的较难识别，但只要认真分析，仔细对比，也不难看出其破绽。

我们讲掌握翡翠不容易，主要是指对料的分析不容易，对料的使用技术不容易，对产品的价值掌握也不容易。翡翠是玉石雕刻中最重要的、最典型的、最普及的材料，必须多掌握翡翠方面的知识。

第三节　和田玉（软玉）

一、概述

什么是玉石？古人的定义有两种，一种是"石之美者"，即所有美丽的石头都算是玉石；另一种则是"玉，石之美，有五德"，也就是说，玉是一种美石，但必须符合"五德"所描述的特性。所谓"五德"指玉石具备"润泽以温"、"腮理自外，可以知中"、"其声舒扬，专以远闻"、"不挠不折"、"锐廉而不忮"，象征君子"仁"、"义"、"智"、"勇"、"洁"的五种德性。而完全满足这些特性的美石则只有软玉这一玉石品种了，这也是为什么在古代软玉一直是士大夫追求的原因。

至20世纪初，翡翠"异军突起"，终于与软玉齐名而被认为是另一种真玉。但严格地讲，它并不完全符合"五德"。虽然翡翠同样具有较高的韧性和更高的硬度，以及清越的敲击声，但却在"润泽以温"和"腮理自外，可以知中"上有些距离。前人也评价其"多浮光，火气未退"、"性主寒"等。尽管如此，由于其稀少及美丽的颜色，以及世人的崇尚和喜爱，翡翠在现代成为价格昂贵的"玉石之王"。由此可见，现代人对玉石的概念与古人有所差别。有人认为，只有软玉和翡翠（即硬玉）可称为玉（即真玉），而其他所有品种的美石都只能称为玉石。

软玉是我国最著名的玉石品种。软玉雕刻工艺自古就蜚声中外，其独特的艺术风格及魅力在人类艺术史册上留下了不朽的篇章。软玉因此而被称为"中国玉"。

我国习惯称软玉为"和田玉"，和田玉在我国至少已有7000年的历史，是我国玉文化的主体。和田玉质地十分细腻，它的美表现在光洁滋润，颜色均一，柔和如脂，具有一种特殊的光泽，介于玻璃光泽、油脂光泽、蜡状光泽之间，可以称为玉的光泽，这种美显得十分高雅，而且和田玉非常坚韧，抗压能力可以超过钢铁。如果加上精巧的雕琢，完全可以陶冶人的性情和品格。和田玉在世界上久负盛名，国外称誉用和田玉琢制的中国玉器为"东方艺术"，并视为珍品收藏。宝石界把和田玉作为世界软玉之首，它优良的质地、独特的羊脂玉、典型的成矿地质条件，都具有世界意义。和田玉由于它的优良品质，几千年来在中华民族中形成了全民爱玉的传统，这种美好的传统深入人心，经久不息，长盛不衰。

二、软玉的性质特点

软玉是由透闪石和阳起石矿物的纤维状微晶交织排列组成的矿物集合体。摩氏硬度为6～7，密度为$2.9~3.1g/cm^3$，折射率通常为1.62左右，半透明到微透明，光泽滋润，常为带有油脂感的玻璃光泽或油脂光泽，没有寒感，即所谓"润泽以温"。软玉通常都是表里如一，即外部所见与内部质量变化不大，没有翡翠的风险性，此所谓"腮理自外，可以知中"；敲击时发出的声音清越舒扬，很远都能听得见，此即"其声舒扬，专以远闻"；质地细腻致密，韧度极高，硬度也大，也就是"不折不挠"；软玉的断口为片状，虽有棱角，却不很锋利，即所谓"锐廉而不忮"。正因为软玉有"五德"，其他各种玉石均不俱备或全似，因此几千年来中国人对其情有独钟。

软玉的英文名称"Nephrite",源于希腊语,意思是"肾脏"。因为当时人们认为将其佩戴于腰间可以治肾病,因此又有"肾石"之称。"软玉"一名来自近代矿物学,也许是与翡翠的矿物名称"硬玉"相对应而命名的。因为硬玉的硬度大多在7左右,软玉的硬度大多在6.5左右。实际上软玉很坚韧,并不"软"。

软玉的品种划分简单,通常以颜色划分。软玉的颜色常见灰色、白色、青色、绿色、暗绿色,也有黑色、灰黑色、黄色、褐黄色等。其品种分为白玉、青玉、碧玉、墨玉、黄玉、多色玉等。

(1) 白玉:颜色为白色。依白色及质地的不同,又分为羊脂白、梨花白、雪花白、象牙白、鱼肚白、鱼骨白、糙米白、鸡骨白等多个品种,皆以实物相比照。其中以羊脂白最佳,其色质如羊脂。中国古代很多玉器珍品,均为羊脂玉所制。白玉是软玉中的上品,以透闪石为主要矿物成分,占90%左右,含少量阳起石和绿帘石。青白石是指一种灰白色或带有淡淡的灰绿色调的白玉,其颜色介于青玉与白玉之间,通常主体色仍是白色,常常被归入白玉一类,属白玉中颜色较差的品种。

(2) 青玉:是指从淡青色到青色的软玉。青色在软玉中是指一种介于灰、绿之间而偏灰的一种不鲜明的颜色。青色的质地与白玉相近,但颜色不如白玉,故其价值较白玉要低一档。青玉中的透闪石含量通常在90%左右,阳起石和绿帘石矿物成分有所增加,颜色较均一,质地细腻。

(3) 碧玉:是绿色、深绿色或暗绿色的软玉,常见的为菠菜绿色。优质的碧玉也是名贵品种,但不如羊脂玉。通常碧玉不如其他品种质地均匀洁净,常含有明显的黑斑、白筋等。碧玉中的阳起石和绿帘石的含量明显增多。黑斑点多是黑色磁铁矿所致,因其颜色不均,多用于器皿。一般碧玉也较白玉低一档次。

(4) 墨玉:是灰黑色至漆黑色的软玉。墨玉的颜色分布较不均匀。有浸染状黑点密布的品种,也有似大理石般云纹状分布的品种,还有纯黑色的品种。最优质的为黑如纯漆者,非常罕见、珍贵。墨玉常与青玉伴生,是软玉中黑色杂质(杂质或石墨)含量多的部分,也称黑玉。墨玉质地细腻,多为蜡状光泽。一般墨玉的价值也比白玉档次低。

(5) 黄玉:是指淡黄色至黄色的软玉,因含氧化铁致色。具体的品种又根据其黄色的不同,分为多种,如蜜蜡黄、秋葵黄、栗色黄、黄花黄、鸡蛋黄、米色黄、黄杨黄等。这些品种的名称使人非常容易想象和比照。其中又以蜜蜡黄和栗色黄为上品,但非常稀少,其价值不逊于好质量的白玉。此外,有种称为糖玉的软玉品种也是因氧化铁致色,颜色似红糖,多为褐红或黄褐色。

(6) 多色玉:两种或两种以上的颜色存在于同一块软玉中,这种软玉常被称为多色玉。多色玉又有俏色玉和花玉之分。俏色玉因其可被工艺美术人员设计成俏色玉雕而得名。俏色玉分为两种:一种是有色皮的软玉;另一种是质地中具两种以上颜色的分层或分块分布的软玉。有虎皮色色皮的,称为虎皮玉;有糖色色皮的,称为糖皮玉;有黑色色皮的,称为黑皮玉。俏色只要颜色漂亮,质地细腻,设计得好,也会有珍品产生。花玉则是指由两种以上颜色组成花斑色的软玉,通常价值较低。

软玉最大的特点是质地细腻,光泽滋润,柔和如脂,略具透明感,颜色均一。在玉器的抛光面上,可见明显同色花斑状结构,是由软玉特有的纤维交织结构造成的,这也是软玉坚韧不易碎的原因。

三、软玉的品种和产地

软玉原料,根据其产出位置常被分为三种:山料、山流水、籽料。

所谓山料,是指主要分布于山上的原生矿料,常在海拔四五千米的高山之上。山料的特点是棱角明显,块度一般都较大,是制作大型玉雕的理想材料,如我国历史上著名的玉雕作品《大禹治水》。

所谓山流水,是指通常分布于山脚下,由冰川或季节性河流自山上搬运而下的玉料。山流水的块度也较大,但棱角已不很发育。实际上,主要是被天气转暖之后山上融化的雪水冲下后,坡积而成的。获1990年中国工艺美术品百花奖的《大千佛国图》玉山,就是用一块大型优质的山流水料雕刻而成的。

所谓籽料,又称"仔儿料"、"仔玉"、"籽儿料"或"玉籽儿"等,是指产于河流中或河床上的玉料。籽料也是被雪水从山上冲刷携带下来的,由于长距离搬运磨蚀,其外形浑圆如鹅卵石状。籽料通常块度较小,有色皮的软玉几乎都产于籽料中,这是因为搬运过程中受侵蚀氧化所致。籽料尽管块度小,但质量却最好,通常透明度较高,质地细腻,少裂纹。也可根据其颜色或色皮分为多个品种:"光白籽"(纯白色,光滑如卵)、虎皮籽、糖皮籽、秋梨籽、黑皮籽等。无论是哪一种,只要其内色白便是好料。另外还有青白籽、葱白籽、青玉籽等有色籽料,颜色虽然稍差,质地却是上好的。籽料通常被用于制作精美的中小型玉件。

我国历史上的软玉几乎全部来自新疆昆仑山北麓,而且至今仍是中国最主要的软玉产地。昆仑山产出的软玉主要为青玉,也有白玉和青白玉,古时称为"昆仑玉"或"昆山玉"。但因以和田地区所产软玉质量最好(羊脂玉、黄玉等即产于此),也最著名,因而软玉也被称为"和田玉"。昆仑山软玉矿体,是由于中酸性岩浆侵入到镁质碳酸盐岩石中时,发生接触交代变质作用而形成的。软玉矿体位于接触带上,大约形成于距今2.5亿年以前。

20世纪以来,又在新疆天山地区和阿尔金山地区发现了软玉矿体。天山地区以产碧玉为主,因产于玛纳斯县,故被称为"玛纳斯玉"。天山碧玉呈绿色,一般色偏浅,质地细腻坚韧,但深绿色、质优者较少。阿尔金山地区所产的软玉,也以碧玉为主,另有少量青玉,其碧玉特征与玛纳斯玉相似,现也被称为"金山玉"。

目前,我国已发现的软玉产地,除新疆外,还有台湾和四川。台湾软玉以前被称为闪玉,产于台湾花莲县丰田地区,并伴生有透闪石猫眼品种。台湾软玉主要是碧玉,颜色有墨绿、翠绿、黄绿至淡黄灰色,常见黑色斑点或条纹,透明度较好。四川汶川龙溪乡所产的软玉,又称"龙溪玉",是20世纪80年代初新发现的软玉矿点,颜色呈各种绿色及灰白色,但产量很低。据报道,我国青海及江苏等地也发现了软玉。

世界上许多国家都产软玉,如加拿大、新西兰、澳大利亚、美国以及朝鲜等。但国外的软玉主要以碧玉为主,其中以新西兰的鲜绿色软玉(毛利玉)质量较佳,朝鲜产的白玉也很出名。

四、我国的软玉开采及矿点

(一)软玉的开采

古代采玉主要是捞玉、取玉、挖玉、攻玉。《太平御览》说:"取玉最难,越三江五湖至昆仑之山，千人往，百人返，百人往，十人返。"《天工开物》说："玉璞不藏深土源泉峻急，澈映而出。然取不于所生处，以急湍无著手，俟其夏月水涨，璞随湍流徙或百里，或二三百里，取之河中。凡玉映月精光而生，故国人沿河取玉者，多于秋间。明月夜，望河俟视，玉璞堆积处，其月色倍明矣。"清代取玉于密儿岱山，玛儿湖普克山（均在莎车西）和和田的玉龙哈（喀）喇哈（喀）什河、桑各树雅、哈郎归山等处。

民国期间采玉也盛，有专门的玉矿，形成坑种。现在开采的玉矿有3处：于田县的阿拉玛斯矿产白玉，年产量不均，运往和田销售；且末县塔什赛因、塔特勒克苏两玉矿，产青白玉。以上3矿均是山料。

在玉龙喀什河和喀喇喀什河以及莎车等地的河床中，群众拣拾的玉子时多时少，成为矿源之一。

（二）玉矿

经地质部门的多年探测，新疆玉分布范围很广，从西部的塔什库尔干到东部的且末、若羌，沿昆仑山脉北麓都曾有过玉矿点，绵延八百千米。现已探明的矿点都在4000~5000m高的雪线附近，仅个别在3500m处，因此开采山料玉石是十分困难的，且交通也不便。据新疆地质文献简要说明玉矿概况如下。

1. 沙车、塔什库尔干地区

古称叶尔羌西为玉河。附近的密尔岱山、玛尔湖普山为玉的主产地，是大禹治水等大件山料玉的来源地。位于塔什库尔干县东南800km的玉矿曾主产玉，解放后也曾采过。

2. 和田、于田地区

和田、于田地区主矿点有5处。

（1）皮山县喀喇喀什河上游，新疆公路的383km北山坡，海拔3950m处有一矿点，产白玉、青玉、昆仑玉（岫玉），古采坑很多。

（2）皮山县卡拉大坡西矿点，海拔4000m处，产白玉，质量较好，但交通困难。

（3）皮山县铁白觅矿点，海拔3500m，主产青玉、昆仑玉（岫玉），交通十分困难。

（4）和田县黑山矿点，此矿点是古玉的重要生产地。文献中的白玉河、绿玉河、乌玉河即指此。白玉河即玉龙喀什河，乌玉河即喀喇喀什河，流经和田。维语"喀什"为玉石，因此汉语即"玉河"。

（5）于田县的阿拉玛斯玉矿，为近代主要产玉地，矿点很多。早年的戚家坑、富家坑等矿就在此地。经勘察，矿脉有11条，主产白玉、青玉，尤以白玉质量最好。

3. 且末地区

且末地区玉的主产地有3处。

（1）塔特勒克苏矿，位于且末县城东南90km处，交通较方便，海拔3500~4000m，以产青玉为主，还有白玉现在开采。

（2）哈达里克奇台矿，在县东南105km处，有古矿点，交通不便，海拔2500~3000m，主产青玉、白玉。

（3）塔什赛因矿，在县城东105km处，交通不便，海拔5100m，产青白玉，青玉次之，还有白玉现在开采。

4. 新疆玛纳斯碧玉矿区

玛纳斯的碧玉也是古矿，已知矿点有5处，全在天山北麓，有乌苏县的夏尔萨拉矿点，沙湾县的拜辛德矿点、玛纳斯县小吉乌哈依、沙依塔克依（又名黄台子）和清水河子矿点，因主产于玛纳斯县，所以称"玛纳斯碧玉"。

五、软玉的选用和使用

（一）玉的观察和分选

玉的表面表现玉性、瑕疵、裂隙和颜色，仔细观察玉的表面很重要。有的玉质量好，玉性少、滋润、瑕疵和裂隙少，可依颜色和块的大小形状确定其选用。有的玉质量好，但有性，有瑕疵和裂隙，可分析玉是阴阳面，切下阴阳面一端的表皮，观察剖面，看好玉部位占的位置，以确定其选用。带有一些缺点的料只要有好玉存在，都在选用之中。质地细腻、颜色均匀明快、无裂隙和瑕疵，即无瑕之美玉。好玉用于器皿造型，以方墩、长方形料为合适；三角料用于鸟造型；长条料用于人物造型，但这些只是一般规律，不是绝对的。

（二）玉的使用

玉的使用指对玉料的造型设计。一块玉料不是按人的想象而拿来使用的，像木材似的，可以随意切割。切割玉料时按照玉料的裂隙、瑕疵的部位，产品造型三方面因素综合考虑。有大的裂隙或者不能使用的瑕疵，要顺断裂的方向或瑕疵的部位切割，把大断裂或瑕疵去掉。有的玉料摸不准里面裂的深浅或摸不透瑕疵的深浅，常是一层一层地剥料，直到摸清为止。

一块玉料并不一定只设计一件产品，有的可以设计两件、三件，待摸清玉的底细以后，就可以按材料、套料设计两件、三件产品。套料的含义还包括挖取造型中心的余料再使用，如从玉董膛中挖取余料做董座。从董座底部挖取余料做董顶纽，使一块体积不大的玉料，做出很大体积的产品来。清代《白玉桐荫仕女图》是借用了一块出过玉碗的余料制成的，类似这种用料方法是玉料设计的常规方法。

有小裂隙的料常使用在仿古玉的产品中，因为古玉并不都是好玉制成的，而且受到土埋、酸浸、血浸、表皮色蚀严重，这些次玉适当处理后有古玉的效果。

（三）关于玉色

使用玉上的糖色制作俏色作品虽然为人称道，但玉色的使用仍以纯净为好，一般玉上的杂色，多作脏色去掉，不推崇使用。白玉、青玉带糖，白玉中有墨是玉中仅有的可使用的两色玉，这种以用白为主，糖、墨能点缀就能用，若效果不好可以去净。白玉中若有墨，分为聚墨和点墨两种，聚墨即聚集在一起的墨色，呈斑块状，可用于俏色；点墨即散点状，不好使用。籽料有的有红皮，红皮用得巧，是玉上俏色的一种。

1. 白玉的用法

白玉最为贵重，纯白玉不单白的色泽重要，适宜的透明度和质地细也重要。真正的好白玉确实润美无比，如脂如膏。遇到这种料，要特别精心地使用，对它的外形、裂隙等特点分析清楚，做出适宜的产品来。

设计白玉产品重视洁白和润美，造型面要圆润，少支离破碎，少穿枝过梗，少玲珑剔透，要注重雅气的质感美。如用白玉设计人物题材，多取文雅之士，或者观音、佛像；用于仕女，也要注意表现正面、正气、善良、秀慧、隽永、丰腴的形象，避免大的动态和不高雅的形象。

白玉的美象征了人的道德情操美，如果造型不烘托这种美，就失掉了造型和玉精美的结合。我们看一件白玉作品的好坏，首先重视的是它表现的主题，即作品的意境给人精神的感受。同样的道理，白玉用于动物、鸟、草虫、花卉，以及器皿造型同样注重稳重和秀雅的特点。例如，用于瑞兽、观音瓶、太平有象、梅兰竹菊或者牡丹都是适当的。表现梅兰竹菊多取意境变化，不取写实的手法。

综合以上情况，白玉用于器皿造型较多，用于兽、鸟的是做器皿不合适的料，少用于花卉草虫，因为花卉草虫的写实不适宜白玉的特点。有红皮的白玉籽料，红皮的色泽、色形取舍，以产品造型和玉的质量分别对待。如果白玉质量特别好，要多照顾白玉的质色，红皮做俏色不要多；如果白玉质量差，可多用些红皮，以增加红皮的效果。白玉上的石和裂隙要尽量去净，去不净可考虑仿古玉的产品，如《丝绸之路》《俏色山子图》。

2. 青玉的用法

青玉的利用分两种情况：一是青色浅淡的，可以取用薄胎造型，以薄胎撤掉青色，返青为白；二是青色凝重的，可制作一些动态较大的、造型生动的产品，如猛兽、肉禽，少用于人物，更不用于花卉草虫。

3. 黄玉的用法

目前黄玉少见，黄玉用法如白玉。

4. 墨玉的用法

墨玉有3种，即全墨色、白玉中的聚墨和白玉中的点墨。全墨色的玉多用于器皿造型，聚墨用于俏色，点墨用不好成为脏，要特别注意。

5. 碧玉的用法

碧玉以表现庄重造型为主，也用于薄胎，还用于真石盆景中的花叶。

从以上玉料的种种利用情况可以看出，它是重中国传统，又内含精工的典型产品，是代表中国玉器精华的典范。中国玉器有着自己的传统，发挥这个传统，一定要在反映玉质美的基础上，重视造型的典雅和高尚风格。

六、软玉的制作工艺

玉的韧性决定了玉产品的细工，在玉石中玉韧性最大，也就是说它抗弯折的强度最大，因此，在制作玉产品中，应极尽可能地施以细工工艺，而不至于损坏产品。

玉的细工要求形准、规矩、利落、流畅。例如有梁链的产品，梁的大小、形状、线条可以任意制作，不受材料脆性的影响；又如撞地活和平浅刻，地要平如镜，线要流畅，棱角要利落，花的勾画要准确，布局疏密，相互关系要协调适度，在均衡中求得变化，在完整中求得细工。这些工艺细工都是玉产品必须具备的，它代表了中国玉器工艺技术的高水平。工艺细工不代表繁琐，是细部的精加工技术。它和其他技术一样，越是尖端越有难度，这种难度除造型变化外，还包括工艺细腻，工艺细腻是玉产品特点的重要标志之一。

1. 薄胎细工工艺

薄胎产品因薄胎可以使青色玉减退，青色返白，可以透光反映玉质的均匀美、透度美，可以使人感到工艺艰难，赞叹玉器工艺技术的鬼斧神工。薄胎玉器已成为我国玉器很重要的品种之一。

制作薄胎玉器多使用青玉、碧玉。优质白玉、黄玉、墨玉不适宜制作薄胎玉器。薄胎玉器要求胎体薄，薄厚一致，反映玉质、玉色、玉透明度。胎的薄厚依玉质、玉色和造型而定。青玉越近白玉，胎体反而要厚一些，深色青玉胎体要薄一些，碧玉胎体也要薄一些。

薄胎的制作主要是串膛和做花，使玉质色泽一致。只有造型各部门薄厚一致才能反串漏。串漏多出在器皿肩膀和底上，掌握起来较难。

有一种水上漂的烟壶，口小肚大，膛掏薄以后，能在水上漂浮，薄胎玉器都有这个特点。设计薄胎产品，膛内不要留有死角，即工具够不到的地方。外部花要平浅刻图案，两肩头和顶头施以镂空花，造型要秀美、雅致，点缀要轻盈。

薄胎产品以器皿造型为主，近有花卉产品用岫玉制作成仿薄胎效果的。

2. 压丝嵌宝技术

产品运用压丝嵌宝技术是很有特点的技术之一。在杯、碗、壶、盘等产品上压金银丝、嵌宝石，是利用了玉的韧性发展起来的技术。浅色玉以压金丝为醒目，深色玉可以压金丝，也可以压银丝。金丝、银丝组成各种图案，嵌上宝石十分美观富丽。

3. 玉性的处理

遇到有玉性的料要分别处理，不能因有玉性而将玉废掉。处理玉性在设计时已充分考虑到了，制作中要顺性和压性制作。顺性是用工具顺其性的走向制作；压性是手法的重轧和轻轧，与辅料的型号和质量有关。例如遇到有暴性的料时，手法要轻，磨砂要细。

4. 抛光工艺

玉的抛光要磨细呈乌亮后，再用抛光粉罩光。抛光的难点是使玉面平顺。玉面不平顺不反映玉之润，还有可能出现钻砂和坑洼不平的现象。

玉产品允许有两种光洁度。一种是高亮度，是一般产品要求的亮度。一种是乌亮，叫胶亮，即过胶磨细后的乌亮，没有罩亮就过蜡喝油，是反映古玉特点的一种亮度，只有做仿古玉器的时候才这样处理。

玉对冷热表现的惰性，常对抛光有不利影响。在抛光中，常把表面摩擦得很热，如果掌握不适度，热散不出去，容易出现炸裂、干白或黄等现象，影响产品质量。仿旧玉要经过霉煮和作古等工序，这也是抛光中的技术之一。

七、软玉的鉴别特征

1. 和田玉的物理性质

和田玉的物理性质大致为：密度 $2.9 \sim 3.1 \text{g/cm}^3$（含阳起石多，密度偏大），硬度 $5.5 \sim 6.5$（摩氏硬度），耐压 7t/cm^2（铁的耐压为 $4 \sim 5\text{t/cm}^2$），断口参差状，条痕白色，透明度呈半透明—不透明，光泽分脂状光泽、蜡状光泽、丝绢光泽、贝壳光泽、玻璃光泽。脂状光泽、玻璃光泽与抛光方式有关；蜡状光泽、丝绢光泽、贝壳光泽与玉中的化学成分、分布、玉的结构排列和含水多寡有关。

和田玉的颜色可分为如下几种。

玉本色：白色、黄色、青色、碧色、红褐色（糖色）、黑色。

杂色：随混入玉中矿物的颜色。

皮色：白、红、黄、褐、黑。

作色：随人工染色不同。

沁色：黄、黑、红、褐、白、绿、牙黄、土黄等。

2. 和田玉的鉴定方法

和田玉的鉴定方法有科学的方法和经验的方法。科学的方法就是进行岩矿鉴定、玉石细度鉴定、玉石杂质成分化验等，一般爱玉的收藏者做不到。经验的方法比较实用，是指利用放大镜、靠肉眼、凭手感、试硬度、照光透等就能确定是不是和田玉，是好玉还是次玉。现简要分述如下：

掂重量：和田玉的密度为 $2.9\sim3.1g/cm^3$，比一般常见的岩石（密度为 $2.5\sim2.7g/cm^3$）要重，有压手沉重感。有经验的人用手掂一下就可辨别。

试硬度：和田玉的硬度是摩氏 5.5～6.5 度，可以刻动玻璃，而不少似玉的美石往往硬度不够。

听声音：和田玉的结构要比一般石头紧密，当玉料、玉材或玉器的块度、厚薄合适时，击敲后会发出清脆悦耳的声音，而同样形状的杂玉、石料就不能。

感温度：和田玉的导热系数偏小，传热不好，会使人感觉温润（不那么凉）。而一般石英质和碳酸质岩石、玻璃等导热系数大，用手背试一下，玉温而玻璃凉。

看水头：水头指的是玉的透明程度，玉中的透闪石含量大，结构细，杂质少，吸附水多，玉质透明度好，水头足。

看油头：油头指的是光泽油润程度。玉中的透闪石呈纤维状交织结构，抛光后的表面呈高低不平状，光线进入玉石会产生漫散射，表面呈散反射，使玉石看起来内部通透、晶莹，表现在外部，观感油亮润泽。油头好与表面抛光有关，抛玻璃光有利于表现水头，抛柔光有利于表现油头。好玉的油头大。

观皮色：玉石表皮往往会有不同的皮色，籽料加工有时会留有原来外皮的颜色，有枣皮红、秋梨黄、荸荠褐、烟油黑、芦花白，这些皮色是玉工留下来配合图案（巧色、俏色）或证明本品确是籽料的（有皮色是籽料的一大特点）。去掉外皮的玉器，有时候会留下一些深入玉肌的"皮根子"。古玉埋地出土之后，会有多种沁色，表皮会有风化侵蚀后的变色。有的玉器经过染色改变了原有的颜色，有的人故意在新玉上加色作旧以充古玉，会留下酸蚀火烤上色作皮的痕迹，需要认真辨别。观皮色可以初步确定是不是古玉，是籽料还是人工作色，是不是作假。

看橘皮：用肉眼或用放大镜可以看到在玉器的表面有像橘子表皮那样的皱纹、斑块和高低不平的现象。有的橘皮比较明显，斑纹大突起高，有的橘皮很小很细，不用高倍放大镜迎光仔细搜寻很难辨别。橘皮的形成是因玉石内部结构不均匀，玉质各部硬度不一样。经过琢磨抛光之后，致密坚硬的部分不易磨损而突出表面，这种因为透闪石微晶纤维交织结构导致玉石抛光后形成高低不平的现象，成为软玉的一个特征。橘皮突起的部分，往往是结构致密的透闪石团块，而凹下的部分是结构较松的部分，它的皱纹斑块和扭曲的特殊形状，反映了玉石内部微晶纤维交织结构的微观本原。

八、软玉与相似玉石的鉴别

与软玉相似的有蛇纹石玉石、石英岩玉石、蛇纹石大理岩玉石、蛇纹石软玉玉石等。白玉与蛇纹白石的白岫玉、白色蛇纹石大理岩、白色石英相似。

白玉与白岫玉比较可以其玉硬、质地均匀、光泽滋润、油脂光泽区别。白岫玉硬度低，质地可见水纹，油脂光泽弱。

白玉与白色石英岩比较，白色石英岩显晶亮，且有晶白之效果，有的有砂眼，脂感较差。

白色蛇纹大理岩和白色石英岩行里称为"水石"。白色蛇纹大理岩称"软水石"，白色石英岩称"硬水石"。

与黄玉相似的有黄岫玉、青黄玉、蜜黄玉等，鉴别特点与白玉同。青黄玉是东北青玉，与黄玉只有色的区别，质地、光泽、硬度、透明度与玉同。

与碧玉相似的有黑绿玉和黑碧玉。黑绿玉软且黑，与碧玉有区别。黑碧玉是蛇纹石软玉，硬度高，但色与黑碧玉同。国产碧玉与加拿大、新西兰碧玉也有区别，这种区别只有色、透明度等方面的弱小差别，只有经常观察才能易于区别。

第四节 蛇纹石玉石

一、概述

蛇纹石是一种矿物名称，在自然界中存在得很广泛。蛇纹石中的优良品种构成玉石，称为蛇纹石玉石。

蛇纹石玉是我国利用历史最悠久的传统玉石之一，也是我国"四大名玉"（软玉、绿松石、独山玉、蛇纹石玉）中产量最大、产地最多、应用最广泛的玉石品种。

据考证，1983年在辽宁海域小孤山古人类洞穴遗址中，发掘有3件玉制砍斫器，即为蛇纹石玉所制。它证明早在1万年前，蛇纹石玉即被人类发现和利用。

新石器时期的出土文物中，也发现有蛇纹石玉的玉龙、马蹄形器、玉蝉、玉斧、玉琮、玉璇玑等。从考证研究得知，蛇纹石玉是新石器时期至夏商西周玉雕的主要原料。其后各个时期，虽崇尚软玉，但蛇纹石玉仍很常见。如河北满城汉墓出土西汉中山靖王刘胜及王后窦绾所穿的金缕玉衣，即是由金线将蛇纹石玉片和少数软玉串连而成的，距今有2000多年历史。

二、蛇纹石玉的性质特点

蛇纹石玉石是镁质含水硅酸盐，化学式：$Mg_6[Si_4O_{10}](OH)_8$，其中MgO占43.0%，SiO_2占44.1%，H_2O占12.9%。岫玉最接近如上成分，测试结果为：MgO 43.7%、SiO_2 43.3%、H_2O 13%。南方玉含蛇纹石85%～87%。墨绿玉除主要成分是蛇纹石外，还含有黑色斑状磁铁矿。蛇纹石中含有软玉成分，成为软玉蛇纹石；含有大理岩成分，成为大理岩蛇纹石。

蛇纹石玉石质地细腻，由微小的纤维状、叶片状、胶体状晶体或隐晶体集合组成，纤维长度0.05～0.1mm，属单斜晶系。

蛇纹石中不均匀地混入其他矿物，呈斑状、散点状，是质地中的杂质，在均质的质地中难以剔除，影响质地的均一性质。

大部分蛇纹石玉石没有裂纹，也有呈片状、鳞状结构的，影响使用。

断口参差状，较平坦，易打出断口。蛇纹石成分高达95%以上的，摩氏硬度4.8左右；有软玉等硬质矿物成分的，硬度偏高，视硬质矿物含量百分比不同而变化，摩氏硬度5.5左右；有大理岩成分的，硬度偏低，视大理岩含量的多少而不同，摩氏硬度4～4.5；低于4度以下的蛇纹石很少，密度2.61～2.8g/cm³，半透明至微透明。

岫玉透明度较高，也有微透明的。透明度影响质量，但不为重要因素。南方玉同岫玉。黄岫玉、白岫玉微透明至不透明，亦有半透明的。

岫玉主色是豆绿、黄绿色，其他有褐、褐黄、黄、红等色，为一种以豆绿为主色的多色玉石。豆绿色可由深变化到浅，在局部变化中不显著。其他颜色分布在局部，呈色带状，黑、白色色点、色块呈斑状嵌入是杂质或脏色。全白色、全黄色称白岫玉、黄岫玉。南方玉绿色闪黄。

蛇纹石玉有油脂性、半油脂光泽，硬度较高的亮度强，硬度较低的亮度弱。脉状产出，呈不规则大块体。矿脉边缘可见石棉纤维或滑石，手感滑腻。

三、蛇纹石玉的品种和产地

我国已知的蛇纹石玉产地非常广泛。蛇纹石玉的品种通常也根据产地来划分，较著名的有以下几种。

1. 岫玉（岫岩玉）

因产于辽宁省东部群山腹地的岫岩而得名。岫岩是我国玉石和玉雕工艺品最主要的生产基地，有"玉石之乡"之称。岫玉以其晶莹纯净、储量丰富、工艺精湛和历史悠久而著称于世。故而岫玉成为我国蛇纹石玉总的工艺名称，目前已有将所有蛇纹石玉都称为岫玉的趋势。

岫玉多呈淡绿色，有时可见碧绿、黄、红、褐等色。质地细腻，半透明。在玉器成品上，可见分布不均匀的丝絮，或不透明的白色"云朵"。岫玉的硬度为4.8～5.5，密度2.58～2.6g/cm³，蜡状至油脂光泽，是我国最优质的蛇纹石玉品种。

2. 南方（岫）玉

又被称为"信宜玉"，因产于中国南方广东省信宜市而得名。南方玉玉质细腻，呈黄绿至绿色，微透明至不透明。颜色常不均匀，呈浓艳的黄色、绿色斑块，蜡状光泽，因其具有较美丽的绿色花纹，故而适合做大型玉雕摆件。用其制作盆景中的树叶，非常逼真。

3. 祁连（岫）玉

因产于甘肃省祁连山地区而得名，又称为酒泉（岫）玉。祁连玉是一种暗绿色或墨绿色品种，常含有黑色斑点或不规则黑色团块，颜色不均匀，常见墨绿色或绿色条带。微透明至半透明。祁连玉除被雕琢成常规玉器外，多制作成酒杯、盖碗等。其酒杯壁薄如纸，可透月光。酒满过杯口而不溢出。墨绿色晶莹剔透，别具一格。据说唐朝诗人王翰的《凉州词》："葡萄美酒夜光杯，欲饮琵琶马上催；醉卧沙场君莫笑，古来征战几人回。"中的"夜光杯"，即是用祁连玉制作的。

4. 昆仑（岫）玉

因产于新疆昆仑山而得名，昆仑（岫）玉的发现和利用是近些年的事，与史籍上"昆仑产玉"说的并非同一种玉，史籍上所指的是软玉。昆仑岫玉以暗绿色为主，也有淡绿、淡黄、黄绿、灰、白等色。绿色中往往伴有褐红、橘黄、黄、白、黑等色，质地细腻，油脂光泽，玉质与岫岩玉相似，硬度4.5～4.8，密度2.6g/cm³左右。

5. 安绿玉

因产于吉林省集安的绿水河而得名。以黄、绿色调为主，有深绿、浅绿、绿、黄绿、绿黄、黄及灰黑等色，硬度3.8左右，蜡状—油脂光泽，质地细腻，透明度较好，其主要组成矿物为利蛇纹石及部分纤蛇纹石构成的岫岩玉。

6. 崂山海底玉

青岛崂山是海上名山，东北角山峰之上，产出绿色蛇纹石玉，一直延伸至仰口湾海底，称海底玉。崂山海底玉质地细腻，光泽柔和，纹理缜密，有块状和带状之分。块状者以较单一的墨绿色或黑中映绿为特征。带状者则以墨绿色与淡黄绿色交互排列的带状纹饰为特征，此类产量最大，也是崂山海底玉的特色品种，其色彩浓淡斑驳，色形变幻多姿，有些不必加工就已是天然观赏石。当然此类玉料也是崂山海底玉玉雕的主要原料，其玉雕产品别具特色。

除上述以外，还有产于广西陆川的陆川玉、四川会理的会理玉、山东营南的营南玉、北京十三陵的京黄玉、青海都兰的都兰玉以及云南产的云南玉、台湾花莲产的台湾玉等。国外亦有许多著名的蛇纹石玉产地和品种，比较著名的有新西兰、美国产的鲍纹玉、威廉玉，墨西哥产的雷科石，朝鲜产的高丽玉等等。

蛇纹石玉除以地名分类外，也以颜色特征和玉质特征分类。如花斑玉或花玉，以具有多种颜色特点命名；墨绿玉则以其墨绿色命名；蛇纹石猫眼则以其具猫眼效应命名（这个品种目前只产于美国加利福尼亚）等。

四、蛇纹石玉与相似玉石的鉴别

蛇纹石玉石的鉴别主要是为了和新疆玉区别开，常以硬度低，光泽不强，透明度大，质地不均匀，以及颜色、杂质等常规项目来进行。白岫玉与白玉质色相似，以硬度区别之，也可以用岫玉质色不均匀、玉质色均匀的微小差别区别之。

墨绿色玉与碧玉质色相似，以硬度和黑斑分布区别之。墨绿玉硬度低，黑斑多，绿暗；碧玉硬度高，黑斑少，呈点状，绿亮。

岫玉与南方玉颜色差别较大，易于区别。

蛇纹石化大理岩因硬度低，有可见方解石晶面，易于区别，多以硬度区别之。

软玉蛇纹石似玉，归入玉类，以硬度高区别之。

大理岩和蛇纹石化大理岩，大理岩是一种细腻、微透明、色彩洁净美丽的低档原材料，其优质和硬度高的用于玉器，适于制作实用性强或旅游纪念品。它是以碳酸盐和蛇纹石为主要成分的玉石，有的以碳酸盐为主要成分。通体一色的多，如黄色、白色；也有花纹斑驳、色彩丰富的，以质地细腻、花纹和色彩美丽之程度来选用。目前发现的优良大理岩有很多种，如产于新疆的蜜蜡黄色的蜜黄玉、产于陕西蓝田县的蓝田玉、产于吉林和河南的蛋黄色的黄玉、产于山东莱阳县的莱阳玉等。

优质大理岩和蛇纹石化大理岩从外表观察很像玉和岫玉，属于低档原料。

五、蛇纹石玉石的选用

（一）应用范围

1. 岫玉

岫玉是标准的低档玉石，应用广泛，可制作各种玉器产品。用岫玉做玉件，量很大，很多厂以岫玉为主要料源。岫玉做玉件以常规产品为主，如仕女、鸟、兽、器皿、花卉等。做玉件的岫玉，选料要干净，大块按常规尺寸剖开，择其优质优色部位使用。岫玉还大量用于真石盆景，是真石盆景重要的料源，可以做叶、花瓣、果实、蕾、山石和盆等。如用白色岫玉做玉兰瓣、梅花瓣、牡丹瓣，组成玉兰、梅花、牡丹盆景；用岫玉做奶形葡萄、黄瓜、癞瓜，黄色岫玉做香蕉、佛手等也非常肖似，很受欢迎。小块优质岫玉用于小造型产品，如做猫、狗、鸡、鸭等小动物，做印章、手球、餐具、器镯、珠串等。因岫玉颜色不浓艳，不适宜做戒面石、耳坠之类的产品。

2. 黑绿玉

黑绿玉不是优质玉料，大量用于做真石盆景中的叶，少量可做些小型薄胎器皿。仿碧玉，但效果不理想。真石盆景用黑绿玉做叶，选用颜色深绿、不黑不灰的料为好，同时注意杂质和裂纹的表现。

3. 蜜黄玉

蜜黄玉和其他蛇纹石化大理岩玉石的应用同岫玉，可根据颜色、质地、块度大小等特点用于各种产品。

（二）选料

蛇纹石玉石的用料要求较高，主要以质地、颜色、块度三项为准。优质料是质地洁净颜色均匀明快、块体在 5~10kg 以上的，一般可达几十千克到几百千克的块体。一等料、二等料是能应用的和在优质料中有缺陷的料。等外料是不被正常产品选用的料。矿山开采出料后按级出售，利用率一般为 20%~50%，见表 9-1。

（三）设计与制作

产品设计除选用优质料外，还要量料施工。产品造型以简练、动态生动、细部刻画细腻为好；但也有按中高档类产品设计的，视料的优质程度和块体大小而定。

1. 琢磨

可用金刚砂或钻石粉工具，切割没有方向性，有一定的韧性，可细加工，很少出现与制作工具、制作手法不协调的现象，所以可加工成任意形状。此种料的产品，只要选用料无脏、绺，造型美观大方，细部琢磨准确就是优质品；料脏无型，工艺中有一项不好就降级。

表 9-1 中国蛇纹石玉石分类用途表

类别	名称	主要特征	主要用途	档次	使用地区
蛇纹石	岫玉	豆绿、半透明	玉件、盆景	低档	全国
	黄岫玉	黄、黄绿	玉件、盆景	低档	个别省市玉器厂
	南方玉	绿、黄绿	玉件、盆景	低档	广东各玉器厂
蛇纹石化大理岩或大理岩	蜜黄玉	蜜黄色	玉件	低档	少数地区使用
	白大理岩	纯白色、微透明、细腻	玉件、实用器物	低档	少量使用
	黑大理岩	纯黑色、细腻	实用器物	低档	少量使用
蛇纹石	东北玉	黄绿色	玉件	中档	北方玉器厂

2. 抛光

抛光有磨细和抛光两道工序，工艺不复杂，选用细号砂用软质工具磨细，抛光用抛光粉。

3. 人工着色范围

岫玉产品人工着色可仿青金石、绿松石、珊瑚，着色有表面色和渗入色两种，渗入色深度不大，一般在 0.1mm 左右。

六、蛇纹石玉的质量评价及用途

蛇纹石玉的用料要求较高，主要以颜色、透明度、杂质含量、块度作为质量评价依据。通常为碧绿色、黄绿色、浅绿色，颜色均匀，半透明，裂痕及杂质少，块度大者为优质品。这类绿色调的优质蛇纹石玉，质地纯净细腻，颜色美观柔和而均匀，制作的玉器玲珑剔透，但价格却远比翡翠、软玉、甚至优质的独玉要低。究其原因，一是产地众多，产量巨大，多则不稀，不稀则不贵；二是蛇纹石玉的硬度较软玉、翡翠为低，虽利于加工雕琢，却不耐磨损，也是其价格偏低的原因之一。正因为蛇纹石玉物美价廉，故其制品品种繁多，在中国各地珠宝店内随处可见，是深受消费者喜爱的玉石品种。

此外，有少量红褐色或黄褐色蛇纹石玉呈半透明状，并有非常美丽的条带状花纹，俗称"血红"，很受玉石爱好者喜爱，因难得而比普通绿色玉石价高。某些花玉品种有红褐色、绿色（或黄绿色、蓝绿色）两种颜色，优质者半透明，非常奇特而美丽，被称为"鸳鸯玉"，制成的玉镯称为"鸳鸯玉镯"，更为玉石爱好者争相收藏。优质者少之又少，故其价格更高，因而世面上染色仿制品很多。

第五节 玛瑙

一、概述

玛瑙是有着各种颜色的一种非常惹人喜爱的玉石，由于颜色和花纹的变化，品种很多，有"千样玛瑙"的说法。

行业中多以色命名，红色的称红玛瑙，蓝色的称蓝玛瑙，缠丝的称缠丝玛瑙……统称玛瑙。另以矿物纹理命名，无纹理单色的称光玛瑙，缠丝状的称玛瑙。

古代自汉以后始用玛瑙的名称。魏文帝《玛瑙勒赋》："玛瑙玉属也。出西域，文理交错，有似马脑，故其方人因以名之。命夫良工，是剖是镌，追形逐好，从宜索便。乃加砥砺，刻方为圆，沈光内照，浮景外鲜，繁文缛藻，文采接连。"

对于玛瑙的成因，古代有很多迷信之说，如是鬼血所化、是马口吐出物等等。这些说法已在李时珍的《本草纲目》中给以纠正。"胡人云是马口吐出者，谬言也。""拾遗记云是鬼血所化，更谬。""赤烂红色，似马之脑，故名。""马脑生西国石间，亦美石之类，重宝也。来中国者，皆以为器，又入日本国。用砑木不热者为上，热者非真也。""马脑非玉非石，自是一类，有红、白、黑三种，亦有文如缠丝者。西人以小者为玩好之物，大者研为器。"

"坚而且脆，刀刮不动，出产南北。大者如斗，其质坚硬，碾造费工。南马脑产大食等国，色正红无暇，可作杯罂。西北者色青黑。宁夏瓜洲、羌地砂碛中得者尤奇：有栢枝马脑，花如栢枝；有夹胎马脑，正视莹白，侧视则若凝血，一物二色也；截子马脑，黑白相间；合子马脑，漆黑中有一白线间之；锦红马脑，其色如锦；缠丝马脑，红白如丝，此皆贵品。……金陵雨花台小马瑙，止可充玩耳。"

《本草纲目》的这些引述和辩证，集古人识玛瑙之大成，对我们今日了解玛瑙的过去和性质很有参考价值，也证实了我国对玛瑙认识的正确与细腻。

自原始社会到封建社会，玛瑙制品文物很多，古代用玛瑙制作的艺术品或装饰品既丰富又精彩。元代设有玛瑙玉局，明清留世珍品屡见不鲜，它是中国古代玉器的重要类别。

二、玛瑙的性质和结构特点

玛瑙是二氧化硅的隐晶质玉石，显微镜下为细小的棉絮状体，外观质地极细腻。玛瑙没有解理现象，有裂纹。裂纹有的轻微，有的严重，呈断裂纹、破碎纹、包裹纹、炸裂纹、炸心纹等形式出现，有后三种裂纹一般不被利用。

玛瑙性脆如晶石，易打出断口。呈贝壳状、半贝壳状。细心观察，断口有微弱变化，特别细腻的玛瑙，断口近于贝壳状；质地略粗一些的，断口微有丝片痕迹，而且有方向性，方向找对了，易打出断口。

玛瑙的纹理变化很大，多数呈同心圆状，亦有冰棱纹状的。在玛瑙的外皮和心部常见石英晶体，有的形成孔洞，包裹有水。

1. 基本性质

透明度：以半透明为主，也有微透明的。

硬度：6.5～7（摩氏硬度）。

光泽：玻璃光泽，抛光面有强反光，无特殊光泽。

颜色：玛瑙的颜色表现最丰富，是很有特点的玉石。常见和应用的是红色，其他还有蓝、绿、缠丝、黑花、紫、灰、白等色。在一块玛瑙中出现多种颜色，以红白二色最多。有多种颜色的玛瑙，色别、色度、色调、色形差别很大，可以说是形态各异。

2. 结构特点

玛瑙是火山期后大型碱性富含二氧化硅的热液上升地表而成的矿物。在二氧化硅含水的情况下，有条件生成晶体时，二氧化硅呈晶体出现，常常在玛瑙的外层或内层形成晶体层，余下的水液跑不出去，被封闭在玛瑙的中心空洞部位，成为水胆玛瑙。

玛瑙的中心可出现晶体和空洞，也可不出现晶体和空洞。如果出现晶体和空洞，一定是玛瑙同心圆纹理的最内层。晶体向内心发育，呈晶面显著的晶簇状态，无色、紫色、透明或半透明。封闭在中间的水胆能通过晶体的透明显示出来。

玛瑙生长时，热液的成分、外界条件的变化，使玛瑙的结构也发生变化，有均质的，有层带的，有隐现冰棱纹的，有实心的。这些变化表现了产地不同的特点，依据这些特点来分辨玛瑙的优劣是很重要的。

玛瑙虽然坚硬锋利，但内部仍有小的孔隙，这种孔隙造成能渗入液体的条件。各地玛瑙结构特点不同，孔隙大小不同，渗入液体有难有易。同一块玛瑙各层带间的孔隙也有不同，渗入液体也有差异。产生这种现象的原因，乃是玛瑙形成时，外界条件的变化而造成的。外界条件变化大，热液浓度高，二氧化硅急速冷却（相对的），形成粗质地玛瑙；外界条件变化慢，热液浓度低，二氧化硅慢速冷却（相对的），形成细质地玛瑙。

三、玛瑙的品种和产地

(一) 玛瑙的品种与分类

古人常根据玛瑙的花纹及颜色，给予具体的名称。因此其名称杂而且多，如"锦红玛瑙"、"竹叶玛瑙"、"曲蟮玛瑙"、"酱斑玛瑙"、"夹胎玛瑙"、"缠丝玛瑙"、"柏枝玛瑙"等，不一而足，望其名而知其纹和色。现代玛瑙分类，同样考虑其花纹特征和颜色，将玛瑙按不同颜色、不同花纹图案、不同特殊光学效应，以及特殊包裹物等不同特点，分成4类多个品种。

1. 按突出颜色特征划分

此类玛瑙颜色较为单一，以一种颜色为主，而颜色的深浅或不同色调显现出其美丽的纹带。根据其主体色调通常分为红玛瑙、蓝玛瑙、紫玛瑙、绿玛瑙、黄玛瑙、胆青（鬼头青）玛瑙、白玛瑙等品种，其中天然蓝玛瑙、紫玛瑙、绿玛瑙很少见，市场上所见基本均为染色品。

红玛瑙即红色的玛瑙，主要为褐红、酱红、红、橙红等色。古代称"赤玉"，是玛瑙中最好的品种之一。行话"玛瑙无红一世穷"，就是说玛瑙没有红色，价值便不高。这是因为真正天然产出的红玛瑙并不多，尤其是大块者，自然价高。现今有了热处理和染色技术，红玛瑙便很常见并且物美价廉。

2. 以突出的花纹图案划分

此类玛瑙以花纹图案见长，据其纹带或花纹图案的不同特征，可划分为以下几种。

缟玛瑙：指具有缟状纹带的玛瑙。缟，原指白色丝制品，其纹理细密如丝。缟玛瑙即是指具有非常细的平行纹带的玛瑙。此品种一般颜色较有限，有一种颜色的不同色度组成细纹的，也有两种颜色相间的品种，其中最著名的品种是"缠丝玛瑙"，是一种具有红色和褐红色与白色相间的细密平行条纹的品种，极似在红色的线轴上缠绕了白丝线，非常美丽。在很多国家的珠宝习俗中，它和橄榄石一起，被定为8月的生辰石，以其缠绵象征着夫妻幸福和睦，有"幸福石"之称，备受消费者青睐。缟玛瑙以不同的颜色，还可有多个品种。一般将颜色冠于"缟玛瑙"之前即可。除上述红白缟玛瑙之外，还有黑白缟玛瑙、红缟玛瑙、褐白缟玛瑙、棕黑缟玛瑙等，以红缟玛瑙和红白缟玛瑙最佳。

带状玛瑙：指具有较宽平行纹带的玛瑙。通常条带为单色的不同色调，或为两种相间排列的颜色组成，少有两种以上的颜色。根据其不同的颜色，也可分为多个品种。其中较著名的品种有"截子玛瑙"，是指黑白条带相间的品种。此外一种漆黑色玛瑙带有一条白色色带的品种被称为"合子玛瑙"。

风景玛瑙：当玛瑙中的不同颜色、花纹以及不透明杂质等的组合，形成了人物、动物、植物图案或云海、日出、山水等画面时，则被称为"风景玛瑙"。真正有丰富意境的风景玛瑙并不易得，多是可遇不可求，因而价值亦较高，常被收藏。

风景玛瑙中，独竖一帜的要属"苔藓玛瑙"或"水草玛瑙"，因其一则较多见，二则古即有之，非常著名。它是半透明至透明无色或乳白色的玛瑙中，含不透明的氧化铁、氧化锰或绿泥石等杂质，其杂质组成形态似苔藓、水草、柏枝状的图案，颜色以绿色为多，因而得名，但也见褐色、褐红色、黄色、黑色等单色颜色或不同颜色的混杂色等。常可见到组成的图案或如湖中水草飘摇，或像水边树木杂草倒映，或似山野层林尽染等等，酷似天然的植物画卷，美观而神奇。

我国南京著名的雨花石，有许多是"天成幻出"的艺术珍品，被称为"华夏一绝"和"金陵一绝"。其中的精品绝大多数即为"风景玛瑙"。在小小的一块玛瑙鹅卵石中，可观古今风物、中外胜迹，令人心旷神怡。

此外，"云雾玛瑙"或称"昙玛瑙"，特指有云雾缭绕或云遮雾罩之感的玛瑙。"龟背玛瑙"，特指其花纹形似乌龟纹的玛瑙。同样，根据花纹图案的形似，还有"火炬玛瑙"、"蘑菇玛瑙"、"城廓玛瑙"等等。风景玛瑙较少用作雕刻玉料，除非主题设计的需要，通常多被直接用作观赏石，或置于案上，或放入水中，或把玩于股掌之间，其乐无穷。

3. 具特殊光学效应的玛瑙

此类玛瑙较少见，主要是指玛瑙中具有某些特殊光学效应的品种，通常可见到两种。

火玛瑙：这种玛瑙结构呈层状，层与层之间有薄层包裹物质，如氧化铁的薄片状矿物晶体，当光线照射时，产生薄膜干涉现象，会闪出火红色的晕彩，故称为火玛瑙。

闪光玛瑙：光线的照射使玛瑙条纹产生相互干扰，出现明暗变化，抛光后更容易发现。当入射光线照射角度变化时，其暗色影纹亦发生变化，十分美观而有趣。新疆产的玛瑙及南京雨花台所产的雨花石中都发现过这一品种的玛瑙，但较稀少。

4. 以奇特包裹物闻名的玛瑙——水胆玛瑙

玛瑙中有封闭的空洞，其中含有水溶液，这种玛瑙称为水胆玛瑙。摇晃时汩汩有声。以"胆"大"水"多为佳。透明度高且无裂纹和瑕疵的水胆玛瑙是极好的玉雕材料。

北京玉器厂利用玛瑙的色彩变化，雕制了《山巅流瀑》：一只憨态可掬的小鹿，跑到潭（水胆）边讨水喝，情趣盎然。长城工艺美术厂的《太白醉酒》水胆玛瑙玉雕工艺品，刻画了酒仙诗人李太白，醉卧酒坛（水胆）旁的生动形象。上述作品对水胆的利用，可谓达到极至。天然水胆玛瑙尤其是质量好的极为稀少，因而其工艺品才成为稀世之珍。

（二）玛瑙的产地

玛瑙的产出有砂矿和原生矿。砂矿中的呈滚圆状、卵状、核状、钟乳状、肾状，有的有皮，有的无皮。有皮的呈土黄、干白、灰、褐色。产在原生矿中的有接触岩的皮质皮色。

玛瑙的产地很多，我国玛瑙主要产在东北三省，在其他省区也多有发现。东北的玛瑙有以下三个地点产出。

（1）产在黑龙江嫩江流域的玛瑙，呈砂矿产出，多红色，也有无色的。质地透亮细腻，杂色较少，外表皮层如玛瑙，红色或透白色。

（2）产在辽宁凌源原生矿中的玛瑙，红和白两色最多，常见空洞中有紫晶晶簇和水。

（3）产在辽宁阜新地区的，多是有不透明皮的玛瑙、黑花玛瑙、紫玛瑙、藻草玛瑙。红色较多，白玛瑙也不少，质地细腻均匀。

三地产出的红玛瑙在红的色调上、色度上各有不同，透明度、外皮也有差别，细微观察可鉴别质量优劣。内蒙的玛瑙白色较多，多在同心圆中部出现空洞，有的有水；广西的玛瑙水胆多，外皮厚；宁夏的玛瑙微泛粉色；雨花台的玛瑙卵状、小块且缠丝。

国外玛瑙产地也很多，印度是产优质红玛瑙很古老的国家。巴西的玛瑙产量丰富，且多水胆，块体也大，有达 0.5～0.8m 的球体，重 500kg 以上。乌拉圭、原苏联、美国等也都有玛瑙产出。

四、玛瑙的人工处理工艺

红玛瑙要经过热处理后再使用，直接使用红色不鲜艳。玛瑙热处理工艺产生的年代较早，历代的红玛瑙珠或小件文物有经过火烧过的，清代的玛瑙作品很多是经过热处理的，证明古代有意无意地将玛瑙烘烤过。

各国都有红玛瑙热处理工艺。我国解放前在行业中用煤炉处理玛瑙，称为烧红玛瑙。因煤火温度不均，烧出的玛瑙常常产生炸裂现象，很多作品是带着炸裂纹制作的。解放后，热处理工艺逐渐改进，20世纪70年代开始使用电炉热处理工艺方法，大大提高了玛瑙烧红的质量和成品率。

原生玛瑙之所以红得不鲜艳，是因为玛瑙中的色素离子铁有三价和二价相混合分布在其中，二价铁离子色暗灰黑，影响三价铁正红色的显色。热处理后，二价铁氧化成三价铁，提高了三价铁红的比率，使玛瑙的红色鲜艳了。

烧红玛瑙要经过适当的温度处理，玛瑙不耐温差，高温会使玛瑙变质。所以，控制玛瑙热处理的温差变化和温度极限是其工艺的关键。

玛瑙处理工艺是改变玛瑙颜色、不改变质地的物理处理工艺，经热处理后的玛瑙，只是产生了外观上的差别，它的透明度减弱，硬度减小，脆性增大，断口呈火亮状，这种改变不影响玛瑙的质地质量，提高了颜色的质量级别。

玛瑙改色的历史很长，据说最早发生在埃及，后来欧洲很盛行。现在德国玛瑙改色工艺是将着色剂配成液体浸渗到无色玛瑙中，经热处理就能得到所需要的颜色。日本、捷克、朝鲜都有玛瑙改色工艺。我国1958年开始研究，1968年绿玛瑙试制成功，以后逐渐形成批量生产。

玛瑙改色有绿、蓝、红、黑色，以绿和蓝为主。绿是铬离子染成的，蓝是钴离子染成的。经分析，我国绿玛瑙和德国绿玛瑙色素离子是一样的，全是三价铬起作用，能谱仪测定结果为：西德绿玛瑙含Cr、Fe、Cu、Tr（不明显）；北京绿玛瑙含Cr、Fe、Br。

五、玛瑙的选用与设计

1. 玛瑙的选用

玛瑙是玉石中的一个重要品种，用量很大，销路很广，它是低档首饰石和高、中档玉件的主要料源，也是真石盆景中花瓣和果品的主要料源。

玛瑙以红色为主，也有以其他色为主的，选一色作主色，其他各色作衬托，效果很显著。红玛瑙的红色有各种表现，色浓艳的是最好的，可做首饰石，块小点也能选用。大一点的，用于真盆景和小件。大块用于玉件，可做人物、鸟、兽、花卉、器皿造型。红玛瑙使用前要经过热处理工艺，以使其红色鲜艳。

蓝玛瑙、绿玛瑙主要用于首饰石和小件。

缠丝玛瑙多用于图章、器皿造型、首饰石和插屏，也有以卵石为玩赏的。

黑花玛瑙多用于玉件，色极好的可用于首饰石。

水草玛瑙多用于小玩物，纹理和色好的做图章也名贵。

白玛瑙是人工着色蓝、绿玛瑙的料源，也可用于仪表中的轴承、天平刀，或者做一些研磨用的研钵。

水胆玛瑙主要应用水胆的奇观现象做一些产品。

2. 设计与制作

造型设计要先去绺追色，把绺去掉获知其确切走向，把色全部显露于可知的程度，然后按料形、颜色特点考虑造型，以色为依据，尽量把色用好、用巧，使颜色在产品造型中发挥最好的效果，如果玛瑙的色用得好，可以使其成为高档产品。

玛瑙性脆如晶石，碾轧和切割无特殊要求，但不要在单细的地方用力过猛，以免损坏。

制作水胆玛瑙应把水胆形态表露于外，水在里面荡动，使人们容易观察到，这就需要把水胆部分做得薄一些，胆决不能做破，破了的水胆就没那么高贵了，价值自然也会大打折扣。

俏色的运用是玛瑙设计过程中要考虑的重要环节，玛瑙的多色性给创作俏色作品创造了条件。玛瑙俏色作品的产生有两个因素：一是玛瑙给她的颜色条件；二是设计者用色和造型结合的能力。

玛瑙出现两个以上的色彩就可以创作俏色作品了。最普遍的是玛瑙的红白二色，白瓶俏红花，白鸟俏红冠，红判俏黑蝠都是俏色中普遍的作品。创作俏色，一般是主色作底，兼色作俏，以色不混、不靠，物像逼真为好。主色是玉石中基本的大体积的色彩，兼色是杂于主色中的其他色。例如水锈皮玛瑙只有一层薄薄的红皮，里面通体半透明白色。用半透明白色主色作瓶身，薄皮红色作花或叶，围于瓶的四周，效果就很俏。如果玛瑙外层红很厚，用红做果，效果也佳。虽然这种玛瑙只有白、红二色，用得好，也是一般产品中的佼佼者。

俏色作品要分色清楚，用色忌混。如果人物的身体用白色，人体以外的物像最好用其他色。有的人体肌肤用肉粉色，衣物用白色，这些作品更给人逼真感。注意各种不同的物像用不同的色，如果黑是蝠，就不要再用黑做帽，这样才能突出黑蝠的效果。俏色不在多，在于精和醒目，色分不清，乱用就会使作品显得不俏。

玛瑙上的色彩分布是千变万化的，色与色之间有对比关系，用色要注意对比强烈。白、黑、红、黄对比都很强烈，白色物像有个黑物像，黑物像引人注目，这是对比强烈。如果褐红色物像有块黑物像，不能说用色不好，但是对比就不那么强烈了。所以，为了突出强烈的对比色彩，用色忌靠。

绝妙的俏色作品，不仅仅分清颜色、对比强烈就够了，最关键的还要在依料赋形的基础上，依色赋形，使作品相依，与自然生态绝妙吻合，富含情趣。

玛瑙是玉石中色彩最丰富的，所以俏色作品最多，也最有特色。它讲究巧、俏、绝。巧是用料巧，把千奇百怪的玛瑙色彩巧妙运用；俏是用色俏，指效果而言，称为俏色；绝是在俏的效果上，其用料之巧，产生的俏色之佳，是绝无仅有的。巧是手法，俏、绝是作品的生命力，是艺术。

3. 玛瑙雕刻的成功经验

(1) 玛瑙雏鸡（彩图4-5）是由一块小料做成的。这种形态的料很多，变化也大，料上的色用不好出不来效果。作者抓住料上面的肉粉色被白色包裹的特点，设计成雏鸡出壳的造型，使这块不大起眼的料提高了身价。这件作品工和料都算不上优等，但因构思巧妙，才使作品变得有生趣，成为不可多得的佳作。

(2) 玛瑙《锻盘》，此料从开始就是作为玛瑙中的特殊料对待的，设计者匠心独具，作品效果也佳，是好料优工的代表作。

（3）玛瑙《龙盘》，此料砂心很大，玛瑙颜色暗青，本是不好利用的料。作者利用心部的一块蓝玛瑙做成龙形，用砂心做了水，外围是暗青的盘造型，效果极为突出，使这块几乎废掉的料转变成玉器艺术的珍品。

（4）玛瑙《双蟹》（彩图4-7），此料原和玛瑙虾盘为一剖两开的料，因有砂心，不能做盘。作者把盘镂空，成为编丝筐造型，同样成为俏色的佳作。

（5）玛瑙《五鹅》（彩图4-2），此料红和黑很多，中部是杂色砂心，瓷白是主色。作者只取了鹅的白身，红的脑包，黑的眼睛，余下的红、白、黑全去掉了，砂心做了食盘，显示了作品用料的纯熟和处理料的大胆。

中国发展玉石的用色艺术有很多成就，只要是多色玉石，都可以设计俏色作品，玛瑙的俏色艺术是玉石俏色艺术中的不可或缺的重要代表之一。

六、玛瑙的鉴别和质量评价

1. 玛瑙的鉴别

从质地、颜色、透明度、硬度几方面都可认清玛瑙。在选料过程中要剔除不是玛瑙的"马牙石"，"马牙石"是和玛瑙质色相似但有石性的一种石料。

天然蓝玛瑙常与蛋青白玛瑙相混，应注意颜色的区别。

人工玻璃很容易与玛瑙相混，注意玛瑙和玻璃的特点不同。

人工改色的玛瑙与天然产的玛瑙的区别，主要在颜色上。

2. 玛瑙的质量评价

玛瑙的好坏主要是颜色。颜色以明快鲜艳纯正为好，几种颜色混在一起发生灰紫、灰褐、酱紫色则不好。纯无色、青灰色的玛瑙不能直接使用。

在颜色中以红色、缠丝红、大红、桔红为上色，暗红、紫红为下色。有的料在块体中是暗红色，但做出产品是鲜红色，要认真识别。绿中的葱芯绿、艳绿为上色，暗绿为下色。蓝中的宝石蓝、紫罗蓝为上色，普蓝为下色。

玛瑙中有两种以上的颜色为上等料，多则有五个以上色相或者色调的不同。玛瑙中的黑不是脏色，黑色相间显得格外醒目。缠丝玛瑙有缠丝漂亮的，也有一般的，尤其灰暗、色调不醒目的不好。

裂纹在玛瑙中也占重要地位，遇到有包裹纹的，应该把包裹纹全部敲掉；遇有严重裂纹的，应该顺裂纹的方向把料裂开；遇有炸心纹和惊裂纹的应该剔除。

查清颜色和裂纹以后，块度的大小就是等级级别标准。色好，无裂纹，块体在2kg以上的全红料和红层很厚的料是特级；块体1~2kg的是一级；0.5kg以下是三级；小块有利用价值的是等外料。玛瑙的分级主要看颜色和裂纹，颜色和裂纹有问题，再大的料也不入级。

玛瑙中心部位的砂心与玛瑙质地全然不同，砂心呈白色，透明度不等，有糙有细，依砂心的大小、状态和牢固程度可分为能使用和不能使用两种情况：能使用的砂心占少数，一般作为杂质剔除；砂心结晶细腻，透明，有水晶或紫晶晶簇的，有利用价值。

总体上，玛瑙中以水胆玛瑙最珍贵，具特殊光学效应的火玛瑙和闪光玛瑙较稀少，亦较珍贵。色彩鲜艳、搭配和谐的多色玛瑙也是佳品，它是制作俏色玉雕的极好玉料。所谓"俏色",是指作品颜色利用的巧,"俏"的意境达到极至,则称为"绝"。一件精绝的"俏色"工艺品的价值,远远不是其材料价值所能确定的。玛瑙俏色玉雕是我国玉雕业的特色产品,享誉海内外。

第六节 绿松石

一、概述

绿松石是我国"四大名玉"之一,古人称其为"碧甸子"、"青琅秆"等,欧洲人称其为"土耳其玉"。1927年我国地质界老前辈章鸿钊先生,在其名著《石雅》中解释说:"此(指绿松石)或形似松球,色近松绿,故以为名",是说绿松石因其天然产出常为结核状、球状,色如松树之绿,因此称为"绿松石"。

历史上早在石器时代就出现了绿松石装饰品,这不是简单的发现。绿松石产出不像石英那么普遍,偶尔的发现有可能,但在西北、东北、东南、中原四面八方都出现绿松石装饰品,只能说明当时氏族已对寻找绿松石产生了兴趣,并把它作为社会很重要的装饰物给予重视。

绿松石质地细腻,光泽柔美,海蓝色到绿色,醒目而明媚,无论哪个时代,只要发现它,都会被它的鲜艳所吸引,这是古代使用绿松石装饰的根本原因之一。古代用绿松石制作的器物,有珠饰、坠饰、片饰、动物饰等,数量很多。从石器时代至汉代,绿松石约有六七千年的昌盛历史,当时的人们对绿松石的认识、阐述是非常清楚的。到了三国以后,绿松石文物的出土变得稀少了,唐、宋、元、明又出现了一些,直到清代才大量出现。清代对绿松石描述较多,绿松石名称也是从此时沿袭下来的。我国蒙、藏民族用绿松石的习俗很久远,元代称绿松石为襄阳甸子,或称荆州石。

除中国在很古的时代盛行绿松石外,阿拉伯人也非常喜欢绿松石,使用绿松石的历史也很长,至今国外称绿松石为土耳其玉,就是这个原因。解放后,绿松石的生产发展很快,是我国玉石的主要品种,并以国产绿松石为主要料源。

绿松石是一种铜和铝的碱性磷酸盐。因铜参与了绿松石的组成,使绿松石变成娇艳的天蓝色(硫酸铜色)和绿色(铜锈绿色)。此外还有铁的氧化物存在,对颜色也有重大影响。此外绿松石含18%~20%的水,它以吸附水、结构水和羟基的形式存在,吸附水对绿松石颜色鲜艳度的影响较为明显,结构水对绿松石颜色也很重要。

二、绿松石的性质特点

透明度:绿松石不透明,薄片可透光。

硬度:分三个级别,最硬的是瓷松,约5.3度;其次是硬松,在4.5~5.3度之间;再次是"面松",硬度在4度以下,能用小刀雕刻。

光泽:半油脂状到蜡状,随硬度而变化,硬度高,光泽好;硬度低,光泽差。

密度:在2.66~3.08g/cm³之间。强风化的质糟,密度低。

颜色:绿松石只取蓝到绿的颜色,其他色全不取,所以灰、褐、黄等全是脏色。

最好的绿松石是天蓝色绿松石,瓷松具有这个颜色。其次是绿松石,颜色从蓝绿到豆绿色。这种绿松石硬度也比较高,但不如瓷松,质量中等。最次的是月白色绿松石,这种绿松石不但质糟,颜色也不好。绿松石最忌灰、黄,即蓝和绿不能有灰和黄的色和色调,有了就必须去掉。有一种绿松石,外表是一层瓷松,内心是灰褐黄色,这种称为"糠心"。常言:"松石伤客不伤主",就是指此,客人买回去,外表很好,但心里不好,不能做产品使用。

质地:绿松石是一种致密的隐晶质集合体,显微镜下观察呈隐晶结构。不少绿松石具有球粒、环带、葡萄状结构,并有石英晶粒,如果用电子显微镜放大到3000倍,还可看到针状细小晶体,其晶体的大小在 $1\mu m$ 以下,愈硬的绿松石愈好,软者质地粗糙。硬质绿松石性脆而柔,打出的断口平坦,近于贝壳状,似瓷状,故有"瓷松"之称。硬度中等的断口平坦,或有丝丝状的麻茬,也是好质地。软的绿松石断口呈粒状,用指甲能划动。

三、绿松石的品种

绿松石质地细腻、柔和,硬度适中,色彩娇艳柔媚,但颜色、硬度、品质差异较大。通常分为四个品种,即瓷松、绿松、泡(面)松及铁线松等。

瓷松:是质地最硬的绿松石,硬度为5.5~6。因打出的断口近似贝壳状,抛光后的光泽质感很似瓷器,故得名。通常颜色为纯正的天蓝色,是绿松石中最上品。

绿松:颜色从蓝绿到豆绿色,硬度为4.5~5.5,比瓷松略低,是一种中等质量的绿松石。

泡松:又称面松,呈淡蓝色到月白色,硬度在4.5以下,用小刀能刻划。因为这种绿松石软而疏松,只有较大块才有使用价值,为质量最次的绿松石。但在绿松石原料日益缺乏的今天,常采用注塑、注蜡以及染色等人工处理方法,改善其质量及外观,因而也可"废物利用"。

铁线松:绿松石中有黑色褐铁矿细脉呈网状分布,使蓝色或绿色绿松石呈现黑色龟背纹、网纹或脉状纹的绿松石品种,被称为铁线松。其上的褐铁矿细脉被称为"铁线"。铁线纤细,粘结牢固,质坚硬,和绿松石形成一体,使绿松石上有如墨线勾画的自然图案,美观而独具一格。具美丽蜘蛛网纹的绿松石也可成为佳品,但若网纹为粘土质细脉组成,则称为泥线绿松石。泥线绿松石胶结不牢固,质地较软,基本上没有使用价值。

四、绿松石的开采与产地

开采绿松石要找到其引线。引线有3种:一种是黑引,一种是红引,一种是灰引。黑引出黑皮子,多料质好、色艳、质硬而细。红引出红皮,叫土皮子或火烧皮子,色绿者多,也有色蓝的。灰引子多出豆瓣绿色料,有油皮炸性。在引线中出的料为片子引料,或叫山料,质色有好有坏。

我国是世界上著名的绿松石产地,也是绿松石的主要产出国之一。其中以湖北郧县、郧西、竹山一带的优质绿松石最为著名,畅销国内外。此外陕西白河、河南淅川、新疆哈密、青海乌兰、安徽马鞍山等地均有绿松石产出,江苏、云南等地也发现有绿松石。

国外也有一些著名的绿松石产地,如伊朗产出最优质的瓷松和铁线松,被称为波斯绿松石。此外,埃及、美国、墨西哥、阿富汗、印度及原苏联等国均产出绿松石。

五、绿松石的选用与加工工艺

绿松石适于制作各种首饰、玉器，是高档名贵的玉石材料。绿松石的名贵之处主要表现为：①颜色娇艳，有人叫天蓝色，有人叫翠蓝色，有人叫还蓝色，这种娇蓝出污泥而一尘不染；②绿松石质地细腻、柔和，硬度适中，表现质感强烈，光泽之美不掩玉色之美；③绿松石产出稀少，成为石中精品，得来不易。这三点基本上确定了绿松石的高贵身价。

绿松石产出多小块，呈核状、瘤状、豆状，一般在两以下，大块亦有，多几两、几斤重，十几斤重的就非常稀少了，因此划分绿松石质量级别非常严格。小块绿松石可用于首饰，特别好可作戒面石、坠饰，一般的作珠串饰，使用中要注意不得任意缩小料的体积。

有黑的绿松石要分清黑在绿松石上的分布状态，能去净当然好，若如不能去净，要把绿松石中的黑利用好，不能因黑伤害绿松石的色和质，也不能把黑作为主题设计。

要根据绿松石的软硬和质地的韧性进行设计。硬质的可细工，软质的不可细工，以免制作时破坏掉玉料。绿松石造型的细工还要根据料的级别来确定，优质料要优等工，劣质料要一般工。无论是优等工或者一般工都必须把细部交待清楚，都必须达到造型美的要求。因此绿松石产品是高档品，应由高级工制作。

绿松石首饰石在生产中应根据料的质色、形状、等级以及产品造型规定出产率，即一斤绿松石能出多少首饰石。另外，对造型的大小、形状以及选料质量要进行严格检验，达到首饰石用绿松石的质量标准。绿松石首饰石要综合用料，从用于主要首饰石的料到一般的，以致零碎，都要分门别类地制作成产品，对于非常碎杂的，磨光以后还能用于其他产品的点缀。

绿松石色娇怕污染，水、油、杂色液体很容易顺空隙侵入，使绿松石变色。为了防止任何杂色的染入，应该避免与茶水、皂水、污油、铁锈等长期接触，对于面松更要特别注意。因此在制作时需要有干净的环境，在放置时，最好浸在干净水里，手拿时，如果没有上蜡，必须把手洗干净，防止手上的水和脏物把绿松石脏污，直到抛光上蜡后，才可随便取放。

绿松石怕高温，就是日晒也会使其褪色。在抛光过程中，太热后材料发白，再热就发褐黄色或黑褐色，不能直接用火烘烤。

绿松石抛光完毕后，需要过蜡。绿松石过蜡最好不过铁器，剔蜡用竹木，擦蜡用蜡布。掌握过蜡的温度，注意绿松石中的炸性。有炸性的是中硬绿松石，硬的似石英质地，微有透明度，断口为贝壳状，性脆；中硬的发油亮，手摸有滑腻感，这两种材料和绿松石的质地、柔韧有区别，依经验应把它们挑出来。有炸性的绿松石在制作中常常自然裂开，裂开面平整光滑，方向性不强，有多有少，很像玻璃骤然遇冷热炸裂一样，是自然现象。这种材料在没制作时，表现不明显，在制作过程中或半成品存放中容易发生。有人说："料常浸在水里不炸，干燥容易炸"；有人说："做完了在过蜡过程中炸"，种种情况都有，只不过有的炸性表现强烈，有的轻微而已。

六、绿松石作品的鉴赏

绿松石作品的造型和题材喜善喜美，不取恶相。因此，以仕女、小孩、佛人以及各种花卉、草虫等美的形象为题材造型的较多；而怪人、武人、凶禽猛兽的较少。有的产品表现五子闹钟馗和狮子滚绣球，造型仍给人喜相和情趣，总的效果也是表现快乐的美。

绿松石产品的细部刻画要有神态，和作品的表现内容一致，并着意描写，不能含混和交待不清，如人物作品中的人脸、衣纹、陪衬刻画都要细腻，再如花卉中的蝈蝈、豆角都要刻画到细腻入微。有的绿松石外表很美，作者不愿破坏掉这种美的外形，以随形写意制作产品，也不能不说是一种章法。这种章法注意了找形和找细，找形是保留绿松石形好的特点，通过加工使形更美；找细是注意了题材内容，用细工刻画局部，以表现艺术感染力。目前这种作品似有抬头之势，但掌握规律比较困难，还有待开发研究，如绿松石《韩湘子和刘海》就是发挥了料形的特点，人物的脸刻画得传神。

总之，对于一件绿松石作品，首先看其用料是否恰当，其次看色质是否均匀，再次是对铁线和黑斑的处理，最后看绿松石产品的光泽，以区分出是软质绿松石还是硬质绿松石。

第七节 青金石

一、概述

与中国新疆邻界的阿富汗，自古就是青金石的产地，在公元前数千年，青金石就为埃及、波斯、印度等阿拉伯国家所器重，成为很名贵的宝石。青金石名来源于古波斯语，意即蓝色的。青金石在南美洲出产的年代也很久远，在南美洲古秘鲁王墓中出土的青金石，其形状对称，重312磅，今藏于美国芝加哥博物馆。

我国青金石的使用不仅历史悠久而且备受珍视。据报道，汉墓中就有青金石发现。到了清代出现了大量青金石装饰品和玉器，例如故宫博物院的青金石双耳环炉、青金石双耳挖盒、青金石镶金嵌宝执壶、青金石山子等；又如皇帝在天坛祀天之时，无论是朝珠、朝带以及杂饰，都为青金石所制，青金石作为祭天之饰而备受重视。雍正八年后，四品官的顶戴也以青金石为顶。清宫佛教用品如佛塔、佛像、香炉、藏经盒等上面，都大量使用青金石。

二、青金石的性质特点

青金石不是均质的单矿物，而是以青金石为主，并含有蓝方石、方解石、透辉石、黄铁矿等矿物的多种矿物集合体，因而其物理、化学性质也随各矿物成分的含量不同而变化。青金石的粒度从千分之几到十分之几毫米，性脆而糙，容易打出断口，断口参差粒状。通常青金石的硬度在5.5左右，密度为$2.7\sim2.9g/cm^3$，折射率约为1.50。多为不透明状，玻璃光泽至树脂光泽。颜色有靛蓝、深蓝、天蓝、紫蓝、翠蓝及蓝白杂色等，其中青金石纯正而少有的靛蓝色是蓝色中最优秀的品种，有着非常突出的特点。

由于青金石由多种矿物组成，因而这几种矿物相互交代，便可形成各种各样的质地。在青金石中，蓝色矿物有青金石和蓝方石；方解石则以白色细脉状或斑状出现，但在细粒致密的青金石中往往不明显；黄铁矿几乎总是存在于青金石中，有时则呈较粗粒状分布或呈脉状、斑块状分布；有时呈浸染状星散分布，异常美丽。所以《石雅》说："青金石色相如天，或复金屑杂乱，光辉灿灿，若众星丽于天也"。

三、青金石的品种

优质青金石玉料，要求青金石矿物含量越高越好，通常高过90%。不含或少含方解石，但可含黄铁矿细小晶体。无杂质，少裂纹。在阿富汗青金石中，含纯青金石的比例多少，对青金石颜色影响很大。一般含40%以上的青金石为好，低于25%的其颜色发暗或白。根据成分及颜色的分布情况，通常青金石被分为以下4个品种。

（1）青金石：含青金石矿物99%以上，不含黄铁矿和方解石，属"青金不带金"者。质地纯净、细腻，颜色浓艳、均匀，以深蓝色、深天蓝色为最佳品种。

（2）青金：含青金石矿物90%以上，黄铁矿小晶体呈浸染状或细点状星散分布其中。无白斑状方解石，质地较纯，且致密细腻，颜色浓艳均匀，以深蓝、深天蓝色为上品。

（3）金克朗（金格朗、金光朗）：为含大量黄铁矿的青金石致密块状。通常黄铁矿的含量多于青金石，且黄铁矿不呈星散状，而是集结成团。含方解石白斑或白化，质地不均匀。抛光后如同金龟子外壳一样金光闪闪。这种青金石的密度较高，可达$4g/cm^3$以上。

（4）催生石：指青金石矿物同方解石混杂在一起，一般不含黄铁矿，因而表现为蓝白二色混杂。据说"催生石"一名，是因古代将此品种入药，可以帮孕妇"催生"所得。以白色方解石为主、青金石为辅者，称为"雪花催生石"，在我国青金石玉料中较多见。另有淡蓝色品种产自智利，而在国际上被称为"智利玉"。

上述品种中，以青金石和青金两个品种质量最佳。通常艳蓝色而不含黄铁矿的青金石常被加工成首饰品，青金则用于高档雕刻工艺品，另两个品种质量相对较差，通常只作工艺玉料。

四、青金石的产出

青金石产出于接触交代型矽卡岩中，与这种岩石整体产出，所以古采青金石，用火烧石，石裂，青金石出。青金石呈不规则块状，常深入内部，一般大小有几千克的，偶尔也有1000kg以上的。在凿除石块中，青金石易碎裂，多呈小块产出。

青金石主要产于阿富汗和智利。阿富汗青金石是我国应用的主要品种，产于阿富汗东北部巴达赫尚地区的萨雷散格青金石矿床。智利青金石产于安第斯山，安第斯山的青金石是一种蓝色含有黄铁矿的品种，质量很好，藏量5000t。原苏联也产青金石，有两个矿区，一是贝加尔湖南部区，一是帕米尔西部区。此外，加拿大的巴芬岛和累克港、智利的金博卡连等地也出产青金石。到目前为止，我国还未发现青金石矿床。

五、青金石的选用与设计加工

最好的青金石无杂色，色纯正而均匀，无金星或带很漂亮的金星，这样的青金石大小块都可选用，价值很高，既可做玉器也可作首饰石。较次者蓝色，略有深浅变化，也可以说是蓝色欠佳，金星暗淡，有白石线、白斑交织于其中，价值中等，多用于玉器，少用于首饰石。最次者称为催生石或者金克朗，蓝色浅，白石多，无金星，个别部位有黄斑，显得不好看，用于玉器。除此外，青金石分选还应注意裂的表现，有的严重，有的轻微。

质地纯、颜色好的青金石价值高，利用中要珍视原材料。采用切割的方法剖开，使每一小块都能产生价值。一般青金石也最好能综合利用。

青金石色稳重，非常适于表现古色古香的庄重器物。人物中善于制作佛，器皿中善于制作仿青铜器的器物。用它刻画龙、狮、怪兽的形象也很古雅，在题材构思上一定要注意这个特点。

青金石韧性不强，抗断能力差，对制作产品十分不利，又由于它色重、不透明，有裂纹看不出来，时常造成产品制作中的损坏现象，无论是设计或者是制作产品都要注意这个特点，不追求纤巧和穿枝过梗。

六、青金石的鉴别与鉴赏

青金石的仿制品一般有玻璃制品、岫玉制品等。这些制品一般色调均匀，在质地与光泽方面也与青金石不同，且上面仿造的金星不如青金石固有的金星有天然形态，所以容易辨认。矿物中的苏打石和硅孔雀石也有青金石的颜色。但苏打石蓝色深浅呈斑状，没有金星，白石线交错现象较青金石多，透明度略高于青金石，显示玻璃光泽。硅孔雀石中呈青金色的呈带状分布，质软，无金星。青金石色浅的可以染色，但染色的深度不大，且明显带有染色的痕迹，也易于区别。

青金石是一种名贵玉石，它与绿松石、珊瑚同是以色为特点的美石，很受人们的赏识，流行于世界各国，尤受到阿拉伯国家的喜爱，视为珍宝。在我国，青金石也倍受重视。1983年，青金石作品《万象更新》获得国家百花奖珍品金杯奖。这块青金石重10kg，呈上尖下圆的蛋形，外层有白色石皮，破绽处青金色极佳，观其外表就知是一块非常珍贵难得的好材料。从这块青金石的色质和形状看，出一件玉器绝品是没问题的，原先准备作器皿，出一件古色古香而又工艺精美的作品。当把皮剥掉以后，发现其色并不如想象的那么好，蓝色中白石已深入内部，又有千层板性，经技术人员反复研究，还是以制作人物为好。蛋形的料作人物有一定的难处，首先料厚，人物身薄，把多余的料去掉，未免使作品体积缩小，有伤这块青金石的价值。设计者在百般费解的各种想象中，选择了万象更新的题材，以老寿星、小孩和大象作为作品的主题。在动工制作中，既注意了提取青金石的好颜色，把白石凿去，又注意了物像的动态和神情，并处理好呼应关系，使作品在吉祥、喜庆中又富有情趣。作者首先重视了老人的脸，保证脸部青金石色最旺、最正，没有白石，为此曾几次移位来平衡，最后出来作品的效果。从这件作品中看不到太多的飘洒和玲珑，但细观察每一细部都刻画非常细腻得体，青金石的质色使用达到圆满的程度。据作者说：作品在处理造型中，有一些地方鳌手，想得很好，但料给定的条件和想象有出入，只好在制作中改动，以致使某些地方没达到满意的效果。例如挑担的小孩，由于中途出现了问题，脸不能上扬而改为照片上的姿势。

作为青金石料来说，能够有这样一件作品是非常不容易的，在历史上从没出现过，今后由于料源的难得和变化，有可能出现其他造型的好作品，但作为以老人、小孩、象为题材的青金石作品，从料质、造型、工艺上来看，不易再现，这正是这件青金石珍品的可贵之处。

第八节 水晶

一、概述

石英是地球上存在最广泛最普遍的矿物质，占地壳成分的58.2%，主要分布在岩石中。独立存在的石英可形成单晶体、多晶体、隐晶体或非晶体，其中的优秀品种即可作为玉雕原料。

水晶即为石英晶体，有无色水晶、紫水晶、黄水晶、茶水晶、墨水晶、发水晶、鬃水晶等。这些晶体性质相同，所以统称水晶，但在日常称呼中，多用品种名，如无色水晶、紫晶、茶晶、发晶等。

水晶自古代的原始社会就有广泛的应用，石器时代人们用它来制造工具，到了石器时代后期，水晶装饰品广见于各遗址中。几千年来，水晶一直是装饰的主要原材料。

二、水晶的性质

水晶为二氧化硅晶体，摩氏硬度为7，玻璃光泽，密度 $2.66g/cm^3$，颜色多样，有的杂质机械混入其中，呈明显的发状、鬃状，还有含水的包裹体晶体。水晶晶体呈六面柱锥形，其柱面有横条的生长纹。自然产出的晶体，一头锥面发育良好，质纯、色浓，称为锥面或顶部；另一头发育不好，常和杂质混杂在一起，色淡，透明度差，称为根部；中间是六面锥体。整个晶体粘连在石英质上，呈蹶状竖立，能使用的就是晶体的中上不蹶起部分。杂质棉絮状，绺裂不严重，易观察。

三、水晶的分类

1. 无色水晶

古代称无色水晶为"水玉"，意为滑如水中之玉。又说是"水之精灵"，是千年之冰之精所化，写作"水精"。《本草纲目》否定了"水化"、"冰化"的说法，"水精"、"水晶"、"水玉"、"石英"，如水之精英，含意也。《山海经》谓之水玉。《广雅》谓之石英。古语云："水化"谬言也。传说古代有水晶盘，古玉器文物中有水晶块、水晶环、水晶球、水晶花插、水晶人物、水晶觥等。古代应用水晶很广泛，描述也正确，如"白石英生华阴山谷及太山。大如指，长二三寸，六面如削，白澈有光，长五六寸者称佳。"

无色水晶是一种常见的中档玉石材料，可制作各种玉器产品，水晶晶莹透澈。应用其透明度，在制成的器皿腔内彩画出山水人物等，称为"内画"。水晶除用于玉器外，还可制作眼镜，用于光学仪器和压电振荡晶片，在工业上用途很大。在人造水晶未普遍生产之前，它曾是重要的国防物资。目前，人工水晶已经批量生产，天然水晶的工业价值也随之下降。

无色水晶多用于制作器皿，也用于艺术造型，如人物、鸟、兽等。水晶产品的设计重视晶莹透明，选用无棉无绺；造型圆润秀丽，不施以过多的玲珑剔透和复杂的花纹图案。器皿造型的腔要均匀，薄厚一致，可以施以内画工艺。施以内画的内腔要磨细不抛光，以适合笔作彩画为好。彩画多人物、山水、花鸟等传统中国画，也有肖像、粉彩、墨彩画等，都很精细精致。用于首饰的水晶不是主要产品，但也有生产，如水晶珠、棱面戒面石等。

水晶抛光要求较高，大面平整，亮足，且没有微细砂道为好，抛光中稍有疵点，也易明眼看出。擦拭注意从加温箱内取出时，不要见冷风，防止炸裂。

无色水晶与玻璃相似，在薄的情况下难以区分。成品水晶和玻璃的主要区别是观察颜色、气泡和棉绺。水晶纯无色透明的多无气泡，棉绺自然，可见工具制作的痕迹；玻璃制品其边缘厚的部位显示各色色调，大的块体常见气泡，棉绺不自然，工具制作痕迹简单，或者是从熔炉中直接出来的造型，光面呈火亮状，似有一层亮膜包裹。水晶和玻璃即使有以上区别，但在人为的仿制中，极似水晶的玻璃也常见，尤其是石英玻璃更酷似水晶，很难区分，在必要的情况下，还要进行光学的和其他测试才能鉴别出。目前世界大量流行的水钻，不是用水晶仿的钻石，而是用人造立方氧化锆仿钻石。

2. 紫水晶

顾名思义，紫水晶是指颜色为紫色的水晶，也称为紫晶。紫晶透明体大量用于首饰石，是受欢迎和有特点的品种。大块紫晶也用于玉件，小块紫晶做的葡萄珠如玫瑰香葡萄，晶莹欲滴，做的瓜叶菊瓣鲜艳、逼真，撮出的瓜叶菊盘景效果很好。它是用途广、用量大、受欢迎的重要原材料。特别好的紫晶是高档料，一般的是中档料。

首饰用的紫晶是最高质量的，紫色浓重，色正而艳，透明度高。略有丝丝紫色棉絮状的紫晶影响透明度，严重的不做戒面石，做串珠、坠、葡萄之类。色好无绺的紫晶，块小点也能选用，白色和锈黄色要去干净，不用其他色，紫晶以色为第一标准，透明为第二标准，色决定着使用范围，透明决定着质量级别。而玉件紫晶要求块大，颜色可深可浅，不能有过多的棉绺，透明度高的质量好，低的质量差。遇到特别好的玉件紫晶，其颜色、透明度如首饰紫晶时，要特别珍惜使用。无论是首饰紫晶还是玉件紫晶都以色为特点，要在造型中保护紫色不被减弱。透明首饰紫晶磨棱显示紫色，玉件紫晶造型要浑厚保色。

我国紫晶产地较多，但批量产出困难，山西、广东、山东、河南都有很好的紫晶晶体。山西五台山紫晶在解放前曾是北京用的主要来源地。山东、河南、广东产出的少量紫晶满足不了玉器生产的需求，应该广泛寻找矿源产地，以供应玉器行业的使用。巴西南部、原苏联乌拉尔、斯里兰卡、赞比亚、墨西哥、美国、马达加斯加都产出紫晶。全透明浓艳紫色的紫晶，在各产地中产量都不大，所以高透明浓紫色的首饰石在国际市场上量也不大，价格也较高。

3. 茶晶、烟晶

茶晶、烟晶是制作眼镜片的好材料，能保护眼镜免受烈日强光的刺激。茶晶有浅茶色和深茶色，烟晶为烟灰色，近似黑色。检验镜片茶色的深浅，可放在有字的纸上、看透过字的清晰程度，深色不易看到字形，浅色易看到字形，由此可分出十个级别，一般七色以上（七级）就不易看到下面清晰的字了，为深色茶晶，九、十级就是烟晶，五级以下是浅茶晶。除检验色以外，还检验棉的多少分布，有碍透明就不好。大块茶晶、烟晶也能做玉件，但量很少，明代陆子冈就曾用茶晶做过花插。

4. 发晶

在水晶中有很多细如发丝的矿物包裹体，形象地称为"发晶"。发丝在水晶中呈各种状态和颜色，有玻璃纤维状的，有金色的、黑色的、褐色的，依包裹体物质成分不同、形态不同而不同。选用的发晶要求发丝明显、清晰，形态美观，有作水纹状、漩涡状、扇状鬃针状、双向交叉状或多向交叉的。发晶可用于观赏和制作玉器玩物，以不破坏其构成结构为设计要求，不宜玲珑剔透。

四、水晶的选用

水晶依颜色、用途的不同，选用要求也有不同，有的适用于玉雕，有的适用于首饰石，有的适用于眼镜片；有的价值较高，有的价值较低。天然产出的水晶晶体有可能是发育完好的单晶，也有可能是几个单晶互相长到一起的多晶体。作为玉器原材料，形态并不重要，只注意晶体的质纯、透明、无裂纹和颜色、体积。在质量要求方面，一般注意以下4点。

首先，看晶体的纯度。这个纯度不是指它含有机械混入的杂质，而是看它的透明程度。水晶的透明度非常重要，越透明越好。影响透明度有两种因素，一种是棉絮状物，称为

"棉",无什么特色,所以不好;另一种是透明体中的针状、发状、气泡、水胆,晶石中很少见,很可贵,可贵的程度依其形态和颜色的表现而有不同。

第二,看水晶的颜色。水晶的颜色是决定用途大小的重要条件。无论哪一种颜色都必须浓艳、纯正,尤其是紫水晶、黄水晶,没有浓艳纯正的颜色,它的特点就表现不出来。一种水晶只表现一种颜色,由锥部向下颜色变淡,不透明棉絮增多是常有的现象,要特别注意。

第三,看块的大小。块的大小主要指能使用的部分。各种水晶用途不同,要求的块大小也不同。例如紫水晶、黄水晶能做首饰石,只要有大拇指大的镢头就可以使用。水晶、茶晶、墨晶能做眼睛片,块大小依能不能出眼镜片为标准。至于做玉件的水晶,就需要比较大的块度。

第四,看裂纹。水晶在自然界中,出现裂纹是很普遍的现象,在开采运输中也会造成有裂纹。裂纹有大有小,但不论是哪一种裂纹都影响晶体的使用。

第九节 独山玉

一、概述

中国河南省南阳市北 10km 处有一独山,自古产玉,名为独山玉,简称独玉,又名南阳玉。《本草纲目》引南朝梁陶弘景著作说:"好玉出兰田及南阳徐善亭部界中,诸处皆善"。可见三国以前南阳就很有名。后来的《本草图经》(宋代)又说:"今兰田、南阳不闻有玉,唯于阗国出之。"兰田和南阳玉淹没年代已很久远,大约在明代李时珍时期仍没有利用南阳玉。直到清代末期,民间对外贸易,当地农民才在此地挖玉,制作玉器产品,并延续至今。解放后独山玉一直是玉器生产的一种原料,该地 1958 年建矿,1973 年以后年产独山玉最高峰达 150t。

二、独山玉的性质

独山玉不是单矿物的交代替换,而是复杂的矿物组合。它的主矿物是斜长石和黝帘石英种,次要矿物是绿帘石、透闪石-阳起石、透辉石。摩氏硬度 6.5~7,密度 2.7~3.09g/cm^3,微透明到不透明,玻璃光泽,抛光面油脂光泽。

独山玉的颜色非常复杂,各色相互侵染交错是其特点。有的以白、绿色为主,有的以灰黑、褐色为主,有的白、绿、灰、黑、褐相杂染,难以分辨。这样复杂的颜色是因多种矿物交代替换的结果。颜色的杂乱给选矿带来了困难,优质料较少。

三、独山玉的选用

独山玉的质量分级除去块度外,主要以颜色来决定,透明度也是重要的参数指标。依据颜色和透明度,最好的是脂白和绿色的微透明体,脂白似玉,绿色似翡翠,鲜绿色很少,但的确有似翡翠的美玉。其他明快的颜色也可选用,色调太暗且没有特点的为次等料。

独山玉以做玉件为主,好颜色的可做首饰石。

制作抛光过程中,按料的高贵程度适当加以细化,一般按中档料制作,有的产品能用上俏色也是佼佼者,抛光按一般方法即可。

四、独山玉的鉴别

由于独山玉的矿物成分较为复杂,并且含有一部分翡翠和软玉的矿物组成,因而它的质地近似玉和翡翠,具有坚韧致密的性质,但是不如翡翠和软玉的质地洁净,而且质地不均一,显示了独山玉质地的复杂性。

第十节 蔷薇辉石(桃花石)

一、概述

蔷薇辉石呈粉红色,如桃花,又名"桃花石",其矿物名蔷薇辉石,也是意为蔷薇红色。1964年北京采到蔷薇辉石,曾用"粉翠"称之,意寓如翡翠的质地和硬度。

二、蔷薇辉石的性质

蔷薇辉石微透明至不透明,也有透明晶体,摩氏硬度6.5,密度$3.4\sim3.75g/cm^3$,玻璃光泽,抛光面有强反光。

蔷薇辉石的颜色呈粉红色,粉红色间白色,黑色是脏色。其粉红色色调有多种,以艳为好,肉粉次之,黄粉又次之,灰粉和杂粉是次质料。粉和白相间时,依粉色和白色的鲜艳度和对比度决定它的质量。白色呈斑状,是石英成分,石英成分多,白多粉红色少,是白地桃花染;石英成分少,桃花粉红多,是粉地白花染。其他色全不取。

蔷薇辉石属单斜晶系,一般为矿物的集合体。单矿物晶体粗大的可见单晶的形状和分布状态,用放大镜易于分辨。蔷薇辉石含锰,采出后,长期曝晒,锰被氧化,外皮将会变黑色。

三、蔷薇辉石的产出

蔷薇辉石晶体产出极少,常呈脉状大块体产出。透明晶体产于美国和澳大利亚;非透明体产自原苏联、瑞典、日本、南非和坦桑尼亚。我国产地很多,发现于北京昌平西湖村、青海都兰县、吉林等地,但产量较小。

四、蔷薇辉石的选用

透明的蔷薇辉石可磨首饰石,很珍贵;非透明的也可用于首饰石,是一般品种,多用于玉件和真石盆景中的花瓣。蔷薇辉石是一种常见的玉石,由于颜色和质地差别很大,贵重程度也不等,一般多为中档料。选用蔷薇辉石最重要的是其颜色,全粉艳色为最好,粉和白相间也倍受喜爱,黑、灰、黄都不是正色。

蔷薇辉石的质地有糙细之分,多用于兽、器皿,人物用量不大,鸟和花卉也因其性糙使用困难。造型以完整不支离破碎为好,应注意产品的单细部分,避免折断。

五、蔷薇辉石的鉴别

与蔷薇辉石颜色一样的玉石料不多,易于鉴别。在鉴别中,主要注意料的质地和颜色,以做出质量鉴定。

第十一节 芙蓉石

一、概述

芙蓉石色如芙蓉花的艳粉色，故而得此美名，矿物名为蔷薇石英、玫瑰石英。

二、芙蓉石的性质

芙蓉石为二氧化硅集合体，见不到如水晶的晶体外形。性脆，断口贝壳状，一般无明显杂质混入，只有不透明的白色石英呈直线状伸入内部，不均衡地将大块体分割，称为"白箭道"，有粗有细，有大有小，如筋脉延伸。裂纹多，无解理现象。

芙蓉石的摩氏硬度为 7，半透明，略有强弱变化，玻璃光泽，抛光面晶亮。含金红石纤维包裹体的芙蓉石，切割方向对头，可见六道白弱星光光泽效应。

三、芙蓉石的产出

芙蓉石产在富集石英伟晶岩体的膨胀核心部位，称为石英核。石英核体有的很大，全是优质芙蓉石，有的虽大，但只局部呈粉红色半透明体。开采芙蓉石主要是取其色艳部分，呈破裂后的大块体产出。

优质芙蓉石来源于巴西、马达加斯加。我国矿点虽然很多，但优质者少见。其他国家也有出产，如美国、西非、南非。

四、芙蓉石的选用

芙蓉石以其色调单一美丽而著称，是一种典型的中档玉石品种，大宗应用于玉器。选用芙蓉石注意以下 4 点。

(1) 首先要重视颜色，色要艳、浓，成品要有明显的粉红色特点。

(2) 质地要均一，"白箭道"在产品上是不允许有的，如果有的细微白箭道不能全部去掉，也应该放在不显眼的位置。

(3) 裂纹要少，没有裂纹的芙蓉石除小块外不多见。裂纹有的严重，有的不严重，很严重的影响使用。

(4) 透明度越高越好。但透明度也影响色度，透明度高，色度有减淡的危险。

以上几点中，颜色和质地是重要的，裂纹和透明度是相对的，它影响颜色和质地，在选用中裂纹和透明度允许到什么程度，由颜色和质地的质量决定。芙蓉石可用于制作各种产品。首饰石和真石盆景用其艳粉色，大块用于雕琢人物、鸟、兽、动物、花卉等。在设计产品时，以表现艳美形象为好，还要求无绺、无"白箭道"，保粉红色不减退。首饰石用粉红色最深艳的芙蓉石，浅颜色制的首饰石色很淡，不喜人。真石盆景用芙蓉石做的花瓣如果色太淡，可用染料染些浮色。芙蓉石还可做些瓜果之类的产品。

五、芙蓉石的加工

由于芙蓉石是脆性材料，故不可凿击碰撞。产品上不允许有断裂绺和粗重长的"白箭道",造型在浑厚中保色并尽量把细部做好,一般不适于细式薄胎和玲珑剔透。抛光用一般方法,抛光后如果有小的裂纹,可用折射率近于晶石的油脂弥合。

六、芙蓉石的鉴别

芙蓉石的鉴别并不困难,主要以色和其性质来鉴别。最与芙蓉石相似的是碧玺,芙蓉石如碧玺当然为好,但不常见,以芙蓉石的质地无微细裂纹,透明度略低于碧玺而色不如碧玺鲜艳可区别之,二者硬度也略有不同。玻璃仿芙蓉石效果的料器广见于市场,根据玻璃和芙蓉石的性质不同也不难区别。

第十二节 孔雀石

一、概述

孔雀石是一种含铜的矿石,其质坚密而花纹美丽的可做玉石,由于它的花纹颜色很似孔雀扇尾,所以名为"孔雀石"。

青铜器是我国古代著名的艺术瑰宝,在湖北大冶铜绿山古冶矿遗址及其他冶铜遗址的发掘中,发现以孔雀石为主要铜矿源。在商殷墟冶铸遗址中发现了不少孔雀石碎块,有一块重18.8kg。《管子·地数》篇说:"出铜之山,四百六十七山"。我国为制造青铜器大量地勘察矿山确是史实,此时也盛产过孔雀石。在商殷五号墓出土文物中,也有孔雀石。又在河北陕县上村岭墓葬出土文物中,有两个孔雀石块。唐宋以后,孔雀石曾作为颜料石绿在壁画中出现。《本草纲目》:"石绿生铜坑内……谓之石绿"。明清代用孔雀石作的玉器在故宫博物馆也有珍藏。

二、孔雀石的性质

孔雀石是碳酸盐类矿物,其成分是碱式碳酸铜。摩氏硬度为4,不透明,密度3.9~4.03g/cm^3,深浅绿色呈同心状或云带花纹分布,含铜量越高,粉末绿色越深。

孔雀石一般呈隐晶质状态,其形状随矿体的厚度及介质情况而变化,有的呈大小不均的瘤状,有的呈蜂窝状,有的呈乳房状,有的呈肾状,亦有呈不规则的溶渣状。

孔雀石的裂纹很有规律,一般随颜色的变化而变化,是在孔雀石形成过程中出现的。因为裂隙多是半球形,行业中叫"洼子绺"。这种裂纹和花纹联系紧密,不容易被发现,时常在制作时掉下来,使产品坏掉,所以行业中非常重视这种裂纹,也有的裂纹使其千层百块;没有裂纹的孔雀石断口呈平坦状或贝壳状,偶有断口出现台阶状。

三、孔雀石的产出

世界上较大的孔雀石矿都是作为铜矿山开采的,如原苏联的乌拉尔山、非洲的扎伊尔、纳米比亚、澳洲的澳大利亚以及美国都产孔雀石。我国虽有一些矿山,但孔雀石产出量较小。

四、孔雀石的选用

孔雀石可用于首饰和玉器。作为首饰石是一般品种,有戒指石、珠串、坠等,用致密、色绿、同心圆状花纹明显的孔雀石制作,价格无太大悬殊。用于玉件的孔雀石可制作各种造型产品,多取兽和器皿造型,也作人物和花卉产品。由于孔雀石的花纹特点和性脆,质不够坚韧,设计中不追求纤细和玲珑,而要注意利用它同心圆状花纹,即把漂亮的纹路用在大面上,使人一眼就能看到花纹的美丽。因此,选用孔雀石时,花纹是一个很重要的条件。

根据孔雀石的特点,选择孔雀石时必须注意两点:一是块要大、致密,没有裂纹和片绺,没有蜂窝现象;二是颜色要正,绿色成分多,黑绿成分少,花纹同心状要富于变化。

第十三节　常见石英岩类玉石

一、河南玉

(一) 概述

河南玉就是石英岩质玉石,产于河南密县,因此河南玉又称"密玉"。

(二) 河南玉的性质

河南玉的成分主要是二氧化硅,含量95%以上,次要成分有铁锂云母,含3%~5%。

河南玉是细粒结晶,偏光显微镜下呈细晶鳞片花岗变晶结构。质地细腻,均匀似玉,外观无杂质现象,无裂纹。较有韧性,断口参差粒状。摩氏硬度为6,微透明,密度2.63~2.65g/cm^3,玻璃光泽或半油脂光泽,抛光面有强反光。

河南玉经常使用的颜色是绿色、棕红色。绿色有深有浅,均匀,无明显突变,可由深至浅或由浅至深递减,最浅至闪绿的白色。色不明快,不鲜亮,但有柔和感,棕红色也柔和,特点如玉。

(三) 河南玉的产出

河南玉呈脉状产出,脉宽可达1m,但一般都很窄,但在开采河南玉矿中,产量和质量很不稳定。

(四) 河南玉的选用

河南玉质地、颜色、硬度、光泽变化比较小,常以颜色为标准,颜色好、块大的为好料,颜色差、块小的为次料。另外,透明度的微弱变化也影响质量,透明度大的优于小的。河南玉是玉器使用的常规玉石,是重要的中档规格产品。

二、东陵玉

(一) 概述

东陵玉亦是石英岩质玉石,铬云母石英岩,暗绿色为玉雕原料。

(二) 东陵玉的性质

东陵玉是一种含铬云母的石英岩,主要成分是二氧化硅,含量80%左右。铬云母为混入成分,呈可见鳞片晶状散布于二氧化硅中,含量有多有少,一般在10%左右,有的高达18%。其他还有硅线石、微量的金红石,偶尔也可见锆石微粒。摩氏硬度为6,微透明,密度2.65g/cm^3,玻璃光泽,有云母晶片反光。

东陵玉的颜色以绿色为主,有的绿较浅,有的则呈暗绿,同于河南玉或稍鲜于河南玉。观察东陵玉薄片,其色形为细小丝丝状,分布均匀,有多有少,有深有浅,形成色的深浅度不同，亦有棕黄色或棕红色东陵玉。

东陵玉的石英晶粒较粗大，粒状直径 0.2～2mm，最大达 4mm，呈粒状变晶缝合线结构。在粒与粒之间有铬云母、硅线石、金红石，晶粒结合紧密，外观看不到间隙，因此质地均匀。云母鳞片反光强烈，是东陵玉的特点，不是杂质。脆性，少裂纹，断口可见粒状和云母晶片，易打出断口，断口参差粒状。

（三）东陵玉的产出

东陵玉常呈脉状产出，玉料呈块状。印度一直是优质东陵玉的产地，此外非洲、巴西的东陵玉也很好，但质量不稳定。

（四）东陵玉的选用

东陵玉和河南玉一样，质地、颜色、硬度、光泽变化范围小，常以颜色和块度为质量标准，颜色均匀且鲜艳块大的为优质料，其他为一般料。云母晶片分布均匀，多少适宜也是增加东陵玉美观的一个因素，是质量的辅助条件。在均匀的质地和颜色中，不允许有杂质杂色和裂纹。杂质杂色常表现为黑或暗色，易于区别。

东陵玉主要用于玉件，设计按中档进行，无特殊要求，产品质量应达到一般标准。小块优质料用于首饰和花饰，可制作珠、手镯、佩，也少量用于戒面石、鸡心坠等。东陵玉是中档料中的重要原料。

（五）东陵玉的鉴别

识别东陵玉并不困难，主要依靠云母闪星的特点来识别。如果云母闪星不突出，可利用其薄片"丝丝绿"的特点区别河南玉。它的透明度略优于河南玉，质地不如河南玉细腻。

三、京白玉

（一）概述

石英岩有着广泛的存在，解放前曾称为"硬水（白）玉"、"硬水玉"，就是指白色石英岩，它与"软水（白）玉"、"软水玉"相对照，形成似白玉脂的玉石品种年代已经很久，我国出土玉器文物中就有白色石英岩手镯文物。20 世纪 60 年代北京地质工作者在北京找到白色石英岩，质地细腻如玉，名之为京白玉，意寓北京的白玉。后来在河南等地也发现有白色石英岩，亦以地名称呼。京白玉亦有"晶白玉"之称。

（二）京白玉的性质

京白玉是一种较纯的石英岩质玉，二氧化硅是它的主要成分，含量在 95% 以上。京白玉性脆，易打出断口，参差粒性。摩氏硬度为 6，微透明，密度 2.65g/cm³，玻璃光泽（抛光面有强反光，半油脂光泽）。颜色纯白，闪蓝或闪绿都可用，闪灰的不用，细润如脂白的为最好。

京白玉为粒状结构，晶粒越小越细腻，发现特别细腻的京白玉也不容易。在石英岩体中有的部位岩体并不细腻，常常出现鬃眼。鬃眼是石英晶粒结构不紧密或有其他软质矿物的表现。当鬃眼大到肉眼很容易察觉时，其使用价值很小。对于石英岩质玉石而言，以光泽的均一程度来决定它的利用价值是很重要的。

（三）京白玉的产出

京白玉呈脉状产出，大块。在北京昌平县、湖南、河南均有产出。

（四）京白玉的选用

京白玉是一般中档玉石，玉雕选用脂白无鬃眼的品种，可制作玉件，也可制作珠、手镯等，很少用于戒面石。

（五）京白玉的鉴别

京白玉虽与白玉相似，但不如白玉滋润，从光泽面上可看到区别。京白玉比白岫玉和大理岩硬度高，硬水玉与水玉之区别主要反映在抛光面光泽的强弱上，有的软水玉（大理岩）可见方解石闪光星斑。

四、贵州玉

（一）概述

中国贵州晴隆县产出一种天蓝淡绿色的石英岩，名为贵州玉，也称"贵翠"。

（二）贵州玉的性质

贵州玉的化学成分主要是二氧化硅，次要成分含有三氧化二铝、水等。摩氏硬度为6，微透明至不透明，玻璃光泽，是石英中颜色漂亮的一种，有如绿松石的蓝绿色，多为淡蓝、淡绿色。

贵州玉中质地均匀呈优等质量的少见，多有鬃眼的缺点。鬃眼内含有软质矿物萤石、方解石、石膏等，影响质地的均一性质。

（三）贵州玉的产出

贵州玉一般呈脉状产出，块状，产于贵州省晴隆县。

（四）贵州玉的选用

选用贵州玉时主要注意鬃眼，择其优良部位使用，可制作玉件和首饰石。

（五）贵州玉的鉴别

目前市场上已出现很多用石英岩着色的玉器品种，多是首饰石类，如手镯、珠串等。石英岩只能着表面色，多是成品。鉴别是否是着色石英岩，主要依据眼睛的观察，凭着对石英玉石色彩的经验，一般不难区别。

第十四节 萤石

一、概述

萤石作为玉雕原料，是因萤石的透明且色彩鲜艳，其紫色如紫水晶，其绿色如祖母绿。萤石硬度较低，为了和紫水晶区别，行业名称为"软水晶"，是为了和水晶区分，其紫色称为"软水紫晶"，绿色称为"软水绿晶"或直称为"绿晶"。

二、萤石的性质

萤石的化学成分为氟化钙，等轴晶系。断口光滑，呈平面状，可见云母状分散反光。摩氏硬度为4，透明至半透明，密度 $3.18g/cm^3$，玻璃光泽。色彩丰富，紫色、绿色、紫绿带状分布多见。

萤石晶体大多无杂质，有的呈棉絮状，不透明，解理发育，打击后出现平坦晶面。

三、萤石的产出

萤石晶体多呈团块状产出,透明体可以观察到内部色和裂隙情况,有利于选用。萤石产地较多,我国浙江是重要产地,以绿色透明晶体多见;江西德安县的紫、绿色萤石质量较好;甘肃酒泉紫色萤石是经常使用的品种。其他地方的萤石矿也产出优质的萤石。

欧洲古罗马时期已经使用萤石雕琢杯、碗、瓶等。世界各地均有萤石产出,重要的萤石产地如意大利、英国北部、原苏联、美国、非洲等。

四、萤石的选用

萤石矿产丰富,但由于有较完全的解理,选用困难,常在萤石矿中把大块晶体作为副产品选出,到厂后再挑选使用,利用率很低。选用萤石最重要的是颜色和透明度,颜色要艳,透明度要高。

萤石经创作设计可制作成各种造型的玉器,经常出现的有侍女、花卉瓶、兽、器皿等,造型要求浑厚保色。制作萤石要特别注意裂纹,不要掰、撬和凿击。萤石还可以制作果品(如葡萄)及用于镶嵌造型。

五、萤石的鉴别

紫色萤石与紫水晶颜色相似,以硬度和密度不同可区别之。萤石有加热发光、曝晒发光的现象,易受强酸腐蚀的缺点,断口也是鉴别萤石的主要手段之一。

第十五节 印章石

一、概述

回顾印章石发现、开采和利用的历史,已经是非常久远的过去。据考古资料,我国福建省福州地区就曾出土有新石器时代的印章石制品。在漫长的历史中,人们不断地充实和完善了印章石的品种,使"印章石"成为制作印章的石料的总称,其中包括相当部分的玉石品种,贵至翡翠、软玉及一般的玛瑙、岫玉等。不过,这类石料严格说只属于广义"印章石"的范畴,因为在实际应用中,由于特殊的性质而特别利于雕刻图章者,是其中以叶蜡石和地开石为主构成的石料。虽然根据产地不同开发出了很多品种并分别被冠以不同的名称,但在性质特征上大同小异,而且常见的只是有限的几个品种。

二、印章石的性质

印章石的颜色很多,常见的有白、绿、红、灰、紫红、黑、粉红、褐色等。虽其组成矿物的折射率值均高于1.50,但由于是致密块状的矿物集合体,实际表面多呈蜡状光泽,少数呈油脂光泽。密度值变化较大,一般特征是 $2.60 \sim 2.90 g/cm^3$。摩氏硬度一般 $2 \sim 2.5$。耐火性能好,性脆,有油腻感。紫外线长波下呈弱乳白色荧光,吸收光谱特征不明显。

三、印章石的主要产地

印章石属于火山期后热液成因,为热液蚀变作用的产物,产于酸性火山岩(如流纹岩、石英斑岩等）的地开石、叶蜡石化蚀变带中，矿体多呈似层状、透镜状、脉状产出，一般受地层和构造裂隙的双重控制。实际利用的优质印章石部分主要来自次生风化产物。

热液蚀变的地开石、叶蜡石类产物在世界的很多地方都有产出，但参照印章石的工艺标准，实际可利用的印章石产地位于中国东南沿海的福建福州寿山，浙江青田、昌化和内蒙古巴林右旗。此外，我国的福建峨眉、宁德、莆田、晋江、浙江阳平、宁波、天召、广西东兴、山东、广东、青海都兰、北京门头沟及安徽等地，以及国外的南非（阿扎尼亚）德兰斯瓦尔、俄罗斯、日本、巴西米纳斯吉拉斯、墨西哥、瑞典、比利时、美国、越南新梅、柬埔寨德罗桑和老挝坎波等，均有同类石料产出的报道。

四、印章石的品种与特征

人们在对印章石的长期应用中，伴随着优胜劣汰，实际的一些著名品种按其产地命名有寿山石、青田石、昌化石、巴林石和东兴石5种，其主要特征分别如下所述。

（一）寿山石

寿山石因产于福建福州北郊寿山乡而得名，是我国开采利用最早的印章石料。寿山石具体赋存于上侏罗世酸性火山岩中的蚀变岩石——次生石英岩中。由地开石、高岭石和石英组成，含滑石、伊利石、水铝石及黄铁矿等，呈隐晶、细晶、显微鳞片变晶结构和致密块状、角砾状构造。常见颜色有白、黄白、灰白、黄、黄紫、紫红、艾绿色等。硬度一般为2～2.5（摩氏硬度）。

寿山石按矿物成分分为地开石型、地开石-高岭石型、地开石-伊利石-石英型和滑石型4种，其中以前两种为主。一般将寿山石按成因及产出位置分为田坑石、水坑石和山坑石3大类，其中后两者为原生成因。

1. 田坑石

田坑石是零星产于水田砾石层中的寿山石。其中部分颜色呈黄色者称为"田黄石"，简称"田黄"或"田石"，是寿山石中的最优良品种，因此亦有人将此品种从寿山石中单独列出来。

研究表明，田黄石是寿山石经过"改造"而成的。产于寿山乡附近山上的原生寿山石，在长期风化剥蚀、崩塌跌落和流水搬运过程中，分布于寿山乡附近一条长仅几里的寿山溪中及其两旁水稻田，经含有若干化学成分的水的长期浸泡而成。经"改造"作用，田黄石的颜色往往外深而向内逐渐变淡，质地显得格外晶莹、温润，"肌肤"里隐隐约约地出现萝卜状细纹，表面常裹有黄色或灰黑色石皮，或有红色格纹，这成为识别田黄石的独有特征，即"无纹不成田"、"无皮不成田"或"无格不成田"。

（1）田黄石按产出部位细分为以下几种。

上坂：亦称"溪坂"，指靠近坑头溪水发源地的水田，产出的田黄石色淡而透明。

中坂：紧接上坂，位于寿山溪的溪管屋、铁头岭一带，产出的田黄石色浓质嫩、质地优良，为标准的田黄石。

下坂：位于坑头、贝叠两溪会合处的下游，产出的田黄石色如桐油，油脂光泽。

碓下坂：位于碓下的附近，产出的田黄石颜色黑暗，质硬而粗。

（2）根据工艺美术特征、质地、产出部位等综合因素，田黄石又可细分为以下品种。

田黄：呈黄色，沿寿山溪的水稻田里都有产出，但以中坂田所产者品质最好。按颜色细分,"黄金黄"、"桔皮黄"最佳,"桂花黄"、"枇杷黄"次之;质地通体透明,色如新鲜蛋黄者称"田黄冻",价值连城;外部包有白色层而内部为纯黄色者,称"银裹金"。

白田:呈白色,萝卜纹明显,时有红筋或格纹,主要产于上、中坂田。外部包有黄色层而内部实为白色者,称"金裹银"。

红田:呈红色,主要产于上、中坂田。一些认为是野草积肥或某些别的因素造成的高温作用,使表层物质发生化学变化而形成红色者,亦可称为"红田",可通过质地较差来识别之。

黑田:呈黑色,上、中、下坂田均有产出,细分有"乌鸦皮"、纯黑田、灰黑田等品种,除少数优质者外,一般价格不高。

硬田:指田黄中质地粗劣者。

搁溜石:指出露地面的田黄石,由于遭受了长期的风化作用,其外表色泽、质地等均比较差。

溪管独石:又称"溪坂独石"或"溪中冻",为被山洪冲荡而流入溪底的田黄石。由于其长期浸泡在溪水中,故石质透明度好,颜色或为淡黄,或呈暗色。

2. 水坑石

水坑石指产于寿山乡南面坑头矿脉中的寿山石,亦称"坑头石"。其中微透明者称"冻油石",透明如水晶的称"水晶冻",还有"蟳草冻"、"牛角冻"、"天蓝冻"、"桃花冻"、"玛瑙冻"和"环冻"等品种。

3. 山坑石

山坑石指产于寿山乡周围矿山(寿山和月洋两大矿区)的寿山石。山坑石按产出矿坑、质地、透明度和颜色等划分为70多种。

4. 寿山石的品种及命名

寿山石过去多以产出地的地名或矿洞来命名,如坑头、高山、都成坑、善伯洞、旗降、汶洋、芙蓉、山秀园等;或以产状命名,如田坑(产于田地中)、水坑(泡于水中)、山坑(多产于山上);原生矿型称为"洞采",而采掘山坡或田中的次生矿型则称为"掘性"等,共分出1000多个品种,十分繁杂。本书根据寿山石的产状、矿物成分并结合历史习惯将寿山石分为以下几种类型(表9-2)。

(二)青田石

青田石因产于浙江省青田县而得名,主要分布于青田县城南10km之山口、方山一带。其矿体呈似层状、透镜状、脉状及其他不规则状,赋存于晚侏罗世流纹岩、流纹质晶屑玻屑熔结凝灰岩中。青田石开采利用历史悠久,唐、宋时代已开发利用,明代已有其珍品出现,及至清代,由于雕刻技艺的日益进步,青田石制品乃从文玩、实用品发展到雕刻人物、鸟兽、花卉等陈设品,其造型方面也从浅刻、浮雕、立体图发展到了多层镂雕,其中利用"巧色"是青田石雕刻工艺的一大特点。

青田石主要由叶蜡石组成,还含有高岭石、石英、云母、蒙脱石、红柱石、刚玉和夕线石等矿物。呈显微鳞片变晶和变余玻屑凝灰结构,块状和条纹状构造。颜色有多种,常见的有绿、淡黄、桔黄、砖红及紫红色等。多呈油脂光泽,摩氏硬度2.3~2.6,密度2.805g/cm^3,平均折射率1.572~1.574。

表 9-2　寿山石主要品种分类表

类别	成因类型	矿物组成分类	主要品种
田坑石	次生矿型	地开石类（田黄）	田黄石（包括田黄石、田黄冻石、银裹金田黄石、乌鸦皮田黄石等）、白田石（包括白田石、白田冻石、金裹银白田冻石等）、红田石（包括橘皮红田石、煨红田石、红田冻石等）、黑田石（包括黑田石、灰田石、黑皮田石等）
水坑石	次生矿型	地开石类（掘性水坑石）	掘性水坑石（包括掘性坑头石、掘性坑头冻石、掘性坑头晶石等）
水坑石	原生矿石	地开石类（洞采水坑石）	坑头石（包括各色坑头石、坑头冻石、坑头晶石）主要名品有水晶冻石、鱼脑冻石、鳝草冻石、牛角冻石、天蓝冻石、桃花冻石玛瑙冻石、环冻石等
山坑石	次生矿型	地开石类（掘性水坑石）	掘性高山石、鲎箕石、掘性都城坑石、芦荫石、鹿目格石、掘性善伯洞石、掘性金狮峰石、掘性房栊岩石、掘性大山石、掘性旗降石
山坑石	次生矿型	叶蜡石类（掘性水坑石）	掘性老岭石、掘性马头岗石、掘性柳坪石、掘性碓下石、牛蛋石、溪蛋石
山坑石	次生矿型	伊利石类（掘性水坑石）	掘性连江黄石、掘性山仔濑石
山坑石	原生矿石	地开石类（洞采水坑石）	高山石（包括各色高山石、高山冻石、高山晶石）主要品种有荔枝洞高山石、水洞高山石、太极头高山石、鸡母窝高山石、玛瑙洞高山石、四肢四高山石等，都城坑石包括各色都城坑石、琪源洞都城坑石、马背石、尼姑楼石、迷翠寮石等，善伯洞石、善伯尾石、蛇瓠石、房栊岩石、金狮峰石、鸡角岭石、黄巢洞石、大山石、旗降石、焓红石等
山坑石	原生矿石	叶蜡石类（洞采水坑石）	芙蓉石（包括各色芙蓉石、芙蓉冻石、芙蓉晶石、将军洞芙蓉石、上洞芙蓉石、半山石、竹头窝石、绿若通石等）、汶洋石、山秀园石、党洋石、松坪岭石、老岭石、峨嵋石、猴柴磹石、马头岗石、虎岗石、狮头石、柳坪石、吊笕石、月尾石、方田仔花坑石等
山坑石	原生矿石	伊利石类（洞采水坑石）	连江黄石、山仔濑石

青田石的自然类型有单色青田石、杂色青田石、刚玉青田石、红柱石青田石 4 种。在艺术上用作石雕材料者呈青白、浅绿、黄绿、淡绿、灰紫、灰白、灰、粉红等色。其中莹洁如玉者称"冻石"，其硬度一般较低，颜色有翠绿、黄绿、淡黄、紫蓝、深蓝等。按其质地、色泽、纹理等工艺美术特征，可分为 20 多个品种，例如灯光冻、鱼脑冻、青田冻、紫檀冻、红花冰、松皮冻、松花冻、酱油冻、桔黄石、竹叶青、菊花黄、封门青、封门蓝等。

（三）昌化石

昌化石因产于浙江省临安昌化而得名，其中含辰砂呈红色者亦直称之为"鸡血石"，是昌化石中最名贵的品种，因此，"昌化鸡血"、"青田灯光"和"寿山田黄"统称为"印石三宝"，均为我国特有的珍贵印石品种。

昌化石的发现和开采已有 600 多年历史，据记载始于明朝（公元 1368—1644 年）初期，盛于清朝乾隆，并且在乾隆年间，人们已经认识到昌化出产的该类石料（当时称之图书石）

中含有朱砂（辰砂）。解放前由于战乱一度停止开采，而解放后又曾经将之作为汞矿开采，使其价值未能充分地体现出来。后来，人们对鸡血石的价值进行了重新认识，国内外市场对鸡血石的需求量复苏，当地群众自发开采。1972年9月，日本内阁总理大臣田中角荣访问中国时，周恩来总理曾以国礼赠送他鸡血石印章一副；1990年昌化石产值达500万元，其中50%为高档品种。

昌化石赋存于上侏罗世蚀变流纹质晶屑凝灰岩中，呈似层状、团块状及脉状产出，玉岩山是鸡血石矿化比较富集的地段。昌化石主要由地开石组成，同时含有高岭石、珍珠陶土、叶蜡石及少量的明矾石、石英、辰砂、黄铁矿等矿物。由于含微量的 Hg、Se 和 Te，故昌化鸡血石使用后日久变色。

昌化石呈隐晶结构和块状构造。常见颜色有白、黄、豆青、绿、灰、蓝、黑、褐及杂色。其中，构成珍贵的"血"的辰砂呈朱红色，金刚光泽，其在鸡血石中的含量相差悬殊，多者达20%，少者还不足0.05%。地开石、高岭石与辰砂之间一般呈相互包裹、镶嵌关系，因此实际看到的"血"的分布位置，除了辰砂外，还同时杂有地开石、高岭石等。鸡血石虽然可以当作汞矿开采，但汞矿并不一定就能成为鸡血石，因为印章的制作有特殊的工艺要求，必须同时出现地开石和辰砂才有利用价值。

对鸡血石品质的评定，一般以辰砂含量、透明度、纯净度、色泽的艳丽程度、"血"的形态和分布等特征为标准。辰砂含量多、"血"呈全面红或四面红、色鲜嫩、纯净、透明、光泽亮度好、致密坚韧者，为鸡血石之上品，其加工可超过田黄石。具体可以注意如下一些方面的细节。

1. 血

（1）血色。常见有鲜红—大红（朱红）—暗红系列中的某个品种，其中红如鲜血者最佳。观察应在白天正常日光下进行，因为这是七色齐全的光。

（2）血量。即辰砂的含量，实际变化的范围很大。血量越多，从其美观与稀缺程度来看该料越为珍贵，但过高的辰砂含量不一定利于印章雕刻的刀工，所以在印章制作时必须考虑保留与展示珍贵的"血"，同时选择利于刀工处施艺。评价血量的好坏一般可以两方面进行。其一，按照辰砂的百分含量：≥30%即属高档，≥50%属精品，≥70%属珍品；其二，按照辰砂在图章6个面上分布的情况：6面含血属上品，4～5面含血属正品，2～3面含血者较次，1面含血者属下品。不过，如质地优良、"血"分布的形状和纹饰美丽，即使"血"少，价格并不菲。

（3）血形。即辰砂分布的特征。由于辰砂的形成受不同因素的控制而呈现出不同的分布特征，常见的形态有团块状、条带状、斑点（星点）状、云雾状、彩虹状等，通常称之为块红、条红、片红、斑红、星红、霞红等。血形分布的简单特征反映的是血的多少，如块红比星红含血量高，更深层次上所反映出来的特征，应该是其象形性特征。血分布象形性的好坏常可导致血量近似的两块石料在价格上有天壤之别。

（4）血的浓度。实际指辰砂聚散程度，如浓的鲜红色，淡的鲜红色……

2. 地

地既指石料的质地，亦指该类石料中除辰砂之外部分。其品质的好坏除体现在石料本身在色泽与水头等方面之外，还体现在是否利于刀工及能否更好地将"血"衬托出来等方面。

（1）颜色。根据昌化石的颜色特点，可大致将之分为两类，即单色和杂色，单色者可给人以色纯之感,价值较高,但若一些色杂者颜色搭配得当,亦可呈现不同凡响的效果,例如,一种白、红、黑色共存者称之"刘关张",是昌化石中的精品。

(2) 透明度。随着透明度的降低,品质档次下降,从半透明的"冻地",到微透明的"刚地"或"软地",最后是不透明的"硬地"。如果"地"致密坚韧,透明度好,不含砂丁及其他杂质者,则直称其为"冻石",并据颜色可划分出不同的品种。

(3) 光泽。由昌化石物质组成与结构的特点,所呈现的主要是蜡状光泽,部分呈现油脂光泽。

(4) 硬度。印章石的硬度必须适中,一般2~3最佳,过小易于磨损,不利于使用与保护;过硬则不利于施艺,无法充分地体现其雕刻工艺的价值。

根据研究结果,昌化石是热液蚀变的产物,相伴出现的蚀变作用包括硅化、地开石化、高岭石化、明矾石化、黄铁矿化、绢云母化、叶蜡石化及伊利石化等。其中,明矾石化对昌化石的品质有明显的影响,当明矾石和地开石并存时,昌化石"地"的透明度、密度、折射率、光泽等均变差。

3. 瑕疵

印章石中的瑕疵主要有以下两类。

(1) 裂隙。石料在雕刻之前所产生和保留下来的各式裂隙,对印章制作有明显的影响。

(2) 杂质。根据印章石的特点,可将之分成两类,即硬性的(如无色透明的石英砂丁及黄铁矿等)和软性的(如构造角砾及活筋——后期形成的小脉等)。这些杂质的存在,均会造成在很小的雕刻部位,材料硬度产生明显差异,雕刻造型产生明显偏差。

4. 鉴别

对于鸡血石的防伪鉴别工作,根据目前市场的特点,需注意如下问题,即鸡血石的赝品较多,有料制、拼接镶嵌及人工着色等多种。

(1) 料制工艺鸡血石的原料多为玻璃和塑料,其中的血虽然是辰砂矿物,但一般比较容易区分,这类鸡血石赝品价格较低。

(2) 拼接镶嵌的赝品是将同一质地的鸡血石小料,用胶(常为502胶)拼接成大块毛料,进行工艺处理(主要隐蔽在接合部位)后,作大块鸡血石出售。或将不成料的血片镶嵌入成材的无血或少血的鸡血石,并做工艺雕琢处理,如"二龙戏珠"的红珠可以是镶嵌的。这种赝品经细心观察,可以发现其拼接或镶嵌的痕迹(常在低洼货凹形部位),另外可以根据成块血色的不同特点来加以鉴别,鸡血石的血色、血形不可能完全相同。

(3) 人工着色即在无血或少血的石料上,以手绘的方法添"血"。其血可以是大红颜料、粉末状辰砂或油漆,干燥后在成品外表涂上保护树脂即成。这种假鸡血石可用下述方法鉴别:人工着色者血形很不自然,血色单一,而真石血形自然流畅,血色深浅变幻,不呆板;用汽油或香蕉水擦拭用品表面,假血会掉色或被溶掉,真血不掉色;在用品血色表面加少量王水,真鸡血石会起泡,并产生容易擦掉的薄膜,而假鸡血石则没有这种现象;将样品加热,真鸡血石颜色由红变浅棕或紫色,然后降温,颜色又由浅棕或紫色变回原有的鲜红色(注意:在常压下加热高于440℃时,鸡血石中辰砂会变成永久性黑辰砂),而假鸡血石加热无变色现象,只是出现烧焦的现象。

(四) 巴林石

巴林石也是鸡血石的一个重要品种。因产于内蒙古昭盟地区林西——巴林右旗而得名,原称之"林西石"。对巴林石的开采始于民国初年。1937年焦作工学院张守范所编《矿物学》中称:"林西石矿物组成为叶蜡石,归于图章石类"。在日本侵华期间,巴林石曾被日寇进行过掠夺性开采。1973年建立国营矿山,露天开采,年产商品矿石250～300t。1981年巴林石矿被轻工业部定为中国印章石重要原料产地之一。目前,巴林石的产量、销量、创汇量等均超过昌化石,产品畅销日、美、英、法及东南亚各地。

巴林石赋存于晚侏罗世的地开石化流纹岩中,与昌化不同的是其火山活动以溢流方式为主。巴林石主要由地开石组成,但原来除认为巴林石属叶蜡石外,1986年杨争火等曾认为巴林石属高岭石。实际上,巴林石中除地开石外,同时亦含高岭石、叶蜡石、石英、黄铁矿及辰砂等矿物。

此外,巴林鸡血石还含有微量的感光元素 Se、Te,而且含量数十倍于昌化鸡血石,所以巴林鸡血石经日晒光照,日久会变色(由红变暗),而且比昌化鸡血石变色快。

巴林石呈隐晶或显微鳞片结构,浸染状、斑点状、条带状、烟云状构造。常见颜色有鲜红、橙黄、绿、蓝、紫、白、灰、黑色等。

与昌化石对比可以发现,两者的各方面特征基本相似,一些细小的差别有:巴林石产出的火山岩以溢流方式为主;巴林石结构致密细腻,裂纹或隐裂少,硬度2.3和平均折射率值1.576比昌化石要高,而密度值($2.569～2.610g/cm^3$)明显比昌化石低;巴林石的块度大而且完整,最大可达1t以上,而且是我国目前主要的优质印章石品种。

(五)东兴石

东兴石因产于广西东兴而得名,目前尚未大规模地开发利用。

东兴石产在三叠系板八组流纹斑岩中,呈脉状、透镜状产出。东兴石主要由绢云母、叶蜡石和高岭石组成,含有水云母、绿泥石、硬水铝石、托帕石和石英等。东兴石呈它形粒状结构和致密块状构造,颜色有紫红、暗红(牛血红)、浅红、棕黄到黄、浅黄、黄绿、灰白及白色,其中前五种的品质较佳。东兴石质地细腻,致密块状,微透明,硬度3.2～3.9,密度$2.73～2.82g/cm^3$。东兴石的主要不足是稍有裂纹。

除以上所介绍五大品种外,我国著名的印章石还有如下以叶蜡石为主的石料:阳平石(产于浙江阳平县)、宁波石(产于浙江宁波市郊区)、宝花石(产于浙江省天台县)、凤脑石(产于安徽与浙江交界处)和京西石(产于北京门头沟区)等多种。

五、印章石的工艺评价标准

对于印章石不同的品种,各有其自身的品质评价体系,但就这类石料而言,工艺上对其的要求主要是颜色、质地、透明度和块度等。

(1)颜色:一般要求颜色鲜艳、纯净。根据不同印章石品种的稀缺及美观程度,一般认为黄色最佳,次为血红色、艾绿色和透水白色,灰色、黑色者品质较差。

(2)质地:一般要求结构致密细嫩,没有"砂丁"(即石料中硬度大于刻刀的石英或岩块等),硬度适中(一般为2～3),同时要求质地均一。从矿物组成来看,一般地开石质地最好,其次是叶蜡石,再次是高岭石或滑石。

(3)透明度:透明度越高越珍贵,无论哪个品种,均把近乎透明的品种称为"冻石",属于印章石中的上品。

(4)块度:块度越大越好,一般最低要求是要达到制作印章的块度。

此外，印章石是文化工艺品，其上的铭记可以存传，同时也影响着其价值。

第十六节　常用的有机玉雕原料

一、象牙

（一）象牙的历史演进

象牙饰品在中国的历史源远流长，距今已有 3000 多年历史。在《史记·宋微子世家》中记载："纣始为象箸"，说明象牙制品在先秦就有了。然而，根据现在的考古发掘出土物发现，我国在原始社会就进行象牙器物的制作了。浙江余姚河姆渡文化遗址中，出土了新石器时代的双鸟朝阳纹和蚕纹的器物。特别是山东大汶口文化遗址中出土的象牙制品更为精美，而且数量较多，共计 19 件。如有一件象牙梳，是利用一段弯曲的象牙雕刻而成，上宽下窄，有精细的回旋纹，梳齿排列细密整齐，既有实用性，又具有美观的装饰作用。

在商代，我国象牙雕刻工艺水平已达到了很高的水平，其造型古朴厚重，纹饰精美，具有同时代青铜器的艺术风格。如 1976 年河南安阳殷墟出土的兽面纹嵌松石象牙杯，杯身通体刻满细带纹，形象生动，线条流畅，采用了镶嵌技术，杯高 30.5cm，十分精美华贵，是我国上古牙雕中的瑰宝。

春秋时代的象牙制品，除了日常生活的器物以外，还运用到其他方面。如在河南陕县春秋虢国墓中，出土了一柄象牙鞘的铜剑，鞘以整块象牙雕成，通身布满蟠螭纹，具有很高的工艺价值。

唐宋时期，象牙制品的工艺精美程度充分表现在现存于日本正沧院和上海博物馆中的唐代镂牙尺上面。这些牙尺的镂雕技艺达到了极高的水准。通身细雕精致的鸟兽花卉图案，结构和谐严谨，图纹形神具备，非常精妙美观。元、明、清时期，随着竹、木雕艺术的高度发展，以象牙为材料的牙雕也相应地普遍流行起来。当时的牙料虽多为进口，然而随着中国和东南亚、非洲各地经济、文化的交流，象牙原料的进口量比以前大得多了。各地纷纷形成了具有地方特色的牙雕工艺品（如笔筒、香筒、笔套管、棋子及案头摆件、生活用品等），都有牙雕制品，还有人物、山水花鸟等制品。

（二）中国牙雕的主要产地与特色

1. 北京象牙雕刻

北京是数代王朝的都城，皇家宫廷及众多的王府名门多追求名贵精美的工艺品，象牙雕刻制品以其质地洁白细润、镂雕精细而为王公贵族们所重视。因此，北京的象牙雕刻业很快就发展和兴盛起来，明清两代宫廷内都设有专门的象牙雕刻作坊，所以名师良工云集北京，世代相传，成为一个很有特色和极具传统的工艺品制作门类。北京的象牙雕刻，选材讲究，制作精良，题材丰富，神形具备，表情生动，美观实用，典雅庄重。

2. 上海象牙雕刻

清朝中后期，上海产生了一种具有极高艺术价值的象牙雕刻品种，称为"象牙细花"。这是一种精雕细琢的小型牙器，主要供藏家陈列欣赏，具很高的收藏价值。成品造型精致小巧，形象生动，雕工细致，刀法纯熟，确为象牙雕刻种类中的精品。

3. 广州象牙雕刻

广州象牙雕刻兴起于晚清，一直到现在仍长盛不衰，并不断创新以求发展。广东象牙雕刻最有艺术性和独特性的品类即为象牙球，这是以实心牙料为坯体，从外向内镂成多层球体，逐层叠套，每层球都能转动自如，球面雕满花纹，其艺术价值很高。通常市面上所见多在10层以下，达到20层左右就是很难得的贵重之宝了，1993年元月创作的54层牙球——"龙的传人"，可谓是千金难求的稀世珍宝。

新中国成立以来，中国象牙雕刻技术不仅继承了传统的民族风格，而且有所创新与发展。其微雕技术精湛，中外闻名。北京、广州、上海、天津、福州等地的牙雕厂，每年均生产琳琅满目的优质雕品。1986年在广州秋季广交会上，牙雕品成交额达118万美元，主要销往中国香港、日本、北美、西欧和东南亚。

(三) 象牙的形态、截面特征与大小

1. 象牙的形态

象牙为动物牙齿中最大的牙齿，且随年龄的增长会继续增大，长到一定的程度就开始弯曲，所以它的整体外形似一个月牙形、牛角形。

2. 象牙截面特征

(1) 牙尖的截面。象牙的整体外形似一个月牙形，象牙的1/3为牙根，长在牙肉与骨关头相接处，是空心的，称为牙管。其余2/3部分露在肉外，其前端逐步变尖锐，称为牙尖，为实心，是牙材中最好的部分，牙尖也约占整支象牙的1/3强。至于中间的1/3是半空心的。象牙的质地细腻，硬度适中，光泽柔和，有牙纹状，如自然的"人"字形和两个方向相交呈网状形，它是制作高档工艺品的天然材料。每支象牙自牙尖的顶端开始，中心都有一小黑孔，一直延伸到空心的牙管部分，称之为"牙心"。如果我们把象牙的牙尖部分横断面切开，就可以发现象牙的心。心的形态大致分为三种：太阳心（中心只有一粒小黑点）、芝麻心（中心有数粒小黑点）、糟心（中心似豆腐脑）。以太阳心最好，芝麻心次之。

(2) 截面形状多呈圆形、近圆形、浑圆形，圆径大小随象牙品种、生长期、部位的不同而异，一般随年龄增长而加大，牙根至牙尖（顶）由大至小递减。

(3) 象牙的横截面具有特征的勒兹（Retzium）纹理线结构，表现为由两组呈斜十字交叉状纹理线组成的菱形图案，且菱形钝角总大于115°，与旋转引擎相似，亦称旋转引擎状的纹理线。

(4) 象牙的横截面具有分层结构，分界线比较清晰。

(5) 象牙纵截面上呈现近于平行的波纹线。

3. 象牙的大小

每一支象牙平均重6.75kg，亦有重达31.5kg者，个别可达90kg。牙长一般为1.5～2m，有的达3～4m。但现代象牙生长时间短，平均仅60～70cm。据说19世纪末，埃塞俄比亚皇帝曾献给俄国沙皇尼古拉二世一对象牙，其中的一只重113kg，长3.3m，可谓是"无价之宝"、"举世无双"。

(四) 象牙的物理性质

象牙新鲜时呈白色、奶白色、瓷白色，陈旧后多为浅黄白色、淡黄色、黄色、浅褐黄色。具美丽柔和的油脂或蜡状光泽，透明至半透明或微透明。象牙的硬度为2.5～2.75，可被铜针刻划，象牙的韧性极好，可镂雕各种工艺品。象牙的密度为1.70～1.90 g/cm^3，遇

热会引起收缩。

（五）象牙材料的选用与质量评价

1. 颜色

象牙有白色和彩色两种类型，后者优于前者。绝大多数象牙的颜色以白色、奶白色、瓷白色为主，次为白中带黄、黄白色。彩色象牙非常罕见，绿色的非洲象牙和淡玫瑰红色的象牙都被视作珍品。对于白色系列的象牙而言，色泽越纯白越珍贵。

2. 质地

象牙具有一种特殊的螺旋状结构，它的纹理线在象牙的任何横截面都可看到。亚洲象牙比非洲象牙纹理线粗，结构显粗糙，质地疏松。纹理线细、质地细腻、结构致密的象牙，则质量好，价值高。

3. 水头

象牙的水头即透明度，多为半透明至微透明，水头越足越好。精致的象牙雕刻品有一种柔和美丽的半透明的暖色外观，几乎像浸透了油一样的具油脂或蜡状光泽。受过热辐射或曝晒则干涩无亮光。

4. 造型及工艺

对象牙饰品的质量评价要看其工艺水平和雕琢精湛程度，对造型精美、技艺高超的象牙作品则价值很高。

（六）真牙类与产地

1. 非洲象牙

非洲象牙指产于非洲雄、雌性象的上颌门齿的长牙和小牙。有白色、绿色，质地细腻、坚实，截面上带有细纹理。它显出一种温暖、透明、柔和的色调。主要分布于科特迪瓦、坦桑尼亚、塞内加尔、埃赛俄比亚等地。非洲象高大，雄壮，其牙亦大而粗，每支都可以长达1m以上，大的可达1.8～2m，重有几十至上百斤。

2. 亚洲象牙

亚洲象牙指产于亚洲雄象上颌门齿的长牙和小牙。颜色多为纯白色，少见为淡玫瑰白色（贵重品），但质地较疏松柔软，且容易变黄。亚洲象的个体比较小，象牙亦小，长度在1m左右，甚至更短，老化较快。主要产于斯里兰卡、泰国、印度、巴基斯坦、马来西亚、缅甸、越南和中国云南省等地。

3. 猛犸牙

猛犸的长牙，也就是它上颚的门牙。牙长可达4m，重达100kg。与象牙不同的是：猛犸长牙向上高高翘起，并弯向两边。外观上与象牙相似，但它常有明显指向外表面的裂纹。可惜猛犸在4500年前已绝迹，现所见的仅为历史遗物。世界主要产地是原苏联北部和西伯利亚等处。

4. 海象牙

海象牙又名海象齿，亦称海象的鱼牙，为雄海象上颌垂直悬挂的长獠牙。其长度一般为0.6～0.7m，个别可超过1m，相当于巨象门牙的长度。平均重3～4kg，个别可达9kg以上。颜色一般为微黄的奶油色。产地只分布于北冰洋沿岸一带，如原苏联及欧洲的美晋河、瓦加奇岛、新岛等地。

5. 河马牙

河马的上门牙与犬牙，有时亦称海马牙。重1~6磅（1磅为0.453692kg）。它比象牙更致密并有更密集的纹理线。颜色为纯白，不易劈裂，为质地最细的上等牙类。主要产地在中非。

6. 一角鲸牙

又名独角鲸牙。为雄性一角鲸之左门牙，至今是最罕见的类型。该左门牙一直长到脑盖上成一个角，长为1.5~2m，个别达3m，而右门牙则仅仅几寸长。它比象牙致密坚固，并有更好的抗磨性能。产地仅限于北冰洋。

7. 抹香鲸牙

抹香鲸的长牙，长达18cm，呈短圆形，质较粗糙，内外部分有明显的界限，牙的内部呈浅黄色或浅褐色，外部要比内部白一些。产地主要为北冰洋。

8. 公野猪牙

公野猪的长牙，也有称疣猪牙。常垂直上颌生长，且弯曲度大。牙本身不大，有时可达12cm，颜色为浅黄色。主要产地非洲。

9. 化石象牙

指约在20万年前的一种巨象之长牙，现已被石化。从已发现的该类象化石中，只有15％左右可以作为优质象牙被利用。

二、琥珀

（一）概述

汉有"顿牟"之称，"顿牟掇芥"，琥珀摩擦生电能吸引小物。《汉书》写作"琥珀"，《后汉书》写作"琥魄"，《随书》写作"兽魄"。《新增格古要论》指出："琥珀出南蕃西蕃，乃枫木之精液多年化为琥珀。其色黄而明莹润泽，其色若松香，色红而且黄者谓之明珀。""有香者谓香珀，有鹅黄色者谓之蜡珀"，琥珀的成因早在魏晋时期就有此说。《训记》指出"枫脂入地为琥珀"。琥珀作为玩物和装饰品出现的年代很早，战国墓出土有琥珀珠。汉代以后琥珀装饰品、雕刻品已多见。

（二）琥珀的成因和产地

琥珀是有机质松脂在第四纪埋于地下时形成的。古近纪是冰川时期。冰川时期以前，地球气候炎热湿润，森林茂密，杉树和松树在炎热的气温下，流出了松脂；后来冰川时期到了，由两极向赤道毁灭了地上大批生物，经地壳变动或者流沙沉积，松脂被埋在地下，形成了现在的琥珀。

流下来的松脂粘住了草虫之类，并把它们包裹在里边，隔绝了空气，像是进入了保险箱，使琥珀中有几千万年以前的栩栩如生的古生物形象，这不但在人们珍视中是宝贵的，而且在科学研究上也是宝贵的。

最珍贵的是透明品种中带有昆虫的琥珀，依昆虫的清晰度、形态和大小而有区别，可被列为宝石。一般琥珀很多，是中档玉石，多用于首饰和玉器。

琥珀产地很多，以波罗的海沿岸最著名。其他北美、欧洲、印度、印度支那半岛、新西兰等地都有出产。我国抚顺的琥珀呈金黄色，出产在煤层中，其中有昆虫、草芥形象，清晰美丽，都十分珍贵，是我国有名的特产玉石。

（三）琥珀的性质和品种

琥珀是唯一的有机矿物玉石，它由碳水化合物组成，成分为松脂，含碳 78.94%，氢 10.53%，氧 10.53%，还有少量的硫等其他成分，带负电性。密度 $1.05\sim1.09\text{g/cm}^3$。加热 150℃软化，250～300℃熔融燃烧，在酒精中溶解缓慢，摩擦生电能吸引杂质。以颜色分类，有琥珀、金珀、蜜蜡 3 种，产出有块状、瘤状、水滴状、扁饼状、肾状等。其中，琥珀透明，桃红色；金珀透明，金黄色；蜜蜡不透明，有黄、红种和其他色。有的琥珀颜色和透明度变化在这 3 种之间，以邻近而划分。

（四）琥珀的选用

琥珀的选用以质地紧密、无裂纹和颜色漂亮 3 点来选。有的琥珀产出裂纹很多，质地还较松软，不能成型雕刻。有的颜色暗淡或者与一般石色相仿，这些都在选用范围之外。

大块琥珀较少，用于雕刻比较适宜，以增加它的观赏价值。小块出产量很大，可用于首饰石，多作项串珠饰。有昆虫者用于戒面石和胸坠，价值很高，制作中要烘托昆虫的清晰形象。

选用琥珀不能有绺和杂质，在去皮以后要精心地挑选。

蜜蜡有金黄色的，有黄红色的，有的上面黄和红以及其他色分得很清楚，这些都是利用俏色的好机会。被称为鹤顶红的一种，上面的红很鲜艳，要珍惜利用。

琢磨使用铁质工具，把工具锉出沟，呈滚齿状，不用磨料，可直接切磨。也可使用刀、锉、锯之类进行雕刻。琥珀很脆，要细心和用力均匀，避免在雕刻中碰坏。如果是大批量生产，琥珀粉及碎渣用干净布和纸收集，可用于中药。抛光用简单方法，只要磨细后，用任何抛光粉都可以抛光。

（五）琥珀的鉴别

原石琥珀较易鉴别。成品琥珀常有有机合成品充斥市场。这些合成品仿制极像，内中还有现代的昆虫、花形标本，十分美观，价格较低。鉴别中要以成品的形状、颜色和内里的微观情况加以区别。

三、贝壳

（一）概述

当今发现的最早的首饰实例始于旧石器时代，石器时代的首饰严格来说，只是一些动物的牙齿、贝壳、化石、卵石和鱼类的椎骨。古人在这些东西上钻洞，然后串起来，挂在脖子上。这样一串项链给古人们带来的喜悦并不亚于一串钻石项链给现代人带来的快乐。据大量调查资料考证，在河南濮阳西水坡仰韶文化（距今 6500—7000 年）遗址的一处壮年男性墓葬中，曾发现墓主人尸身左右用贝壳摆放。新石器时代早期，我们的祖先就懂得食用这些美味的贝类，因此在他们居住过的洞穴里，发现了一堆堆食用过的各种贝壳。而且不论是中国的"山顶洞人"，还是欧洲的"民德人"、亚洲的"爪哇人"，都流行着一种古老的贝壳葬礼，即在尸体旁边摆满穿孔的贝壳等，以示哀悼。这说明古代人已把贝壳看作是一种崇高的象征。贝壳还是当时人类的工具，并被制成刀、铲、斧等工具。

4000 多年前私有制产生之后，人们曾把色彩美丽、数量很少的贝壳作为货币使用，更使它身价倍增。在古代，还有许多有关贝壳的记载。如明代李时珍的《本草纲目》中有："鲍鱼壳可平血压、治头晕眼花症。"宋朝欧阳修在《鹦鹉螺》一诗中曾有这样的描述："大哉沧海何茫茫，天地百宝皆中藏，牙须甲角争光芒，腥风怪雨幽荒。珊瑚玲珑缀装，珠宝贝阙烂煌煌。泥居壳屋细莫详，红累行夜生光。负材自累遭刳，……一螺千金谁能量，……"。

由于合浦县沿海有七大古珠池，盛产珠贝，每年采珠剖贝，为丰富的珠母贝壳业提供了丰富的物质基础。从合浦传世众多的明、清两代的家具及艺术品来考证，早在明朝合浦的珠贝工艺就已经很发达了。合浦廉州在宋、明、清、民国时都是州、府、县的所在地，是一座具有悠久历史的文化古城，达官显贵、封建地主、富商大贾都集中于此。合浦乾体港又是汉代合浦海港的贸易交通的始发港，中外富商大贾云集广州，市场相当繁荣。当时合浦富裕人家、达官显贵之室、富商大贾之店堂所使用的台椅、茶几、衣柜、五斗柜等大多以酸枝木为原料，酸枝木为猪肝色或墨色，用珍珠贝加工成各种花鸟人物、书法字体镶嵌后，经抛光色泽洁亮，显得古朴、庄严、大方。如廉州小北街有一地主家的几扇屏风上便是用珠贝雕刻朱百庐治家格言全文镶嵌其上，起到陶冶情操、赏心悦目的作用。

在世界上的其他地方，贝壳应用的历史也很悠久。在古埃及、努比亚被挖掘出来的埋有千年的古墓中，就发现有由珠母（即贝壳）制成的各类装饰品（如项链、耳环、手镯等）。这些饰物都是由采自红海的大贝壳制成的，小贝壳用来制作项链和护身符。

在印度和日本，贝壳装饰品和小古玩至少在公元前2500年以前已广为流传。十字军东征后，珠贝被带到意大利、荷兰及其他的一些国家，到了17世纪，这类装饰品更为时兴，那时人们用手工制作纽扣以及各式各样的装饰品、镶饰，尤其热衷于制作十字架和圣像。到了19世纪，欧洲许多国家出现了制造贝壳工艺品的工厂（贝雕厂）。如俄罗斯兵器陈列馆尚存刻罗马海神的鹦鹉螺壳高脚杯、两尊贝壳制成的纪念品。

佛教发源于印度，其鼻祖释迦牟尼于公元前485年逝世遗体火化后，骨灰结成若干颗粒，佛教把这种颗粒叫做"舍利"。后来，八个国王分取"舍利"，把它珍藏在特地建造起来的高塔中供奉，以表示对释迦牟尼的敬仰。这种塔用金、银、珍珠、玛瑙、青金石、珊瑚、砗磲（饰用贝壳）7种宝物装饰，人称"宝塔"，可见古时贝壳已是七宝之一。

（二）贝壳的种类与产地

目前世界上已知的贝壳种类有上万种，但适合养殖珍珠的贝壳还是有限的。能产珍珠的贝蚌种类一般分属于软体动物门的腹足纲和瓣鳃纲。腹足纲中最明显的种类是原始腹足目的鲍科与海螺科；瓣鳃纲中最明显的种类是异柱目的珍珠贝科（海产）和真瓣鳃目的蚌科（淡水产）。

1. 合浦珍珠贝壳（马氏珍珠贝）

马氏珍珠贝是生产养殖珍珠的主要贝种。成贝个体壳长7cm，高8cm，厚3cm。贝体左右着生贝壳，两壳左右不等。左壳稍凸，右壳较平。马氏珍珠贝分布较广，在国内广西、广东和海南等省的沿海都有分布。在国外，斯里兰卡、印度和日本等国家也有分布，尤以日本最多。

2. 白蝶贝壳（又称大珠母贝）

白蝶贝具左、右两边很厚重的贝壳，最大个体高达30cm以上，壳重超过5kg。在所有贝类中，仅有砗磲贝的个体比它大。白蝶贝是用来培育养殖大型珍珠的主要贝种。白蝶贝只分布在广东西南部、海南岛四周海域。在国外，主要分布于澳大利亚、缅甸、菲律宾、泰国、马来西亚和印尼等国家沿海。

3. 黑蝶贝壳（又称珠母贝）

珠母贝个体比白蝶贝略小，成贝壳长约为 13cm，高为 12cm，壳厚为 3cm，壳大，呈不规则状，贝壳表面具黑色或黑褐色，壳内面具美丽的珍珠光泽，虹彩强。分布广，除红海、印度洋、太平洋夏威夷群岛外，在日本的鹿儿岛至东南亚一带海域也有栖息，中国广西、海南、台湾沿海一带也有。

4. 三角帆蚌壳

蚌壳大而扁平且厚，壳内壁珍珠光泽强，色洁白。成体壳长 12.15cm，高 6～9cm，厚 2.8～3.1cm。外形略呈不等边三边形。分布很广，在我国江西的鄱阳湖，湖南的洞庭湖，江苏的太湖、洪泽湖，安徽的蚌埠，浙江的菱湖等大中型湖泊江河中都有分布，国外主要在日本。

5. 褶纹冠蚌壳

壳比三角蚌薄，外形膨胀，呈不等边三角形，前背缘冠突小而不明显，后部长而高，后背向上斜伸展而成大的冠状。左右两壳各具一个后侧齿，最大壳长 19cm，高 12.5cm，宽 13.6cm，此蚌充珠质量稍次于三角帆蚌。广泛分布于我国华北、华东和中南各省。

6. 背瘤丽蚌壳

壳厚而坚实，壳长为壳高的 1.5 倍，是制纽扣和珠核的最好材料。贝壳分左右两片或单片，是外套膜所分泌，90%以上为碳酸钙和少量有机质，在贝体的外部起保护内脏的作用。从剖面看，其结构一般分为三层，从外向内为角质层，由壳质素构成，色黑褐而薄，由外套膜边缘分泌而成，亦称壳层；其次中层为棱柱层，较厚占壳的大部分，为并列的方解石的石灰质小柱组成，它主要由外套膜缘背面分泌；珍珠质层是贝壳最内一层，它由叶状的霰石（文石）构成，表面光滑，色泽美丽，具强珍珠光泽，为整个外套膜表面分泌而成。由此可知贝壳中的主要矿物是文石，次为方解石。

（三）贝壳材料的选用与质量评价

1. 颜色

贝壳的颜色较多，一般以洁白、纯白色、银白色为上品。

2. 光泽

贝壳的内层中显出的珍珠光泽，火焰状珠光越强越好，彩虹色色彩则更佳。

3. 大小

贝壳种类不同，大小有别。越大越好，如用白蝶贝壳做大型工艺品、微刻作品，价值很高。

4. 壳厚

要求壳厚越厚越好。如用背瘤角蚌的壳制珠核、纽扣，制大珠核则要厚的壳（$d > 12mm$）。

5. 形状

贝壳形状美观，可直接制作各种装饰品。

（四）贝壳工艺品的种类

1. 贝雕

中国贝雕工艺品中外驰名。贝类系列产品有人物、花鸟、山水、动物等，还有挂屏、屏风、摆件、建筑装饰、家具装饰以及各种旅游工艺品。青岛贝雕厂近几年利用各种贝壳巧妙地制成一幅《文成公主入藏图》。此珍品是近年来中国贝雕的代表作，也是中国传统贝雕艺术的结晶。大型贝雕《天涯共此时》采用的海贝为我国南沙群岛海域的稀有之物，生长期在60年以上，贝壳长94cm，宽56cm，重180kg。该礼品由大贝壳、汉白玉、大理石三部分组成，贝雕高1997.71mm、宽1200mm、厚560mm，总重1.99t，此为海南省政府庆祝香港回归赠送给香港特区政府的贺礼。贝雕产地除了青岛、上海、大连、广州等地外，还有烟台、北海、合浦等地。

2. 贝壳微雕

工艺美术师利成世先生曾创作了《世纪见证》系列作品，展示了珠贝微刻艺术。由他独创的贝壳微刻艺术作品《孙子兵法》，将洋洋数万字的《孙子兵法》微缩在两片珍珠贝壳中，并刻有孙子的画像。1997年他专为香港回归创作的珠贝微刻作品《香港特别行政区基本法》和《董建华像》，在1997年香港旅游交易会上展出后引起巨大轰动。他将北部湾珍珠文化与博大精深的华夏文明融为一体，开辟了一个新的艺术领域。

3. 贝壳浮雕

取尺寸厚度较大的贝壳，如海螺、砗磲、虎斑宝螺等贝壳，它们具层状构造，且相连层中的纹路、色彩是不同的，最适用于浮雕，取整个贝壳加工出的大型浮雕可作为装饰件固定和展示。

四、角料

（一）角料的主要品种和产地

角料中最常见的主要品种是牛角，一般可分水牛角和黄牛角。水牛角多产于广西、云南等南方各省，是透明的，称透（或白）角；也有黑白的，称花角。黄牛角主要产于内蒙、青海等北方各省，多为黑色，不透明的，称黑角，很少有透角。花角质量最好，花纹漂亮的要算青海和内蒙产的牛角。牛角中黑角的产量和比例较大。

角料中最闻名珍贵的当数犀牛角，我国古代犀牛角资源贫乏，来源大都是国外。据《中国百科大全》记载："清宫廷犀角来源于越南、南掌（今老挝）、暹罗（今泰国）等国进献的礼物和各地督抚的贡品。"因数量少，显得异常珍贵，一般都是贵族或官家享用的高级饰品，而犀牛角本身又是名贵中药，所以其雕琢工艺品更是身价倍增。

鹿角和羚羊角也可制首饰和工艺品，因其为名贵中药材，故其制成的首饰既有装饰作用，又有治病健身之功效。

（二）形态、内部结构特征

牛角的形态整体呈弧形弯曲，横截面近椭圆形，椭圆的长短轴随牛角的品种、生长期、部位不同而异，一般随年龄增长而增大，从角根至角尖由大至小递减。牛角外屏有较硬的膜壳。表面有的光滑平整，但多数具有垂直延长方向的沟纹或沟带。

将牛角料磨成薄片在显微镜下观察，其内部结构为：纵截面上显示粗糙的略近于平行的波纹条带，横截面上显示粗细不等、略接近平行时有分叉的波纹状管道纹理线，其垂向为密集的波状平行细线。在正交镜下两者明暗不同，构成一幅美丽的纹理线，此为角料内部结构特征的判别标志，不同于牙类、骨料等有机宝石。

（三）角料材料的选用与质量评价

以牛角为例，角料的质量评价标准有以下几种。

1. 颜色

白色、花色、浅色好于黑色，深色、淡黄色、浅棕黄色也较好，黑白相间的条带及色彩丰富者为上品。灰色、暗灰色且单调无光者则为次品。

2. 透明度（水头）

以透明、半透明为佳品，不透明者则差。

3. 质地

质地致密、光滑细润者为好，特别是牛角不霉变、不腐烂、角身不分层者、利用率高者为好，否则为残次品、废品。

4. 块度与大小

如牛角料的实心部分较长，角肉较厚的角比实心部分较短且角肉较薄的角好；大的角比小的角好，因前者可作大件产品，出品率和使用价值高，反之则低。

5. 美观

对角雕工艺品目前虽无统一标准，但仍有个基本共识，其整体造型必须美观，章法布局得当，反之则差。

五、硅化木

（一）概述

硅化木又称"木化石"、"树化石"，它是古代树木因地壳运动将其埋入地下，经过地质作用而形成的木化石。其质地坚硬、细腻，颜色有灰色、浅黄、深蓝、棕红、暗绿色、黑色等。它历经沧桑，古拙典雅，年轮清晰，变化丰富，刚直有力，用以表现崇山峻岭、悬崖峭壁和山林野趣则更具自然而粗犷的美感，利用木化石制作山石盆景，雕刻花卉鸟兽，装饰工艺品、首饰品、实用工艺品，别具风韵。

中国是世界上发现硅化木最早的国家，同时又是世界上硅化木最丰富的国家之一，宋代沈括的《梦溪笔谈》中就有记载。最近在新疆发现大面积硅化木群，主要分布在吉昌回族自治州的奇台、木垒、吉木萨尔三县境内，是大自然经历亿万年的地质作用，给人类留下的物种衍化的历史见证。据考证，新疆硅化木距今有 1.7 亿年，品种有松脂、苏铁、银杏等 15 种植物以上。在这三县境内，出露面积最大、保存最完好的地段在奇台县境内，占地面积达 11.6km。硅化木多达上千株，有的冲天耸立，有的随地横卧，放眼看去，场面十分壮观，像这样大面积出露、集中数量之多，国内外实属罕见。除美国有一处大于此景之外，可称世界第二大"石树林"。此景不久将建成硅化木化石公园，对中外游人开放。此外，中国的山东、云南、辽宁等地也有丰富的木化石资源。这些珍贵的古树化石群，不但是研究古生物演化植物种子进化和古地质环境变迁的珍贵标本，也是科普教育和观赏的好场所，部分优质硅化木还可以作首饰及工艺品。如：黑色硅化木可制作圆珠项链、手链、戒指、胸花、耳坠等；黄褐、暗红等硅化木可作居室、厅堂地板砖、花瓶等；具有不同色带的硅化木可用作浮雕、拼镶画、盆景观赏石、圆桌、方桌、石凳、茶几等。因此硅化木具有装饰、收藏、陈列实用、欣赏和科研、考古等重要的经济开发和学术研究价值。

（二）硅化木的基本特征

1. 手标本特征

常见的颜色为黑色、灰黑色、灰白浅黄、浅紫、深黄褐、棕红、暗红等。质地坚硬，手感细腻。块状构造,木纹清晰,年轮明显。局部时见空隙,定向多孔状,断断续续不连续状。在边缘处可见硅质呈木质纤维假像且不透明。

2. 光学显微镜下特征

经显微镜下观察:在40倍单偏光镜下能见到近于平行的木质纤维状的结构及横向的圆环状结构(年轮状),单偏光下见到大小不等的颗粒状,正低突起,无解理,表面光滑无糙面等特征;在正交镜下则为一级黄白或灰白干涉色,一轴正晶等特征,颗粒大小一般为 $0.0144mm^2$,最大 $0.02016mm^2$,最小 $0.0019mm^2$。有50%~80%的木质纤维均被这种纯的微晶颗粒(镜下特征为石英)所交代,具典型的交代残余结构。

3. 矿物成分

通过硅化木的X射线衍射数据与生物成因的石英及标准石英数据对比,主要特征数据基本吻合,说明硅化木的矿物成分属于石英,而不是玛瑙,更不是蛋白石。由于硅化木中存在少量有机物及水,故对其结构构造、硅化程度有一定的影响。

(三)硅化木的品种

按交代物的成分,硅化木可分为以下几种。

(1) 玛瑙硅化木(以玛瑙矿物成分为主的硅化木)。有红色、绿色、灰色等色彩。
(2) 蛋白石硅化木(以蛋白石为主的硅化木)。有浅紫色、紫色、蛋白色、灰白色等色。
(3) 玉髓硅化木(以致密隐晶质石英的 SiO_2 交代成的硅木)。有暗绿、淡黄色。
(4) 复合型硅化木(两种或两种以上矿物成分的硅化木)。颜色多种多样。

(四)硅化木的主要产地

硅化木的产地主要分布在欧洲和美国中部、古巴等。中国的主要产地是新疆、河北、云南、山东、甘肃、辽宁、江西、四川、福建等地。

(五)硅化木材料的选用与质量评价

对硅化木的质量评价按不同用途而有所侧重,但总体是依据以下几个方面进行评价。

1. 颜色与光泽

以颜色鲜艳、绚丽多彩、光泽柔和亮丽者为佳;素色单一、光泽暗淡无光者则次。

2. 硅化程度与质地

以硅化程度越高、质地越致密坚硬、细腻者越好;反之则差。

3. 造型

以木化石完整、有枝、有节、表面有皮印痕、断面能显示年轮、木纹清晰者价值最高;反之则次。

六、红珊瑚

(一)概述

蓝蓝的海洋,生长着一种润红色的珊瑚。珊瑚质地细腻柔韧,色泽美丽,是一种很珍贵的玉石材料,用来琢磨玉器和首饰,受到普遍珍爱。

历史上我国很早就采集珊瑚。《说文》说:"珊瑚赤色,生于海"。南粤王赵佗献火树,即红珊瑚。晋石崇用铁如意击珊瑚,取出"有三尺光彩溢目者六七枚"。《东京梦华录》"珊瑚树数十枝,内有三尺者"。《本草衍义》说"珊瑚有红润色者,细纵纹可爱;有如铅丹色,无纵纹,为下品。……珊瑚所生磐石上,如白茵,一岁而黄,二岁变赤,枝余交错,高三四尺，人没水以铁发其根，系网舶上，绞而出之。失时不取，而腐畴"。这些记载明确指出珊瑚的品种、生长和采集情况。

珊瑚作为首饰早就有应用，如《汉武故事》说的"前庭植玉树。植玉树法，茸珊瑚为枝，以碧玉为叶，花子或青或赤，悉以珠玉为之"。曹植诗中所说的"明珠交玉体，珊瑚间木难"。都指明珊瑚的珍贵和装饰用途。后代把珊瑚列为七珍八宝之一。

（二）红珊瑚的性质

红珊瑚不透明，密度 2.6～2.7g/cm³，硬度 3.75。光泽滋润油脂状，红色鲜艳而明快。表面及断口均有树状纹理，横截面有心点，断口平坦。

（三）红珊瑚的种类

珊瑚的种类以珊瑚虫的构造来划分。珊瑚虫有的是一层脉管，有的有二层、三层脉管。红珊瑚有两种：一种是一层脉管皮薄的红珊瑚；一种是二层脉管皮厚的蜡红珊瑚。

红珊瑚是珊瑚中最好的品种，有颜色深一些的，有颜色浅一些的。浅一些的叫"孩儿面"。红珊瑚小枝茂密，干上有包，有虫蛀现象。枝干没有过大的，在枝干根部虫蚀蛀现象严重。每一梢头的白心全通主干，两主干长到一起的，容易出现内里空，有缝隙。在枝干上的包，内里蜂窝状较多。整枝全有细纵纹如指纹。

蜡红珊瑚是指暗红色的品种，又称"油炸鬼"。这种珊瑚枝干较粗，没有如红珊瑚那么多的密枝，白心一般分布在枝干的正中，质地也细腻。枝面光滑无纹，但较红珊瑚性脆一些，透明度大一些，硬度高一些，虫蛀现象少一些，因色不如红珊瑚漂亮，故质量差一些。

（四）珊瑚的成因和产地

珊瑚是一种腔肠动物的骨骼，生长在浅海中的礁石上，呈树枝状。红色为红珊瑚，白色为白珊瑚，是群生群居的低等动物。其骨骼成分是碳酸钙，占 78.97%，其他还有碳酸镁等。

日本珊瑚是我国使用的主料源，产在日本小笠原群岛、八丈岛、鹿儿岛、土佐、长崎、琉球群岛的浅海区。我国台湾基隆和澎湖列岛海域的珊瑚质量也很好。以上产地多是红珊瑚，色从红到粉，也有红和白相间的。

地中海沿岸也是珊瑚古产地。意大利的西西里岛、撒丁岛、利比利亚半岛，以及阿尔及利亚、摩洛哥、突尼斯等国海域产的珊瑚在古代是欧亚各国珊瑚的主要来源，现在仍有出产。品种有红珊瑚和蜡红珊瑚。

（五）珊瑚的选用

珊瑚是很美丽的，因产出困难，对珊瑚要进行精心设计，精心制作；又由于珊瑚细腻柔韧，可以做得非常纤细而不损坏，所以制作珊瑚必须施以最精之细工，使物像逼真，潇洒玲珑。从工艺角度来说，琢磨任何宝石也没有制作珊瑚这样的细工，因而珊瑚作品代表了玉器工艺纤巧的最高水平。

红珊瑚产地不同，品种不同，形状也不同。太平洋西岸地区的多呈扇形，大枝高一尺，主干径一寸为较好；高达三尺以上，径两寸以上就很名贵。一般重量在十斤以下，以两作计价单位。小枝珊瑚也在等级之中，不可废弃。

珊瑚中的裂隙是在采取或运输中造成的，长成的珊瑚不含裂纹。

珊瑚的色和虫蛀孔穴是影响质量的主要方面。珊瑚以艳红最好。"孩儿面"粉红也好，暗红的"蜡红珊瑚"和粉红发白的质量差一些。有孔穴的珊瑚要查清孔穴的面积、部位、深度,以估计它对整枝的影响,死枝珊瑚可利用,但质量差一些。

珊瑚能制作各种玉器产品和首饰品,用途相当广泛。用于玉器的珊瑚是红珊瑚,一般枝较大。小单枝作人物,大头用在上面,小头用在下边。枝杈多的用于人物、花卉,也用于其他造型。枝可倒枝用、正枝用、横枝用。造型要破枝形,占满料。如果枝形不好使用,可以活链移枝,也可截枝分成两件或多件产品。

用珊瑚做人物,多选用仕女和番佛题材,以珊瑚色美和仕女、番佛的造型美相得益彰。又仕女和番佛多装饰,可细工,表现珊瑚细工的特点。珊瑚色不均,找不出色一致的脸时,最好不作人物。设计珊瑚人物作品,注意白心的位置。

用珊瑚作花卉题材范围比较广,各种花卉草虫都可做得惟妙惟肖,唯注意章法布局的问题,以主题突出、物像情趣、搭配适当为要求。

(六) 珊瑚的制作和抛光

制作珊瑚作品需要高级工来完成。推凿大型可用錾砣和轧砣,要特别注意找细时的工具形状和使用方法,以干净、利落、线条流畅、叠挖活泛为准。工具使用的好坏直接关系到物像的准确和动态生动,关系到造型的美与丑。

珊瑚产品一般底平较小,要注意稳正和重心。座的落窝要合适,以保产品的搁放安全。锦匣的囊多采用湖蓝色衬托。

珊瑚抛光较容易,因材料较软,不要因抛光而走型,并注意产品的安全。

(七) 珊瑚的鉴别

假珊瑚有玻璃的、塑料的、骨的和岫玉染色的,这些可根据玻璃、骨、塑料和岫玉的性质区别之。有的色仿得极像,很难用肉眼直接鉴别,如果是珊瑚件,以做工和珊瑚的特点来鉴别比较准确。

第十章　玉雕工艺基本技能训练

实验一　熟悉玉雕实验设备

一、实验目的

1. 了解玉雕制作所用设备的性能及原理。
2. 了解所用玉雕工具及各种不同类型雕刻针的使用方法。
3. 掌握实验设备的正确使用方法及基本维护方法。
4. 了解玉雕厂或玉雕实验室安全规则及实验守则。

二、主要使用设备及工具

1. 设备类：玉石雕刻机、玉石切割机、震动式抛光机。
2. 工具类：各种不同型号、不同形状的雕刻针、锯片及抛光粉、填料等。

三、实验步骤

1. 插上220V电源插头，将开关推至开的档位，机器随之旋转。
2. 停机时将开关推至关机位置。
3. 将一插杆插入玉雕卡头一小孔内，将小扳手套入卡头便可自由开启卡头，将所需使用的玉雕针插入卡头，用同样方法将卡头旋紧，取出小插杆，启动开关即可进行雕刻。

四、注意要领

1. 安全使用所有设备，使用切片机割玉石时，要稳、正、匀速推进，不可用力过猛，应顺着切开的锯路推进，使用震动抛光机事先把所抛宝石和填料抛光粉拌匀，倒入桶内注入清水盖上塑料薄膜然后开机。
2. 在使用软轴抛光机时应先取出插杆然后再启动开关，以免造成意外事故。
3. 无论是切料或者雕刻整个过程都需要冷却水进行冷却。

实验二　玉雕工具（玉雕针）的使用方法

一、实验目的

1. 练习装卸使用不同类型的玉雕针。
2. 掌握正确的运刀姿势和技巧。

二、实验步骤

1. 保持握卡头的正确姿势握卡头,左手执玉片,右手小拇指抵住玉料边缘,采取比较稳妥的进刀方法。
2. 整个过程以小拇指为力的支撑点,利用腕部的力量进行雕刻,同时左手执玉片配合运刀的方向而转动。

三、注意事项

1. 要求所刻线条平直。
2. 要求深浅一致。
3. 地底平直,底平面保持一样深度。

实验三 切块分面

一、实验目的

1. 掌握块与面的关系。
2. 掌握将玉料切成大的块面,然后再将大的块面分成若干个小面。

二、实验步骤

1. 将待切的玉片以记号笔描上图形。
2. 以小钩钉或尖针轻轻将墨线部位勾出。
3. 将冷却水置于待加工面,开动机器,轻轻拉线,直至将需要切的所有面均匀勾出为止。

三、注意要领

1. 切料时,手要拿稳,右手持料。
2. 水量不可太大(水大看不清线条,太小达不到冷却目的)。
3. 腕部用力要均匀,勾切块面要一气呵成。

实验四 出粗坯

一、实验目的

1. 培养掌握能将待雕刻的各个圆形雕至基本能看出轮廓。
2. 能够做到简练地刻画,基本准确地分面。

二、实验步骤

1. 取以玉片,将所要雕刻的题材用记号笔描到玉片的正平面上。

2. 将号数稍大的砣片插入玉雕机卡头锁紧，开机将图形分为若干块。
3. 逐块将块面刻出大轮廓。

三、注意事项

1. 切块分面应从大到小由浅至深。
2. 切块分面应最先使用大号砣片，依次递减。
3. 所切块面外沿均为直边。

实验五 减地出层次

一、实验目的

1. 主要在切块分面的基础上把画面的数部分通过减地的方法逐一琢出层次。
2. 通过减地使整个画面层次分明。

二、实验步骤

1. 在粗坯的基础上，以小号砣片将一些棱角削掉。
2. 再以圆棒将一些主要块面磨圆。
3. 以顶平将地底顶出。
4. 再以小钉砣逐一将所有层次琢出。

三、注意要领

1. 在逐层次时注意每一步骤，运用不同的工具雕琢不同的部位。
2. 层次的深浅要有序。
3. 所有的地底要平，每一个层次为一个层面，第一个层面均在统一的深度。

实验六 线刻工艺

一、实验目的

1. 练习并掌握线刻工艺。
2. 为浮雕的花边和浅刻工艺的运用打下基础。

二、实验步骤

1. 在玉料上画一些简单的画面和几何形体。
2. 以小号砣片刻出整个轮廓线。
3. 掌握线刻工艺的统一深度。

三、注意要领

1. 要求掌握较为娴熟的工艺手法。

2. 掌握正确的运刀要领。
3. 以小钉砣刻画出一些简单图形。

实验七　阳雕工艺

一、实验目的

1. 阳雕即浮雕的别称，要求通过实验能掌握阳雕的基本技法。
2. 掌握不同的运刀技巧。
3. 掌握雕刻的手法和要领。

二、实验步骤

1. 以一块 1cm×1cm 见方的玉石，刻一"品"字形阳雕练习。
2. 选取最小号的钉钩钩出或小号尖针拉出字型。
3. 以尖针将各个直角磨直。

三、注意要领

1. 要求字正，线直深浅一致。
2. 块底要平，转折有序。
3. 注意不可出边框。

实验八　浅浮雕工艺

一、实验目的

1. 练习浅浮雕工艺以达到掌握为止。
2. 要求雕一简单图形如简单的山形，刻出即可，不要求有层次感。其深度 0.1cm 左右，相当于硬币图案的深度。

二、实验步骤

1. 要求图形轮廓清晰、完整。
2. 地底深度尽量保持一致，不可高低起伏、凹凸不平。

三、实验要领

1. 浮雕图案要突出一个浅字。
2. 深度控制在 0.1cm 左右。
3. 不要突出边框。

实验九　中、高浮雕工艺

一、实验目的

1. 在掌握浅浮雕的基础上进行中、高浮雕练习。
2. 中、高浮雕地底要比浅浮雕深，层次化也多，一般深度为 2~5cm。
3. 高浮雕层次交叉更多，立体感强，常突出器身之外。

二、实验步骤

1. 取一宽 2cm、长 4cm、厚 1cm 的玉片，将山形图案描到玉片上。
2. 以中号钉砣刻出图形边形，先依最高层、次高层、中高层依次琢出层次。
3. 最后顶平地底。
4. 以尖针圆棒略作修饰。

三、实验要领

1. 注意图形准确，不可走样。
2. 层次与层次间深度一致，尽量作出其立体感。
3. 运刀要稳。

实验十　立体圆雕工艺

一、实验目的

1. 在高浮雕的基础上进行立体圆雕创作。
2. 作全方位、全视角的立体圆雕。

二、实验步骤

1. 取一 0.5cm 见方、长 2cm 的玉料，把一些简单图案（如辣椒、黄瓜的形象描到玉料上）。以酒精溶泡虫胶液涂盖图案（起到防水作用）。
2. 以小号尖针拉线。
3. 以大号钩砣作外轮廓的切割并切出大概块面。
4. 再以小号钩砣切出深浅不一的各个层面。
5. 以圆棒和尖针进行滚圆及磨平，对一些勾折之处可用尖针处理。

三、实验要领

1. 切出轮廓，要保持基本大样比例合适。
2. 注意圆的物件不要做成方的和扁的形状。
3. 局部可做一些夸张处理，如平直的可做成略带弯曲和上翘。

实验十一　动物雕刻

一、实验目的

1. 用高浮雕的手法雕刻一鱼形雕件。
2. 掌握一些由简单到一般复杂的雕刻技艺，继而为过渡到一些较复杂的动物题材的创作打下基础。

二、实验步骤

1. 将十二生肖中的任意一种图形描到一块 2cm×2.5cm×0.5cm 的玉片上。
2. 将图形以外的余料剔除。
3. 依动物勾出轮廓线。
4. 依层次刻出最高点和低点至地底。
5. 勾出动物的细部和眉眼、耳、口、鼻、尾、蹄及鸟的羽毛、嘴、爪等部位。

三、注意要领

1. 注意动物大轮廓各个部位的适当比例。
2. 掌握地底的深度及层次的变化。

实验十二　花卉雕刻

一、实验目的

创作花卉题材，是一种精细的加工工艺，要求在加工过程中注意每个部位的连接、穿插和部位的关系，并处理好叶片和花头的走向。

二、实验步骤

1. 取一 2cm×2.5cm×0.5cm 的玉片打磨平整，除去边角，截为椭圆形。
2. 将单朵牡丹花图形描在玉料上。
3. 勾出花头的大轮廓，然后逐层雕出各个花瓣。

三、实验要领

1. 注意花瓣的翻卷、朝向及动态感。
2. 注意多层次变化，不可雷同。

实验十三　细工工艺

一、实验目的

1. 针对各种题材的图案，即粗雕过后的作品将其逐个部位细加工。
2. 仅为过细而为，不能改变题材的原貌和形状。
3. 对一些细部的处理亦包括其中。

二、实验步骤

1. 利用原来使用过的各类工具沿原雕刻的痕迹细细地过一遍。
2. 将原来有棱角的各个面逐个滚圆。

三、实验要领

1. 除掉粗面留下的痕迹。
2. 整个工作面看不到棱角、条痕。

实验十四　精细修饰

一、实验目的

1. 精细修饰为最后的修饰，主要解决前期加工中留下的粗痕及不足之处，如人物的面部表情、头发、眼睛、眼神、服饰花纹，鸟类的眼睛、毛发、爪尖、嘴等部位，花卉题材的花蕊、叶、筋等等。
2. 一些易损坏的部位也要在这一阶段完成，一些细微之处亦不可挂漏，精心制作，为后面的抛光打下基础。

二、实验步骤

1. 以尖针、平棒、枣棒等对各个面的底作最后彻底的修饰。
2. 修饰必须要保证原作的现状，不可走形、变样或修饰不到位。

三、注意要领

1. 注意整体形象的完整性，切勿伤了形。
2. 精细修饰各个小部位，如眼眉、发、羽毛、爪尖等应多加小心。

实验十五　抛光实验

一、实验目的

1. 把经过精细修饰的作品进行抛光，使其产生光学的观赏效果。
2. 亦可通过抛光对作品的某些不足进行掩饰。
3. 使其最终达到完美的艺术效果。

二、实验步骤

1. 以细纱布或着胶碾沿修饰（精细加工）的各个部分及整个形象进行彻底抛光。
2. 以粘胶（即虫胶与金刚砂（600# 以上）调配混合加热做成各种形状，对玉件表面进行过细处理，或砂布、砂纸均可，但要 600# 以上为宜。
3. 抛光所用材料有皮革、呢子、硬竹木等。
4. 抛光粉以 Cr_2O_3 为主，以水调和涂于抛光面上，再以各种材质抛光，在玉器上磨、滚、擦之。
5. 对各特细部分如人物眉眼，花草叶脉，鸟的羽、咀，不易抛到的细部，可以以牙签进行抛光。

三、注意要领

1. 对于大面可用轮盘抛光，即大—中—小轮盘依次进行。
2. 对于一些勾槽或细微之处可用竹块或牙签抛光。
3. 抛光最后要迎光看，物件表面接近镜面反光效果为好。

附国家工艺品雕刻工职业标准供参考

国家职业标准

工艺品雕刻工

中华人民共和国劳动和社会保障部制定

说明

　　根据《中华人民共和国劳动法》的有关规定，为了进一步完善国家职业标准体系，为职业教育、职业培训和职业技能鉴定提供科学、规范的依据，劳动和社会保障部委托中国轻工业联合会组织有关专家，制定了《工艺品雕刻工国家职业标准》（以下简称《标准》）。

　　一、本《标准》以《中华人民共和国职业分类大典》为依据，以客观反映现阶段本职业的水平和对从业人员的要求为目标，在充分考虑经济发展、科技进步和产业结构变化对本职业影响的基础上，对职业的活动范围、工作内容、技能要求和知识水平作了明确规定。

　　二、本《标准》的制定遵循了有关技术规程的要求，既保证了《标准》体例的规范化，又体现了以职业活动为导向、以职业技能为核心的特点，同时也使其具有根据科技发展进行调整的灵活性和实用性，符合培训、鉴定和就业工作的需要。

　　三、本《标准》依据有关规定将本职业分为五个等级，包括职业概况、基本要求、工作要求和比重表四个方面的内容。

　　四、本《标准》是在各有关专家和实际工作者的共同努力下完成的。参加编审的主要人员有李劲松、鲁克化、孙学成、宋世义、张志平、张去祥、赵永魁、潘德珠、刘继亭、史永山、陈玉芳、张淑荣、刘金良、孟琪、刘永澎、刘晓群。

　　五、本《标准》已经劳动和社会保障部批准，自2003年1月23日起施行。

工艺品雕刻工国家职业标准

一、国家职业标准

（一）职业概况

职业名称：工艺品雕刻工。

（二）职业定义

将玉石及其他原料进行雕刻，制成工艺品的人员。

（三）职业等级

本职业共设五个等级，分别为：初级（国家职业资格五级）、中级（国家职业资格四级）、高级（国家职业资格三级）、技师（国家职业资格二级）、高级技师（国家职业资格一级）。

（四）职业环境条件
室内、外，常温。

（五）职业能力特征（附表1）

附表1 职业能力特征表

职业能力	非常重要	重要	一般
学习能力	√		
手臂灵活性	√		
动作协调性		√	
空间感		√	
形体感	√		
计算能力			√

（六）基本文化程度
初中毕业。

（七）培训要求

1. 培训期限

全日制职业学校教育，根据其培养目标和教学计划确定。晋级培训期限：初级不少于160标准学时；中级不少于200标准学时；高级不少于240标准学时；技师不少于200标准学时；高级技师不少于180标准学时。

2. 培训教师

培训初级、中级的教师应具有本职业高级及以上职业资格证书；培训高级的教师应具有本职业技师及以上职业资格证书；培训技师的教师应具有本职业高级技师职业资格证书2年以上或相关专业中级及以上专业技术职务任职资格；培训高级技师的教师应具有本职业高级技师职业资格证书3年以上或相关专业高级专业技术职务任职资格。

3. 培训场地设备

理论知识培训场地应为可容纳20名以上学员的标准教室；技能操作培训场地应具有与实际技能操作相适应的工具、设备，并且安全设施完善。

（八）鉴定要求

1. 适应对象

从事或准备从事本职业的人员。

2. 申报条件

——初级（具备以下条件之一者）

（1）经本职业初级正规培训达规定标准学时数，并取得结业证书。

（2）在本职业连续见习工作2年以上。

（3）本职业学徒期满。

——中级（具备以下条件之一者）

（1）取得本职业初级职业资格证书后，连续从事本职业工作3年以上，经本职业中级正规培训达规定标准学时数，并取得结业证书。

（2）取得本职业初级职业资格证书后职业工作4年以上。

（3）连续从事本职业工作6年以上。

（4）取得经劳动保障行政部门审核认定的、以中级技能为培养目标的中等以上职业学校本职业（专业）毕业证书。

——高级（具备以下条件之一者）

（1）取得本职业中级职业资格证书后，连续从事本职业工作4年以上，经本职业高级正规培训达规定标准学时数，并取得结业证书。

（2）取得本职业中级职业资格证书后，连续从事本职业工作6年以上。

（3）取得高级技工学校或经劳动保障行政部门审核认定的、以高级技能为培养目标的高等职业学校本职业（专业）毕业证书。

（4）取得本职业中级职业资格证书的大专以上本专业或相关专业毕业生，连续从事本职业工作2年以上。

——技师（具备以下条件之一者）

（1）取得本职业高级职业资格证书后，连续从事本职业工作4年以上，经本职业技师正规培训达规定标准学时数，并取得结业证书。

（2）取得本职业高级职业资格证书后，连续从事本职业工作6年以上。

（3）取得本职业高级职业资格证书的高级技工学校本职业（专业）毕业生，连续从事本职业工作2年以上。

——高级技师（具备以下条件之一者）

（1）取得本职业技师职业资格证书后，连续从事本职业工作3年以上，经本职业高级技师正规培训达规定标准学时数，并取得结业证书。

（2）取得本职业技师职业资格证书后，连续从事本职业工作4年以上。

（3）取得本专业或相关专业大专以上毕业证书的毕业生，连续从事本职业工作5年以上。

3. 鉴定方式

分为理论知识考试和技能操作考核。理论知识考试采用闭卷笔试方式，技能操作考核采用现场实际操作方式。理论知识考试和技能操作考核均实行百分制，成绩皆达60分及以上者为合格。技师和高级技师鉴定还须进行综合评审。

4. 考评人员与考生配比

理论知识考试考评人员与考生配比为1∶20，每个标准教室不少于2名考评人员；技能操作考核考评人员与考生配比为1∶5，且不少于3名考评人员；综合评审委员不少于5人。

5. 鉴定时间

理论知识考试时间为90～120min；技能操作考核时间为150～200min；综合评审时间不少于30min。

6. 鉴定场所设备

理论知识考试在标准教室进行；技能操作考核在具有必备的设备、工具和辅料，通风条件良好，光线充足和安全措施完善的场所进行。

二、职业道德国家职业标准

(一) 基本要求

1. 职业道德基本知识

2. 职业守则

(1) 忠于职守,爱岗敬业。

(2) 继承发扬,开拓进取。

(3) 讲究质量,注重信誉。

(4) 提倡艺德,团结协作。

(5) 遵纪守法,发扬公德。

(二) 基础知识

1. 美术知识

(1) 素描基本知识。

(2) 雕塑基本知识。

(3) 鉴赏评估知识。

2. 工艺知识

(1) 原材料知识。

(2) 设备、工具、辅料知识。

(3) 加工工艺技术知识。

3. 相关法律、法规知识

(1) 劳动法的相关知识。

(2) 合同法的相关知识。

(3) 环境保护法的相关知识。

(4) 消费者权益保护法的相关知识。

(5) 知识产权法的相关知识。

(6) 安全生产、文明生产的有关规定。

主要参考文献

《玉文化》. 中华玉网（www.jades.cn）
奥岩. 翡翠鉴赏. 北京：地质出版社，2004.2
蔡良辉. 雕琢大师郑开雄的雕琢技艺. 珠宝科技，1994.4
陈咸益. 玉雕技法. 南京：江苏美术出版社，2007
崔文元. 翡翠的区别与评价. 宝玉石信息报，1997.3
东盟翡翠玉器网（www.17go5.com）
方石. 寿山石艺术流派的形成与发展. 中国宝石，1993.1
高亚峰. 中国玉雕作品的意境之美. 珠宝科技，1999.1
和讯网黄金投资技巧（www.hexun.com）
华萍. 扬州玉器话今昔. 中国宝石，1998.4
华夏经济网（www.huaxia.com）
黄刚. 平面构成. 北京：中国美术学院出版社，1991.9
贾中权. 玉乡行. 中国宝石，1989.1
黎健. 广州玉器一条街. 中国宝石，1995.2
李更夫. 玉器鉴定全集. 1997.12
李海清，顾祖伟. 玉雕设计构思要素的探讨. 珠宝科技，2003.4
李睿，王清宝等. 传统雕塑工艺图谱. 长春：吉林人民出版社，1993.2
李学英，申舒彤. 中国传统图案赏析. 石家庄：河北美术出版社，1992.7
李兆聪. 中国玉雕兴盛记. 中国宝石，1991.5
李祖定. 中国传统吉祥图案. 上海：上海科学普及出版社，1989.10
刘葆伟. 浅析玉雕的造型艺术. 中国宝石，2001.2
留杨帆，陈墨. 魅力与实力. 中国宝石，2002.1
栾秉璈. 宝石. 北京：冶金工业出版社，1985.12
蒙书翰，袁鼎生编. 实用美育. 南宁：广西师范大学出版社，1994.11
孟宪松. 砚中瑰宝——洮河绿石砚. 中国宝玉石，1995.4
沈福良. 古代玉雕的工艺技术. 中国宝石，1997.1
孙凤民. 心灵与艺术的完美结合. 中国宝石，1993.4
唐延龄，李建种. 和田玉古今纵横谈. 中国宝石，1992.2
田树谷. 珠宝千问. 北京：中国大地出版社，2004.3
外国人体雕塑百图. 北京：人民美术出版社，1989.12
王实. 中国现代玉雕精品大全. 北京：科学技术文献出版社，2002.12
文少雯. 玉雕材料的可遇不可求. 中国宝石，1994.4
西祠胡同网（www.xici.net）
夏修顺. 玉器欣赏入门. 中国宝石，1993.1
新浪财经网（www.sina.com.cn）
徐军. 感受翡翠——提高精品意识. 中国宝石，2001.1
杨伯达. 商品玉浅析. 中国宝石，1999.2
杨德定. 翡翠成品评价的"十"字要诀. 中国宝石，2002.1
杨德权. 巧夺天工的俏色及其分类刍议. 中国宝石，1994.2

杨鹏. 浅谈中国翡翠业现状. 中国宝石,2001.3
杨辛,甘林,刘荣凯著. 美学原理纲要. 北京:北京大学出版社,1989.1
有光. "攻玉"为"错"的解玉砂. 全国宝玉石报,1994.7
俞家骅,刘艳红. 借它山玉石兴广东玉业. 中国宝石,2001.2
袁嘉骐. 琢玉——自然美的升华. 中国宝石,1996.2
吕新标. 宝石款式设计与加工工艺. 武汉:中国地质大学出版社,1994.3
张蓓莉,孙凤民. 玉器评估. 中国宝石,2000.1
张梦欣. 国家职业标准. 北京:中国劳动社会保障出版社出版发行,2003.7
赵殿译. 构成艺术. 沈阳:辽宁美术出版社,1987.7
赵文耀. 玉雕创作贵在创新. 中国宝石,1993.4
赵永魁,孙凤民. 玉器鉴赏与评估. 北京:地质出版社,2001.6
赵永魁,张家勉. 中国玉石雕刻技术. 北京:北京工艺美术出版社,1994.9
赵永魁. 中国玉器概论. 中国地质报社、南阳宝玉石协会. 南阳大学,1989.8
赵榆,支磐. 玉不琢不成器. 中国宝石,1997.2
中国书画前沿网(www.cnshart.com)
中国美术简史. 北京:高等教育出版社,1990.9
中央美术学院. 中国美术史教研室编著
周佩玲,雷威,汤云晖. 珠宝玉石学. 南宁:广西师范大学出版社,1999.8
周佩玲,杨忠耀. 有机宝石学. 武汉:中国地质大学出版社,2004.9
周佩玲. 有机宝石与投资指南. 武汉:中国地质大学出版社,1995.2
周世权,赵红梅. 南阳玉雕史略. 珠宝科技,1996.4
周树礼,康进. 浅谈玉雕与首饰的造型艺术. 珠宝科技,1995.3
周树礼. 玉雕题材话龙形. 珠宝科技,2001.3
周树礼. 玉雕艺术题材分类术语释. 珠宝科技,2000.2
周树礼. 中华民族的玉石情结. 珠宝科技,1997.3
周树礼,何涛,李德先等. 浅述中国玉器的传承与创新之路. 超硬材料工程,2007.2

彩图 5-12 游春图

彩图 5-14 白玉鼻烟壶大观园

彩图 5-13 清明上河图

彩图 5-15 独钓寒江雪

彩色图版10

彩图 5-16　岫玉松鹤延年

彩图 5-17　子岗佩

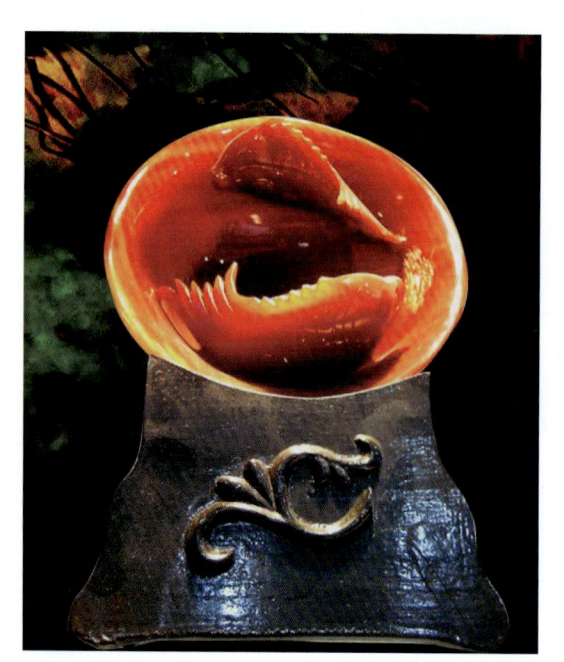

彩图 5-18　玛瑙鱼缸

彩图 5-19　水晶提梁内画瓶

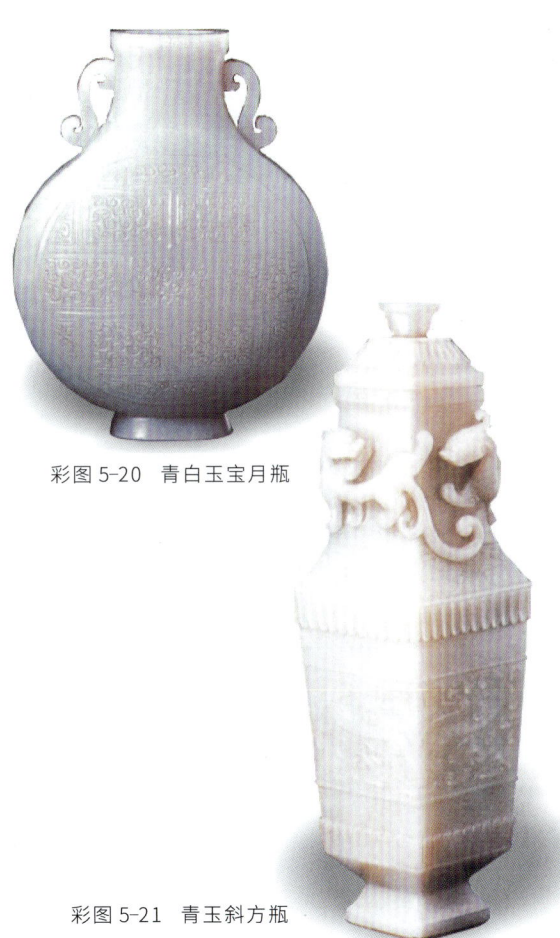
彩图 5-20　青白玉宝月瓶

彩图 5-21　青玉斜方瓶

彩图 5-22　鼎

彩图 5-23　玉簋

彩图 5-24　青玉天鸡尊

彩色图版12

彩图 5-25 青白玉匜

彩图 5-26 带钩

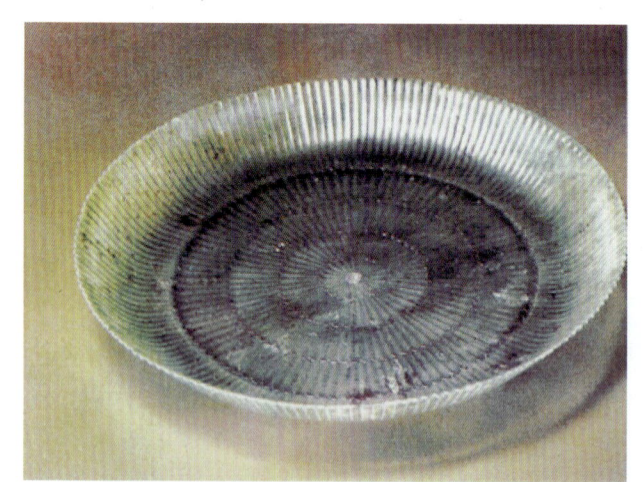

彩图 5-27 碧玉菊花瓣盘